2021년 최신판

전기(산업)기사·전기공사(산업)기사·전기직 공사·공단·공무원 대비

전기설비기술기준

기본서+최근 6년간 기출문제

테스트나라 검정연구회 편저

이노books

전기기사(산업)/전기공사기사(산업)/전기직 공사·공단·공무원 대비
2021 전기설비기술기준(KEC 포함) 기본서+최근 6년간 기출문제

초판 1쇄 발행 | 2021년 6월 10일
편저자 | 테스트나라 검정연구회 편저
발행인 | 송주환

발행처 | 이노Books
출판등록 | 301-2011-082
주소 | 서울시 중구 퇴계로 180-15(필동1가 21-9번지 뉴동화빌딩 119호)
전화 | (02) 2269-5815
팩스 | (02) 2269-5816
홈페이지 | www.innobooks.co.kr

ISBN 979-11-91567-00-7 [13560]
정가 15,000원

목 차

Chapter 05 분선형 전원 설비

03 | 전기기사·산업기사 필기 최근 6년간 기출문제 (2021~2016)

01 한국전기설비규정 핵심요약

핵심 **01** 총칙

1. 통칙

(1) 용어 정리

① 변전소 : 구외로부터 전송되는 전기를 변성하여 구외로 전송하는 곳(50,000[V] 이상)

② 급전소 : 전력계통의 운용 및 지시를 하는 곳

③ 관등회로 : 안정기에서 방전관까지의 전로

④ 대지전압

㉮ 접지식 : 전선과 대지 사이의 전압

㉯ 비접지식 : 전선과 전선 사이의 전압

⑤ 1차 접근 상태 : 지지물의 높이에 상당하는 거리에 시설

⑥ 2차 접근 상태 : 가공전선이 다른 시설물과 접근하는 경우에 그 가공전선이 다른 시설물의 위쪽 또는 옆쪽에서 수평거리로 3[m] 미만인 곳에 시설되는 상태

⑦ 인입선 : 수용 장소의 붙임점에 이르는 전선

㉮ 가공 인입선 : 가공 전선로의 지지물로부터 다른 지지물을 거치지 아니하고 수용 장소의 붙임점에 이르는 가공 전선

㉯ 연접 인입선 : 한 수용장소의 인입선에서 분기하여 지지물을 거치지 않고 다른 수용장소의 인입구에 이르는 부분의 전선. 저압에서만 시설할 수 있다.

※ 저압 연접 인입선은 저압 가공 인입선의 규정에 준하며 다음에 의하여 시설

1. 인입선에서 분기하는 점으로부터 100[m]를 넘는 지역에 미치지 않을 것

2. 폭 5[m]를 넘는 도로를 횡단하지 않을 것

3. 옥내를 통과하지 않을 것

⑧ 지지물 : 목주, 철주, 철근 콘크리트주 및 철탑과 이와 유사한 시설물로서 전선, 약전류 전선 또는 광섬유 케이블을 지지하는 것을 주된 목적으로 하는 것

⑨ 지중 관로 : 지중 전선로, 지중 약전류 전선로, 지중 광섬유 케이블 선로, 지중에 시설하는 수관 및 가스관과 이와 유사한 것 및 이들에 부속하는 지중함 등을 말한다.

(2) 전압의 종별

저압	· 직류 : 1500[V] 이하 · 교류 : 1000[V] 이하
고압	· 직류 : 1500[V] 초과 7000[V] 이하 · 교류 : 1000[V] 초과 7000[V] 이하
특고압	직류, 교류 모두 7000[V]를 초과

2. 전선

(1) 전선의 식별

상(문자)	색상
L1	갈색
L2	흑색
L3	회색
N	청색
보호도체	녹색-노란색

(2) MI 케이블

내열, 내연성이 뛰어나고 기계적 강도가 높으며 내수, 내유, 내습, 내후, 내노화성이 뛰어나며 선박용, 제련공장, 주물 공장 및 화재 예방이 특히 중요한 문화재 등에 적합(저압 1.0[mm^2])

(3) 전선의 접속 인장 강도

80[%] 이상 유지

(4) 고압 및 특고압케이블

클로로프렌외장케이블, 비닐외장케이블, 폴리에틸렌외장케이블, 콤바인 덕트 케이블 또는 이들에 보호피복을 한 것을 사용하여야 한다.

※두 개 이상의 전선을 병렬로 사용하는 경우

① 병렬로 사용하는 각 전선의 굵기는 구리 50[mm^2] 이상 또는 알루미늄 80[mm^2] 이상으로 하고 전선은 같은 도체, 같은 재료, 같은 길이 및 같은 굵기의 것을 사용할 것

② 같은 극의 각 전선은 동일한 터미널러그에 완전히 접속할 것

③ 같은 극인 각 전선의 터미널러그는 동일한 도체에 2개 이상의 리벳 또는 2개 이상의 나사로 접속할 것

3. 전로의 절연

(1) 전선의 절연

접지 공사의 접지점은 절연하지 않음, 접지측 전선 절연

(2) 최대 누설 전류 한도

최대 사용 전류의 $\frac{1}{2000}$ 이하

※단상 2선식(1∅2w)의 경우는 $\frac{1}{1000}$ 이하

(3) 전로의 사용전압에 따른 절연저항값

전로의 사용전압의 구분	DC 시험전압	절연 저항값
SELV 및 PELV	250	0.5[MΩ]
FELV, 500[V] 이하	500	1[MΩ]
500[V] 초과	1000	1[MΩ]

※특별저압(2차 전압이 AC 50[V], DC 120[V] 이하)으로 SELV(비접지 회로 구성) 및 PELV(접지 회로 구성)은 1차와 2차가 전기적으로 절연되지 않은 회로

(4) 전로의 절연내력 시험

① 전로의 절연내력 시험

절연내력 시험 전압 → 최대 사용전압×배수

접지 방법	전로의 종류	배율	최저 전압
비접지식	7[kV] 이하	1.5	500[V]
	7[kV] 초과	1.25	10,500[V]
중성점 다중 접지식	7[kV]~25[kV] 이하	0.92	-
중성점 접지식	60[kV] 초과	1.1	7,500[V]
중성점 직접 접지식	60[kVA] 초과 170[kV] 이하	0.72	-
	170[kV] 초과	0.64	-

② 회전기 및 정류기의 절연내력 시험

종류			시험 전압	최저 시험 전압	시험 전압
회전기	발전기 전동기 조상기	7[kV] 이하	1.5배	500[V]	권선과 대지 간 연속 10분
		7[kV] 초과	1.25배	10,500[V]	
	회전 변류기		1배 (직류 측)	500[V]	
정류기	수은 정류기		2배 (직류 측)	500[V]	주양극과 외함 간
			1배 (직류 측)	500[V]	음극 및 외함과 대지 간
	수은 정류기 이외의 정류기		1배 (직류 측)	500[V]	충전부분과 외함 간

4. 전로의 접지

(1) 접지 시스템 구분

① 계통접지 : 전력 계통의 이상 현상에 대비하여 대지와 계통을 접속

② 보호접지 : 감전 보호를 목적으로 기기의 한 점 이상을 접지

③ 피뢰시스템 접지 : 뇌격전류를 안전하게 대지로 방류하기 위한 접지

(2) 접지극의 매설방법

① 접지극은 지표면으로부터 지하 75[cm] 이상

② 접지극을 지중에서 금속체로부터 1[m] 이상 이격

(3) 수도관 등의 접지극

접지 저항값 3[Ω] 이하

(4) 수용 장소 인입구의 접지

① 접지도체의 공칭면적 : 6[mm^2] 이상 연동선

② 접지 저항값 : 3[Ω] 이하

(5) 변압기 중성점 접지의 접지저항

변압기의 중성점접지 저항 값은 다음에 의한다.

① $R = \dfrac{150}{I}$[Ω] : 특별한 보호 장치가 없는 경우

여기서, I : 1선지락전류

② $R = \dfrac{300}{I}$[Ω] : 보호 장치의 동작이 1~2초 이내

③ $R = \dfrac{600}{I}$[Ω] : 보호 장치의 동작이 1초 이내

(6) 고·저압의 혼촉에 의한 위험 방지 시설

① 변압기의 저압측의 중성점에는 접지공사

② 중성점을 접지하기 어려운 경우 : 300[V] 이하 시 1단자 접지

③ 규정의 접지 저항값을 얻기 어려운 경우 : 저압 가공전선의 설치 방법으로 접지 위치를 200[m]까지 이격 가능

④ 시설이 어려울 때 : 변압기 중심에서 400[m] 이내, 1[km]당 계산값 이하의 저항값, 각 접지의 저항값은 300[Ω] 이하

(7) 기계 기구의 철대 및 외함의 접지를 생략하는 경우

① 사용전압이 직류 300[V] 또는 교류 대지전압 150[V] 이하 기계 기구를 건조장소 시설

② 저압용 기계 기구를 그 전로에 지기 발생 시 자동 차단하는 장치를 시설한 저압 전로에 접속하여 건조한 곳에 시설하는 경우

③ 저압용 기계 기구를 건조한 목재의 마루 등 이와 유사한 절연성 물건 위에서 취급 경우

④ 철대 또는 외함 주위에 적당한 절연대 설치한 경우

⑤ 외함없는 계기용 변성기가 고무, 합성수지 기타 절연물로 피복한 경우

⑥ 2중 절연되어 있는 구조의 기계기구

5. 과전류 차단기

(1) 과전류차단기로 저압전로에 사용하는 퓨즈

정격전류의 구분	시간 [분]	정격전류의 배수	
		불용단 전류	용단 전류
4[A] 이하	60분	1.5배	2.1배
4[A] 초과 16[A] 미만	60분	1.5배	1.9배
16[A] 이상 63[A] 이하	60분	1.25배	1.6배
63[A] 초과 160[A] 이하	120분	1.25배	1.6배
160[A] 초과 400[A] 이하	180분	1.25배	1.6배
400[A] 초과	240분	1.25배	1.6배

(2) 고압용 퓨즈

① 포장 퓨즈 : 정격전류의 1.3배에 견디고 2배의 전류로 120분 안에 용단

② 비포장 퓨즈(고리퓨즈) : 정격전류의 1.25배에 견디고 2배의 전류에 2분 안에 용단

6. 지락 차단 장치의 시설

지락이 생겼을 때에 자동적으로 전로를 차단하는 장치를 시설하여야 한다.

① 발전소, 변전소 또는 이에 준하는 곳의 인출구

② 다른 전기사업자로부터 공급받는 수전점

③ 배전용변압기(단권변압기를 제외)의 시설 장소

7. 피뢰기의 시설

① 고압 및 특고압의 전로에 시설하는 피뢰기 접지저항 값은 10[Ω] 이하

② 고압가공전선로에 시설하는 피뢰기 접지공사의 접지선이 전용의 것인 경우에는 접지저항 값이 30[[Ω]까지 허용

핵심 **02** 발·변전소, 개폐소 등의 시설

(1) 발전소의 울타리, 담 등의 시설

· 울타리, 담 등을 시설할 것

· 출입구에는 출입 금지의 표시를 할 것

· 출입구에는 자물쇠 장치 기타 적당한 장치를 할 것

· 울타리, 담, 등의 높이는 2[m] 이상으로 할 것

· 지표면과 울타리, 담, 등의 하단 사이의 간격은 15[cm] 이하로 할 것

사용 전압 구분	울타리, 담 등의 높이와 울타리, 담 등에서 충전 부분까지 거리 합계
35[kV] 이하	5[m] 이상
35[kV] 넘고 160[kV] 이하	6[m] 이상
160[kV] 넘는 것	· 거리의 합계 : 6[m]에 160[kV]를 넘는 10[kV] 또는 그 단수마다 12[cm]를 더한 값 거리의 합계 $= 6 + $ 단수 $\times 0.12[m]$ · 단수 $= \dfrac{\text{사용전압}[kV] - 160}{10}$ ※ 단수 계산에서 소수점 이하는 절상

(2) 보호장치의 시설

① 발전기

용량	사고의 종류	보호 장치
모든 발전기	과전류가 생긴 경우	
500[kVA] 이상	수차 압유 장치의 유압이 현저히 저하	
100[kVA] 이상	풍차 압유 장치의 유압이 현저히 저하	자동 차단 장치
2천[kVA] 이상	수차의 스러스트베어링의 온도가 상승	
1만[kVA] 이상	발전기 내부 고장	
10만[kVA] 이상	· 증기터빈의 베어링 마모 · 온도 상승	

② 특고압 변압기

용량	사고의 종류	보호 장치
5천~1만[kVA] 미만	변압기 내부 고장	경보 장치
1만[kVA] 이상	변압기 내부 고장	자동 차단 장치

③ 전력 콘덴서 및 분로 리액터

용량	사고의 종류	보호 장치
500~15000[kVA] 미만	·내부고장. 과전류	자동 차단 장치
15,000[kVA] 이상	·내부고장, 과전류. 과전압	

④ 조상기 : 15,000[kVA] 이상, 내부 고장 : 자동 차단 장치

(3) 계측장치

전압, 전류, 전력, 고정자의 온도, 변압기 온도 등을 측정(역률, 유량 등은 반드시 있어야 하는 것은 아니다.)

(4) 압축 공기 장치의 시설

① 압력 시험 : 최고 사용 압력에 수압 1.5배, 기압은 1.25배로 10분간 시험

② 탱크 용량 : 1회 이상 차단할 수 있는 용량

③ 압력계 : 사용 압력 1.5배 이상 3배 이하의 최고 눈금이 있는 것

핵심 03 전선로

(1) 풍압하중

① 갑종 풍압 하중

수직 투영 면적 $1[m^2]$에 대한 풍압을 기초로 하여 계산

풍압을 받는 구분			구성재의 수직 투영 면적 $1[m^2]$에 대한 풍압
목주			588[Pa]
지지물	철주	원형의 것	588[Pa]
		삼각형 또는 마름모형	1412[Pa]
		강관에 의하여 구성되는 4각형의 것	1117[Pa]
		기타의 것	복재 1627[Pa]
			기타 1784[Pa]
	철근 콘크리트주	원형의 것	588[Pa]
		기타의 것	882[Pa]
	철탑	단주(완철류는 제외) 원형의 것	588[Pa]
		단주(완철류는 제외) 기타의 것	1117[Pa]
		강관으로 구성되는 것 (단주는 제외함)	1255[Pa]
		기타의 것	2157[Pa]

풍압을 받는 구분		구성재의 수직 투영 면적 $1[m^2]$에 대한 풍압
전선 기타의 가섭선	다도체를 구성하는 전선	666[Pa]
	기타의 것	745[Pa]
애자 장치(특별 고압 전선용의 것에 한한다.)		1039[Pa]
목주, 철주(원형의 것에 한한다.) 및 철근 콘크리트주의 완금류 (특별 고압 전선로용의 것에 한한다.)	단일재 사용	1196[Pa]
	기타의 경우	1627[Pa]

② 을종, 병종

· 갑종의 50[%] 적용

· 전선 기타 가섭선 주위에 두께 6[mm], 비중 0.9 의 빙설이 부착된 상태에서 수직 투영 면적 $1[m^2]$ 당 372[Pa](다도체 구성 전선은 333[Pa]), 그 이외의 것은 갑종 풍압 하중의 $\frac{1}{2}$을 기초로 하여 계산한 값

(2) 지지물의 기초 안전율

① 기초 안전율 : 2(이상 상정하중에 대한 철탑 1.33)

② 기초 안전율 적용 예외

· 16[m] 이하, 6.8[KN] 이하인 것 : 15[m] 넘는 것을 2.5[m] 이상 매설

· 16[m] 초과, 9.8[KN] 이하인 것 : 2.8[m] 이상 매설

(3) 가공 전선로의 지지물에 시설하는 지선

① 지선의 안전율은 2.5 이상일 것(목주, A종 경우 1.5), 허용인장 하중의 최저는 4.31[KN]으로 한다.

② 지선에 연선을 사용할 경우에는

· 소선은 3가닥 이상의 연선일 것

· 소선의 지름이 2.6[mm] 이상의 금속선을 사용한 것이거나 소선의 지름이 2[mm] 이상인 아연도강 연선으로서 소선의 인장강도 $0.68[KN/mm^2]$ 이상인 것을 사용하는 경우는 그러하지 아니하다.

· 지중의 부분 및 지표상 30[cm]까지의 부분에는 내식성이 있는 것 또는 아연 도금한 철봉을 사용한다.

(4) 특고압선의 유도장해 방지

① 6만[V] 이하 전화선로 길이 12[km] : 유도 전류 2 $[\mu A]$ 이하

② 6만[V] 초과 전화선로 길이 40[km] : 유도 전류 3$[\mu A]$ 이하

(5) 저·고·특고압 가공 케이블 시설

① 조가용선에 50[cm] 간격의 행거사용

② 조가용선 굵기 : 25$[mm^2]$ 아연도 철선

③ 반도전성 케이블 : 금속 테이프를 20[cm] 이하로 감음

④ 조가용선 : kec140에 준하여 접지공사

(6) 가공전선의 굵기 및 종류

① 저압 가공전선이 굵기 및 종류

전압	전선의 굵기		인장강도
400[V] 미만	절연전선	지름 2.6[mm] 이상 경동선	2.30[kN] 이상
	절연전선 외	지름 3.2[mm] 이상 경동선	3.43[kN] 이상
400[V] 이상	시가지외	지름 4.0[mm] 이상 경동선	5.26[kN] 이상
	시가지	지름 5.0[mm] 이상 경동선	8.01[kN] 이상

② 특고압 가공전선의 굵기 및 종류

　　인장강도 8.71[KN] 이상의 연선 또는 25[mm^2]의 경동연선

(7) 특고 가공 전선로의 종류 (B종, 철탑)

① 직선형 : 각도 3도 이하

② 각도형 : 3도 초과

③ 인류형 : 전가섭선 인류하는 곳

④ 내장형 : 경간차가 큰 곳

⑤ 보강형 : 직선부분 보강

(8) 내장형 지지물 등의 시설

　　철탑 10기마다 1기씩 내장형 애자 장치 시설된 철탑 사용

(9) 농사용 및 구내 저압 가공 전선로

　　전선로의 지지점 간 거리는 30[m] 이하일 것

(10) 전선로 경간의 제한

지지물 종류	저·고압 특고 표준 경간	계곡 ·하천	자·고압 보안 공사	1종 특고 보안 공사	2·3종 특고 보안 공사
A종	150[m]	300[m]	100[m]	할 수 없음	100[m]
B종	250[m]	500[m]	150[m]	150[m]	200[m]
철탑	600[m]	∞	400[m]	400[m]	400[m]

(11) 가공전선의 높이

① 도로 횡단 : 노면상 6[m](지선, 독립 전화선, 저압 인입선 : 5[m])

② 철도 횡단 : 궤도면상 6.5[m]

(12) 지중 전선로(직접 매설식)

① 차량 기타 중량물의 압력을 받는 곳 : 1.2[m] 이상

② 기타 장소 : 0.6[m] 이상

(13) 지중 전선과 지중 약전선 등과의 접근 교차

① 저·고압의 지중 전선 : 30[cm] 이상

② 특고압 : 60[cm] 이상

③ 특고 지중 선선과 유독성 가스관이 접근 교차하는 경우 : 1[m] 이상

(14) 터널 내 전선로

① 저압 전선로 : 절연 전선으로 2.6[mm] 이상 경동선 사용, 궤조면·노면 상 2.5[m] 이상 유지

② 고압 전선로 : 절연 전선으로 4[mm] 이상 경동선 사용, 노면 상 3[m] 이상 높이에 시설

핵심 04 전력 보안 통신 설비

(1) 전력보안통신설비의 시설 요구사항

① 원격감시가 되지 않는 발·변전소, 발·변전 제어소, 개폐소 및 전선로의 기술원 주재소와 이를 운용하는 급전소간

② 2 이상의 급전소 상호 간과 이들을 총합 운영하는 급전소간

③ 수력설비 중 필요한 곳(양수소 및 강수량 관측소와 수력 발전소 간)

④ 동일 수계에 속하고 보안상 긴급 연락 필요 있는 수력 발전소 상호 간

⑤ 동일 전력 계통에 속하고 보안상 긴급 연락 필요 있는 발·변전소, 발·변전 제어소 및 개폐소 상호 간

(2) 배전주(배전용 전주)의 공가 통신케이블의 지상고

구분	지상고	비고
도로(인도)에 시설 시	5.0[m] 이상	경간 중 지상고
도로횡단 시	6.0[m] 이상	
철도 궤도 횡단 시	6.5[m] 이상	레일면상
횡단보도교 위	3.0[m] 이상	그 노면상
기타	3.5[m] 이상	

(1) 저압 옥내 배선

(사용 전압 400[V])

① 단면적 2.5[mm^2] 이상의 연동선 또는 이와 동등 이상의 강도 및 굵기의 것

② 단면적이 1[mm^2] 이상의 미네럴인슈레이션(MI) 케이블

(2) 저압 옥내 간선의 선정

① 정격전류의 합계가 50[A] 이하 : 정격전류의 합계의 1.25배

② 정격전류의 합계가 50[A] 초과 : 정격전류의 합계의 1.1배

(3) 타임 스위치의 시설

① 주택 3분 이내에 소등

② 호텔 1분 이내 소등

(4) 애자 사용 공사

① 전선 상호간의 간격 : 6[cm] 이상

② 전선과 조영재와의 이격거리
  ㉮ 400[V] 미만 : 2.5[cm] 이상
  ㉯ 400[V] 이상 : 4.5[cm] 이상(건조한 곳은 2.5[cm] 이상)

③ 지지점 간의 거리
  ㉮ 조영재 윗면, 옆면 : 2[m] 이하
  ㉯ 400[V] 이상 조영재의 아래면 : 6[m] 이하

(5) 합성수지관

관 상호 간, 박스에 관을 삽입하는 깊이는 관의 바깥 지름의 1.2배(접착제 사용 시 0.8배) 이상일 것

(6) 금속관 공사

관의 두께는 콘크리트 매설 시 1.2[mm] 이상

(7) 금속 덕트 공사

덕트에 넣는 전선 단면적의 합계는 덕트 내부 단면적의 20[%](제어회로, 출퇴표시등, 전관표시 장치 등은 50[%]) 이하일 것

(8) 지지점 간의 거리

① 캡타이어 케이블, 쇼케이스 : 1[m]

② 합성수지관 : 1.5[m]

③ 라이팅 덕트 및 애자 : 2[m]

④ 버스, 금속 덕트 : 3[m]

(9) 기타

① 위험물 : 금속관, 케이블, 합성수지관

② 전시회, 쇼 및 공연장 : 사용전압 400[V] 미만

③ 접촉전선 : 높이 3.5[m], 400[V] 이상 28[mm^2]

④ 고압 이동전선 : 단면적 0.75[mm^2] 이상의 코드 또는 캡타이어케이블

⑤ 전기 울타리 : 사용전압 250[V], 2.0[mm] 이상 경동선

⑥ 유희성 전차 : 직류 60[V], 교류 40[V]

⑦ 교통신호 : 사용전압 300[V], 공칭단면적 2.5[mm^2]

⑧ 전기온상 : 발열선의 온도 80[℃] 이하

⑨ 전기 욕기 : 사용전압 10[V] 이하

⑩ 풀용 수중 2차 비접지
  ㉮ 30[V] 초과 : 지락 차단장치 시설
  ㉯ 30[V] 이하 : 혼촉 방지판을 시설

⑪ 전기부식방지 : 직류 60[V] 이하

⑫ 아크용접 : 1차 대지전압 300[V] 이하, 절연 변압기 사용

핵심 **06** 전기 철도 설비

(1) 전차선의 건조물 간의 최소 이격기리

시스템 종류	공칭 전압 [V]	동적(mm)		정적(mm)	
		비오염	오염	비오염	오염
직류	750	25	25	25	25
	1,500	100	110	150	160
단상 교류	25,000	170	220	270	320

(2) 전차선로 설비의 안전율

    ① 합금전차선의 경우 2.0 이상

    ② 경동선의 경우 2.2 이상

    ③ 조가선 및 조가선 장력을 지탱하는 부품에 대하여 2.5 이상

    ④ 복합체 자재(고분자 애자 포함)에 대하여 2.5 이상

    ⑤ 지지물 기초에 대하여 2.0 이상

    ⑥ 장력조정장치 2.0 이상

    ⑦ 빔 및 브래킷은 소재 허용응력에 대하여 1.0 이상

    ⑧ 철주는 소재 허용응력에 대하여 1.0 이상

    ⑨ 가동브래킷의 애자는 최대 만곡하중에 대하여 2.5 이상

    ⑩ 지선은 선형일 경우 2.5 이상, 강봉형은 소재 허용응력에 대하여 1.0 이상

(3) 전식 방지 대책

    ① 전기철도측의 전식방식 또는 전식예방을 위해서는 다음 방법을 고려하여야 한다.

      1. 변전소 간 간격 축소

      2. 레일본드의 양호한 시공

      3. 장대레일채택

      4. 절연도상 및 레일과 침목사이에 절연층의 설치

    ② 매설금속체측의 누설전류에 의한 전식의 피해가 예상되는 곳은 다음 방법을 고려하여야 한다.

      1. 배류장치 설치

      2. 절연코팅

      3. 매설금속체 접속부 절연

      4. 저준위 금속체를 접속

      5. 궤도와의 이격 거리 증대

      6. 금속판 등의 도체로 차폐

(4) 누설전류 간섭에 대한 방지

    ① 접속하여 전체 종 방향 저항이 5[%] 이상 증가하지 않도록 하여야 한다.

    ② 주행레일과 최소 1[m] 이상의 거리를 유지

Memo

한국전기설비규정(KEC)

공통사항

01 통칙 (한국전기설비규정(KEC) 111)

(1) 적용범위

이 규정은 인축의 감전에 대한 보호와 전기설비 계통, 시설물, 발전용 수력설비, 발전용 화력설비, 발전설비 용접 등의 안전에 필요한 성능과 기술적인 요구사항에 대하여 적용한다.

(2) 주요 용어의 정의 (KEC 112)

1. 가공인입선 : 가공전선로의 지지물로부터 다른 지지물을 거치지 아니하고 수용장소의 붙임점에 이르는 가공전선을 말한다.

2. 계통연계 : 둘 이상의 전력계통 사이를 전력이 상호 융통될 수 있도록 선로를 통하여 연결하는 것으로 전력계통 상호간을 송전선, 변압기 또는 직류-교류변환설비 등에 연결하는 것

3. 고장보호 : 고장 시 기기의 노출도전부에 간접 접촉함으로써 발생할 수 있는 위험으로부터 인축을 보호하는 것을 말한다.

4 관등회로 : 방전등용 안정기 또는 방전등용 변압기로부터 방전관까지의 전로

5 내부 피뢰시스템 : 등전위본딩 또는 외부 피뢰시스템의 전기적 절연으로 구성된 피뢰시스템의 일부

6. 노출도전부 : 충전부는 아니지만 고장 시에 충전될 위험이 있고, 사람이 쉽게 접촉할 수 있는 기기의 도전성 부분

7. 뇌전자기임펄스(LEMP) : 서지 및 방사상 전자계를 발생시키는 저항성, 유도성 및 용량성 결합을 통한 뇌전류에 의한 모든 전자기 영향을 말한다.

8. 등전위본딩(Equipotential Bonding) : 등전위를 형성하기 위해 도전부 상호간을 전기적으로 연결하는 것을 말한다.

9. 리플프리직류 : 교류를 직류로 변환할 때 리플성분의 실효값이 10[%] 이하로 포함된 직류를 말한다.

10. 보호등전위본딩 : 감전에 대한 보호 등과 같은 안전을 목적으로 하는 등전위본딩을 말한다.

11. 보호도체 : 감전에 대한 보호 등 안전을 위해 제공되는 도체를 말한다.
    ① PEN 도체 : 중성선 겸용 보호도체를 말한다.
      ※PEN : PE(보호도체), N(중성선)
    ② PEM 도체 : 직류회로에서 중간선 겸용 보호도체를 말한다.
    ③ PEL 도체 : 직류회로에서 선도체 겸용 보호도체를 말한다.

12. 분산형전원 : 중앙급전 전원과 구분되는 것으로서 전력소비지역 부근에 분산하여 배치 가능한 전원

13. 서지보호장치(SPD : Surge Protective Device): 과도 과전압을 제한하고 서지전류를 분류시키기 위한 장치

14. 수뢰부 시스템 : 낙뢰를 포착할 목적으로 피뢰침, 망상도체, 피뢰선 등과 같은 금속 물체를 이용한 외부 피뢰시스템

15. 스트레스전압(Stress Voltage) : 지락고장 중에 접지부분 또는 기기나 장치의 외함과 기기나 장치의 다른 부분 사이에 나타나는 전압

16. 외부피뢰시스템 : 수뢰부시스템, 인하도선시스템, 접지극시스템으로 구성된 피뢰시스템의 일종

17. 인하도선시스템 : 뇌전류를 수뢰시스템에서 접지극으로 흘리기 위한 외부 피뢰시스템의 일부

18. 접지시스템 : 기기나 계통을 개별적 또는 공통으로 접지하기 위하여 필요한 접속 및 장치로 구성된 설비

19. 제1차접근상태 : 가공전선이 다른 시설물의 위쪽 또는 옆쪽에서 수평 거리로 3[m] 이상인 곳에 시설

20. 제2차접근상태 : 가공전선이 다른 시설물의 위쪽 또는 옆쪽에서 수평 거리로 3[m] 미만인 곳에 시설

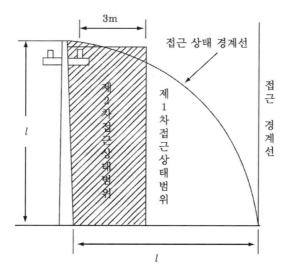

21. 전기철도용 급전선로 : 전기철도용 급전선 및 이를 지지하거나 수용하는 시설물

22. 지중 관로 : 지중 전선로, 지중 약전류 전선로, 지중 광섬유 케이블 선로, 지중에 시설하는 수관 및 가스관과 이와 유사한 것 및 이들에 부속하는 지중함 등을 말한다.

23. 피뢰레벨(LPL) : 자연적으로 발생하는 뇌방전을 초과하지 않는 최대 그리고 최소 설계 값에 대한 확률과 관련된 일련의 뇌격전류 매개변수(파라미터)로 정해지는 레벨을 말한다.

24. 가섭선 : 지지물에 가설되는 모든 선류

【기사】 04/2 05/3 08/2 【산업기사】 14/3

제2차 접근 상태를 바르게 설명한 것은?

① 가공 전선이 전선의 절단, 또는 지지물의 도괴 등이 되는 경우 당해 전선이 다른 시설물에 접속될 우려가 있는 상태

② 가공전선이 다른 시설물과 접근하는 경우에 당해 가공전선이 다른 시설물의 위쪽, 또는 옆쪽에서 수평거리로 3[m] 미만인 곳에 시설되는 상태

③ 가공전선이 다른 시설물과 접근하는 경우 가공전선을 다른 시설물과 수평하게 시설되는 상태

④ 가공선로에 제2종 접지공사를 하고 보호망으로 보호하여 인축의 감전상태를 방지하도록 조치하는 상태

정답 및 해설 [용어의 정의 (KEC 112)] 제2차 접근 상태란 가공 전선이 다른 시설물과 접근하는 경우에 그 가공 전선이 다른 시설물의 위쪽 또는 옆쪽에서 수평 거리로 3[m] 미만인 곳에 시설되는 상태를 말한다.

【정답】②

(3) 전압의 종별 (기술기준 제3조)

전압은 다음 각 호와 같이 저압, 고압 및 특별 고압의 3종으로 구분

저압	·직류 : 1500[V] 이하
	·교류 : 1000[V] 이하
고압	·직류 : 1500[V] 초과 7000[V] 이하
	·교류 : 1000[V] 초과 7000[V] 이하
특고압	직류, 교류 모두 7000[V]를 초과

전압의 종별에서 교류 1000[V]는 무엇으로 분류하는가?

① 저압   ② 고압

③ 특고압   ④ 초고압

정답 및 해설 [전압의 종별(고압) (기술기준 제3조)]
·고압 : 직류는 1500[V]를, 교류는 1000[V]를 넘고 7000[V] 이하인 것
·특고압 : 직류, 교류 모두 7000[V]를 초과

【정답】①

(4) 안전을 위한 보호 (KEC 113)

① 기본보호

    1. 인축의 몸을 통해 전류가 흐르는 것을 방지

    2. 인축의 몸에 흐르는 전류를 위험하지 않는 값 이하로 제한

② 고장 보호

    ㉮ 노출도전부에 인축이 접촉하여 일어날 수 있는 위험으로부터 보호되어야 한다.

    ㉯ 고장 보호는 다음 중 어느 하나에 적합하여야 한다.

        1. 인축의 몸을 통해 고장전류가 흐르는 것을 방지

        2. 인축의 몸에 흐르는 고장전류를 위험하지 않는 값 이하로 제한

        3. 인축의 몸에 흐르는 고장전류의 지속시간을 위험하지 않은 시간까지로 제한

③ 기타 안전을 위한 보호

    1. 열 영향에 대한 보호

    2. 과전류에 대한 보호

    3. 고장전류에 대한 보호

    4. 과전압 및 전자기 장애에 대한 대책

    5. 전원공급 중단에 대한 보호

02 전선 (KEC 120)

(1) 전선의 선정

① 전선은 통상 사용 상태에서의 온도에 견디는 것

② 전선은 설치장소의 환경조건에 적절하고 발생할 수 있는 전기·기계적 응력에 견디는 능력이 있는 것

(2) 전선의 식별

상(문자)	색상
L1	갈색
L2	흑색
L3	회색
N	청색
보호도체	녹색-노란색

(3) 전선의 종류 (KEC 122)

① 절연전선 (kec 122.1)

저압 절연전선은 450/750[V] 비닐절연전선, 450/750[V] 저독난연 폴리올레핀 절연전선, 450/750[V] 고무절연전선을 사용하여야 한다.

② 저압케이블 (kec 122.4)

사용전압이 저압인 전로의 전선으로 사용하는 케이블은 「전기용품 및 생활용품 안전관리법」의 적용을 받는 것 이외에는 KS 표준에 적합한 것으로 0.6/1[kV] 연피케이블, 클로로프렌외장케이블, 비닐외장케이블, 폴리에틸렌외장케이블, 무기물 절연케이블, 금속외장케이블, 유선텔레비전용 급전겸용 동축 케이블을 사용하여야 한다.

③ 고압 및 특고압케이블 (kec 122.5)

㉮ 사용전압이 고압인 전로의 전선으로 사용하는 케이블은 클로로프렌외장케이블, 비닐외장케이블, 폴리에틸렌외장케이블, 콤바인 덕트 케이블 또는 이들에 보호 피복을 한 것을 사용하여야 한다.

㉯ 특고압 전로의 다중접지 지중 배전계통에 사용하는 동심중성선 전력케이블은 다음에 적합한 것을 사용하여야 한다.

1. 최고전압은 25.8[kV] 이하일 것
2. 도체는 연동선 또는 알루미늄선을 소선으로 구성한 원형 압축연선으로 할 것
3. 절연체는 동심원상으로 동시압출(3중 동시압출)한 내부 반도전층, 절연층 및 외부 반도전층으로 구성하여야 하며, 건식 방식으로 가교할 것

(4) 전선의 접속법 (KEC 123)

① 전선의 접속 방법

1. 전기저항을 증가시키지 않도록 할 것
2. 전선의 세기를 20[%] 이상 감소시키지 아니 할 것
3. 접속부분의 절연전선에 절연물과 동등 이상의 절연효력이 있는 것으로 충분히 피복할 것
4. 접속부분에 전기적 부식이 생기지 않도록 할 것
5. 코드 상호, 캡타이어 케이블 상호, 케이블 상호 또는 이를 상호 접속하는 경우에는 코드 접속기, 접속함 기타의 기구를 사용할 것

② 두 개 이상의 전선을 병렬로 사용하는 경우

1. 병렬로 사용하는 각 전선의 굵기는 동선 50[mm^2] 이상 또는 알루미늄 70[mm^2] 이상으로 하고, 전선은 같은 도체, 같은 재료, 같은 길이 및 같은 굵기의 것을 사용할 것
2. 같은 극의 각 전선은 동일한 터미널러그에 완전히 접속할 것
3. 같은 극인 각 전선의 터미널러그는 동일한 도체에 2개 이상의 리벳 또는 2개 이상의 나사로 접속할 것

【산업기사】 12/2

다음 중 전선 접속 방법이 잘못된 것은?

① 알루미늄과 동을 사용하는 전선을 접속하는 경우에는 접속 부분에 전기적 부식이 생기지 않아야 한다.

② 공칭단면적 $10[mm^2]$ 미만인 캡타이어 케이블 상호간을 접속하는 경우에는 접속함을 사용할 수 없다.

③ 절연전선 상호간을 접속하는 경우에는 접속부분을 절연효력이 있는 것으로 충분히 피복하여야 한다.

④ 나전선 상호간의 접속인 경우에는 전선의 세기를 20[%] 이상 감소시키지 않아야 한다.

정답 및 해설 [전선의 접속법 (kec 123)] ② 공칭 단면적 $10[mm^2]$ 이상인 캡타이어 케이블 상호 간을 접속하는 경우에는 접속함을 사용할 수 없다. 【정답】②

03 전로의 절연 (KEC 130)

(1) 전로의 절연 원칙 (KEC 131)

전로는 다음의 경우를 제외하고 대지로부터 절연

① 저압 전로에 접지공사를 하는 경우의 접지점

② 전로의 중성점에 접지공사를 하는 경우의 접지점

③ 계기용변성기의 2차측 전로에 접지공사를 하는 경우의 접지점

④ 특고압 가공전선과 저고압 가공전선의 병가에 따라 저압 가공 전선의 특고압 가공 전선과 동일 지지물에 시설되는 부분에 접지공사를 하는 경우의 접지점

⑤ 25[kV] 이하로서 다중 접지를 하는 경우의 접지점

⑥ 시험용 변압기, 전력선 반송용 결합 리액터, 전기울타리용 전원장치, 엑스선발생장치, 전기부식방지용 양극, 단선식 전기철도의 귀선 등 전로의 일부를 대지로부터 절연하지 아니하고 전기를 사용하는 것이 부득이한 것.

⑦ 전기욕기, 전기로, 전기보일러, 전해조 등 대지로부터 절연하는 것이 기술상 곤란한 것

(2) 전로의 사용전압에 따른 절연저항값 (기술기준 제52조)

전로의 사용전압의 구분	DC 시험전압	절연 저항값
SELV 및 PELV	250	0.5[MΩ]
FELV, 500[V] 이하	500	1[MΩ]
500[V] 초과	1000	1[MΩ]

※특별저압(2차 전압이 AC 50[V], DC 120[V] 이하)으로 SELV(비접지 회로 구성) 및
PELV(접지회로 구성)은 1차와 2차가 전기적으로 절연되지 않은 회로

SPD 또는 기타 기기 등은 측정 전에 분리시켜야 하고, 부득이하게 분리가 어려운 경우에는 시험전압을 250[V] DC로 낮추어 측정할 수 있지만 절연저항값은 1[MΩ] 이상이어야 한다.

핵심기출 【기사】 06/1 16/2

전로의 절연 원칙에 따라 대지로부터 반드시 절연하여야 하는 것은?

① 전로의 중성점에 접지공사를 하는 경우의 접지점

② 계기용 변성기의 2차측 전로에 접지공사를 하는 경우의 접지점

③ 저압 가공전선로에 접속되는 변압기

④ 시험용 변압기

정답 및 해설 [전로의 절연 (KEC 130)] 전로는 다음의 경우를 제외하고 대지로부터 절연하여야 한다.
① 각 접지 공사를 하는 경우의 접지점
② 전로의 중성점을 접지하는 경우의 접지점
③ 계기용 변성기의 2차측 전로에 접지공사를 하는 경우의 접지점
④ 25[kV] 이하로서 다중 접지하는 경우의 접지점
⑤ 특고압 가공전선과 저고압 가공전선의 병가에 따라 저압 가공 전선의 특고압 가공 전선과 동일 지지물에 시설되는 부분에 접지공사를 하는 경우의 접지점
⑥ 시험용 변압기, 전력선 반송용 결합 리액터, 전기울타리용 전원장치, 엑스선발생장치, 전기부식방지용 양극, 단선식 전기철도의 귀선 등 전로의 일부를 대지로부터 절연하지 아니하고 전기를 사용하는 것이 부득이한 것.
⑦ 전기 욕기, 전기로, 전기보일러, 전해조 등 대지로부터 절연하는 것이 기술상 곤란한 것

【정답】③

---

(3) 전로의 절연저항 및 절연내력 (KEC 132)

① 저압 전선로 중 절연 부분의 전선과 대시 사이 및 전선의 심선 상호 간의 절연저항은 사용 전압에 대한 누설전류가 최대 공급전류의 1/2000을 넘지 않도록 하여야한다.

$$누설전류\ I_g \leq 최대공급전류 \times \frac{1}{2000}[A]$$

② 절연저항 측정이 곤란한 경우에는 누설전류를 1[mA] 이하로 유지하여야 한다.

③ 고압 및 특고압의 전로에 연속하여 10분간 가하여 절연내력을 시험하였을 때에 이에 견디어야 한다. 다만, 직류인 경우 2배의 전압

④ 절연내력 시험전압 (최대 사용전압의 배수)

권선의 종류		시험 전압	시험 최소 전압
7[kV] 이하		1.5배	500[V]
7[kV] 넘고 25[kV] 이하	다중접지식	0.92배	
7[kV] 넘고 60[kV] 이하	비접지방식	1.25배	10,500[V]
60[kV]초과	비접지	1.25배	
	접지식	1.1배	75,000[V]
60[kV] 넘고 170[kV] 이하	중성점 직접지식	0.72배	
170[kV] 초과	중성점 직접지식	0.64배	

⑤ 회전기 및 정류기의 절연내력 (KEC 133)

종류			시험전압	시험방법
회전기	발전기, 전동기, 조상기, 기타회전기	7[kV] 이하	1.5배 (최저 500[V])	권선과 대지 사이에 연속하여 10분간 가한다.
		7[kV] 초과	1.25배 (최저 10,500[V])	
	회전변류기		직류 최대사용전압의 1배의 교류전압 (최저 500[V])	
정류기	60[kV] 이하		직류 최대 사용전압의 1배의 교류전압 (최저 500[V])	충전부분과 외함 간에 연속하여 10분간 가한다.
	60[kV] 초과		교류 최대사용전압의 1.1배의 교류전압 또는 직류측의 최대 사용전압의 1.1배의 직류전압	교류측 및 직류고전압측 단자와 대지사이에 연속하여 10분간 가한다.

⑥ 연료 전지 및 태양전지 모듈의 절연내력 (KEC 134)

최대사용전압의 1.5배의 직류전압 또는 1배의 교류전압(500[V] 미만으로 되는 경우에는 500[V])을 충전부분과 대지사이에 연속하여 10분간 가하여 절연내력을 시험하였을 때에 이에 견디는 것이어야 한다.

⑦ 변압기 전로의 절연내력 (KEC 135)

변압기의 절연내력은 시험전압과 시험방법으로 계속 10분간 가하여 절연내력시험을 하였을 때 견딜 것

권선의 종류		시험 전압	시험 최소 전압
7[kV] 이하	권선	1.5배	500[V]
	다중접지	0.92배	
7[kV] 넘고 25[kV] 이하 (다중접지식 전로)		0.92배	
7[kV] 넘고 60[kV] 이하 (다중접지 이외)		1.25배	10,500[V]
60[kV] 초과	비접지	1.25배	
	접지식	1.1배	75[kV]
	직접접지	0.72배	
170[kV] 초과		0.64배	

핵심기출 【기사】 07/1 16/1 19/1 【산업기사】 08/2

최대 사용전압이 22,900[V]인 3상 4선식 중성선 다중 접지식 전로와 대지 사이의 절연내력 시험전압은 몇 [V]인가?

① 21,068

② 25,229

③ 28,752

④ 32,510

정답 및 해설 [전로의 절연 저항 및 절연 내력 (KEC 135)]

중성점 다중 접지	7[kV] 넘고 25[kV] 이하	최대 사용 전압×0.92

→ $22900 \times 0.92 = 21068[V]$

【정답】①

04 접지시스템 (KEC 140)

1. 접지시스템의 구분 및 종류 (KEC 141)

(1) 접지 시스템 구분

① 계통접지 : 전력 계통의 이상 현상에 대비하여 대지와 계통을 접속

② 보호접지 : 감전 보호를 목적으로 기기의 한 점 이상을 접지

③ 피뢰시스템 접지 : 뇌격전류를 안전하게 대지로 방류하기 위한 접지

(2) 접지시스템의 시설 종류

① 단독접지 : 특·고압 계통의 접지극과 저압 접지계통의 접지극을 독립적으로 시설하는 접지방식

② 공통접지 : 특·고압 접지계통과 저압 접지계통을 등전위 형성을 위해 공통으로 접지하는 방식

③ 통합접지 : 계통접지, 통신접지, 피뢰접지의 접지극을 통합하여 접지하는 방식

2. 접지시스템의 시설 (KEC 142)

(1) 접지시스템의 구성요소 (KEC 142.1)

① 접지시스템은 접지극, 접지도체, 보호도체 및 기타 설비로 구성

② 접지극은 접지도체를 사용하여 주 접지단자에 연결하여야 한다.

(2) 접지시스템 요구사항 (KEC 142.1)

① 접지시스템은 다음에 적합하여야 한다.

    1. 전기설비의 보호 요구사항을 충족하여야 한다.

    2. 지락전류와 보호도체 전류를 대지에 전달할 것. 다만, 열적, 열·기계적, 전기·기계적 응력 및 이러한 전류로 인한 감전 위험이 없어야 한다.

    3. 전기설비의 기능적 요구사항을 충족하여야 한다.

② 접지저항 값은 다음에 의한다.

    1. 부식, 건조 및 동결 등 대지환경 변화에 충족하여야 한다.

    2. 인체감전보호를 위한 값과 전기설비의 기계적 요구에 의한 값을 만족하여야 한다.

핵심기출 다음 중 접지시스템의 구성요소에 해당되지 않는 것은?

① 접지극　　　　　　　　② 보호도체

③ 접지도체　　　　　　　　④ 절연도체

정답 및 해설 [접지시스템의 시설 (KEC 142)] 접지시스템은 <u>접지극, 접지도체, 보호도체</u> 및 기타 설비로 구성

【정답】④

---

(3) 접지극의 시설 및 접지저항 (KEC 142.2)

① 접지극은 다음의 방법 중 하나 또는 복합하여 시설하여야 한다.

   1. 콘크리트에 매입 된 기초 접지극

   2. 토양에 매설된 기초 접지극

   3. 토양에 수직 또는 수평으로 직접 매설된 금속전극(봉, 전선, 테이프, 배관, 판 등)

   4. 케이블의 금속외장 및 그 밖에 금속피복

   5. 지중 금속구조물(배관 등)

   6. 대지에 매설된 철근콘크리트의 용접된 금속 보강재. 다만, 강화콘크리트는 제외한다.

② 접지극의 매설방법

   1. 접지극은 매설하는 토양을 오염시키지 않아야 하며, 가능한 다습한 부분에 설치한다.

   2. 접지극은 지표면으로부터 지하 75[cm] 이상으로 하되 동결 깊이를 감안하여 매설 깊이를 정해야 한다.

   3. 접지선을 철주 기타의 금속체를 따라 시설하는 경우에는 접지극을 철주의 밑면으로부터 30[cm] 이상 깊이에 매설하는 경우 이외에는 접지극을 지중에서 금속체로부터 1[m] 이상 이격할 것

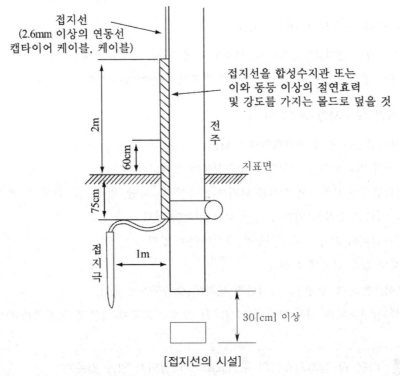

[접지선의 시설]

③ 접지시스템 부식에 대한 고려사항

   1. 접지극에 부식을 일으킬 수 있는 폐기물 집하장 및 번화한 장소에 접지극 설치는 피해야 한다.

   2. 서로 다른 재질의 접지극을 연결할 경우 전식을 고려하여야 한다.

   3. 콘크리트 기초접지극에 접속하는 접지도체가 용융아연도금강제인 경우 접속부를 토양에 직접 매설해서는 안 된다.

④ 수도관 등을 접지극으로 사용하는 경우

지중에 매설되어 있고 대지와의 전기저항 값이 3[Ω] 이하의 값을 유지하고 있는 금속제 수도관로가 다음에 따르는 경우 접지극으로 사용이 가능하다.

1. 관내경의 크기가 75[mm] 이상 또는 이로부터 분기한 안지름 75[mm] 미만인 금속체 수도관의 분기점으로부터 5[m] 이내의 부분에서 할 것. 단, 대지 간의 전기저항치가 2[Ω] 이하인 경우에는 분기점으로부터 거리는 5[m]를 넘을 수 있다.

2. 대지와의 사이에 전기저항 값이 2[Ω] 이하인 값을 유지하는 건물의 철골, 기타의 금속제는 이를 비접지식 고압전로에 시설하는 기계기구의 철대 또는 금속제 외함에 실시하는 비접지식 고압전로와 저압전로를 결합하는 변압기의 저압전로에 시설하는 접지공사의 접지극으로 사용할 수 있다.

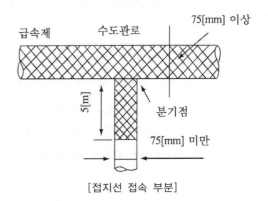

[접지선 접속 부분]

---

(4) 접지도체, 보호도체 (KEC 142.3)

① 접지도체 (KEC 142.3.1)

⑦ 접지도체의 선정

㉠ 접지도체의 단면적은 큰 고장전류가 접지도체를 통하여 흐르지 않을 경우

1. 구리는 6[mm^2] 이상

2. 철제는 50[mm^2] 이상

㉡ 접지도체에 피뢰시스템이 접속되는 경우

1. 구리 16[mm^2] 이상

2. 철 50[mm^2] 이상

⑭ 적용 종류별 접지선의 최소 단면적

㉠ 특고압·고압 전기설비용 접지도체는 단면적 6 [mm^2] 이상의 연동선 또는 동등 이상의 단면적 및 강도를 가져야 한다.

㉡ 중성점 접지용 접지도체는 공칭단면적 16[mm^2] 이상의 연동선 또는 동등 이상의 단면적 및 세기를 가져야 한다. 다만, 다음의 경우에는 공칭단면적 6[mm^2] 이상의 연동선 또는 동등 이상의 단면적 및 강도를 가져야 한다.

1. 7[kV] 이하의 전로

2. 사용전압이 25[kV] 이하인 특고압 가공전선로. 다만, 중성선 다중접지식의 것으로서 전로에 지락이 생겼을 때 2초 이내에 자동적으로 이를 전로로부터 차단하는 장치가 되어 있는 것

㉰ 접지도체는 지하 75[cm] 부터 지표 상 2[m] 까지 부분은 합성수지관(두께 2[㎜] 미만의 합성수지제 전선관 및 가연성 콤바인덕트관은 제외) 또는 이와 동등 이상의 절연효과와 강도를 가지는 몰드로 덮어야 한다.

㉱ 이동하여 사용하는 전기기계기구의 금속제 외함

1. 특고압·고압 : 단면적이 10[mm^2] 이상

2. 저압 : 0.75[mm^2] 이상. 다만, 다심(연선) 1.5[mm^2] 이상

② 상도체와 보호도체 (KEC 142.3.2)

⑦ 보호도체의 최소 단면적

㉠ 보호도체의 최소 단면적은 다음 표에 따라 선정해야 하며, 보호도채용 단자도 이 도체의 크기에 적합하여야 한다. 다만 ㉡에 따라 계산한 값 이상이어야 한다.

상도체의 단면적 S (mm^2, 구리)	보호도체의 최소 단면적(mm^2, 구리)	
	보호도체의 재질	
	상도체와 같은 경우	상도체와 다른 경우
S ≤ 16	S	$(k_1/k_2) \times S$
16 〈 S ≤ 35	16(a)	$(k_1/k_2) \times 16$
S 〉 35	S(a)/2	$(k_1/k_2) \times (S/2)$

ⓛ 보호도체의 단면적은 다음의 계산 값 이상이어야 한다.

1. 차단시간이 5초 이하인 경우에만 다음 계산식을 적용한다.

$$S = \frac{\sqrt{I^2 t}}{k}$$

여기서, S : 단면적(mm^2), I : 예상 고장전류 실효값[A], t : 보호장치의 동작시간[s]
a : 도체의 최소 단면적은 중성선과 동일하게 적용, k : 계수

2. IT 계통에서는 보호도체의 단면적은 구리 25[mm^2], 알루미늄 35[mm^2]를 초과할 필요는 없다.

ⓒ 보호도체가 케이블의 일부가 아니거나 상도체와 동일 외함에 설치되지 않으면 단면적은 다음의 굵기 이상으로 하여야 한다.

1. 기계적 손상에 대해 보호가 되는 경우는 구리 2.5[mm^2], 알루미늄 16[mm^2] 이상

2. 기계적 손상에 대해 보호가 되지 않는 경우는 구리 4[mm^2], 알루미늄 16[mm^2] 이상

④ 보호도체의 종류는 다음에 의한다.

㉠ 보호도체는 다음 중 하나 또는 복수로 구성하여야 한다.

1. 다심케이블의 도체

2. 충전도체와 같은 트렁킹에 수납된 절연도체 또는 나도체

3. 고정된 절연도체 또는 나도체

ⓛ 다음과 같은 금속부분은 보호도체 또는 보호본딩도체로 사용해서는 안 된다.

1. 금속 수도관

2. 가스, 액체, 분말과 같은 잠재적인 인화성 물질을 포함하는 금속관

3. 상시 기계적 응력을 받는 지지 구조물 일부

4. 가요성 금속배관. 다만, 보호도체의 목적으로 설계된 경우는 예외로 한다.

5. 가요성 금속전선관

6. 지지선, 케이블트레이 및 이와 비슷한 것

③ 보호도체의 단면적 보강 (KEC 142.3.3)

전기설비의 정상 운전상태에서 보호도체에 10[mA]를 초과하는 전류가 흐르는 경우, 다음에 의해 보호도체를 증강하여 사용하여야 한다.

1. 보호도체가 하나인 경우 보호도체의 단면적은 전 구간에 구리 $10[mm^2]$ 이상 또는 알루미늄 $16[mm^2]$ 이상으로 하여야 한다.

2. 추가로 보호도체를 위한 별도의 단자가 구비된 경우, 최소한 고장 보호에 요구되는 보호도체의 단면적은 구리 $10[mm^2]$, 알루미늄 $16[mm^2]$ 이상으로 한다.

④ 보호도체와 계통도체 겸용 (KEC 142.3.4)

1. 단면적은 구리 $10[mm^2]$ 또는 알루미늄 $16[mm^2]$ 이상이어야 한다.

2. 중성선과 보호도체의 겸용도체는 전기설비의 부하 측으로 시설하여서는 안 된다.

3. 폭발성 분위기 장소는 보호도체를 전용으로 하여야 한다.

⑤ 보호접지 및 기능접지의 겸용도체 (KEC 142.3.5)

1. 보호접지와 기능접지 도체를 겸용하여 사용할 경우 보호도체에 대한 조건과 감전보호용 등전위본딩 및 피뢰시스템 등전위본딩의 조건에도 적합하여야 한다.

2. 전자통신기기에 전원공급을 위한 직류귀환 도체는 겸용도체(PEL 또는 PEM)로 사용 가능하고, 기능접지도체와 보호도체를 겸용할 수 있다.

⑥ 감전보호에 따른 보호도체 (KEC 142.3.6)

과전류보호장치를 감전에 대한 보호용으로 사용하는 경우, 보호도체는 충전도체와 같은 배선설비에 병합시키거나 근접한 경로로 설치하여야 한다.

⑦ 주 접지단자 (KEC 142.3.7)

㉮ 접지시스템은 주 접지단자를 설치하고, 다음의 도체들을 접속하여야 한다.

1. 등전위본딩도체   2. 접지도체

3. 보호도체   4. 기능성 접지도체

㉯ 여러 개의 접지단자가 있는 장소는 접지단자를 상호 접속하여야 한다.

㉰ 주 접지단자에 접속하는 각 접지도체는 개별적으로 분리할 수 있어야 하며, 접지저항을 편리하게 측정할 수 있어야 한다.

(5) 전기수용가 접지 (KEC 142.4)

① 저압수용가 인입구 접지

1. 대지와의 저항값이 $3[\Omega]$ 이하인 금속제 수도관로

2. 대지 사이의 저항값이 $3[\Omega]$ 이하인 값을 유지하는 건물의 철골

3. 접지도체 : 공칭단면적 $6[mm^2]$ 이상의 연동선

② 주택 등 저압 수용 장소 접지

계통접지가 TN-C-S 방식인 경우에 보호도체는 다음에 따라 시설하여야 한다.

1. 보호도체의 최소 단면적은 [보호도체의 최소 단면적]에 의한 값 이상으로 한다.

2. 중성선 겸용 보호도체(PEN)는 고정 전기설비에만 사용할 수 있고, 그 도체의 단면적이 구리는 $10[mm^2]$ 이상, 알루미늄은 $16[mm^2]$ 이상

(6) 변압기 중성점 접지의 접지저항 (KEC 142.5)

변압기의 중성점접지 저항 값은 다음에 의한다.

① 일반적으로 변압기의 고압·특고압측 전로 1선 지락전류로 150을 나눈 값과 같은 저항 값 이하

$R = \dfrac{150}{I}[\Omega]$: 특별한 보호 장치가 없는 경우   → (여기서, I : 1선지락전류)

② 1초 초과 2초 이내에 고압·특고압 전로를 자동으로 차단하는 장치를 설치할 때는 300을 나눈 값 이하

$R = \dfrac{300}{I}[\Omega]$: 보호 장치의 동작이 1~2초 이내

③ 1초 이내에 고압·특고압 전로를 자동으로 차단하는 장치를 설치할 때는 600을 나눈 값 이하

$R = \dfrac{600}{I}[\Omega]$: 보호 장치의 동작이 1초 이내

핵심기출 【기사】 05/2

변압기 고압 측 전로의 1선 지락전류가 5[A]이고, 저압 측 전로와의 혼촉에 의한 사고 시 고압 측 전로를 자동적으로 차단하는 장치가 되어 있지 않은, 즉 일반적인 경우에는 접지 저항값의 최대값은 몇 [Ω]인가? (단, 혼촉에 의한 대지전압은 150[V]이다.)

① 10   ② 20   ③ 30   ④ 40

정답 및 해설 [변압기 중성점 접지 저항값 (kec 142.5)]

특별한 보호 장치가 없는 경우 : $\dfrac{150}{1선\ 지락\ 전류} = \dfrac{150}{5} = 30[\Omega]$

【정답】③

---

(7) 공통접지 및 통합접지 (KEC 142.5.2)

① 고압 및 특고압과 저압 전기설비의 접지극이 서로 근접하여 시설되어 있는 변전소 또는 이와 유사한 곳에서는 다음과 같이 공통접지시스템으로 할 수 있다.

　1. 저압 전기설비의 접지극이 고압 및 특고압 접지극의 접지저항 형성 영역에 완전히 포함되어 있다면 위험 전압이 발생하지 않도록 이들 접지극을 상호 접속하여야 한다.

　2. 접지시스템에서 고압 및 특고압 계통의 지락사고 시 저압계통에 가해지는 상용주파 과전압은 다음 표에서 정한 값을 초과해서는 안 된다.

[저압설비 허용 상용주파 과전압]

고압계통에서 지락고장시간 (초)	저압설비 허용 상용주파 과전압[V]	비고
>5	$U_0 + 250$ (U_0 : 상전압)	단, 중성선 도체가 없는 계통에서 U_0는 선간전압을 말한다.
≤ 5	$U_0 + 1200$ (U_0 : 상전압)	

[비고]
1. 순시 상용주파 과전압에 대한 저압기기의 절연 설계기준과 관련된다.
2. 중성선이 변전소 변압기의 접지계통에 접속된 계통에서, 건축물외부에 설치한 외함이 접지되지 않은 기기의 절연에는 일시적 상용주파 과전압이 나타날 수 있다.

② 전기설비의 접지계통, 건축물의 피뢰설비, 전자통신설비 등의 접지극을 공용

　1. 낙뢰에 의한 과전압 등으로부터 전기전자 기기 등을 보호하기 위해 서지보호 장치를 설치하여야 한다.

3. 감전보호용 등전위본딩 (kec 143)

(1) 등전위본딩의 적용 (kec 143.1)

① 건축물·구조물에서 접지도체, 주 접지단자와 다음의 도전성 부분은 등전위본딩 하여야 한다. 다만, 이들 부분이 다른 보호도체로 주 접지단자에 연결된 경우는 그러하지 아니하다.

　1. 수도관, 가스관 등 외부에서 내부로 인입되는 금속배관

　2. 건축물, 구조물의 철근, 철골 등 금속보강재

　3. 일상생활에서 접촉이 가능한 금속제 난방배관 및 공조설비 등 계통외도전부

② 주 접지단자에 보호등전위본딩 도체, 접지도체, 보호도체, 기능성 접지도체를 접속하여야 한다.

(2) 등전위본딩 시설 (kec 143.2)

① 보호등전위본딩

　㉮ 건축물, 구조물의 외부에서 내부로 들어오는 각종 금속제 배관은 다음과 같이 하여야 한다.

　　1. 1 개소에 집중하여 인입하고, 인입구 부근에서 서로 접속하여 등전위본딩 바에 접속하여야 한다.

　　2. 대형건축물 등으로 1 개소에 집중하여 인입하기 어려운 경우에는 본딩도체를 1 개의 본딩바에 연결한다.

　㉯ 수도관, 가스관의 경우 내부로 인입된 최초의 밸브 후단에서 등전위본딩을 하여야 한다.

　㉰ 건축물, 구조물의 철근, 철골 등 금속보강재는 등전위본딩을 하여야 한다.

② 보조 보호등전위본딩

 1. 보조 보호등전위본딩의 대상은 전원자동차단에 의한 감전보호방식에서 고장시 자동차단시간이 계통별 최대차단시간을 초과하는 경우이다.

 2. 제1의 차단시간을 초과하고 2.5[m] 이내에 설치된 고정기기의 노출도전부와 계통외도전부는 보조 보호등전위본딩을 하여야 한다. 다만, 보조 보호등전위본딩의 유효성에 관해 의문이 생길 경우 동시에 접근 가능한 노출도전부와 계통외도전부 사이의 저항 값(R)이 다음의 조건을 충족하는지 확인하여야 한다.

$$교류\ 계통: R \le \frac{50\,V}{I_a}[\Omega]\ (\Omega)$$

$$직류\ 계통: R \le \frac{120\,V}{I_a}[\Omega]$$

여기서, I_a : 보호장치의 동작전류[A]

(누전차단기의 경우 $I_{\triangle n}$(정격감도전류), 과전류보호장치의 경우 5초 이내 동작전류)

③ 비접지 국부등전위본딩

㉮ 절연성 바닥으로 된 비접지 장소에서 다음의 경우 국부등전위 본딩을 하여야 한다.

 1. 전기설비 상호 간이 2.5[m] 이내인 경우

 2. 전기설비와 이를 지지하는 금속체 사이

㉯ 전기설비 또는 계통외도전부를 통해 대지에 접촉하지 않아야 한다.

핵심유형 절연성 바닥으로 된 비접지 장소에서 국부등전위 본딩을 할 때 전기설비 상호 간의 거리는 몇 [m] 이내 이어야 하는가?

① 2[m]   ② 2.5[m]   ③ 3[m]   ④ 3.5[m]

정답 및 해설 [비접지 국부등전위본딩 (kec 143.2.2)] 전기설비 상호 간이 2.5[m] 이내인 경우 국부등전위 본딩을 하여야 한다.   【정답】②

---

(3) 등전위본딩 도체 (kec 143.3)

① 보호등전위본딩 도체

㉮ 주접지단자에 접속하기 위한 등전위본딩 도체는 설비 내에 있는 가장 큰 보호접지도체 단면적의 1/2 이상의 단면적을 가져야 하고 다음의 단면적 이상이어야 한다.

 1. 구리도체 6[mm^2]   2. 알루미늄 도체 16[mm^2]

 3. 강철 도체 50[mm^2]

㉯ 주접지단자에 접속하기 위한 보호본딩도체의 단면적은 구리도체 25[mm^2] 또는 다른 재질의 동등한 단면적을 초과할 필요는 없다.

② 보조 보호등전위본딩 도체

⑦ 두 개의 노출도전부를 접속하는 경우 도전성은 노출도전부에 접속된 더 작은 보호도체의 도전성보다 커야 한다.

⑭ 노출도전부를 계통외도전부에 접속하는 경우 도전성은 같은 단면적을 갖는 보호도체의 1/2 이상이어야 한다.

⑭ 케이블의 일부가 아닌 경우 또는 선로도체와 함께 수납되지 않은 본딩도체는 다음 값 이상이어야 한다.

1. 기계적 보호가 된 것은 구리도체 $2.5[mm^2]$, 알루미늄 도체 $16[mm^2]$

2. 기계적 보호가 없는 것은 구리도체 $4[mm^2]$, 알루미늄 도체 $16[mm^2]$

05 피뢰시스템 (KEC 150)

1. 피뢰시스템의 적용 범위 및 구성 (KEC 151)

(1) 적용 범위 (kec 151.1)

① 전기전자설비가 설치된 건축물, 구조물로서 낙뢰로부터 보호가 필요한 것 또는 지상으로부터 높이가 20[m] 이상인 것

② 저압전기전자설비

③ 고압 및 특고압 전기설비

(2) 피뢰시스템의 구성 (kec 151.2)

① 직격뢰로 부터 대상물을 보호하기 위한 외부피뢰시스템

② 간접뢰 및 유도뢰로부터 대상물을 보호하기 위한 내부피뢰시스템

(3) 피뢰시스템 등급선정 (kec 151.3)

피뢰시스템 등급은 대상물의 특성에 따라, 피뢰레벨(Ⅰ, Ⅱ, Ⅲ, Ⅳ)에 따라 선정한다. 다만, 위험물의 제조소, 저장소 및 처리장에 설치하는 피뢰시스템은 Ⅱ등급 이상으로 하여야 한다.

2. 외부 피뢰시스템 (KEC 152)

(1) 전기설비 보호를 위한 건축물, 구조물 피뢰시스템 (KEC 152.1)

① 수뢰부시스템 (KEC 152.1.1)

⑦ 요소 : 돌침, 수평도체, 메시도체의 요소 중에 한 가지 또는 이를 조합한 형식으로 시설하여야 한다.

ⓑ 배치

1. 보호각법, 회전구체법, 메시법

2. 건축물·구조물의 뾰족한 부분, 모서리 등에 우선하여 배치

ⓒ 높이 60[m]를 초과하는 건축물·구조물의 측격뢰 보호용 수뢰부시스템

1. 상층부의 높이가 60[m]를 넘는 경우는 최상부로부터 전체높이의 20[%] 부분에 한한다.

2. 코너, 모서리, 중요한 돌출부 등에 우선 배치하고, 피뢰시스템 등급 Ⅳ이상으로 하여야 한다.

3. 자연적 구성부재가 적합하면, 측뢰 보호용 수뢰부로 사용할 수 있다.

ⓓ 수뢰부시스템용 금속판 또는 금속배관의 최소 두께

재료	두께[mm]	두께[mm] (고온점, 발화점 방재)
강철	0.5	4
동	0.5	5

ⓔ 건축물, 구조물과 분리되지 않은 수뢰부시스템의 시설은 다음에 따른다.

1. 지붕 마감재가 불연성 재료로 된 경우 지붕 표면에 시설할 수 있다.

2. 지붕 마감재가 높은 가연성 재료로 된 경우 지붕재료와 다음과 같이 이격하여 시설한다.

　가. 초가지붕 또는 이와 유사한 경우 0.15[m] 이상

　나. 다른 재료의 가연성 재료인 경우 0.1[m] 이상

② 인하도선시스템 (KEC 152.1.2)

㉮ 수뢰부시스템과 접지시스템을 연결하는 것으로 다음에 의한다.

1. 복수의 인하도선을 병렬로 구성해야 한다. 다만, 건축물, 구조물과 분리된 피뢰시스템인 경우 예외로 한다.

2. 경로의 길이가 최소가 되도록 한다.

㉯ 배치 방법은 다음에 의한다.

1. 건축물, 구조물과 분리된 피뢰시스템인 경우

　가. 뇌전류의 경로가 보호대상물에 접촉하지 않도록 하여야 한다.

　나. 별개의 지주에 설치되어 있는 경우 각 지주 마다 1조 이상의 인하도선을 시설한다.

　다. 수평도체 또는 메시도체인 경우 지지 구조물 마다 1조 이상의 인하도선을 시설한다.

2. 건축물, 구조물과 분리되지 않은 피뢰시스템인 경우

　가. 벽이 불연성 재료로 된 경우에는 벽의 표면 또는 내부에 시설할 수 있다. 다만, 벽이 가연성 재료인 경우에는 0.1[m] 이상 이격하고, 이격이 불가능 한 경우에는 도체의 단면적을 $100[mm^2]$이상으로 한다.

　나. 인하도선의 수는 2조 이상으로 한다.

다. 보호대상 건축물, 구조물의 투영에 다른 둘레에 가능한 한 균등한 간격으로 배치한다. 다만, 노출된 모서리 부분에 우선하여 설치한다.

라. 병렬 인하도선의 최대 간격은 피뢰시스템 등급에 따라 Ⅰ·Ⅱ 등급은 10[m], Ⅲ 등급은 15[m], Ⅳ 등급은 20[m]로 한다.

㉰ 수뢰부시스템과 접지극시스템 사이에 전기적 연속성이 형성되도록 다음에 따라 시설하여야 한다.

1. 경로는 가능한 한 최단거리로 곧게 수직으로 시설하되 루프 형성이 되지 않아야 하며, 처마 또는 수직으로 설치 된 홈통 내부에 시설하지 않아야 한다.

2. 자연적 구성부재를 사용하는 경우에는 전기적 연속성이 보장되어야 한다. 다만, 전기적 연속성 적합성은 해당하는 금속부재의 최상단부와 지표레벨 사이의 직류전기저항을 0.2[Ω] 이하로 한다.

3. 시험용 접속점을 접지극시스템과 가까운 인하도선과 접지극시스템의 연결부분에 시설하고, 이 접속점은 항상 폐로 되어야 하며 측정 시에 공구 등으로 만 개방할 수 있어야 한다. 다만, 자연적 구성부재를 이용하는 경우는 제외한다.

㉰ 인하도선으로 사용하는 자연적 구성부재는 다음에 의한다.

1. 각 부분의 전기적 연속성과 내구성이 확실하고, 인하도선으로 규정된 값 이상인 것

2. 전기적 연속성이 있는 구조물 등의 금속제 구조체 (철골, 철근 등)

3. 구조물 등의 상호 접속된 강제 구조체

4. 장식벽재, 측면레일 및 금속제 장식 벽의 보조재로서, 치수가 인하도선에 대한 요구조건에 적합하거나 두께가 0.5[㎜] 이상인 금속관. 다만, 수직방향 전기적 연속성이 유지되도록 접속한다.

5. 구조물 등의 상호 접속된 철근, 철골 등을 인하도선으로 이용하는 경우 수평 환상도체는 설치하지 않아도 된다.

6. 인하도선의 접속은 도체의 접속부 수를 최소한으로 하여야 하며 용접, 압착, 통합, 나사 조임, 볼트 조임 등의 방법으로 확실하게 하여야 한다.

핵심유형 다음 중 외부 피뢰시스템을 구성하는 수뢰부시스템 배치법이 아닌 것은?

① 절연법   ② 보호각법

③ 회전구체법   ④ 메시법

정답 및 해설 [수뢰부시스템 (KEC 152.1.1)]
· 요소 : 돌침, 수평도체, 메시도체의 요소 중에 한 가지 또는 이를 조합한 형식으로 시설하여야 한다.
· 배치 : 보호각법, 회전구체법, 메시법 【정답】①

③ 접지극시스템
  ㉮ 뇌전류를 대지로 방류시키기 위한 접지극시스템은 다음에 의한다.
    1. 수평 또는 수직접지극(A형), 환상도체접지극 또는 기초접지극(B형) 중 하나 또는 조합한 시설로 하여야 한다.
    2. 접지극시스템의 재료는 아래 표에 따른다.

재료	형상	최소 치수		
		접지봉 직경 [mm]	접지 도체 $[mm^2]$	접지판 [mm]
구리	연선		50	
	원형 단선	15	50	
	테이프형 단선		50	
	파이프	20		
	판상 단선			500×500
	격자판			600×600
강(Steel)	아연도금 원형 단선	14	78	
	아연도금 파이프	25		
	아연도금 파이프형 단선		90	
	아연도금 판상 단선			500×500
	아연도금 격자판			600×600
	구리피복 원형 단선	14	50	
	나도체 원형 단선		78	
	나도체 또는 아연도금 테이프형 단선		75	
	아연도금 연선		70	
스테인리스강	원형 단선	15	78	
	테이프형 단선		100	

  ㉯ 접지극시스템 배치는 다음에 의한다.
    1. 수평 또는 수직 접지극(A형)은 최소 2개 이상을 동일 간격으로 배치해야 하고, 피뢰시스템 등급별로 대지저항률에 따른 최소길이 이상으로 한다.
    2. 환상도체접지극 또는 기초접지극(B형)은 접지극 면적을 환산한 평균반지름이 최소 길이 이상으로 하여야 하며, 평균반지름이 최소길이 미만인 경우에는 해당하는 길이의 수평 또는 수직매설 접지극을 추가로 시설하여야 한다. 다만, 추가하는 수평 또는 수직매설 접지극의 수는 최소 2개 이상으로 한다.
  ㉰ 접지극은 다음에 따라 시설한다.
    1. 지표면에서 0.75[m] 이상 깊이로 매설 하여야 한다. 다만, 필요시는 해당 지역의 동결심도를 고려한 깊이로 할 수 있다.
    2. 대지가 암반지역으로 대지저항이 높거나 건축물, 구조물이 전자통신시스템을 많이 사용하는 시설의 경우에는 환상도체접지극 또는 기초접지극으로 한다.

3. 접지극 재료는 대지에 환경오염 및 부식의 문제가 없어야 한다.

4. 철근콘크리트 기초 내부의 상호 접속된 철근 또는 금속제 지하구조물 등 자연적 구성부재는 접지극으로 사용할 수 있다.

④ 부품 및 접속

㉮ 재료의 형상에 따른 최소단면적은 아래 표에 따른다.

재료	형상	최소 단면적[mm^2]
구리	테이프형 단선	50
	원형 단선	
	연선	
주석도금한 구리	테이프형 단선	50
	원형 단선	
	연선	
알루미늄	테이프형 단선	70
	원형 단선	50
	연선	50
알루미늄 합금	테이프형 단선	50
	원형 단선	
	연선	
용융아연도금강	테이프형 단선	50
	원형 단선	
	연선	
스테인리스강	테이프형 단선	50
	원형 단선	50
	연선	70

㉯ 피뢰시스템용의 부품은 아래 표에 의한 재료를 사용하여야 한다. 다만, 기계적, 전기적, 화학적 특성이 동등 이상인 경우에는 다른 재료를 사용할 수 있다.

재료	사용			부식		
	대기중	지중	콘크리트중	내성	진행성	전해대상
구리	단선 연선	코팅된 단선, 단선, 연선	코팅된 단선, 단선, 연선	대부분의 환경에 양호	황화합물 유기물	-
용융아연도강	단선 연선	단선	단선 연선	대기중, 콘크리트중, 일반 토양에 허용	높은 염하물 용액	구리
스테인리스강	단선 연선	단선 연선	단선 연선	대부분의 환경에 양호	높은 염하물 용액	-

재료	사용			부식		
	대기중	지중	콘크리트중	내성	진행성	전해대상
알루미늄	단선 연선	부적합	부적합	낮은 농도의 유황과 염화물의 대기중에 양호	알카리 용액	구리
납	코팅된 단선, 단선	코팅된 단선, 단선	부적합	높은 농도의 황산염의 대기 중에 양호	산성 토양	구리 스테인리 스강

(2) 외부에 시설된 전기설비의 직격뢰에 대한 보호 (KEC 152.2.1)

① 고압 및 특고압 전기설비에 대한 피뢰시스템은 [전기설비 보호를 위한 건축물, 구조물 피뢰시스템]
에 따른다.

② 외부에 낙뢰차폐선이 있는 경우 이것을 접지하여야 한다.

③ 강철제 구조체 등을 자연적 구성부재 인하도선으로 사용 할 수 있다.

3. 내부피뢰시스템 (KEC 153)

(1) 전기전자설비 보호용 피뢰시스템 (KEC 153.1)

① 전기전자설비의 낙뢰에 대한 보호

㉮ 뇌서지에 대한 보호는 다음 중 하나 이상에 의한다.

    1. 접지, 본딩

    2. 자기차폐와 서지유입경로 차폐

    3. 서지보호장치 설치

    4. 절연인터페이스 구성

㉯ 전기전자설비의 뇌서지에 대한 보호

    1. 피뢰구역 경계부분에는 접지 또는 본딩을 하여야 한다. 다만, 직접 본딩이 불가능한 경우에는
서지보호장치를 설치한다.

    2. 전기전자설비 등에 연결된 전선로를 통하여 서지가 유입되는 경우, 해당 선로에는 서지보호
장치를 설치하여야 한다.

② 전기전자설비의 접지, 본딩으로 보호

㉮ 전기전자설비를 보호하는 접지, 본딩

    1. 뇌서지 전류를 대지로 방류시키기 위한 접지를 시설하여야 한다.

    2. 전위차를 해소하고 자계를 감소시키기 위한 본딩을 구성하여야 한다.

④ 접지극의 설치

　　1. 전자·통신설비의 접지는 환상도체 접지극 또는 기초 접지극으로 한다.

　　2. 접지를 환상도체접지극 또는 기초 접지극으로 시설하는 경우, 메시접지망을 5[m] 이내의
　　　간격으로 시설하여야 한다.

　　3. 복수의 건축물·구조물 등을 각각 접지를 구성하고, 각각의 부분을 연결하는 콘크리트덕트,
　　　금속제 배관의 내부에 케이블(또는 같은 경로로 배치된 복수의 케이블)이 있는 경우 각각의
　　　접지 상호 간은 병행 설치된 도체로 연결하여야 한다. 다만, 차폐케이블인 경우는 차폐선을
　　　양끝에서 각각의 접지시스템에 등전위본딩 하는 것으로 한다.

(2) 전기전자설비 보호를 위한 서지보호장치 시설 (KEC 153.1.4)

① 건축물, 구조물은 하나 이상의 피뢰구역을 설정하고 각 피뢰구역의 인입선로에는 서지보호장치를
　설치한다.

② 지중 저압수전의 경우, 내부에 설치하는 전기전자기기의 과전압 범주별 임펄스 내 전압이 규정
　값에 충족하는 경우는 서지보호장치를 생략 할 수 있다.

핵심유형 **다음 중 내부 피뢰시스템 중 접지극에 대한 설명으로 틀린 것은?**

① 전자·통신설비의 접지는 환상도체 접지극 또는 기초 접지극으로 한다.

② 콘크리트덕트, 금속제 배관의 내부에 케이블이 있는 경우 각각의 접지 상호 간은
　병행 설치된 도체로 연결하여야 한다.

③ 차폐케이블인 경우는 차폐선을 한쪽에서만 접지시스템에 등전위본딩 하는 것으
　로 한다.

④ 같은 경로로 배치된 복수의 케이블이 있는 경우 각각의 접지 상호 간은 병행
　설치된 도체로 연결하여야 한다.

정답 및 해설 [전기전자설비의 뇌서지에 대한 보호 (KEC 153.1.3)] 차폐케이블인 경우는 차폐선을 <u>양끝에서 각각의</u>
접지시스템에 등전위본딩 하는 것으로 한다. 【정답】③

적중 예상문제

1. 전기 설비 기술 기준에 관한 규칙은 발전, 송전, 변전, 배전 또는 전기를 사용하기 위하여 설치하는 기계, 기구, ( ), ( ), 기타의 공작물의 기술 기준을 규정한 것이다. ( )속에 맞는 내용은?

① 급전소, 개폐소

② 전선로, 보안 통신 선로

③ 궤전선로, 약전류 전선로

④ 옥내 배선, 옥외 배선

|정|답|및|해|설|
[용어] 전기설비가 전기통신설비에 지장을 주거나 위험이 발생하지 않도록 하기 위하여 발전, 송전, 변전, 배전 또는 전기 사용을 위하여 설치하는 기계, 기구, 전선로, 보안통신 선로 기타의 전기설비의 기술기준을 규정함을 목적으로 한다.
【정답】②

2. 다음 중 고압에 해당하는 전압은?

① 직류에 있어서 750[V]를 교류에 있어서는 800[V] 이상으로 8천[V] 미만인 것

② 직류 교류 600[V] 이상, 7천[V] 이하인 것

③ 직류에 있어서는 1500[V]를, 교류에 있어서는 1000[V]를 넘고 7000[V] 이하인 것

④ 7000[V]를 넘는 것

|정|답|및|해|설|
[전압의 종별 (기술기준 제3조)] 전압은 저압, 고압 및 특별고압의 3종으로 구분한다.
·저압 : 직류의 1500[V] 이하, 교류는 1000[V] 이하인 것
·고압 : 직류는 1500[V]를, 교류는 1000[V]를 넘고 7000[V] 이하인 것
·특별고압 : 7000[V]를 넘는 것
【정답】③

3. 변전소란 구외로부터 전송되는 전압 몇 [V] 이상의 전기를 변성하는 곳인가?

① 3,000[V]　　② 6,000[V]

③ 20,000[V]　　④ 50,000[V]

|정|답|및|해|설|
[변전소] 구외에서 전송된 전기를 변압기, 정류기 등에 의해 변성하여 구외로 전송하는 곳(구외에서 전송되는 50,000[V] 이상의 전기를 변성하는 곳 포함)
【정답】④

4. 발전소 상호 간, 변전소 상호 간 또는 발전소와 변전소 간 5만[V]이상의 송전 선로를 연결 또는 차단하기 위한 전기 설비를 무엇이라 하는가?

① 급전소　　② 개폐소

③ 변전소　　④ 발전소

|정|답|및|해|설|
[개폐소 (기술기준 제3조)] 발전소 상호 간, 변전소 상호 간 또는 발전소와 변전소 간 50,000[V]이상의 송전 선로를 연결 또는 차단하기 위한 전기 설비
【정답】②

5. 제2차 접근 상태란 가공전선의 위 쪽 또는 옆 쪽에서 수평 거리로 최대 몇 [m] 미만인 곳인가?

① 1　　② 4.2

③ 3　　④ 4

|정|답|및|해|설|
[제2차 접근상태 (KEC 112)] 가공전선이 다른 시설물의 위쪽 또는 옆쪽에서 수평 거리로 3[m] 미만인 곳에 시설
※제1차 접근상태 : 가공전선이 다른 시설물의 위쪽 또는 옆쪽에서 수평 거리로 3[m] 이상인 곳에 시설
【정답】③

6. "지중관로"에 대한 정의로 가장 옳은 것은?

① 지중전선로, 지중 약전류전선로와 지중 매설지선 등을 말한다.

② 지중전선로, 지중 약전류전선로와 복합 케이블선로, 기타 이와 유사한 것 및 이들에 부속되는 지중함을 말한다.

③ 지중전선로, 지중 약전류전선로, 지중에 시설하는 수관 및 가스관과 지중매설지선을 말한다.

④ 지중전선로, 지중 약전류 전선로, 지중 광섬유 케이블선로, 지중에 시설하는 수관 및 가스관과 기타 이와 유사한 것 및 이들에 부속하는 지중함 등을 말한다.

|정|답|및|해|설|
[지중 관로 (kec 112)] 지중 전선로, 지중 약전류 전선로, 지중 광섬유 케이블 선로, 지중에 시설하는 수관 및 가스관과 이와 유사한 것 및 이들에 부속하는 지중함 등을 말한다.
【정답】④

7. 접지공사의 보호도체는 특별한 경우를 제외하고는 어떤 색으로 표시를 하여야 하는가?

① 청색　　　　　② 갈색
③ 녹색　　　　　④ 흑색

|정|답|및|해|설|
[전선의 식별 (kec 121.2)]

상(문자)	색상
L1	갈색
L2	흑색
L3	회색
N	청색
보호도체	녹색-노란색

【정답】③

8. 3[kV]의 고압 옥내배선을 케이블공사로 설계하는 경우 사용할 수 없는 케이블은?

① 콤바인 덕트 케이블
② MI케이블
③ 비닐외장케이블
④ 폴리에틸렌외장케이블

|정|답|및|해|설|
[고압 및 특고압에서 사용하는 케이블 (kec 122.5)] 사용전압이 고압인 전로의 전선으로 사용하는 케이블은 클로로프렌외장케이블·비닐외장케이블·폴리에틸렌외장케이블·콤바인 덕트 케이블 또는 이들에 보호 피복을 한 것을 사용하여야 한다.
※MI케이블 : 저압에서만 사용　　　　　【정답】④

9. 다음 각 케이블 중 특히 특별 고압 전선용으로만 사용할 수 있는 것은?

① 용접용 케이블
② MI케이블
③ CD케이블
④ 파이프형 압력 케이블

|정|답|및|해|설|
[특고압에서 사용하는 케이블 (kec 122.5)] 파이프형 압력 케이블, 연피 케이블, 알루미늄피 케이블
【정답】④

10. 전선을 접속한 경우 접속 부분의 인장 세기는 전선의 인장 강도의 몇 [%] 이상이어야 하는가?

① 20　　　　　② 60
③ 80　　　　　④ 100

|정|답|및|해|설|
[전선의 접속법 (KEC 123)] 전선의 세기를 20[%] 이상 감소시키지 아니 할 것
※ 전선접속
① 전선접속으로 인하여 전기 저항을 증가시키지 않을 것

② 전선의 세기를 20[%] 이상 감소시키지 않을 것
③ 접속부분은 접속관 기타 기구를 사용하거나 납땜할 것
④ 접속부분은 그 부분의 절연전선의 절연물과 동등 이상의 절연효력이 있는 것으로 충분히 피복할 것

【정답】③

11. 전로의 절연 원칙에 따라 반드시 절연하여야 하는 것은?

① 전로의 중성점에 접지 공사를 하는 경우의 접지점
② 계기용 변성기의 2차측 전로의 접지점
③ 저압 가공 전선로의 접지측 전선
④ 22.9[kVA] 중성선의 다중 접지의 접지점

|정|답|및|해|설|
[전로의 절연 원칙 (KEC 131)] 접지점은 절연을 하면 안 되고 접지 측 전선은 절연을 해야 한다.

【정답】③

12. 전로를 대지로부터 절연을 하여야 하는 것은 다음 중 어느 것인가?

① 전기욕기   ② 전기보일러
③ 전기로   ④ 전기다리미

|정|답|및|해|설|
[전로의 절연 원칙 (KEC 131)] 전기욕기·전기로·전기보일러·전해조 등 대지로부터 절연하는 것이 기술상 곤란한 것은 절연하지 않아도 된다.

【정답】④

13. 정류기의 전로로 사용전압이 400[V] 이상이라고 한다. 이 전로의 절연 저항값을 가장 바르게 설명한 것은 어느 것인가?

① 0.1[MΩ] 이상으로 유지하여야 한다.
② 0.2[MΩ] 이상으로 유지하여야 한다.
③ 0.3[MΩ] 이하로 유지하여야 한다.
④ 1[MΩ] 이상으로 유지하여야 한다.

|정|답|및|해|설|
[저압 전로의 절연 저항 (기술기준 제52조)]

전로의 사용전압[V]	DC 시험전압	절연 저항값
SELV 및 PELV	250	0.5[MΩ]
FELV, 500[V] 이하	500	1[MΩ]
500[V] 초과	1000	1[MΩ]

【정답】④

14. 대지 전압 100[V]의 옥내 전선로에서 분기 회로의 절연 저항은 최저 몇 [MΩ] 이상이어야 하는가?

① 0.1   ② 0.2
③ 0.4   ④ 1.0

|정|답|및|해|설|
[저압 전로의 절연 저항 (기술기준 제52조)] 대지전압 500[V] 이하에서 1[MΩ] 이상의 절연 저항이어야 한다.

【정답】④

15. 22,900/220[V]의 30[kVA] 변압기로 공급되는 저압 가공 전선로의 절연 부분의 전선에서 대지로 누설하는 전류의 최고 한도는?

① 약 75[mA]   ② 약 68[mA]
③ 약 35[mA]   ④ 약 34[mA]

|정|답|및|해|설|
[전로의 절연저항 및 절연내력 (kec 132)] 저압 전선로 중 절연 부분의 전선과 대지 사이 및 전선의 심선 상호 간의 절연 저항은 사용 전압에 대한 누설전류가 최대 공급전류의 1/2000을 넘지 않도록 하여야한다.

누설전류 $I_g \leq$ 최대공급전류$\times \dfrac{1}{2000}[A]$

$$I_g = \frac{30 \times 10^3}{220} \times \frac{1}{2000} = 0.006818[A] = 68.18[mA]$$

【정답】②

16. 저압의 전선로 중 절연 부분의 전선과 대지간이 절연 저항은 사용 전압에 대한 누설 전류가 최대 공급 전류의 몇 분의 1을 넘지 않도록 유지하는가?

① $\dfrac{1}{1000}$ ② $\dfrac{1}{2000}$

③ $\dfrac{1}{3000}$ ④ $\dfrac{1}{4000}$

|정|답|및|해|설|
[전로의 절연저항 및 절연내력 (kec 132)] 절연 저항은 사용전압에 대한 누설전류는 최대공급전류의 $\dfrac{1}{2000}$ 을 넘지 아니하도록 유지하여야 한다.(단 단상 2선식에서는 2선을 일괄하여 $\dfrac{1}{1000}$ 이하로 할 수 있다.) 【정답】②

17. 배전선로의 전압 22900[V]이며 중성점 다중 접지하는 전선로의 절연 내력 시험 전압은 얼마인가?

① 28625   ② 22900

③ 21068   ④ 16468

|정|답|및|해|설|
[절연 내력 시험 (kec 132)] 25[kV] 이하 중성선 다중 접지식은 0.92배로 한다.
시험 전압 $V = 22900 \times 0.92 = 21068[V]$
【정답】③

18. 3300[V]용 전동기의 절연 내력 시험은 □[V] 전압에서 10분간 견디어야 한다. □은 얼마인가?

① 4125   ② 4950

③ 6600   ④ 7600

|정|답|및|해|설|
[절연 내력 시험 (kec 132)] 7000[V] 이하에서는 1.5배의 전압으로 시험해서 견디는 것으로 한다.(시험 전압의 최소는 500[V])
$V = 3300 \times 1.5 = 4950[V]$ 【정답】②

19. 최대 사용 전압이 69[kV]인 중성점 비접지식 전로의 절연 내력 시험 전압은 몇 [KV]인가?

① 63.48   ② 75.9

③ 86.25   ④ 103.5

|정|답|및|해|설|
[절연 내력 시험 (kec 132)] 7000[V] 이상에서는 1.25배의 전압으로 10분간 시험한다.
$V = 69 \times 1.25 = 86.25[kV]$ 【정답】③

20. 고압 및 특별 고압이 전로에 절연 내력 시험을 하는 경우 시험 전압을 연속 얼마 동안 가하는가?

① 10초   ② 1분

③ 5분   ④ 10분

|정|답|및|해|설|
[절연 내력 시험 (kec 134)] 전로에 절연내력시험은 시험전압과 시험방법으로 계속 10분간 가하여 절연내력시험을 하였을 때 견디는 것이어야 한다. 【정답】④

21. 최대 사용 전압이 7000[V]를 넘는 회전기의 절연내력시험은 최대 사용 전압의 ( )배의 전압에서 10분간 견디어야 한다. ( )안에 알맞은 말은?

① 0.92   ② 1.25

③ 1.5   ④ 2

|정|답|및|해|설|
[절연 내력 시험 (kec 133)]
· 7000[V] 이상에서는 1.25배의 전압으로 시험한다.
· 7000[V] 미만에서는 1.5배의 전압으로 시험한다.
· 회전기는 권선과 대지 간을 10분간 시험한다.

【정답】②

22. 3300[V]고압 유도 전동기의 절연 내력 시험 전압은 최대 사용 전압의 몇 배를 10분간 가하는가?

① 1   ② 1.25

③ 1.5   ④ 2

|정|답|및|해|설|
[절연 내력 시험 (kec 133)] 7000[V] 미만에서는 1.5배의 전압으로 10분간 시험한다.
$3300 \times 1.5 = 4950 [V]$

【정답】③

23. 발전기 전동기 등 회전기의 절연 내력은 규정된 시험 전압을 권선과 대지 간에 계속하여 몇 분간 가하여 견디어야 하는가?

① 5분   ② 10분

③ 15분   ④ 20분

|정|답|및|해|설|
[절연 내력 시험 (kec 133.1)] 권선과 대지 간 연속 10분간 시험해서 견디는 것으로 한다.

【정답】②

24. 정류기의 절연내력 시험은 교류측의 최대 사용 전압의 1.1배의 교류전압 또는 직류측의 최대 사용전압의 1.1배의 교류전압을 어디에 가하면 되는가?

① 권선과 대지간

② 충전부분과 외함간

③ 교류 및 직류 고전압측 단자와 대지간

④ 주양극과 외함간

|정|답|및|해|설|
[회전기 및 정류기의 절연내력 (kec 133.1)]

정류기	60[kV] 이하	직류 최대 사용전압의 1배의 교류전압 (최저 500[V])	충전부분과 외함 간에 연속하여 10분간 가한다.
	60[kV] 초과	교류 최대사용전압의 1.1배의 교류전압 또는 직류측의 최대사용전압의 1.1배의 직류전압	교류측 및 직류 고전압측단자와 대지사이에 연속하여 10분간 가한다.

【정답】③

25. 220[V]용 전동기의 절연 내력 시험 시 시험 전압은 몇 [V]인가?

① 300   ② 330

③ 450   ④ 500

|정|답|및|해|설|
[회전기 및 정류기의 절연내력 (kec 133.1)]
$V = 220 \times 1.5 = 330 [V]$ 이지만, 최소가 500[V]이므로 500[V] 이하의 시험전압은 500[V]로 한다.

【정답】④

26. 최대 사용 전압이 7200[V]인 중성점 비접지식 변압기의 절연 내력 시험 전압[V]은?

① 9000   ② 10500

③ 12500   ④ 20500

|정|답|및|해|설|
[회전기 및 정류기의 절연내력 (kec 133.1)] 7000[V] 이상이므로 1.25배로 해야 하나 최소 시험 전압이 10500[V]이므로 10500[V]로 시험한다.

【정답】②

27. 최대 사용 전압이 154000[V]의 변압기로서 중성점 접지식 전선로에 접속하고 또한 그 중성점에 피뢰기를 시설하는 것의 절연 내력 시험 전압은 몇 [V]인가?

① 192500[V] ② 110880[V]

③ 169400[V] ④ 231000[V]

|정|답|및|해|설|
[변압기 전로의 절연내력 (kec 135] 154[KV]는 0.72배로 절연 내력시험을 헤야 하므로 $V = 154000 \times 0.72 = 110880[V]$
【정답】②

28. 어떤 변압기의 1차 전압 탭(tap)이 6900[V], 6600[V], 6300[V], 6000[V], 5700[V]로 되어 있다. 절연 내력 시험 전압은 얼마인가?

① 7590[V] ② 8550[V]

③ 8625[V] ④ 10350[V]

|정|답|및|해|설|
[변압기 전로의 절연내력 (kec 135)] 전압 조정을 위해서 5단 탭이 변압기 1차 측에 있다. 절연내력시험은 제일 큰 전압 탭으로 한다. 6900[V]가 7000[V] 이하이므로 1.5배로 시험 한다.
【정답】④

29. 한국전기설비에서 규정하는 접지 시스템 구분에 해당하지 않는 것은?

① 계통접지

② 보호접지

③ 공통접지

④ 피뢰시스템 접지

|정|답|및|해|설|
[접지시스템의 구분 및 종류 (kec 141)] 접지시스템은 계통접지, 보호접지, 피뢰시스템 접지 등으로 구분한다.
【정답】③

30. 한국전기설비에서 규정하는 접지 시스템의 시설 종류에 해당하지 않는 것은?

① 단독접지 ② 공통접지

③ 통합접지 ④ 중성점 접지

|정|답|및|해|설|
[접지시스템의 구분 및 종류 (kec 141)] 접지시스템의 시설 종류에는 단독접지, 공통접지, 통합접지가 있다.
【정답】④

31. 한국전기설비에서 규정하는 접지 시스템의 구성 요소에 해당하지 않는 것은?

① 접지극 ② 접지도체

③ 보호도체 ④ 접지선

|정|답|및|해|설|
[접지시스템의 시설 (kec 142)] 접지시스템은 접지극, 접지도체, 보호도체 및 기타 설비로 구성된다.
【정답】④

32. 접지 공사에 접지극은 지하 몇 [cm] 이상의 깊이에 매설하는가?

① 30 ② 50

③ 75 ④ 100

|정|답|및|해|설|
[접지극의 시설 및 접지저항 (kec 142.2)] 접지극의 지하 75[cm] 이상의 깊이에 매설할 것
【정답】③

33. 접지도체를 철주 기타의 금속체를 따라서 시설하는 경우에는 접지극을 철주의 밑면으로부터 30[cm] 이상의 깊이에 매설하는 경우 이외에는 접지극을 지중에서 그 금속체로부터 몇 [cm] 이상 이격시켜야 하는가?

① 150   ② 125

③ 100   ④ 75

34. 지중에 매설되어 있고 대지와의 전기저항 값이 몇 [Ω] 이하의 값을 유지하고 있는 금속제 수도관로는 이를 접지공사의 접지극으로 사용할 수 있는가?

① 0.75   ② 2.5

③ 6   ④ 3

35. 지중에 매설되어 있고 대지와의 전기저항 값이 3[Ω] 이하의 값을 유지하고 있는 금속제 수도관로를 접지공사의 접지극으로 사용할 경우 접지도체와 금속제 수도관로의 접속은 안지름 75[㎜] 이상인 부분 또는 여기에서 분기한 안지름 75[㎜] 미만인 분기점으로부터 몇 [m] 이내의 부분에서 하여야 하는가?

① 3   ② 5

③ 7   ④ 10

36. 큰 고장전류가 접지도체를 통하여 흐르지 않을 경우 철재로 만든 접지도체의 최소 단면적은 몇 [mm^2] 이상이어야 하는가?

① 6   ② 10

③ 20   ④ 50

37. 특고압 · 고압 전기설비용 접지도체는 단면적 몇 [mm^2] 이상의 연동선 또는 동등 이상의 단면적 및 강도를 가져야 하는가?

① 3   ② 4

③ 5   ④ 6

38. 접지도체는 지하 75[cm] 부터 지표 상 몇 [m] 까지 부분은 합성수지관 또는 이와 동등 이상의 절연효과와 강도를 가지는 몰드로 덮어야 하는가?

① 2   ② 3

③ 4   ④ 5

|정|답|및|해|설|

[접지도체 (kec 142.3.1)] 접지도체는 지하 0.75[m] 부터 지표 상 2[m] 까지 부분은 합성수지관(두께 2[mm] 미만의 합성수지제 전선관 및 가요성 콤바인덕트관은 제외한다) 또는 이와 동등 이상의 절연효과와 강도를 가지는 몰드로 덮어야 한다.
　　　　　　　　　　　　　　　　　　【정답】①

39. 접지공사에 사용되는 접지선을 사람이 접촉할 우려가 있으며, 철주 기타의 금속체를 따라서 시설하는 경우에는 접지극을 철주의 밑면으로부터 몇 [cm] 이상의 깊이에 매설하는 경우 이외에는 접지극을 지중에서 그 금속체로부터 100[cm] 이상 떼어 매설하여야 하는가?

① 50   ② 75

③ 100   ④ 125

|정|답|및|해|설|

[접지극의 시설 및 접지저항 (kec 142.2)] 접지선을 철주 기타의 금속체를 따라 시설하는 경우에는 접지극을 철주의 밑면으로부터 30[cm] 이상 깊이에 매설하는 경우 이외에는 접지극을 지중에서 금속체로부터 1[m] 이상 이격할 것
　　　　　　　　　　　　　　　　　　【정답】③

40. 접지공사의 접지극으로 사용되는 수도관 접지 저항의 최대값은 몇 [Ω]인가?

① 2   ② 3

③ 5   ④ 10

|정|답|및|해|설|

[접지극의 시설 및 접지저항 (kec 142.2)] 지중에 매설되어 있고 대지와의 전기저항 값이 3[Ω] 이하의 값을 유지하고 있는 금속제 수도관로가 규정에 따르는 경우 접지극으로 사용이 가능하다.
　　　　　　　　　　　　　　　　　　【정답】①

41. 상도체의 단면적이 23[mm^2]이고 보호도체의 재질이 상도체와 같을 경우 보호도체의 최소 단면적은 몇 [mm^2] 이상이어야 하는가?

① 16   ② 20

③ 35   ④ 30

|정|답|및|해|설|

[보호도체의 최소 단면적 (kec 142.3.2)]

상도체의 단면적 S (mm^2, 구리)	보호도체의 최소 단면적(mm^2, 구리)	
	보호도체의 재질	
	상도체와 같은 경우	상도체와 다른 경우
S ≤ 16	S	$(k_1/k_2) \times S$
16 < S ≤ 35	16(a)	$(k_1/k_2) \times 16$
S > 35	S(a)/2	$(k_1/k_2) \times (S/2)$

　　　　　　　　　　　　　　　　　　【정답】①

42. 차단시간이 5초 이하인 경우 보호도체의 최소 단면적을 계산하는 식으로 알맞은 것은? (단, S : 단면적(mm^2), I : 예상 고장전류 실효값[A], t : 보호장치의 동작시간[s], k : 재질 및 초기온도와 최종온도에 따라 정해지는 계수)

① $S = \dfrac{\sqrt{I^2 k}}{t}$ ② $S = \dfrac{\sqrt{I^2 t}}{k}$

③ $S = \dfrac{\sqrt{It}}{k}$ ④ $S = \dfrac{k}{\sqrt{I^2 t}}$

|정|답|및|해|설|
[보호도체의 최소 단면적 (kec 142.3.2)] 차단시간이 5초 이하인 경우에만 다음 계산식을 적용한다.

$$S = \frac{\sqrt{I^2 t}}{k}$$

【정답】②

---

43. 보호도체의 종류로 적당하지 않은 것은 어느 것인가?

① 가요성 금속 전선관

② 충전도체와 같은 트렁킹에 수납된 절연 도체 또는 나도체

③ 고정된 절연도체 또는 나도체

④ 다심케이블의 도체

|정|답|및|해|설|
[보호도체 (kec 142.3.2)] 보호도체의 종류는 다음에 의한다. 보호도체는 다음 중 하나 또는 복수로 구성하여야 한다.
① 다심케이블의 도체
② 충전도체와 같은 트렁킹에 수납된 절연도체 또는 나도체
③ 고정된 절연도체 또는 나도체

【정답】①

---

44. 보호도체와 계통도체를 겸용하는 겸용도체는 해당하는 계통의 기능에 대한 조건으로 틀린 것은?

① 단면적은 구리 $10[mm^2]$ 또는 알루미늄 $16[mm^2]$ 이상이어야 한다.

② 중성선과 보호도체의 겸용도체는 전기설비의 부하 측으로 시설하여서는 안 된다.

③ 단면적은 구리 $6[mm^2]$ 또는 알루미늄 $16[mm^2]$ 이상이어야 한다.

④ 폭발성 분위기 장소는 보호도체를 전용으로 하여야 한다.

|정|답|및|해|설|
[보호도체와 계통도체 겸용 (kec 142.3.4)]
① 단면적은 구리 $10[mm^2]$ 또는 알루미늄 $16[mm^2]$ 이상이어야 한다.
② 중성선과 보호도체의 겸용도체는 전기설비의 부하 측으로 시설하여서는 안 된다.
③ 폭발성 분위기 장소는 보호도체를 전용으로 하여야 한다.

【정답】③

---

45. 변압기 고압 측 전로의 1선 지락 전류가 5[A]일 때 변압기 중성점 접지 저항값[Ω]은? (단, 혼촉에 의한 대지 전압은 150[V]이다.)

① 25   ② 30

③ 35   ④ 40

|정|답|및|해|설|
[변압기 중성점 접지 저항값 (kec 142.5)] 변압기 중성점 접지는 변압기 2차 측에 시설하는 시설로서 고압과 저압의 혼촉 사고 시에 저압 측의 전압이 상승하는 것을 방지하기 위해 시설한다.

$$R = \frac{150}{5} = 30[\Omega]$$

※1초에서 2초 이내 자동 차단 장치 시설 시에는 150 대신 300을 대입해서 계산한다.

【정답】②

---

46. 고저압 혼촉 시에 저압 전로의 대지 전압이 150[V]를 넘는 경우에 2초 이내에 자동 차단 장치가 있는 고압전로의 1선 지락 전류가 30[A]인 경우에 이에 결합된 변압기 저압 측의 접지 저항값[Ω]은 최대 얼마 이하로 유지하여야 하는가?

① 5   ② 6.6

③ 10   ④ 16.6

|정|답|및|해|설|
[접지 공사의 접지 저항값 (kec 135)] 2초 이내 자동 차단 장치가 있는 경우이므로 300을 대입해서 계산한다.

$$R = \frac{300}{30} = 10[\Omega]$$

【정답】③

47. 피뢰시스템을 적용하기 위해서는 전기전자설비가 설치된 건축물, 구조물로서 낙뢰로부터 보호가 필요한 것 또는 지상으로부터 높이가 몇 [m] 이상이어야 하는가?

① 20[m] ② 30[m]

③ 40[m] ④ 50[m]

|정|답|및|해|설|

[피뢰시스템의 적용범위 (kec 151.1)]
피뢰시스템 적용 적용범위는 다음과 같다.
① 전기전자설비가 설치된 건축물·구조물로서 낙뢰로부터 보호가 필요한 것 또는 지상으로부터 높이가 20[m] 이상인 것
② 저압전기전자설비
③ 고압 및 특고압 전기설비

【정답】①

48. 접지극 재료가 아닌 것은?

① 구리 ② 강

③ 금 ④ 스테인리스강

|정|답|및|해|설|

[접지극시스템 (kec 152.3)]
접지극 시스템의 재료 : 구리, 강, 스테인리스 강

【정답】③

02 저압 전기설비

01 통칙 (KEC 200)

1. 배전방식 (KEC 202)

(1) 교류 회로 (KEC 202.1)

① 3상 4선식의 중성선 또는 PEN 도체는 충전도체는 아니지만 운전전류를 흘리는 도체이다.

② 3상 4선식에서 파생되는 단상 2선식 배전방식의 경우 두 도체 모두가 선도체이거나 하나의 선도체와 중성선 또는 하나의 선도체와 PEN 도체이다.

③ 모든 부하가 선간에 접속된 전기설비에서는 중성선의 설치가 필요하지 않을 수 있다.

(2) 직류 회로 (KEC 202.2)

PEL과 PEM 도체는 충전도체는 아니지만 운전전류를 흘리는 도체이다. 2선식 배전방식이나 3선식 배전방식을 적용한다.

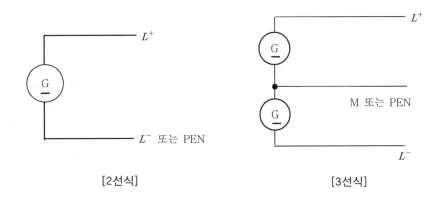

[2선식]   [3선식]

2. 계통접지의 방식 (KEC 203)

(1) 계통접지 구성 (KEC 203.1)

① 보호도체 및 중성선의 접속 방식에 따라 접지계통은 다음과 같이 분류한다.

    1. TN 계통

    2. TT 계통

    3. IT 계통

② 계통접지에서 사용되는 문자

  ㉮ 제1문자-전원계통과 대지의 관계

    1. T : 한 점을 대지에 직접 접속

    2. I : 모든 충전부를 대지와 절연시키거나 높은 임피던스를 통하여 한 점을 대지에 직접 접속

  ㉯ 제2문자-전기설비의 노출도전부와 대지의 관계

    1. T : 노출도전부를 대지로 직접 접속. 전원계통의 접지와는 무관

    2. N : 노출도전부를 전원계통의 접지점(교류 계통에서는 통상적으로 중성점, 중성점이 없을 경우는 선도체)에 직접 접속

  ㉰ 그 다음 문자(문자가 있을 경우)-중성선과 보호도체의 배치

    1. S : 중성선 또는 접지된 선도체 외에 별도의 도체에 의해 제공되는 보호 기능

    2. C : 중성선과 보호 기능을 한 개의 도체로 겸용(PEN 도체)

③ 각 계통에서 나타내는 그림의 기호는 다음과 같다.

기호 설명	
	중성선(N), 중간도체(M)
	보호도체(PE)
	중성선과 보호도체겸용(PEN)

(2) TN 계통 (KEC 203.2)

전원측의 한 점을 직접접지하고 설비의 노출도전부를 보호도체로 접속시키는 방식으로 중성선 및 보호도체(PE 도체)의 배치 및 접속방식에 따라 다음과 같이 분류한다.

① TN-S 계통은 계통 전체에 대해 별도의 중성선 또는 PE 도체를 사용한다.

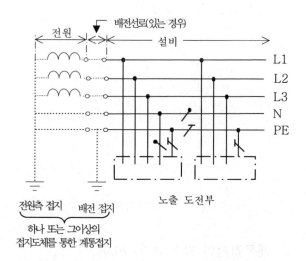

② TN-C 계통은 그 계통 전체에 대해 중성선과 보호도체의 기능을 동일도체로 겸용한 PEN 도체를 사용한다. 배전계통에서 PEN 도체를 추가로 접지할 수 있다.

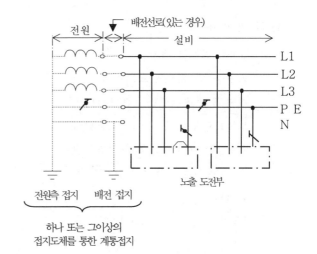

③ TN-C-S계통은 계통의 일부분에서 PEN 도체를 사용하거나, 중성선과 별도의 PE 도체를 사용하는 방식이 있다.

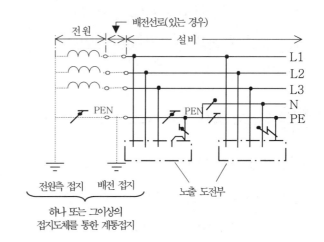

(3) TT 계통 (KEC 203.3)

전원의 한 점을 직접 접지하고 설비의 노출 도전부는 전원의 접지전극과 전기적으로 독립적인 접지극에 접속시킨다. 배전계통에서 PE 도체를 추가로 접지할 수 있다.

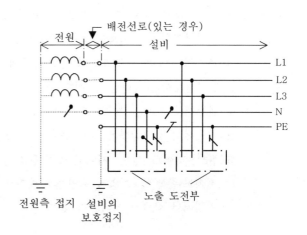

(4) IT 계통 (KEC 204)

① 충전부 전체를 대지로부터 절연시
키거나, 한 점을 임피던스를 통해
대지에 접속시킨다. 전기설비의
노출도전부를 단독 또는 일괄적
으로 계통의 PE 도체에 접속시킨
다. 배전계통에서 추가접지가 가
능하다.

② 계통은 충분히 높은 임피던스를 통
하여 접지할 수 있다. 이 접속은 중
성점, 인위적 중성점, 선도체 등에
서 할 수 있다. 중성선은 배선할 수
도 있고, 배선하지 않을 수도 있다.

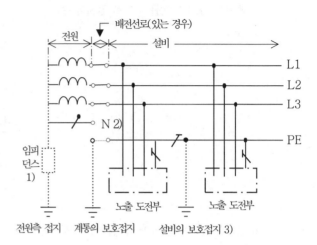

---

02 **안전을 위한 보호** (KEC 210)

1. 감전에 대한 보호 (KEC 211)

(1) 보호대책 일반 요구사항 (KEC 211.1)

① 안전을 위한 전압 규정
  1. 교류전압은 실효값으로 한다.
  2. 직류전압은 리플프리(Ripple-free)로 한다.

② 보호대책은 다음과 같이 구성하여야 한다.
  1. 기본보호와 고장보호를 독립적으로 적절하게 조합
  2. 기본보호와 고장보호를 모두 제공하는 강화된 보호 규정
  3. 추가적 보호는 외부영향의 특정 조건과 특정한 특수장소에서의 보호대책의 일부로 규정

③ 다음 기기에서는 생략할 수 있다.
  1. 건물에 부착되고 접촉범위 밖에 있는 가공선 애자의 금속 지지물
  2. 가공선의 철근강화콘크리트주로서 그 철근에 접근할 수 없는 것
  3. 볼트, 리벳트, 명판, 케이블 클립 등과 같이 크기가 작은 경우(약 50[mm]×50[mm] 이내) 또는
     배치가 손에 쥘 수 없거나 인체의 일부가 접촉할 수 없는 노출도전부로서 보호도체의 접속이
     어렵거나 접속의 신뢰성이 없는 경우

(2) 전원의 자동차단에 의한 보호대책 (KEC 211.2)

① 보호대책 일반 요구사항

㉮ 전원의 자동차단에 의한 보호대책

1. 기본보호는 충전부의 기본절연 또는 격벽이나 외함에 의한다.

2. 고장보호는 고장일 경우 보호등전위본딩 및 자동차단에 의한다.

3. 추가적인 보호로 누전차단기를 시설할 수 있다.

㉯ 누설전류감시장치는 보호장치는 아니지만 전기설비의 누설전류를 감시하는데 사용된다. 다만, 누설전류감시장치는 누설전류의 설정 값을 초과하는 경우 음향 또는 음향과 시각적인 신호를 발생시켜야 한다.

② 고장보호의 요구사항

㉮ 보호접지

1. 노출도전부는 계통접지별로 규정된 특정조건에서 보호도체에 접속하여야 한다.

2. 동시에 접근 가능한 노출도전부는 개별적 또는 집합적으로 같은 계통접지에 접속하여야 한다. 보호접지에 관한 도체는 140에 따라야하고, 각 회로는 해당 접지단자에 접속된 보호도체를 이용하여야 한다.

㉯ 보호등전위본딩

1. 도전성 부분은 보호등전위본딩으로 접속

2. 건축물 외부로부터 인입된 도전부는 건축물 안쪽의 가까운 지점에서 본딩

3. 통신케이블의 금속외피는 소유자 또는 운영자의 요구사항을 고려하여 보호등전위본딩에 접속

㉰ 고장시의 자동차단

1. 보호장치는 회로의 선도체와 노출도전부 또는 선도체와 기기의 보호도체 사이의 임피던스가 무시할 정도로 되는 고장의 경우 규정된 차단시간 내에서 회로의 선도체 또는 설비의 전원을 자동으로 차단하여야 한다.

2. 아래 표에 최대차단시간은 32[A] 이하 분기회로에 적용한다.

[32[A] 이하 분기회로의 최대 차단시간] [단위: 초]

계통	$50[V] < U_0 \leq 120[V]$		$120[V] < U_0 \leq 230[V]$		$230[V] < U_0 \leq 400[V]$		$U_0 > 400[V]$	
	교류	직류	교류	직류	교류	직류	교류	직류
TN	0.8	–	0.4	5	0.2	0.4	0.1	0.1
TT	0.3	–	0.2	0.4	0.07	0.2	0.04	0.1

여기서, U_0 : 공칭대지전압

2. TN 계통에서 배전회로(간선)와 "나"의 경우를 제외하고는 5초 이하의 차단시간을 허용한다.

3. TT 계통에서 배전회로(간선)와 "나"의 경우를 제외하고는 1초 이하의 차단시간을 허용한다.

㉑ 추가적인 보호

    1. 일반적으로 사용되며 일반인이 사용하는 정격전류 20[A] 이하 콘센트

    2. 옥외에서 사용되는 정격전류 32[A] 이하 이동용 전기기기

핵심예상 TT계통의 직류 선간 전압이 220[V]인 경우 32[A] 이하 분기회로의 고장 시 자동차단을 하는 기구의 최대 차단시간은 몇 초인가?

    ① 0.1   ② 0.4

    ③ 0.5   ④ 1

정답 및 해설 [32[A] 이하 분기회로의 최대 차단시간]

계통	$50[V]< U_0 \leq 120[V]$		$120[V]< U_0 \leq 230[V]$		$230[V]< U_0 \leq 400[V]$		$U_0 >400[V]$	
	교류	직류	교류	직류	교류	직류	교류	직류
TN	0.8	–	0.4	5	0.2	0.4	0.1	0.1
TT	0.3	–	0.2	0.4	0.07	0.2	0.04	0.1

【정답】②

---

③ 누전차단기의 시설 (KEC 211.2.4)

  ㉮ 금속제 외함을 가지는 사용전압이 50[V]를 초과하는 저압의 기계 기구로서 사람이 쉽게 접촉할 우려가 있는 곳에 시설하는 것에 전기를 공급하는 전로에 시설한다. 다만, 다음의 어느 하나에 해당하는 경우에는 적용하지 않는다.

    1. 기계기구를 발전소, 변전소, 개폐소 또는 이에 준하는 곳에 시설하는 경우

    2. 기계기구를 건조한 곳에 시설하는 경우

    3. 대지전압이 150[V] 이하인 기계기구를 물기가 있는 곳 이외의 곳에 시설하는 경우

    4. 「전기용품 및 생활용품 안전관리법」의 적용을 받는 이중 절연구조의 기계기구를 시설하는 경우

    5. 그 전로의 전원측에 절연변압기(2차 전압이 300[V] 이하인 경우에 한한다)를 시설하고 또한 그 절연 변압기의 부하측의 전로에 접지하지 아니하는 경우

    6. 기계기구가 고무·합성수지 기타 절연물로 피복된 경우

    7. 기계기구가 유도전동기의 2차측 전로에 접속되는 것일 경우

  ㉯ 주택의 인입구 등 다른 절에서 누전차단기 설치를 요구하는 전로

  ㉰ 특고압전로, 고압전로 또는 저압전로와 변압기에 의하여 결합되는 사용전압 400[V] 이상의 저압전로 또는 발전기에서 공급하는 사용전압 400[V] 이상의 저압전로(발전소 및 변전소와 이에 준하는 곳에 있는 부분의 전로를 제외한다).

【기사】20/4

금속체 외함을 갖는 저압의 기계기구로서 사람이 쉽게 접촉되어 위험의 우려가 있는 곳에 시설하는 전로에 지락이 생겼을 때 자동적으로 전로를 차단하는 장치를 설치하여야 한다. 사용전압은 몇 [V]를 초과하는 경우인가?

① 30   ② 50

③ 100   ④ 150

정답 및 해설 [누전차단기의 시설 (kec 211.2.4)] 금속제 외함을 가지는 사용전압이 50[V]를 초과하는 저압의 기계기구로서 사람이 쉽게 접촉할 우려가 있는 곳에 시설하는 것에 전기를 공급하는 전로에는 전원의 자동차단에 의한 저압전로의 보호대책으로 누전차단기를 시설하여야 한다. 【정답】②

④ TN 계통 (KEC 211.2.5)

㉮ TN 계통에서 설비의 접지 신뢰성은 PEN 도체 또는 PE 도체와 접지극과의 효과적인 접속에 의한다.

㉯ 접지가 공공계통 또는 다른 전원계통으로부터 제공되는 경우 그 설비의 외부측에 필요한 조건은 전기공급자가 준수하여야 한다.

$$\frac{R_B}{R_E} \leq \frac{50}{(U_0 - 50)}$$

여기서, R_B : 병렬 접지극 전체의 접지저항 값[Ω]

R_E : 1선 지락이 발생할 수 있으며 보호도체와 접속되어 있지 않는 계통외도전부의 대지와의 접촉저항의 최소값[Ω], U_0 : 공칭대지전압(실효값)

※PEN 도체는 여러 지점에서 접지하여 PEN 도체의 단선위험을 최소화할 수 있도록 한다.

㉰ 전원 공급계통의 중성점이나 중간점은 접지하여야 한다. 중성점이나 중간점을 접지할 수 없는 경우에는 선도체 중 하나를 접지하여야 한다. 설비의 노출도전부는 보호도체로 전원공급계통의 접지점에 접속하여야 한다.

㉱ 다른 유효한 접지점이 있다면, 보호도체(PE 및 PEN 도체)는 건물이나 구내의 인입구 또는 추가로 접지하여야 한다.

㉲ 고정설비에서 보호도체와 중성선을 겸하여(PEN 도체) 사용될 수 있다. 이러한 경우에는 PEN 도체에는 어떠한 개폐장치나 단로장치가 삽입되지 않아야 한다.

㉳ 보호장치의 특성과 회로의 임피던스는 다음 조건을 충족하여야 한다.

$$Z_s \times I_a \leq U_0$$

여기서, Z_s: 고장루프임피던스(Ω) → (전원의 임피던스, 고장점까지의 상도체 임피던스 고장점과 전원 사이의 보호도체 임피던스로 구성)

I_a: 제시된 시간 내에 차단장치 또는 누전차단기를 자동으로 동작하게 하는 전류[A]

U_0: 공칭대지전압(V)

㉯ TN 계통에서 과전류보호장치 및 누전차단기는 고장보호에 사용할 수 있다. 누전차단기를 사용하는 경우 과전류보호 겸용의 것을 사용해야 한다.

㉰ TN-C 계통에는 누전차단기를 사용해서는 아니 된다. TN-C-S 계통에 누전차단기를 설치하는 경우에는 누전차단기의 부하측에는 PEN 도체를 사용할 수 없다. 이러한 경우 PE도체는 누전차단기의 전원측에서 PEN 도체에 접속하여야 한다.

⑤ TT 계통 (KEC 211.2.6)

㉮ 전원계통의 중성점이나 중간점은 접지하여야 한다. 중성점이나 중간점을 이용할 수 없는 경우, 선도체 중 하나를 접지하여야 한다.

㉯ TT 계통은 누전차단기를 사용하여 고장보호를 하여야 한다. 다만, 고장 루프임피던스가 충분히 낮을 때는 과전류보호장치에 의하여 고장보호를 할 수 있다.

㉰ 누전차단기를 사용하여 TT 계통의 고장보호를 하는 경우에는 다음에 적합하여야 한다.

$$R_A \times I_{\Delta n} \leq 50[V]$$

여기서, R_A : 노출도전부에 접속된 보호도체와 접지극 저항의 합$[\Omega]$

$I_{\Delta n}$: 누전차단기의 정격동작 전류[A]

㉱ 과전류보호장치를 사용하여 TT 계통의 고장보호를 할 때에는 다음의 조건을 충족하여야 한다.

$$Z_s \times I_a \leq U_0$$

여기서, Z_s : 고장루프임피던스$[\Omega]$, I_a : 차단시간 내에 차단장치가 자동 작동하는 전류[A]

U_0 : 공칭 대지전압[V]

⑥ IT 계통 (KEC 211.2.7)

㉮ 노출도전부는 개별 또는 집합적으로 접지하여야 하며, 다음 조건을 충족하여야 한다.

$$
\begin{aligned}
&1. \ 교류계통 : R_A \times I_d \leq 50[V] \\
&2. \ 직류계통 : R_A \times I_d \leq 120[V]
\end{aligned}
$$

여기서, R_A : 접지극과 노출도전부에 접속된 보호도체 저항의 합

I_d : 고장전류[A]로 전기설비의 누설전류와 총 접지임피던스를 고려한 값

㉯ IT 계통은 다음과 같은 감시장치와 보호장치를 사용할 수 있으며, 1차 고장이 지속되는 동안 작동되어야 한다. 절연감시장치는 음향 및 시각신호를 갖추어야 한다.

1. 절연감시장치　　　　　2. 누설전류감시장치　　　　　3. 절연고장점검출장치
4. 과전류보호장치　　　　　5. 누전차단기

㉰ 1차 고장이 발생한 후 다른 충전도체에서 2차 고장이 발생하는 경우 전원자동차단 조건은 노출도전부가 같은 접지계통에 집합적으로 접지된 보호도체와 상호 접속된 경우에는 TN 계통과 유사한 조건을 적용한다.

1. 비접지 계통의 경우에는 다음의 조건을 충족해야 한다.

$$2 I_a Z_s \leq U$$

2. 접지계통의 다음 조건을 충족해야 한다.

$$2 I_a Z_s{'} \leq U_0$$

여기서, U_0 : 선도체와 대지 간 공칭전압(V), U : 선간 공칭전압(V)

Z_s : 회로의 선도체와 보호도체를 포함하는 고장루프 임피던스[Ω]

$Z_s{'}$: 회로의 중성선과 보호도체를 포함하는 고장루프 임피던스[Ω]

I_a : (TN계통)차단시간 내에 보호장치를 동작 시키는 전류[A]

3. 노출도전부가 그룹별 또는 개별로 접지되어 있는 경우 다음의 조건을 적용하여야 한다.

$$R_a \times I_d \leq 50\,V$$

여기서, R_A : 접지극과 노출도전부 접속된 보호도체와 접지극 저항의 합

I_d : (TT계통) 차단시간 내에 보호장치를 동작 시키는 전류[A]

⑦ 기능적 특별저압(FELV) (KEC 211.2.8)

기능상의 이유로 교류 50[V], 직류 120[V] 이하인 공칭전압을 사용하지만, SELV 또는 PELV에 대한 모든 요구조건이 충족되지 않고 SELV와 PELV가 필요치 않은 경우에는 기본보호 및 고장보호의 보장을 위해 다음에 따라야 한다. 이러한 조건의 조합을 FELV라 한다.

㉮ 기본보호는 다음 중 어느 하나에 따른다.

1. 전원의 1차 회로의 공칭전압에 대응하는 충전부에 접촉하는 것을 방지하기 위한 기본절연

2. 인체가 충전부에 접촉하는 것을 방지하기 위한 격벽 또는 외함

㉯ 고장보호는 전원의 자동차단에 의한 보호가 될 경우 FELV 회로 기기의 노출도전부는 전원의 1차 회로의 보호도체에 접속하여야 한다.

㉰ FELV 계통용 플러그와 콘센트는 다음의 모든 요구사항에 부합하여야 한다.

1. 플러그를 다른 전압 계통의 콘센트에 꽂을 수 없어야 한다.

2. 콘센트는 다른 전압 계통의 플러그를 수용할 수 없어야 한다.

3. 콘센트는 보호도체에 접속하여야 한다.

(3) 이중절연 또는 강화절연에 의한 보호 (kec 211.3)

① 보호대책 일반 요구사항

㉮ 이중 또는 강화절연은 기본절연의 고장으로 인해 전기기기의 접근 가능한 부분에 위험전압이 발생하는 것을 방지하기 위한 보호대책으로 다음에 따른다.

1. 기본보호는 기본절연에 의하며, 고장보호는 보조절연에 의한다.

2. 기본 및 고장보호는 충전부의 접근 가능한 부분의 강화절연에 의한다.

(4) 전기적 분리에 의한 보호 (kec 211.4)

① 보호대책 일반 요구사항

　1. 기본보호는 충전부의 기본절연 또는 격벽과 외함에 의한다.

　2. 고장보호는 분리된 다른 회로와 대지로부터 단순한 분리에 의한다.

② 기본보호를 위한 요구사항

　1. 분리된 회로는 최소한 단순 분리된 전원을 통하여 공급되어야 하며, 분리된 회로의 전압은 500[V] 이하이어야 한다.

　2. 분리된 회로의 충전부는 어떤 곳에서도 다른 회로, 대지 또는 보호도체에 접속되어서는 안 되며, 전기적 분리를 보장하기 위해 회로 간에 기본절연을 하여야 한다.

　3. 가요 케이블과 코드는 기계적 손상을 받기 쉬운 전체 길이에 대해 육안으로 확인이 가능하여야 한다.

　4. 분리된 회로들에 대해서는 분리된 배선계통의 사용이 권장된다. 다만, 분리된 회로와 다른 회로가 동일 배선계통 내에 있으면 금속외장이 없는 다심케이블, 절연전선관 내의 절연전선, 절연덕팅 또는 절연트렁킹에 의한 배선이 되어야 하며 다음의 조건을 만족하여야 한다.

　　가. 정격전압은 최대 공칭전압 이상일 것.

　　나. 각 회로는 과전류에 대한 보호를 할 것.

　5. 분리된 회로의 노출도전부는 다른 회로의 보호도체, 노출도전부 또는 대지에 접속되어서는 아니 된다.

(5) SELV와 PELV를 적용한 특별저압에 의한 보호 (kec 211.5)

① 보호대책 일반 요구사항

　1. 특별저압 계통의 전압한계는 교류 50[V] 이하, 직류 120[V] 이하이어야 한다.

　2. 특별저압 회로를 제외한 모든 회로로부터 특별저압 계통을 보호 분리하고, 특별저압 계통과 다른 특별저압 계통 간에는 기본절연을 하여야 한다.

　3. SELV 계통과 대지간의 기본절연을 하여야 한다.

② SELV와 PELV용 전원

　1. 안전절연변압기 전원

　2. 안전절연변압기 및 이와 동등한 절연의 전원

　3. 축전지 및 디젤발전기 등과 같은 독립전원

　4. 내부고장이 발생한 경우에도 출력단자의 전압이 교류 50[V], 직류 120[V] 이하의 값을 초과하지 않도록 적절한 표준에 따른 전자장치

　5. 저압으로 공급되는 안전절연변압기, 이중 또는 강화절연된 전동발전기 등 이동용 전원

③ SELV와 PELV 회로에 대한 요구사항

⑦ SELV 및 PELV 회로는 다음을 포함하여야 한다.

1. 충전부와 다른 SELV와 PELV 회로 사이의 기본절연

2. 이중절연 또는 강화절연 또는 최고전압에 대한 기본절연 및 보호차폐에 의한 SELV 또는 PELV 이외의 회로들의 충전부로부터 보호 분리

3. SELV 회로는 충전부와 대지 사이에 기본절연

4. PELV 회로 및 PELV 회로에 의해 공급되는 기기의 노출도전부는 접지

⑭ 기본절연이 된 다른 회로의 충전부로부터 특별저압 회로 배선계통의 보호분리는 다음의 방법 중 하나에 의한다.

1. SELV와 PELV 회로의 도체들은 기본절연을 하고 비금속외피 또는 절연된 외함으로 시설하여야 한다.

2. SELV와 PELV 회로의 도체들은 전압밴드 I 보다 높은 전압 회로의 도체들로부터 접지된 금속시스 또는 접지된 금속 차폐물에 의해 분리하여야 한다.

3. SELV와 PELV 회로의 도체들이 사용 최고전압에 대해 절연된 경우 전압밴드 I 보다 높은 전압의 다른 회로 도체들과 함께 다심케이블 또는 다른 도체그룹에 수용할 수 있다.

⑮ SELV와 PELV 계통의 플러그와 콘센트는 다음에 따라야 한다.

1. 플러그는 다른 전압 계통의 콘센트에 꽂을 수 없어야 한다.

2. 콘센트는 다른 전압 계통의 플러그를 수용할 수 없어야 한다.

3. SELV 계통에서 플러그 및 콘센트는 보호도체에 접속하지 않아야 한다.

⑯ SELV 회로의 노출도전부는 대지 또는 다른 회로의 노출도전부나 보호도체에 접속하지 않아야 한다

⑰ 공칭전압이 교류 25[V] 또는 직류 60[V]를 초과하거나 기기가 물에 잠겨 있는 경우 기본보호는 특별저압 회로에 대해 다음의 사항을 따라야 한다.

1. 충전부에 기본 절연

2. 격벽 또는 외함

⑱ 건조한 상태에서 다음의 경우는 기본보호를 하지 않아도 된다.

1. SELV 회로에서 공칭전압이 교류 25[V] 또는 직류 60[V]를 초과하지 않는 경우

2. PELV 회로에서 공칭전압이 교류 25[V] 또는 직류 60[V]를 초과하지 않고 노출도전부 및 충전부가 보호도체에 의해서 주접지단자에 접속된 경우

⑲ SELV 또는 PELV 계통의 공칭전압이 교류 12[V] 또는 직류 30[V]를 초과하지 않는 경우에는 기본보호를 하지 않아도 된다.

과보호 대책의 요구사항으로 특별저압 계통의 전압한계 상한 값인 교류 50[V] 이하, 직류는 몇 [V] 이하이어야 하는가?

① 60

② 80

③ 100

④ 120

정답 및 해설 [보호대책의 요구사항 (kec 211.5.1)] 보호대책의 요구사항으로는 특별저압 계통의 전압한계는 상한 값인 교류 50[V] 이하, 직류 120[V] 이하이어야 한다. 【정답】 ④

2. 과부하전류에 대한 보호 (kec 212.4)

(1) 도체와 과부하 보호장치 사이의 협조 (kec 212.4.1)

① 과부하에 대해 케이블(전선)을 보호하는 장치의 동작특성은 다음의 조건을 충족해야 한다.

식 1. $I_B \leq I_n \leq I_Z$

식 2. $I_2 \leq 1.45 \times I_Z$

여기서, I_B : 회로의 설계전류, I_Z : 케이블의 허용전류, I_n : 보호장치의 정격전류

I_2 : 보호장치가 규약시간 이내에 유효하게 동작하는 것을 보장하는 전류

1. 조정할 수 있게 설계 및 제작된 보호장치의 경우, 정격전류 I_n은 사용현장에 적합하게 조정된 전류의 설정 값이다.

2. 보호장치의 유효한 동작을 보장하는 전류 I_2는 제조자로부터 제공되거나 제품 표준에 제시되어야 한다.

3. 식 2에 따른 보호는 조건에 따라서는 보호가 불확실한 경우가 발생할 수 있다. 이러한 경우에는 식 2에 따라 선정된 케이블 보다 단면적이 큰 케이블을 선정하여야 한다.

4. I_B는 선도체를 흐르는 설계전류이거나, 함유율이 높은 영상분 고조파(특히 제3고조파)가 지속적으로 흐르는 경우 중성선에 흐르는 전류이다.

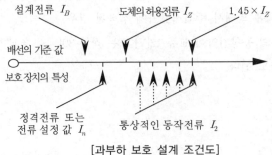

[과부하 보호 설계 조건도]

(2) 과부하 보호장치의 설치 위치 (kec 212.4.2)

과부하 보호장치는 분기점(O)에 설치해야 하나, 분기점(O)점과 분기회로의 과부하 보호장치(P_2)의 설치점 사이의 배선 부분에 다른 분기회로나 콘센트 회로가 접속되어 있지 않고, 다음 중 하나를 충족하는 경우에는 변경이 있는 배선에 설치할 수 있다.

① 그림과 같이 분기회로(S_2)의 과부하 보호장치(P_2)의 전원 측에 다른 분기회로 또는 콘센트의 접속이 없고 분기회로에 대한 단락보호가 이루어지고 있는 경우, P_2는 분기회로의 분기점(O)으로부터 부하 측으로 거리에 구애 받지 않고 이동하여 설치할 수 있다.

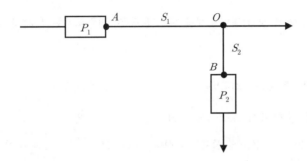

[분기회로(S_2)의 분기점(O)에 설치되지 않은 분기회로 과부하보호장치(P_2)]

② 다음 그림과 같이 분기회로(S_2)의 과부하장치(P_2)는 (P_2)의 전원측에서 분기점(O) 사이에 다른 분기회로 또는 콘센트의 접속이 없고, 단락의 위험과 화재 및 인체에 대한 위험성이 최소화 되도록 시설된 경우, 분기회로의 보호장치(P_2)는 분기회로의 분기점(O)으로부터 3[m] 까지 이동하여 설치할 수 있다.

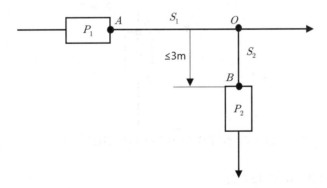

[분기회로(S_2)의 분기점(O)에서 3[m] 이내에 설치된 과부하 보호장치(P_2)]

(3) 과부하 보호장치의 생략 (kec 212.4.3)

다음과 같은 경우에는 과부하보호장치를 생략할 수 있다. 다만, 화재 또는 폭발 위험성이 있는 장소에 설치되는 설비 또는 특수설비 및 특수 장소의 요구사항들을 별도로 규정하는 경우에는 과부하보호장치를 생략할 수 없다.

① IT 계통에서 과부하 보호장치 설치위치 변경 또는 생략

② 안전을 위해 과부하 보호장치를 생략할 수 있는 경우

    1. 회전기의 여자회로

    2. 전자석 크레인의 전원회로

    3. 전류변성기의 2차회로

    4. 소방설비의 전원회로

    5. 안전설비(주거침입경보, 가스누출경보 등)의 전원회로

(4) 병렬 도체의 과부하 보호 (kec 212.4.4)

하나의 보호장치가 여러 개의 병렬도체를 보호할 경우, 병렬도체는 분기회로, 분리, 개폐장치를 사용할 수 없다.

3. 단락전류에 대한 보호 (kec 212.5)

(1) 단락보호장치의 설치위치 (kec 212.5.2)

단락전류 보호장치는 분기점(O)에 설치해야 한다. 다만, 그림 212.5-1과 같이 분기회로의 단락보호장치 설치점(B)과 분기점(O) 사이에 다른 분기회로 또는 콘센트의 접속이 없고 단락, 화재 및 인체에 대한 위험이 최소화될 경우, 분기회로의 단락 보호장치 P_2는 분기점(O)으로 부터 3[m]까지 이동하여 설치할 수 있다.

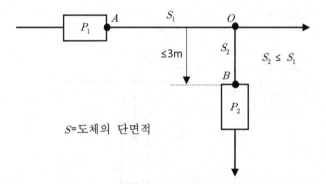

[분기회로 단락보호장치(P_2)의 제한된 위치 변경]

(2) 단락보호장치의 생략 (kec 212.5.3)

배선을 단락위험이 최소화할 수 있는 방법과 가연성 물질 근처에 설치하지 않는 조건이 모두 충족되면 다음과 같은 경우 단락보호장치를 생략할 수 있다.

① 발전기, 변압기, 정류기, 축전지와 보호장치가 설치된 제어반을 연결하는 도체

② 전원차단이 설비의 운전에 위험을 가져올 수 있는 회로

③ 특정 측정회로

(3) 단락보호장치의 특성 (kec 212.5.5)

① 차단용량 : 정격차단용량은 단락전류보호장치 설치 점에서 예상되는 최대 크기의 단락전류 보다 커야한다. 다만, 전원측 전로에 단락고장전류 이상의 차단능력이 있는 과전류차단기가 설치되는 경우에는 그러하지 아니하다.

② 케이블 등의 단락전류 : 회로의 임의의 지점에서 발생한 모든 단락전류는 케이블 및 절연도체의 허용 온도를 초과하지 않는 시간 내에 차단되도록 해야 한다. 단락지속시간이 5초 이하인 경우, 통상 사용조건에서의 단락전류에 의해 절연체의 허용온도에 도달하기까지의 시간 t는 다음 식과 같이 계산할 수 있다.

$$t = \left(\frac{kS}{I} \right)^2$$

여기서, t : 단락전류 지속시간[초], S : 도체의 단면적[mm^2], I : 유효 단락전류[A]

　　　　k : 도체 재료의 저항률, 온도계수, 열용량, 해당 초기온도와 최종온도를 고려한 계수

4. 저압전로 중의 개폐기 및 과전류차단장치의 시설 (kec 212.6)

(1) 저압전로 중의 개폐기의 시설 (kec 212.6.1)

① 저압전로 중에 개폐기를 시설하는 경우에는 그 곳의 각 극에 설치하여야 한다.

② 사용전압이 다른 개폐기는 상호 식별이 용이하도록 시설하여야 한다.

(2) 저압 옥내전로 인입구에서의 개폐기의 시설 (kec 212.6.2)

① 저압 옥내전로에는 인입구에 가까운 곳으로서 쉽게 개폐할 수 있는 곳에 개폐기를 시설하는 경우에는 그 곳의 각 극에 시설하여야 한다.

② 생략이 가능한 경우 : 사용전압이 400[V] 미만인 옥내 전로로서 다른 옥내전로(정격전류가 16[A] 이하인 과전류 차단기 또는 정격전류가 16[A]를 초과하고 20[A] 이하인 배선용 차단기로 보호되고 있는 것에 한한다)에 접속하는 길이 15[m] 이하의 전로에서 전기의 공급을 받는 것은 생략할 수 있다.

(3) 저압전로 중의 과전류차단기의 시설 (kec 212.6.3)

① 과전류차단기로 저압전로에 사용하는 퓨즈

정격전류의 구분	시간[분]	정격전류의 배수	
		불용단 전류	용단 전류
4[A] 이하	60분	1.5배	2.1배
4[A] 초과　16[A] 미만	60분	1.5배	1.9배
16[A] 이상　63[A] 이하	60분	1.25배	1.6배
63[A] 초과 160[A] 이하	120분	1.25배	1.6배
160[A] 초과 400[A] 이하	180분	1.25배	1.6배
400[A] 초과	240분	1.25배	1.6배

【기사】 19/1 14/1

과전류 차단기로 저압전로에 사용하는 15[A] 퓨즈를 수평으로 붙인 경우 이 퓨즈는 정격전류와 몇 배의 전류에 견딜 수 있어야 하는가?

① 1.5 　　　　② 1.6 　　　　③ 1.9 　　　　④ 2

정답 및 해설 [과전류차단기로 저압전로에 사용하는 퓨즈 (kec 212.6.3)]

정격전류의 구분	시간 (분)	정격전류의 배수	
		불용단 전류	용단 전류
4[A] 이하	60분	1.5배	2.1배
4[A] 초과 16[A] 미만	60분	1.5배	1.9배
16[A] 이상 63[A] 이하	60분	1.25배	1.6배
63[A] 초과 160[A] 이하	120분	1.25배	1.6배
160[A] 초과 400[A] 이하	180분	1.25배	1.6배
400[A] 초과	240분	1.25배	1.6배

【정답】 ①

② 과전류차단기로 저압전로에 사용하는 산업용 배선용 차단기는 표에 적합한 것이어야 한다. 다만, 일반인이 접촉할 우려가 있는 장소(세대내 분전반 및 이와 유사한 장소)에는 주택용 배선차단기를 시설하여야 한다.

㉮ 과전류트립 동작시간 및 특성(산업용 배선용 차단기)

정격전류의 구분	시간	정격전류의 배수 (모든 극에 통전)	
		부동작 전류	동작 전류
63[A] 이하	60분	1.05배	1.3배
63[A] 초과	120분	1.05배	1.3배

㉯ 순시트립에 따른 구분(주택용 배선용 차단기)

형	순시트립 범위
B	$3I_n$ 초과 ~ $5I_n$ 이하
C	$5I_n$ 초과 ~ $10I_n$ 이하
D	$10I_n$ 초과 ~ $20I_n$ 이하

[비고] 1. B, C, D : 순시트립전류에 따른 차단기 분류
　　　 2. I_n : 차단기 정격전류

㉰ 과전류트립 동작시간 및 특성

정격전류의 구분	시간	정격전류의 배수 (모든 극에 통전)	
		부동작 전류	동작 전류
63[A] 이하	60분	1.13배	1.45배
63[A] 초과	120분	1.13배	1.45배

※[고압용 퓨즈]
  ① 포장 퓨즈 : 정격전류의 1.3배에 견디고 2배의 전류로 120분 이내 용단되는 것. 고압 전류 제한 퓨즈일 것
  ② 비포장 퓨즈 : 정격전류의 1.25배에 견디고 2배의 전류로 2분 안에 용단되는 것일 것

(4) 저압전로 중의 전동기 보호용 과전류보호장치의 시설 (kec 212.6.4)

① 과부하 보호장치, 단락보호전용 차단기 및 단락보호전용 퓨즈
  1. 과부하 보호장치로 전자접촉기를 사용할 경우에는 반드시 과부하계전기가 부착되어 있을 것
  2. 단락보호전용 퓨즈는 다음의 용단 특성에 적합한 것일 것

정격전류의 배수	불용단시간	용단시간
4배	60초 이내	–
6.3배	–	60초 이내
8배	0.5초 이내	–
10배	0.2초 이내	–
12.5배	–	0.5초 이내
19배	–	0.1초 이내

② 과부하 보호장치와 단락보호 전용 차단기 또는 단락보호 전용 퓨즈를 하나의 전용함 속에 넣어 시설한 것일 것
③ 과부하 보호장치와 단락보호 전용 퓨즈를 조합한 장치는 단락보호 전용 퓨즈의 정격전류가 과부하 보호장치의 설정 전류값 이하가 되도록 시설한 것
④ 옥내 시설하는 전동기의 과부하장치 생략 조건
  1. 정격 출력이 0.2[kW] 이하인 경우
  2. 전동기를 운전 중 상시 취급자가 감시할 수 있는 위치에 시설하는 경우
  3. 전동기의 구조나 부하의 성질로 보아 전동기가 손상될 수 있는 과전류가 생길 우려가 없는 경우
  4. 단상전동기를 그 전원측 전로에 시설하는 과전류 차단기의 정격전류가 16[A](배선용 차단기는 20[A]) 이하인 경우

핵심기출 【기사】14/3 【산업기사】05/3

옥내에 시설하는 전동기가 소손되는 것을 방지하기 위한 과부하 보호장치를 하지 않아도 되는 것은?

① 정격출력이 4[kW]이며, 취급자가 감시할 수 없는 경우

② 정격출력이 0.2[kW] 이하인 경우

③ 전동기가 소손할 수 있는 과전류가 생길 우려가 있는 경우

④ 정격출력이 10[kW] 이상인 경우

정답 및 해설 [옥내 시설하는 전동기의 과부하장치 생략 조건 (kec 212.6.4)]
1. 정격 출력이 0.2[kW] 이하인 경우
2. 전동기를 운전 중 상시 취급자가 감시할 수 있는 위치에 시설하는 경우
3. 전동기의 구조나 부하의 성질로 보아 전동기가 손상될 수 있는 과전류가 생길 우려가 없는 경우

【정답】②

03 전선로 (KEC 220)

1. 구내 · 옥측 · 옥상 · 옥내전선로의 시설 (KEC 221)

(1) 구내 인입선 (KEC 221.1)

① 저압 인입선의 시설 (kec 221.1.1)

㉮ 전선은 절연전선 또는 케이블일 것

㉯ 절연전선의 사용시 구분

1. 경간 15[m] 이하 : 인장강도 1.25[kN] 이상의 것 또는 지름 2[mm] 이상의 인입용 비닐절연전선일 것

2. 경간 15[m] 초과 : 인장강도 2.30[kN] 이상의 것 또는 지름 2.6[mm] 이상의 인입용 비닐절연전선일 것

㉰ 전선의 높이

1. 도로(차도와 보도의 구별이 있는 도로인 경우에는 차도)를 횡단하는 경우에는 노면상 5[m](기술상 부득이한 경우에 교통에 지장이 없을 때에는 3[m]) 이상

2. 철도 또는 궤도를 횡단하는 경우에는 레일면상 6.5[m] 이상

3. 횡단보도교의 위에 시설하는 경우에는 노면상 3[m] 이상

4. 위의 1에서 3까지 이외의 경우에는 지표상 4[m](기술상 부득이한 경우에 교통에 지장이 없을 때에는 2.5[m]) 이상

⑭ 저압 가공인입선 조영물의 구분에 따른 이격거리

시설물의 구분		이격거리
조영물의 상부 조영재	위쪽	2[m] (옥외용 비닐절연전선 이외의 저압 절연전선인 경우 1.0[m], 고압절연전선, 특고압 절연전선 또는 케이블인 경우 0.5[m])
조영물의 상부 조영재	옆쪽 또는 아래 쪽	0.3[m] (전선이 고압절연전선, 특고압 절연전선 또는 케이블인 경우는 0.15[m])
조영물의 상부 조영재 이외의 부분 또는 조영물 이외의 시설물		0.3[m] (전선이 고압절연전선, 특고압 절연전선 또는 케이블인 경우는 0.15[m])

② 저압 연접 인입선의 시설 (kec 221.1.2)

1. 인입선에서 분기하는 점으로부터 100[m]를 초과하는 지역에 미치지 아니할 것

2. 폭 5[m]를 초과하는 도로를 횡단하지 아니할 것

3. 옥내를 통과하지 아니할 것

핵심기출 【기사】 12/3

저압 연접 인입선은 인입선에서 분기하는 점으로부터 몇 [m]를 초과하는 지역에 미치지 아니하도록 시설하여야 하는가?

① 10[m] ② 20[m]

③ 100[m] ④ 200[m]

정답 및 해설 [저압 연접 인입선의 시설 (kec 221.1.2)] 한 수용 장소 인입구에서 분기하여 지지물을 거치지 아니하고 다른 수용장소 인입구에 이르는 전선이며 시설 기준은 다음과 같다.
1. 분기하는 점으로부터 100[m]를 초과하지 않을 것
2. 폭 5[m]를 넘는 도로를 횡단하지 않을 것
3. 옥내를 관통하지 않을 것   【정답】③

---

(2) 저압 옥측 전선로 (KEC 221.2)

① 저압 옥측 전선로의 공사방법

1. 애자사용공사 (전개된 장소에 한한다.)

2. 합성수지관공사

3. 금속관공사 (목조 이외의 조영물에 시설하는 경우에 한한다)

4. 버스덕트공사 [목조 이외의 조영물(점검할 수 없는 은폐된 장소는 제외한다)에 시설하는 경우에 한한다]

5. 케이블공사 (연피 케이블·알루미늄피 케이블 또는 미네럴 인슐레이션 케이블을 사용하는 경우에는 목조 이외의 조영물에 시설하는 경우에 한한다)

② 애자사용공사에 의한 저압 옥측전선로는 다음에 의하고 또한 사람이 쉽게 접촉될 우려가 없도록 시설할 것

1. 전선은 공칭단면적 $4[mm^2]$ 이상의 연동 절연전선(옥외용 비닐절연전선 및 인입용 절연전선은 제외한다)일 것

2. 전선 상호 간의 간격 및 전선과 그 저압 옥측전선로를 시설하는 조영재 사이의 이격거리는 다음에서 정한 값 이상일 것

시설 장소	전선 상호 간의 간격[cm]		전선과 조영재 사이의 이격거리[cm]	
	사용전압 400[V] 미만	사용전압 400[V] 이상	사용전압 400[V] 미만	사용전압 400[V] 이상
비나 이슬에 젖지 않는 장소	6	6	2.5	2.5
비나 이슬에 젖는 장소	6	12	2.5	4.5

3. 전선의 지지점 간의 거리는 2[m] 이하일 것

4. 저압 옥측전선로 조영물의 구분에 따른 이격거리

다른 시설물의 구분	접근 형태	이격 거리
조영물의 상부 조영재	위 쪽	2[m] (전선이 고압 절연전선, 특고압 절연전선 또는 케이블인 경우는 1[m])
	옆 쪽 또는 아래 쪽	0.6[m] (전선이 고압 절연전선, 특고압 절연전선 또는 케이블인 경우는 0.3[m])
조영물의 상부 조영재 이외의 부분 또는 조영물 이외의 시설물		0.6[m] (전선이 고압 절연전선, 특고압 절연전선 또는 케이블인 경우는 0.3[m])

핵심기출 【기사】 18/1

저압 옥측 전선로의 공사에서 목조 조영물에 시설할 수 있는 공사방법은?

① 금속관 공사 ② 버스덕트 공사
③ 합성수지관공사 ④ 연피 또는 알루미늄 케이블공사

정답 및 해설 [저압 옥측 전선로의 시설 (KEC 221.2)]
① 애자사용공사(전개된 장소에 한한다)
② 합성수지관공사
③ 금속관공사(목조 이외의 조영물에 시설하는 경우에 한한다)
④ 버스덕트공사[목조 이외의 조영물(점검할 수 없는 은폐된 장소를 제외한다)에 시설하는 경우에 한한다]
⑤ 케이블공사(연피 케이블·알루미늄피 케이블 또는 미네럴인슈레이션케이블을 사용하는 경우에는 목조 이외의 조영물에 시설하는 경우에 한한다) 【정답】③

(3) 저압 옥상전선로의 시설 (KEC 221.3)

① 전선은 인장강도 2.30[kN] 이상의 것 또는 지름 2.6[mm] 이상의 경동선을 사용할 것

② 전선은 절연전선(OW전선을 포함한다.)

③ 전선은 조영재에 견고하게 붙인 지지주 또는 지지대에 절연성·난연성 및 내수성이 있는 애자를 사용하여 지지하고 또한 그 지지점 간의 거리는 15[m] 이하일 것

④ 전선과 그 저압 옥상 전선로를 시설하는 조영재와의 이격거리는 2[m](전선이 고압절연전선, 특고압 절연전선 또는 케이블인 경우에는 1[m]) 이상일 것

2. 저압 가공전선로 (KEC 222)

(1) 저압 가공전선의 굵기 및 종류 (KEC 222.5)

저압 가공전선은 나전선(중성선 또는 다중접지된 접지측 전선으로 사용하는 전선에 한한다), 절연전선, 다심형 전선 또는 케이블을 사용하여야 한다.

전압	전선의 굵기		인장강도
400[V] 미만	절연전선	지름 2.6[mm] 이상 경동선	2.30[kN] 이상
	절연전선 외	지름 3.2[mm] 이상 경동선	3.43[kN] 이상
400[V] 이상	시가지외	지름 4.0[mm] 이상 경동선	5.26[kN] 이상
	시가지	지름 5.0[mm] 이상 경동선	8.01[kN] 이상

핵심기출　【기사】01. 05. 14　【산업】04. 11

교량 위에 시설하는 220[V] 조명용 저압 가공전선로에 사용되는 경동선의 최소 굵기는 몇 [mm]인가? (단, 전선은 절연전선을 사용한다.)

① 1.6　　　　　　　　　　② 2.0

③ 2.3　　　　　　　　　　④ 2.6

정답 및 해설 [저압 가공전선의 굵기 및 종류 (KEC 222.5)]

400[V] 미만	절연전선	지름 2.6[mm] 이상 경동선	2.30[kN] 이상
	절연전선 외	지름 3.2[mm] 이상 경동선	3.43[kN] 이상

【정답】④

(2) 저압 가공전선의 높이 (KEC 222.7)

설치장소	저압 가공전선의 높이	
도로횡단	지표상 6[m] 이상	
철도 또는 궤도 횡단	레일면상 6.5[m] 이상	
횡단보도교 위	저압	노면상 3.5[m] 이상 (단, 전선이 저압 절연전선·다심형 전선 또는 케이블인 경우에는 3[m])
일반장소 (도로를 따라 시설)	지표상 5[m] 이상 (다만, 절연전선이나 케이블을 사용한 저압 가공전선으로서 옥외 조명용에 공급하는 것으로 교통에 지장이 없도록 시설하는 경우에는 지표상 4[m] 까지로 감할 수 있다.	

(3) 저압 보안공사 (KEC 222.10)

① 전선은 케이블인 경우 이외에는 인장강도 8.01[kN] 이상의 것 또는 지름 5[mm](사용전압이 400[V] 미만인 경우에는 인장강도 5.26[kN] 이상의 것 또는 지름 4[mm] 이상의 경동선) 이상의 경동선이어야 한다.

② 목주는 풍압하중에 대한 안전율은 1.5 이상일 것

③ 목주의 굵기는 말구의 지름 0.12[m] 이상일 것

④ 지지물 종류에 따른 경간

지지물의 종류	경간[m]
목주·A종 철주 또는 A종 철근 콘크리트주	100
B종 철주 또는 B종 철근 콘크리트주	150
철탑	400

핵심기출 【기사】 15/2 【산업기사】 05/1 12/3

사용 전압이 400[V] 미만인 경우의 저압 보안 공사에 전선으로 경동선을 사용할 경우 지름은 몇 [mm] 이상인가?

① 2.6　　　　　② 6.5　　　　　③ 4.0　　　　　④ 5.0

정답 및 해설 [저압 보안 공사 (KEC 222.10)] 40[V] 미만은 인장강도 5.26[kN] 이상의 것 또는 지름 4[mm] 이상의 경동선 　　　　　【정답】③

(4) 저압 가공전선과 다른 시설물의 접근 또는 교차 (KEC 222.18)

저압 가공전선선 조영물의 구분에 따른 이격거리

다른 시설물의 구분		이격거리
조영물의 상부 조영재	위 쪽	2[m] (전선이 고압 절연전선, 특고압 절연전선 또는 케이블인 경우는 1.0[m])
	옆 쪽 또는 아래 쪽	0.6[m] (전선이 고압 절연전선, 특고압 절연전선 또는 케이블인 경우는 0.3[m])
조영물의 상부 조영재 이외의 부분 또는 조영물 이외의 시설물		0.6[m] (전선이 고압 절연전선, 특고압 절연전선 또는 케이블인 경우는 0.3[m])

(5) 저고압 가공전선과 식물의 이격거리 (kec 222.19)

저고압 가공전선은 상시 부는 바람 등에 의하여 식물에 접촉하지 않도록 시설하여야 한다. 다만, 저압 가공절연전선을 방호구에 넣어 시설하거나 절연내력 및 내마모성이 있는 케이블을 시설하는 경우는 그러하지 아니하다.

(6) 농사용 저압 가공전선로의 시설 (KEC 222.22)

① 사용전압은 저압일 것

② 저압 가공전선은 인장강도 1.38[kN] 이상의 것 또는 지름 2[mm] 이상의 경동선일 것

③ 저압 가공전선의 지표상의 높이는 3.5[m] 이상일 것. 다만, 저압 가공전선을 사람이 쉽게 출입하지 못하는 곳에 시설하는 경우에는 3[m] 까지로 감할 수 있다.

④ 목주의 굵기는 말구 지름이 0.09[m] 이상일 것

⑤ 전선로의 지지점 간 거리는 30[m] 이하일 것

(7) 구내에 시설하는 저압 가공전선로 (KEC 222.23)

① 전선은 지름 2[mm] 이상의 경동선의 절연전선 또는 이와 동등 이상의 세기 및 굵기의 절연전선일 것 다만, 경간이 10[m] 이하인 경우에 한하여 공칭단면적 4[mm^2] 이상의 연동 절연전선을 사용할 수 있다.

② 전선로의 경간은 30[m] 이하일 것

③ 전선과 다른 시설물과의 이격거리

다른 시설물의 구분		이격거리
조영물의 상부 조영재	위쪽	1[m]
	옆쪽 또는 아래 쪽	0.6[m] (전선이 고압절연전선, 특고압 절연전선 또는 케이블인 경우는 0.3[m])
조영물의 상부 조영재 이외의 부분 또는 조영물 이외의 시설물		0.6[m] (전선이 고압절연전선, 특고압 절연전선 또는 케이블인 경우는 0.3[m])

04 배선 및 조명설비 등 (KEC 230)

1. 일반사항 (KEC 231)

(1) 저압 옥내배선의 사용전선 (KEC 231.3)

저압 옥내배선의 전선은 다음중 어느 하나에 적합한 것을 사용하여야 한다.

① 단면적 $2.5[mm^2]$ 이상의 연동선 또는 이와 동등 이상의 강도 및 굵기의 것

② 단면적이 $1[mm^2]$ 이상의 미네럴인슈레이션(MI)케이블

③ 옥내배선의 사용 전압이 400[V] 미만인 경우엔 다음에 따라 시설한다.

시설 종류	전선의 굵기	배선 방법 및 전선의 종류
전광 표시 장치 출퇴 표시 장치 제어 회로용	$1.5[mm^2]$ 이상 연동선	합성수지관, 금속관, 금속몰드, 금속덕트 셀룰라덕트 공사, 플로어덕트
전광 표시 장치 출퇴 표시 장치 제어 회로용	$0.75[mm^2]$ 이상	・다심 케이블 또는 다심 캡타이어케이블 사용 ・과전류시 자동 차단장치를 시설하는 경우
쇼윈도우(진열창) 쇼케이스(진열창) 내	$0.75[mm^2]$ 이상	코드 또는 캡타이어케이블을 사용하는 경우

(2) 나전선의 사용 제한 (KEC 231.4)

옥내에 시설하는 저압전선에는 나전선을 사용하여서는 아니 된다. 다만, 다음 중 어느 하나에 해당하는 경우에는 그러하지 아니하다.

① 애자사용배선에 의하여 전개된 곳에 다음의 전선을 시설하는 경우

    1. 전기로용 전선

    2. 전선의 피복 절연물이 부식하는 장소에 시설하는 전선

    3. 취급자 이외의 자가 출입할 수 없도록 설비한 장소에 시설하는 전선

② 버스덕트배선에 의하여 시설하는 경우

③ 라이팅덕트배선에 의하여 시설하는 경우

④ 접촉 전선을 시설하는 경우

핵심기출 【기사】 04/2 04/3 05/2 07/3 13/1 14/3 16/1 17/1 　【산업기사】 04/3 06/1 08/1 09/2 12/3 15/2 15/3 16/1

다음 중 옥내에 시설하는 저압 전선으로 나전선을 사용할 수 있는 배선공사는?

① 합성수지관 공사 　　　　　② 금속관 공사

③ 버스 덕트 공사 　　　　　④ 플로어 덕트 공사

정답 및 해설 [나전선의 사용 제한 (KEC 231.3)]

·나전선을 사용할 수 있는 공사 : 라이팅 덕트 공사, 버스 덕트 공사

·나전선을 사용 제한 공사 : 금속관 공사, 합성수지관 공사, 합성수지몰드 공사, 금속덕트공사 등

【정답】③

---

(3) 고주파 전류에 의한 장해의 방지 (KEC 231.5)

전기기계기구가 무선설비의 기능에 계속적이고 또한 중대한 장해를 주는 고주파 전류를 발생시킬 우려가 있는 경우에는 이를 방지하기 위하여 다음 각 호에 따라 시설하여야 한다.

① 형광 방전등에는 적당한 곳에 정전용량이 $0.006[\mu F]$ 이상 $0.5[\mu F]$ 이하(예열시동식의 것으로 글로우램프에 병렬로 접속할 경우에는 $0.006[\mu F]$ 이상 $0.01[\mu F]$ 이하)인 커패시터를 시설할 것

② 사용전압이 저압이고 정격 출력이 1[kW] 이하인 전기드릴용의 소형교류직권전동기에는 단자 상호 간에 정전용량이 $0.1[\mu F]$ 무유도형 커패시터를, 각 단자와 대지와의 사이에 정전용량이 $0.003[\mu F]$인 충분한 측로효과가 있는 관통형 커패시터를 시설할 것

2. 배선설비 (KEC 232)

(1) 배선설비 공사의 종류 (KEC 232.2)

사용하는 전선 또는 케이블의 종류에 따른 배선설비의 설치방법(부스바트렁킹 시스템 및 파워트랙시스템은 제외)은 다음 표에 따른다.

① 전선 및 케이블의 구분에 따른 배선설비의 설치방법

전선 및 케이블		설치방법							
		비고정	직접고정	전선관	케이블트렁킹(몰드형, 바닥매입형 포함)	케이블덕트	케이블트레이(래더, 브래킷 등 포함)	애자사용	지지선
나전선		–	–	–	–	–	–	+	–
절연전선[b]		–	–	+	+[a]	+	–	+	–
케이블(외장 및 무기질절연물을 포함)	다심	+	+	+	+	+	+	△	+
	단심	△	+	+	+	+	+	△	+

+ : 사용할 수 있다.
– : 사용할 수 없다.
△ : 적용할 수 없거나 실용상 일반적으로 사용할 수 없다.

[a] : 케이블트렁킹이 IP4X 또는 IPXXD급의 이상의 보호조건을 제공하고, 도구 등을 사용하여 강제적으로 덮개를 제거할 수 있는 경우에 한하여 절연전선을 사용할 수 있다.

[b] : 보호 도체 또는 보호 본딩도체로 사용되는 절연전선은 적절하다면 어떠한 절연 방법이든 사용할 수 있고 전선관시스템, 트렁킹시스템 또는 덕트시스템에 배치하지 않아도 된다.

② 설치방법에 해당하는 배선방법의 종류

설치방법	배선방법
전선관시스템	합성수지관배선, 금속관배선, 가요전선관배선
케이블트렁킹시스템	합성수지몰드배선, 금속몰드배선, 금속덕트배선[a]
케이블덕트시스템	플로어덕트배선, 셀룰러덕트배선, 금속덕트배선[b]
애자사용방법	애자사용배선
케이블트레이시스템 (래더, 브래킷 포함)	케이블트레이배선
고정하지 않는 방법, 직접 고정하는 방법, 지지선 방법[c]	케이블배선

[a] : 금속본체와 커버가 별도로 구성되어 커버를 개폐할 수 있는 금속덕트를 사용한 배선방법을 말한다.

[b] : 본체와 커버 구분없이 하나로 구성된 금속덕트를 사용한 배선방법을 말한다.

[c] : 비고정, 직접고정, 지지선의 경우 케이블의 시설방법에 따라 분류한 사항이다.

(2) 애자사용공사 (KEC 232.3)

① 전선은 절연전선(옥외용 비닐절연전선 및 인입용 비닐절연전선을 제외)일 것

② 전선 상호 간의 간격은 6[cm] 이상일 것

③ 애자사용공사에 사용되는 애자는 절연성, 난연성, 내구성의 것이어야 한다.

④ 이격거리는 다음 표에 의한다.

전선 상호간격		전선과 조영재 사이		전선과 지지점간의 거리	
400[V] 미만	400[V] 이상	400[V] 미만	400[V] 이상	400[V] 미만	400[V] 이상
6[cm] 이상	2.5[cm] 이상	4.5[cm] 이상 (건조한 장소 2.5[cm])	조영재의 윗면 옆면일 경우 2[m] 이하	6[m]이하

(3) 합성수지몰드 공사 (KEC 232.4)

① 전선은 절연전선(옥외용 비닐 절연전선 제외)일 것

② 합성수지 몰드 안에는 전선에 접속점 없을 것

③ 합성수지 몰드의 홈의 폭, 깊이는 3.5[cm] 이하일 것(단, 사람이 쉽게 접촉할 우려가 없도록 시설 시 폭 5[cm] 이하의 것을 사용할 수 있다.)

④ 몰드 두께는 1.2[mm] 이상

(4) 합성수지관공사 (KEC 232.5)

① 전선은 절연전선(옥외용 비닐 절연전선을 제외)일 것

② 전선은 연선일 것. 다만, 다음의 것은 적용하지 않는다.

  1. 짧고 가는 합성수지관에 넣은 것

  2. 단면적 10[mm^2](알루미늄선은 단면적 16[mm^2]) 이하의 것

③ 전선은 합성수지관 안에서 접속점이 없도록 할 것

④ 중량물의 압력 또는 현저한 기계적 충격을 받을 우려가 없도록 시설할 것

⑤ 관 상호간 및 박스와는 삽입하는 깊이를 관 바깥지름의 1.2배(접착제 사용하는 경우 0.8배) 이상으로 견고하게 접속할 것

⑥ 1본의 길이 4[m]이며, 관의 두께는 2.0[mm] 이상일 것

⑦ 관의 지지점간의 거리는 1.5[m] 이하

⑧ 관의 굵기 : 14, 16, 22, 28, 36, 42, 54, 70, 82, 100, 104, 125

【기사】 10/1 11/2　【산업기사】 05/2

합성 수지관 공사에 의한 저압 옥내 배선에 대한 설명으로 옳은 것은?

① 합성수지관 안에 전선의 접속점이 있어도 된다.

② 전선은 반드시 옥외용 비닐절연전선을 사용한다.

③ 기계적 충격을 받을 우려가 없도록 시설하여야 한다.

④ 관의 지지점간의 거리는 3[m] 이하로 한다.

[합성 수지관 공사 (KEC 232.5)] 전선 상호간의 간격
- 전선은 합성수지관 안에서 접속점이 없도록 할 것
- 전선은 절연전선(옥외용 비닐 절연전선을 제외한다)일 것
- 관의 지지점 간의 거리는 1.5[m] 이하

【정답】③

(5) 금속관공사 (KEC 232.6)

① 목조 이외의 조영물에만 시설한다.

② 전선은 절연전선 (옥외용 비닐절연전선을 제외)일 것

③ 전선은 연선일 것. 다만, 다음의 것은 적용하지 않는다.

　1. 짧고 가는 금속관에 넣은 것

　2. 단면적 10[mm^2](알루미늄선은 단면적 16[mm^2]) 이하의 것

④ 관의 지지점간의 거리는 2[m] 이하

⑤ 1본의 길이 3.66[m]

⑥ 전선관의 두께

　1. 콘크리트 매설시 1.2[mm] 이상

　2. 기타 1[mm] 이상

　3. 길이 4[m] 이하인 것을 건조하고 전개된 곳에 시설하는 경우에는 0.5[mm] 이상

⑦ 전선관과의 접속 부분의 나사는 5턱 이상 완전히 나사 결합이 될 수 있는 길이일 것

⑧ 전선은 금속관 안에서 접속점이 없도록 할 것

⑨ 관의 끝 부분에는 전선의 피복을 손상 방지를 위해 부싱 사용

⑩ 관에는 kec140에 준하여 접지공사를 할 것. 다만, 사용전압이 400[V] 미만으로서 다음 중 하나에 해당하는 경우에는 그러하지 아니하다.

　1. 관의 길이가 4[m] 이하인 것을 건조한 장소에 시설하는 경우

　2. 옥내배선의 사용전압이 직류 300[V] 또는 교류 대지 전압 150[V] 이하로서 그 전선을 넣는 관의 길이가 8[m] 이하인 것을 사람이 쉽게 접촉할 우려가 없도록 시설하는 경우 또는 건조한 장소에 시설하는 경우

【기사】 05/1 08/3 10/3 11/3 14/1 【산업기사】 09/1 11/1 15/2 16/3

옥내 배선의 사용 전압이 200[V]인 경우에 이를 금속관 공사에 의하여 시설하려고 한다. 옥내 배선의 시설이 옳은 것은?

① 전선은 경동선으로 지름 4[mm]의 단선을 사용하였다.

② 전선은 옥외용 비닐 절연 전선을 사용하였다.

③ 콘크리트에 매설하는 전선관의 두께는 1.0[mm]를 사용하였다.

④ 관에는 kec140에 준하여 접지공사를 하였다.

정답 및 해설 [금속관 공사 (KEC 232.6)] 전선은 절연전선(옥외용 비닐 절연 전선을 제외)으로 10[㎟] 이하에 한하여 단선을 사용할 수 있으며 콘크리트에 매설하는 금속관은 1.2[mm] 이상이며 관에는 kec140에 준하여 접지공사를 할 것   【정답】④

(6) 금속몰드공사 (KEC 232.7)

① 전선은 절연전선(옥외용 비닐절연 전선을 제외)일 것

② 금속몰드 안에는 전선에 접속점이 없도록 할 것

③ 2종 금속제 몰드를 사용할 것

④ 황동제 또는 동제의 몰드는 폭이 50[mm] 이하, 두께 0.5[mm] 이상인 것일 것

⑤ 몰드에는 kec140의 규정에 준하여 접지공사를 할 것. 다만, 다음 중 하나에 해당하는 경우에는 그러하지 아니하다.

　1. 몰드의 길이가 4[m] 이하인 것을 시설하는 경우

　2. 옥내배선의 사용전압이 직류 300[V] 또는 교류 대지 전압이 150[V] 이하로서 그 전선을 넣는 관의 길이가 8[m] 이하인 것을 사람이 쉽게 접촉할 우려가 없도록 시설하는 경우 또는 건조한 장소에 시설하는 경우

【산업기사】 18/3

금속몰드 배선공사에 대한 설명으로 틀린 것은?

① 3종 금속제 몰드를 사용할 것

② 접속점을 쉽게 점검할 수 있도록 시설할 것

③ 황동제 또는 동제의 몰드는 폭이 5[cm] 이하, 두께 0.5[mm] 이상인 것일 것

④ 몰드 안의 전선을 외부로 인출하는 부분은 몰드의 관통 부분에서 전선이 손상될 우려가 없도록 시설할 것

정답 및 해설 [금속몰드 공사 (KEC 232.7)] 2종 금속제 몰드를 사용할 것

【정답】①

(7) 가요전선관공사 (KEC 232.8)

① 전선은 절연전선(옥외용 비닐 절연전선을 제외)일 것

② 전선은 연선일 것. 다만, 단면적 10[mm^2](알루미늄선은 단면적 16[mm^2]) 이하인 것은 그러하지 아니하다.

③ 가요전선관 안에는 전선에 접속점이 없도록 할 것

④ 관의 지지점간의 거리는 1[m] 이하

④ 가요전선관은 2종 금속제 가요전선관일 것. 다만, 전개된 장소 또는 점검할 수 있는 은폐된 장소에는 1종 가요전선관을 사용할 수 있다.

⑤ 1종 금속제 기요 전선권은 두께 0.8[mm] 이상인 것일 것

⑥ 가요전선관은 2종 금속제 가요전선관일 것. 다만, 전개된 장소 또는 점검할 수 있는 은폐된 장소(옥내배선의 사용전압이 400[V] 이상인 경우에는 전동기에 접속하는 부분으로서 가요성을 필요로 하는 부분에 사용하는 것에 한한다)에는 1종 가요전선관(습기가 많은 장소 또는 물기가 있는 장소에는 비닐 피복 1종 가요전선관에 한한다)을 사용할 수 있다.

핵심기출 【기사】 05/1 08/3 10/3 11/3 14/1 【산업기사】 09/1 11/1 15/2 16/3

가요 전선관 공사에 의한 저압 옥내 배선에 관한 설명으로 틀린 것은?

① 전선으로는 옥외용 비닐 절연전선을 사용하여야 한다.

② 전선은 연선을 사용하여야 하지만, 단면적 10[mm^2](알루미늄선은 16[mm^2]) 이하의 단선은 사용할 수 있다.

③ 2종 금속제 가요전선관을 습기가 많은 장소, 또는 물기가 있는 장소에 시설할 때는 방습장치를 하여야 한다.

④ 1종 금속제 가요전선관은 두께가 0.8[mm] 이상이어야 한다.

정답 및 해설 [가요전선관 공사 (kec 232.8)] 전선은 절연 전선 이상일 것(옥외용 비닐 절연 전선은 제외)

【정답】①

---

(8) 금속덕트공사 (KEC 232.9)

① 전선은 절연전선 (옥외용 비닐절연전선을 제외)일 것

② 금속덕트에 넣은 전선의 단면적(절연피복의 단면적을 포함한다)의 합계는 덕트의 내부 단면적의 20[%](전광표시 장치·출퇴표시등 기타 이와 유사한 장치 또는 제어회로 등의 배선만을 넣는 경우에는 50[%]) 이하일 것

③ 금속덕트 안에는 전선에 접속점이 없도록 할 것

④ 금속덕트는 폭이 50[mm]를 초과하고 또한 두께가 1.2[mm] 이상인 철판 또는 금속제로 제작

⑤ 지지점간 거리는 3[m] 이하(취급자 이외의 자가 출입할 수 없는 곳에서 수직으로 붙이는 경우 6[m] 이하)

⑥ 덕트의 끝부분은 막을 것

⑦ 덕트는 물이 고이는 낮은 부분을 만들지 않도록 시설할 것

⑧ 덕트는 kec140에 준하여 접지공사를 할 것

(9) 버스덕트공사 (KEC 232.10)

① 덕트 상호 간 및 전선 상호 간은 견고하고 또한 전기적으로 완전하게 접속할 것

② 덕트를 조영재에 붙이는 경우에는 덕트의 지지점 간의 거리를 3[m] 이하

③ 취급자 이외의 자가 출입할 수 없도록 설비한 곳에서 수직으로 붙이는 경우에는 6[m]

④ 덕트(환기형의 것을 제외)의 끝부분은 막을 것

⑤ 버스덕트 내부에 물이 침입하여 고이지 아니하도록 할 것

⑥ 덕트는 kec140에 준하여 접지공사를 할 것

핵심기출　【기사】 07/2 10/1　【산업기사】 11/2

버스 덕트 공사에 의한 저압 옥내 배선에 대한 시설로 잘못 설명한 것은?

① 환기형을 제외한 덕트의 끝 부분은 막을 것

② 덕트는 kec140에 준하여 접지공사를 할 것

③ 덕트의 내부에 먼지가 침입하지 아니하도록 할 것

④ 덕트를 조영재에 붙이는 경우에는 덕트의 지지점 간의 거리를 4[m] 이하로 하고 또한 견고하게 붙일 것

정답 및 해설 [버스 덕트 공사 (판단기준 제188조)] 덕트를 조영재에 붙이는 경우에는 덕트의 지지점 간의 거리를 3[m] 이하로 하고 또한 견고하게 붙일 것.

【정답】 ④

---

(10) 라이팅덕트공사 (KEC 232.11)

① 덕트 상호 간 및 전선 상호 간은 견고하게 또한 전기적으로 완전히 접속할 것

② 덕트는 조영재에 견고하게 붙일 것

③ 덕트의 지지점 간의 거리는 2[m] 이하로 할 것

④ 덕트의 끝부분은 막을 것

⑤ 덕트의 개구부는 아래로 향하여 시설할 것

⑥ 덕트는 조영재를 관통하여 시설하지 아니할 것

⑦ 덕트에는 kec140에 준하여 접지공사를 할 것. 다만, 대지 전압이 150[V] 이하이고 또한 덕트의 길이가 4[m] 이하인 때는 그러하지 아니하다.

⑧ 덕트를 사람이 용이하게 접촉할 우려가 있는 장소에 시설하는 경우에는 전로에 지락이 생겼을 때에 자동적으로 전로를 차단하는 장치를 시설할 것

라이팅 덕트 공사에 의한 저압 옥내배선 공사시설 기준으로 틀린 것은?

① 덕트의 끝 부분은 막을 것

② 덕트는 조영재에 견고하게 붙일 것

③ 덕트는 조영재를 관통하여 시설할 것

④ 덕트의 지지점 간의 거리는 2[m] 이하로 할 것

정답 및 해설 [라이팅 덕트 공사 (KEC 232.11)] 덕트는 조영재를 관통하여 시설하지 아니할 것

【정답】③

---

(11) 플로어덕트공사 (KEC 232.12)

① 전선은 절연전선(옥외용 비닐 절연전선을 제외)일 것

② 전선은 연선일 것. 다만, 단면적 $10[mm^2]$(알루미늄선은 단면적 $16[mm^2]$) 이하인 것은 그러하지 아니하다.

③ 플로어덕트 안에는 전선에 접속점이 없도록 할 것. 다만, 전선을 분기하는 경우에 접속점을 쉽게 점검할 수 있을 때에는 그러하지 아니하다.

④ 덕트는 kec140에 준하는 접지 공사를 할 것

플로어덕트 공사에 의한 저압 옥내 배선에서 단선을 사용하여도 되는 전선(동선)의 단면적은 최대 몇 $[mm^2]$인가?

① $2.5[mm^2]$ ② $4[mm^2]$

③ $6[mm^2]$ ④ $10[mm^2]$

정답 및 해설 [플로어 덕트 공사 (KEC 232.12)] 전선은 연선일 것. 다만, 단면적 $10[mm^2]$(알루미늄선은 단면적 16 $[mm^2]$) 이하인 것은 그러하지 아니하다.

【정답】④

---

(12) 셀룰러덕트공사 (KEC 232.13)

① 전선은 절연전선(옥외용 비닐 절연전선을 제외)일 것

② 전선은 연선일 것. 다만, 단면적 $10[mm^2]$(알루미늄선은 단면적 $16[mm^2]$) 이하의 것은 그러하지 아니하다.

③ 셀룰러덕트 안에는 전선에 접속점을 만들지 아니할 것. 다만, 전선을 분기하는 경우 그 접속점을 쉽게 점검할 수 있을 때에는 그러하지 아니하다.

(13) 케이블공사 (KEC 232.14)

① 전선은 케이블 및 캡타이어케이블일 것

② 중량물의 압력 또는 현저한 기계적 충격을 받을 우려가 있는 곳에 시설하는 케이블에는 적당한 방호 장치를 할 것

③ 전선을 조영재의 아랫면 또는 옆면에 따라 붙이는 경우에는 전선의 지지점 간의 거리를 케이블은 2[m](사람이 접촉할 우려가 없는 곳에서 수직으로 붙이는 경우에는 6[m]) 이하 캡타이어 케이블은 1[m] 이하로 하고 또한 그 피복을 손상하지 아니하도록 붙일 것

④ 콘크리트 안에는 전선에 접속점을 만들지 아니할 것

⑤ 관 기타의 전선을 넣는 방호 장치의 금속제 부분, 금속제의 전선 접속함 및 전선의 피복에 사용하는 금속체에는 kec140에 준하여 접지공사를 할 것. 다만, 사용전압이 400[V] 미만으로서 다음 중 하나에 해당할 경우에는 관 기타의 전선을 넣는 방호 장치의 금속제 부분에 대하여는 그러하지 아니하다.

1. 방호 장치의 금속제 부분의 길이가 4[m] 이하인 것을 건조한 곳에 시설하는 경우

2. 옥내배선의 사용전압이 직류 300[V] 또는 교류 대지 전압이 150[V] 이하로서 방호 장치의 금속제 부분의 길이가 8[m] 이하인 것을 사람이 쉽게 접촉할 우려가 없도록 시설하는 경우 또는 건조한 것에 시설하는 경우

핵심기출 【산업기사】 18/1

케이블 공사에 의한 저압 옥내 배선의 시설 방법에 대한 설명으로 틀린 것은?

① 전선은 케이블 및 캡타이어 케이블로 한다.

② 콘크리트 안에는 전선에 접속점을 만들지 아니한다.

③ 금속제의 전선 접속함 및 전선의 피복에 사용하는 금속체에는 kec140에 준하여 접지공사를 할 것

④ 전선을 조영재의 옆면에 따라 붙이는 경우 전선의 지지점 간의 거리를 케이블은 3[m] 이하로 한다.

정답 및 해설 [케이블 공사 (kec 232.14)] 전선의 지지점 간의 거리를 케이블은 2[m] 이하

【정답】④

---

(14) 케이블트레이공사 (KEC 232.15)

① 전선은 연피케이블, 알루미늄피 케이블 등 난연성 케이블 또는 기타 케이블(적당한 간격으로 연소방지 조치를 하여야 한다) 또는 금속관 혹은 합성수지관 등에 넣은 절연전선을 사용하여야 한다.

② 케이블트레이 안에서 전선을 접속하는 경우에는 전선 접속부분에 사람이 접근할 수 있고 또한 그 부분이 측면 레일 위로 나오지 않도록 하고 그 부분을 절연처리 하여야 한다.

③ 케이블트레이의 종류로는 사다리형, 바닥밀폐형, 펀칭형, 메시형, 채널형 등이 있다.

④ 케이블트레이의 선정

1. 수용된 모든 전선을 지지할 수 있는 적합한 강도의 것이어야 한다. 이 경우 케이블 트레이의 안전율은 1.5 이상으로 하여야 한다.

2. 지지대는 트레이 자체 하중과 포설된 케이블 하중을 충분히 견딜 수 있는 강도를 가져야 한다.

3. 전선의 피복 등을 손상시킬 돌기 등이 없이 매끈하여야 한다.

4. 금속재의 것은 적절한 방식처리를 한 것이거나 내식성 재료의 것이어야 한다.

5. 측면 레일 또는 이와 유사한 구조재를 부착하여야 한다.

6. 배선의 방향 및 높이를 변경하는데 필요한 부속재 기타 적당한 기구를 갖춘 것이어야 한다.

7. 비금속제 케이블 트레이는 난연성 재료의 것이어야 한다.

8. 금속제 케이블 트레이 계통은 기계적 및 전기적으로 완전하게 접속하여야 하며 금속제 트레이는 kec140에 준하여 접지공사를 하여야 한다.

핵심기출　【기사】 05/2 06/2 10/2 13/3 18/2　【산업기사】 05/2 06/3 10/1 15/1

케이블 트레이 공사에 사용하는 케이블 트레이의 시설기준으로 틀린 것은?

① 케이블 트레이 안전율은 1.3 이상이어야 한다.

② 비금속제 케이블 트레이는 난연성 재료의 것이어야 한다.

③ 전선의 피복 등을 손상시킬 돌기 등이 없이 매끈해야 한다.

④ 금속제 트레이에는 kec140에 준하여 접지공사를 하여야 한다.

정답 및 해설 [케이블 트레이 공사 (KEC 232.15)] 케이블 트레이 안전율은 1.5 이상이어야 한다.

【정답】 ①

---

(14) 저압 옥내 간선의 선정 (KEC 232.18.6)

전선은 저압 옥내간선의 각 부분마다 그 부분을 통하여 공급되는 전기사용기계기구의 정격전류의 합계 이상인 허용전류가 있는 것일 것. 다만, 그 저압 옥내간선에 접속하는 부하 중에서 전동기 또는 이와 유사한 기동전류가 큰 전기기계기구의 정격전류의 합계가 다른 전기사용기계기구의 정격전류의 합계보다 큰 경우에는 다른 전기사용기계기구의 정격전류의 합계에 다음 값을 더한 값 이상의 허용전류가 있는 전선을 사용하여야 한다.

① 전동기 등의 정격전류의 합계가 50[A] 이하인 경우에는 그 정격전류의 합계의 1.25배

② 전동기 등의 정격전류의 합계가 50[A]를 초과하는 경우에는 그 정격전류의 합계의 1.1배

(15) 옥내에 시설하는 저압 접촉전선 공사 (KEC 232.31)

① 이동기중기, 자동청소기 그 밖에 이동하며 사용하는 저압의 전기기계기구에 전기를 공급하기 위하여 사용하는 접촉전선을 옥내에 시설하는 경우에는 기계기구에 시설하는 경우 이외에는 전개된 장소 또는 점검할 수 있는 은폐된 장소에 애자사용 공사 또는 버스덕트 공사 또는 절연 트롤리공사에 의하여야 한다.

② 애자사용공사에 의하여 옥내의 전개된 장소에 시설하는 경우에는 다음에 따라야 한다.

1. 전선의 바닥에서의 높이는 3.5[m] 이상일 것

2. 전선과 건조물 또는 주행 크레인에 설치한 보도, 계단, 사다리, 점검대이거나 이와 유사한 것 사이의 이격거리는 위쪽 2.3[m] 이상, 1.2[m] 이상으로 할 것

3. 전선은 인장강도 11.2[kN] 이상의 것 또는 지름 6[mm]의 경동선으로 단면적이 28[mm^2] 이상인 것일 것. 다만, 사용전압이 400[V] 미만인 경우에는 인장강도 3.44[kN] 이상의 것 또는 지름 3.2[mm] 이상의 경동선으로 단면적이 8[mm^2] 이상인 것을 사용할 수 있다.

4. 전선의 지저점간의 거리는 6[m] 이하일 것

5. 전선 상호 간의 간격은 전선을 수평으로 배열하는 경우에는 0.14[m] 이상, 기타의 경우에는 0.2[m] 이상일 것

6. 전선과 조영재 사이의 이격거리는 습기가 많은 곳 또는 물기가 있는 곳에 시설하는 것은 45[mm] 이상, 기타의 곳에 시설하는 것은 25[mm] 이상일 것

핵심기출 【기사】 20/3 00/1

사용전압이 440[V]인 이동기중기용 접촉전선을 애자사용 공사에 의하여 옥내의 전개된 장소에 시설하는 경우 사용하는 전선으로 옳은 것은?

① 인장강도가 3.44[kN] 이상인 것 또는 지름 2.6[mm]의 경동선으로 단면적이 8[mm^2] 이상인 것

② 인장강도가 3.44[kN] 이상인 것 또는 지름 3.2[mm]의 경동선으로 단면적이 18[mm^2] 이상인 것

③ 인장강도가 11.2[kN] 이상인 것 또는 지름 6[mm]의 경동선으로 단면적이 28[mm^2] 이상인 것

④ 인장강도가 11.2[kN] 이상인 것 또는 지름 8[mm]의 경동선으로 단면적이 18[mm^2] 이상인 것

정답 및 해설 [옥내에 시설하는 저압 접촉 전선 공사 (KEC 232.31)] 인장강도 11.2[kN] 이상인 것일 것, 또는 지름 6[mm] 이상의 경동선(단면적 28[㎟]) 이상일 것 (단, 400[V] 이하의 경우는 인장강도 3.44[kN] 이상의 것, 또는 지름 3.2[mm] 이상의 경동선(단면적 8[㎟]) 이상일 것) 【정답】③

4. 조명설비 (KEC 234)

(1) 등기구의 시설 (KEC 234.1)

① 설치 요구사항 : 등기구는 다음을 고려하여 설치하여야 한다.

　1. 기동 전류　　　　　　　　2. 고조파 전류

　3. 보상　　　　　　　　　　4. 누설전류

　5. 최초 점화전류　　　　　　6. 전압강하

② 열 영향에 대한 주변의 보호

정격용량	최소거리
100[W] 이하	0.5[m]
100[W] 초과 300[W] 이하	0.8[m]
300[W] 초과 500[W] 이하	1[m]
500[W] 초과	1[m] 초과

(2) 전구선 및 이동전선 (KEC 234.3)

① 전구선 또는 이동전선은 단면적 0.75[mm^2] 이상의 코드 또는 캡타이어케이블

② 사람이 쉽게 접촉되지 않도록 시설할 경우에는 단면적이 0.75[mm^2] 이상인 450/750[V] 내열성 에틸렌 아세테이트 고무절연전선을 사용할 수 있다.

(3) 콘센트의 시설 (KEC 234.5)

욕실 또는 화장실 등 인체가 물에 젖어있는 상태에서 전기를 사용하는 장소에 콘센트를 시설하는 경우에는 다음에 따라 시설하여야한다.

① 「전기용품 및 생활용품 안전관리법」의 적용을 받는 인체감전보호용 누전차단기(정격감도전류 15[mA] 이하, 동작시간 0.03초 이하의 전류동작형의 것에 한한다) 또는 절연변압기(정격용량 3[kVA] 이하인 것에 한한다)로 보호된 전로에 접속하거나, 인체감전보호용 누전차단기가 부착된 콘센트를 시설하여야 한다.

② 습기가 많은 장소 또는 수분이 있는 장소에 시설하는 콘센트 및 기계기구용 콘센트는 접지용 단자가 있는 것을 사용하여 접지하고 방습 장치를 하여야 한다.

③ 주택의 옥내전로에는 접지극이 있는 콘센트를 사용하여 접지하여야 한다.

(4) 점멸기의 시설 (KEC 234.6)

① 가정용전등은 매 등기구마다 점멸이 가능하도록 할 것

② 공장, 사무실, 학교, 상점 및 기타 많은 사람이 함께하는 장소에 시설하는 전체 조명용 전등은 부분 조명이 가능하도록 전등군을 구분하여 점멸이 가능하도록 하되, 창과 가장 가까운 전등은 따로 점멸이 가능하도록 할 것. 다만, 다음의 경우는 적용하지 않는다.

1. 자동조명제어장치가 설치된 장소

2. 등기구수가 1열로 되어 있고 그 열이 창의 면과 평행이 되는 경우에 창과 가장 가까운 전등

③ 가로등, 경기장, 공장, 아파트 단지 등의 일반조명을 위하여 시설하는 고압방전등은 그 효율이 70[lm/W] 이상의 것이어야 한다.

④ 조명용 백열전등은 다음의 경우에 타임스위치를 시설하여야 한다.

설치장소	소등시간
여관, 호텔의 객실 입구 등	1분 이내 소등
주택, APT각 호실의 현관 등	3분 이내 소등

(5) 진열장 또는 이와 유사한 것의 내부 배선 (KEC 234.8)

① 건조한 장소에 시설하는 진열장 내부에 사용전압이 400[V] 미만의 배선은 외부에서 잘 보이는 장소에 한하여 코드 또는 캡타이어케이블로 직접 조영재에 밀착하여 배선할 수 있다.

② 배선은 단면적 $0.75[mm^2]$ 이상의 코드 또는 캡타이어케이블일 것

핵심기출 【기사】 05/1 05/3 10/1 【산업기사】 06/3 08/1 16/3

쇼윈도, 또는 쇼케이스 안의 배선은 외부에서 보기 쉬운 곳에 한하여 코드, 또는 캡타이어 케이블을 조영재에 접촉하여 시설할 수 있다. 전선의 단면적은 몇 [mm²] 이상인 것으로 시설하여야 하는가?

① 0.75   ② 1.0   ③ 1.25   ④ 1.5

정답 및 해설 [진열장안의 배선 공사 (KEC 234.8)] 진열장 안의 전선은 단면적이 0.75[㎟] 이상인 코드 또는 캡타이어 케이블일 것.   【정답】①

---

(6) 옥외등 (KEC 234.9)

① 사용전압 : 대지전압을 300[V] 이하로 할 것

② 분기회로 : 옥외등과 옥내등을 병용하는 분기회로는 20[A] 과전류 차단기 분기회로로 할 것

③ 옥외등의 인하선

1. 애자사용배선(지표상 2[m] 이상의 높이에서 노출된 장소에 시설할 경우에 한한다)

2. 금속관배선

3. 합성수지관배선

4. 케이블배선(알루미늄피 등 금속제 외피가 있는 것은 목조 이외의 조영물에 시설하는 경우에 한한다)

(7) 전주외등 (KEC 234.10)

① 대지전압 300[V] 이하

② 조명기구 및 부착금구

    1. 기구는 「전기용품 및 생활용품 안전관리법」 또는 「산업표준화법」에 적합한 것.

    2. 기구는 광원의 손상을 방지하기 위하여 원칙적으로 갓 또는 글로브가 붙은 것.

    3. 기구는 전구를 쉽게 갈아 끼울 수 있는 구조일 것

    4. 기구의 인출선은 도체단면적이 $0.75[mm^2]$ 이상일 것

③ 배선

    1. 배선은 단면적 $2.5[mm^2]$ 이상의 절연전선 또는 이와 동등 이상의 절연효력이 있는 것을 사용하고 다음 배선방법 중에서 시설하여야 한다.

        가. 케이블공사

        나. 합성수지관공사

        다. 금속관공사

    2. 배선이 전주에 연한 부분은 1.5[m] 이내마다 새들(Saddle) 또는 밴드로 지지할 것

④ 누전차단기

    가로등, 보안등, 조경등 등으로 시설하는 방전등에 공급하는 전로의 사용전압이 150[V]를 초과하는 경우에는 누전차단기를 시설하여야 한다.

(8) 1[kV] 이하 방전등 (kec 234.11)

방전등에 전기를 공급하는 전로의 대지전압은 300[V] 이하로 하여야 하며, 다음에 의하여 시설하여야 한다. 다만, 대지전압이 150[V] 이하의 것은 적용하지 않는다.

① 방전등은 사람이 접촉될 우려가 없도록 시설할 것.

② 방전등용 안정기는 옥내배선과 직접 접속하여 시설할 것.

(9) 관등회로의 배선 (kec 234.11.4)

옥내에 시설하는 사용전압이 400[V] 이상, 1,000[V] 이하인 관등회로의 배선은 다음 각 호에 의하여 시설하여야 한다.

시설장소의 구분		공사의 종류
전개된 장소	건조한 장소	애자사용공사, 합성수지몰드공사 또는 금속몰드공사
	기타의 장소	애자사용공사
점검할 수 있는 은폐된 장소	건조한 장소	애자사용공사, 합성수지몰드공사 또는 금속몰드공사
	기타의 장소	애자사용공사

(10) 옥내의 네온 방전등 공사 (KEC 234.12)

① 방전등용 변압기는 네온 변압기일 것

② 관등 회로의 배선은 전개된 장소 또는 점검할 수 있는 은폐된 장소에 시설할 것

③ 관등 회로의 배선은 애자 사용 공사에 의하여 시설하고 또한 다음에 의할 것

    1. 전로의 대지전압은 300[V] 이하

    2. 전선은 네온 전선일 것

    3. 전선은 조영재의 옆면 또는 아랫면에 붙일 것

    4. 전선의 지지점 간의 거리는 1[m] 이하일 것

    5. 전선 상호 간의 간격은 6[cm] 이상일 것

    6. 애자는 절연성, 난연성 및 내수성이 있는 것일 것

사용 전압의 구분	이격 거리
6000[V] 이하	2[cm] 이상
6000[V] 넘고 9000[V] 이하	3[cm] 이상
9000[V]를 넘는 것	4[cm] 이상
점검할 수 있는 은폐된 장소	6[cm] 이상

    7. 금속제프레임 등은 kec140에 준하여 접지공사

(11) 출퇴표시등 (KEC 234.13)

① 1차측 전로의 대지전압을 300[V] 이하, 2차측 전로를 60[V] 이하로 하여야 한다.

② 출퇴표시등 회로의 전선을 옥내의 조영재에 부착하여 시설하는 경우 전선은 단면적 $1.0[mm^2]$ 이상 연동선과 동등이상의 세기 및 굵기의 코드, 캡타이어케이블, 케이블 혹은 0.65㎜] 이상의 통신용 케이블인 것

③ 전선은 캡타이어 케이블 또는 케이블인 경우 이외에는 합성수지몰드, 합성수지관, 금속관, 금속몰드, 가요전선관, 금속덕트 또는 플로어덕트에 넣어 시설할 것

핵심기출 【기사】 07/2 08/3 13/2 19/3

출퇴표시등 회로에 전기를 공급하기 위한 변압기는 2차 측 전로의 사용 전압이 몇 [V] 이하인 절연 변압기이어야 하는가?

① 40   ② 60   ③ 80   ④ 100

정답 및 해설 [출퇴표시등 (KEC 234.13)] 출퇴표시등 회로에 전기 공급하는 변압기는 1차 측 전로의 대지 전압이 300[V] 이하, 2차 측 전로의 사용 전압이 60[V] 이하인 절연 변압기 이어야 한다.

【정답】②

(12) 수중조명등 (KEC 234.14)

① 절연변압기의 1차측 전로의 사용전압은 400[V] 미만일 것.

② 절연변압기의 2차측 전로의 사용전압은 150[V] 이하일 것

③ 수중조명등의 절연변압기는 그 2차측 전로의 사용전압이 30[V] 이하인 경우는 1차권선과 2차권선 사이에 금속제의 혼촉방지판을 설치하고, kec140에 준하여 접지공사를 하여야 한다.

④ 수중조명등의 절연변압기의 2차측 전로의 사용전압이 30[V]를 초과하는 경우 지락이 발생하면 자동적으로 전로를 차단하는 정격감도전류 30[mA] 이하의 누전차단기를 시설하여야 한다.

⑤ 절연 변압기의 2차 측 전로에는 개폐기 및 과전류 차단기를 각 극에 시설할 것

(13) 교통신호등의 시설 (KEC 234.15)

① 교통신호등 제어장치의 2차측 배선의 최대사용전압은 300[V] 이하이어야 한다.

② 전선은 케이블인 경우 이외에는 공칭단면적 $2.5[mm^2]$ 연동선과 동등 이상의 세기 및 굵기의 450/750[V] 일반용 단심 비닐절연전선 또는 450/750[V] 내열성에틸렌아세테이트 고무절연 전선일 것

③ 조가용선은 인장강도 3.7[kN]의 금속선 또는 지름 4[mm] 이상의 아연도철선을 2가닥 이상 꼰 금속선을 사용할 것

④ 전선의 지표상의 높이는 2.5[m] 이상일 것

⑤ 교통신호등의 제어장치 전원 측에는 전용 개폐기 및 과전류차단기를 각 극에 시설하여야 한다.

⑥ 교통신호등 회로의 사용전압이 150[V]를 넘는 경우는 전로에 지락이 생겼을 경우 자동적으로 전로를 차단하는 누전차단기를 시설할 것

⑦ 교통신호등의 제어장치의 금속제외함 및 신호등을 지지하는 철주에는 kec140에 준하여 접지공사를 하여야 한다.

핵심기출 【기사】 06/3 08/2 【산업기사】 04/1 06/3

교통신호등 제어장치의 2차측 배선의 최대 사용 전압은 몇 [V] 이하인가?

① 60[V]   ② 110[V]

③ 220[V]   ④ 300[V]

정답 및 해설 [교통 신호등 (KEC 234.15)] 교통신호등 제어장치의 2차측 배선의 최대 사용 전압은 300[V] 이하로써, 전선은 케이블을 제외하고 공칭면적 $2.5[mm^2]$의 연동선 【정답】④

1. 특수 시설 (KEC 241)

(1) 전기울타리 (KEC 241.1)

전기울타리는 목장·논밭 등 옥외에서 가축의 탈출 또는 야생짐승의 침입을 방지하기 위하여 시설하는 경우를 제외하고는 시설해서는 안 된다.

① 전로의 사용전압은 250[V] 이하

② 사람이 쉽게 출입하지 아니하는 곳에 시설할 것

③ 전선은 인장강도 1.38[kN] 이상의 것 또는 지름 2[mm] 이상의 경동선일 것

④ 전선과 이를 지지하는 기둥 사이의 이격거리는 25[mm] 이상일 것

⑤ 전선과 다른 시설물(가공 전선을 제외한다) 또는 수목과의 이격거리는 30[cm] 이상일 것

⑥ 위험표시판은 다음과 같이 시설하여야 한다.

　　1. 크기는 100[mm]×200[mm] 이상일 것

　　2. 경고판 양쪽면의 배경색은 노란색일 것

　　3. 글자색은 검은색이어야 하고

　　　글자는 "감전주의 : 전기울타리" 일 것

　　4. 글자는 지워지지 않아야 하고 경고판 양쪽에 새겨져야 하며, 크기는 25[mm] 이상일 것

⑦ 전기울타리에 전기를 공급하는 전로에는 쉽게 개폐할 수 있는 곳에 전용 개폐기를 시설하여야 한다.

⑧ 전기울타리의 접지전극과 다른 접지 계통의 접지전극의 거리는 2[m] 이상이어야 한다.

⑨ 가공전선로의 아래를 통과하는 전기울타리의 금속부분은 교차지점의 양쪽으로부터 5[m] 이상의 간격을 두고 접지하여야 한다.

핵심기출　【기사】11/2 16/3　【산업기사】04/1 08/3 12/2 15/1

전기 울타리의 시설에 관한 내용 중 틀린 것은?

① 수목과의 이격 거리는 30[cm] 이상일 것

② 전선은 지름이 2[mm] 이상의 경동선일 것

③ 전선과 이를 지지하는 기둥 사이의 이격 거리는 2[cm] 이상일 것

④ 전기 울타리용 전원 장치에 전기를 공급하는 전로의 사용 전압은 250[V] 이하일 것

정답 및 해설　[전기 울타리의 시설 (판단기준 제231조)] 전선과 이를 지지하는 기둥 사이의 이격 거리는 2.5[cm] 이상일 것
　　　　　　　　　　　　　　　　　　　　　　　　　　　　　　　　　【정답】③

(2) 전기욕기 (KEC 241.2)

① 사용전압이 10[V] 이하

② 욕기내의 전극간의 거리는 1[m] 이상일 것

③ 배선은 공칭단면적 2.5[mm^2] 이상의 연동선과 이와 동등이상의 세기 및 굵기의 절연전선(옥외용 비닐절연전선을 제외) 이나 케이블 또는 공칭단면적이 1.5[mm^2] 이상의 캡타이어 케이블을 합성수지관배선, 금속관배선 또는 케이블배선에 의하여 시설하거나 또는 공칭단면적이 1.5[mm^2] 이상의 캡타이어 코드를 합성수지관이나 금속관에 넣고 관을 조영재에 견고하게 고정하여야 한다.

④ 전기욕기용 전원장치로부터 욕기안의 전극까지의 전선 상호 간 및 전선과 대지 사이의 절연저항 값은 0.1[MΩ] 이상이어야 한다.

(3) 전기온상 등 (KEC 241.5)

전기온상 등(식물의 재배 또는 양잠·부화·육추 등의 용도로 사용하는 전열장치를 말한다)은 다음에 따라 시설하여야 한다.

① 전로의 대지전압은 300[V] 이하일 것

② 발열선 및 발열선에 직접 접속하는 전선은 전기온상선 일 것

③ 발열선은 그 온도가 80[℃]를 넘지 않도록 시설 할 것

④ 발열선은 다른 전기설비, 약전류전선 등 또는 수관, 가스관이나 이와 유사한 것에 전기적·자기적 또는 열적인 장해를 주지 않도록 시설할 것

(4) 전격살충기 (KEC 241.7)

① 전격살충기는 지표 또는 바닥에서 3.5[m] 이상의 높은 곳에 시설할 것. 다만, 2차측 개방 전압이 7[kV] 이하의 절연변압기를 사용하고 또한 보호격자의 내부에 사람의 손이 들어갔을 경우 또는 보호격자에 사람이 접촉될 경우 절연변압기의 1차측 전로를 자동적으로 차단하는 보호장치를 시설한 것은 지표 또는 바닥에서 1.8[m] 까지 감할 수 있다.

② 전격살충기의 전격격자와 다른 시설물(가공전선은 제외한다) 또는 식물과의 이격거리는 0.3[m] 이상일 것

(5) 유희용 전차 (KEC 241.8)

① 유희용 전차에 전기를 공급하는 변압기의 1차 전압은 400[V] 미만

② 유희용 전차에 전기를 공급하는 전원장치의 2차측 단자의 최대사용전압은 직류의 경우 60[V] 이하, 교류의 경우 40[V] 이하일 것

③ 전기를 공급하기 위해 사용하는 접촉전선은 제3레일 방식에 의하여 시설할 것

④ 유희용 전차의 전차 내에서 승압하여 사용하는 경우 변압기는 절연변압기를 사용하고 2차 전압은 150[V] 이하로 할 것

⑤ 유희용 전차에 전기를 공급하는 접촉전선과 대지 사이의 절연저항은 사용전압에 대한 누설전류가 레일의 연장 1[km]마다 100[mA]를 넘지 않도록 유지하여야 한다.

⑥ 유희용 전차안의 전로와 대지 사이의 절연저항은 사용전압에 대한 누설전류가 규정 전류의 5,000분의 1을 넘지 않도록 유지하여야 한다.

핵심기출 【기사】 18/2 　【산업기사】 13/1

다음 ( ) 안에 들어갈 내용으로 옳은 것은?

> 유희용 전차에 전기를 공급하는 전로의 사용전압은 직류의 경우는 (Ⓐ)[V] 이하, 교류의 경우는 (Ⓑ)[V] 이하이어야 한다.

① Ⓐ 60, Ⓑ 40　　　　　　　② Ⓐ 40, Ⓑ 60

③ Ⓐ 30, Ⓑ 60　　　　　　　④ Ⓐ 60, Ⓑ 30

정답 및 해설 [유희용 전차의 시설 (KEC 241.8)] 사용전압은 <u>직류의 경우는 60[V] 이하</u>, <u>교류의 경우는 40[V] 이하</u>

【정답】 ①

---

(6) 전기 집진장치 (KEC 241.9)

① 전선은 케이블을 사용하여야 한다.

② 케이블은 손상을 받을 우려가 있는 곳에 시설하는 경우에는 적당한 방호장치를 하여야 한다.

③ 케이블의 피복에 사용하는 금속체에는 kec140의 규정에 준하여 접지공사를 하여야 한다.

(7) 아크 용접기 (KEC 241.10)

가반형의 용접 전극을 사용하는 아크 용접장치는 다음에 따라 시설하여야 한다.

① 용접변압기는 절연변압기일 것

② 용접변압기의 1차측 전로의 대지전압은 300[V] 이하일 것

③ 용접변압기의 1차측 전로에는 용접 변압기에 가까운 곳에 쉽게 개폐할 수 있는 개폐기를 시설할 것

④ 용접변압기의 2차측 전로 중 용접변압기로부터 용접전극에 이르는 부분 및 용접변압기로부터 피용접재에 이르는 부분은 용접용 케이블 또는 캡타이어 케이블(용접변압기로부터 용접전극에 이르는 전로는 0.6/1[kV] EP 고무 절연 클로로프렌 캡타이어 케이블에 한한다)일 것

⑤ 피용접재 또는 이와 전기적으로 접속되는 받침대·정반 등의 금속체는 kec140에 준하여 접지공사를 하여야 한다.

(8) 도로 등의 전열장치 (KEC 241.12)

발열선을 도로, 주차장 또는 조영물의 조영재에 고정시켜 시설하는 경우에는 다음에 따라야 한다.

① 발열선에 전기를 공급하는 전로의 대지전압은 300[V] 이하일 것

② 발열선에 직접 접속한 전선은 미네럴인슈레이션(MI) 케이블, 클로로크렌 외장케이블 등 발열선 접속용 케이블일 것

③ 발열선은 그 온도가 80[℃]를 넘지 아니하도록 시설할 것. 다만, 도로 또는 옥외주차장에 금속피복을 한 발열선을 시설할 경우에는 발열선의 온도를 120[℃] 이하로 할 수 있다.

④ 발열선을 콘크리트 속에 매입하여 시설하는 경우 이외에는 발열선 상호 간의 간격을 5[cm] 이상

⑤ 전열 보드의 금속제 외함 또는 전열 시트의 금속 피복에는 kec140에 준하여 접지공사

(9) 소세력 회로 (KEC 241.14)

① 소세력 회로란?

　㉮ 전자 개폐기의 조작회로 또는 초인벨·경보벨 등에 접속하는 전로

　㉯ 최대 사용전압이 60[V] 이하인 것

　　1. 최대 사용전압이 15[V] 이하인 것은 최대사용전류가 5[A] 이하

　　2. 최대 사용전압이 15[V]를 초과하고 30[V] 이하인 것은 3[A] 이하

　　3. 최대 사용전압이 30[V]를 초과하는 것은 1.5[A] 이하

② 절연변압기의 사용전압은 대지전압 300[V] 이하

③ 절연변압기의 2차 단락전류 및 과전류차단기의 정격전류

소세력 회로의 최대 사용전압의 구분	2차 단락전류	과전류 차단기의 정격전류
15[V] 이하	8[A]	5[A]
15[V] 초과 30[V] 이하	5[A]	3[A]
30[V] 초과 60[V] 이하	3[A]	1.5[A]

핵심기출 【기사】04/3 【산업기사】05/3 14/3

전자 개폐기의 조작회로 또는 초인벨, 경보벨 등에 접속하는 전로로서 최대 사용전압이 60[V] 이하인 것으로 대지전압이 몇 [V] 이하인 강 전류 전기의 전송에 사용하는 전로와 변압기로 결합되는 것을 소세력 회로라 하는가?

① 100   ② 150   ③ 300   ④ 440

정답 및 해설 [소세력 회로의 시설 (KEC 241.14)] 소세력 회로 및 출·퇴근 표시등 회로에 사용하는 절연변압기의 사용전압은 대지전압 300[V] 이하 【정답】③

(10) 전기부식 방지 시설 (KEC 241.16)

① 사용전압은 직류 60[V] 이하일 것

② 양극은 지중에 매설하거나 수중에서 쉽게 접촉할 우려가 없는 곳에 시설할 것

③ 지중에 매설하는 양극의 매설깊이는 75[cm] 이상일 것

④ 수중에 시설하는 양극과 그 주위 1[m] 이내의 거리에 있는 임의점과의 사이의 전위차는 10[V]를 넘지 아니할 것

⑤ 지표 또는 수중에서 1[m] 간격의 임의의 2점간의 전위차가 5[V]를 넘지 아니할 것

⑥ 전선은 케이블인 경우 이외에는 지름 2[mm]의 경동선일 것

⑦ 전기부식방지 회로의 전선중 지중에 시설하는 경우

1. 지중에 시설하는 전선은 공칭단면적 $4.0[mm^2]$의 연동선일 것. 다만, 양극에 부속하는 전선은 공칭단면적 $2.5[mm^2]$ 이상의 연동선을 사용할 수 있다.

2. 전선은 450/750[V] 일반용 단심 비닐절연전선·클로로프렌 외장 케이블·비닐외장 케이블 또는 폴리에틸렌 외장 케이블일 것.

3. 전선을 직접 매설식에 의하여 시설하는 경우에는 전선을 피방식체의 아랫면에 밀착하여 시설하는 경우 이외에는 매설깊이를 차량 기타의 중량물의 압력을 받을 우려가 있는 곳에서는 1.2[m] 이상, 기타의 곳에서는 0.3[m] 이상으로 하고 또한 전선을 돌·콘크리트 등의 판이나 몰드로 전선의 위와 옆을 덮거나 「전기용품 및 생활용품 안전관리법」의 적용을 받는 합성수지관이나 이와 동등 이상의 절연효력 및 강도를 가지는 관에 넣어 시설할 것.

4. 차량 기타의 중량물의 압력을 받을 우려가 없는 것에 매설깊이를 0.6[m] 이상으로 하고 또한 전선의 위를 견고한 판이나 몰드로 덮어 시설하는 경우에는 그러하지 아니하다.

5. 입상(立上)부분의 전선 중 깊이 0.6 m 미만인 부분은 사람이 접촉할 우려가 없고 또한 손상을 받을 우려가 없도록 적당한 방호장치를 할 것.

2. 특수 장소 (KEC 242)

(1) 분진 위험장소 (KEC 242.2)

① 폭연성 분진 : 설비를 금속관 공사 또는 케이블 공사(캡타이어 케이블 제외)

(케이블 공사에 의하는 때에는 케이블 또는 미네럴인슈레이션케이블을 사용하는 경우 이외에는 관 기타의 방호 장치에 넣어 사용할 것)

② 가연성 분진 : 합성수지관 공사, 금속관 공사, 케이블 공사

(합성수지관과 전기기계기구는 관 상호간 및 박스와는 관을 삽입하는 깊이를 관의 바깥지름의 1.2배(접착제를 사용하는 경우에는 0.8배) 이상

③ 5턱 이상 나사 조임

(2) 위험물 등이 존재하는 장소 (KEC 242.4)

① 셀룰로이드, 성냥, 석유, 기타 위험물이 있는 곳의 배선은 금속관 공사, 케이블 공사, 합성수지관 공사에 의하여야 한다.

② 이동전선은 접속점이 없는 0.6/1[kV EP] 고무 절연 클로로프렌 캡타이어 케이블 또는 0.6/1[kV] 비닐 절연 비닐캡타이어 케이블을 사용

(3) 화약류 저장소 등의 위험장소 (KEC 242.5)

① 전로에 대지 전압은 300[V] 이하일 것

② 전기기계기구는 전폐형의 것일 것

③ 케이블을 전기기계기구에 인입할 때에는 인입구에서 케이블이 손상될 우려가 없도록 시설할 것.

④ 전용 개폐기 및 과전류 차단기를 각 극에 취급자 이외의 자가 쉽게 조작할 수 없도록 시설하고 또한 전로에 지락이 생겼을 때에 자동적으로 전로를 차단하거나 경보하는 장치를 시설하여야 한다.

(4) 전시회, 쇼 및 공연장의 전기설비 (KEC 242.6)

① 무대 · 무대마루 밑 · 오케스트라 박스 · 영사실 기타 사람이나 무대 도구가 접촉할 우려가 있는 곳에 시설하는 저압 옥내배선, 전구선 또는 이동전선은 사용전압이 400[V] 미만이어야 한다.

② 배선용 케이블은 최소 단면적 $1.5[mm^2]$의 구리 도체

③ 무대마루 밑에 시설하는 전구선은 300/300[V] 편조 고무코드 또는 0.6/1[kV EP] 고무 절연 클로로프렌 캡타이어 케이블이어야 한다.

핵심기출 【기사】 06/1 13/2 18/1

무대, 무대마루 밑, 오케스트라 박스, 영사실 기타 사람이나 무대 도구가 접촉할 우려가 있는 곳에 시설하는 저압 옥내 배선, 전구선, 또는 이동전선은 사용전압이 몇 [V]이어야 하는가?

① 60　　　　　② 110　　　　　③ 220　　　　　④ 400

정답 및 해설 [전시회, 쇼 및 공연장의 전기설비 (KEC 242.6)] 사람이나 무대 도구가 접촉할 우려가 있는 곳에 시설하는 저압옥내에선, 전구선 또는 <u>이동전선은 사용전압이 400[V] 미만</u>일 것　　　　【정답】④

---

(5) 사람이 상시 통행하는 터널 안의 배선의 시설 (KEC 242.7.1)

① 전선은 공칭단면적 2.5[mm²]의 연동선과 동등 이상의 세기 및 굵기의 절연전선(옥외용 비닐 절연 전선 및 인입용 비닐 절연전선을 제외한다)

② 설치높이는 노면상 2.5[m] 이상으로 할 것

③ 애자공사에 의해 시설할 것

④ 전로에는 터널의 입구에 가까운 곳에 전용 개폐기를 시설할 것

(6) 광산 기타 갱도안의 시설 (KEC 242.7.2)

① 저압 배선은 케이블배선에 의하여 시설할 것

② 사용전압이 400[V] 미만인 저압 배선에 공칭단면적 2.5[mm²] 연동선과 동등 이상의 세기 및 굵기의 절연전선(옥외용 비닐 절연전선 및 인입용 비닐 절연전선을 제외한다)을 사용

③ 방호장치의 금속제 부분·금속제의 전선 접속함 및 케이블의 피복에 사용하는 금속체에는 kec 140에 준하는 접지공사

④ 전로에는 갱 입구에 가까운 곳에 전용 개폐기를 시설할 것

(7) 터널 등의 전구선 또는 이동전선 등의 시설 (KEC 242.7.4)

① 400[V] 이하의 경우 : 공칭 단면적 0.75[mm^2] 이상의 300/300[V] 편조 고무코드 또는 0.6/1[kV] EP 고무 절연 클로로프렌 캡타이어 케이블일 것.

② 사람이 쉽게 접촉할 우려가 없도록 시설하는 경우에는 단면적 0.75[mm^2] 이상의 연동연선을 사용하는 450/750[V] 내열성에틸렌아세테이트 고무 절연전선(출구부의 전선의 간격이 10[mm] 이상인 전구 소켓에 부속하는 전선은 단면적이 0.75[mm^2] 이상인 450/750[V] 내열성에틸렌아세테이트 고무 절연전선 또는 450/750[V] 일반용 단심 비닐 절연전선)을 사용할 수 있다.

③ 이동전선은 300/300[V] 편조 고무코드, 비닐 코드 또는 캡타이어 케이블일 것

④ 특고압의 이동전선은 터널 등에 시설해서는 안 된다.

핵심기출 【기사】16/1 【산업기사】08/1 08/2 14/1

터널 등에 시설하는 사용 전압이 220[V]인 저압의 전구선으로 편조 고무 코드를 사용하는 경우 단면적은 몇 [mm^2] 이상인가?

① 0.5   ② 0.75   ③ 1.0   ④ 1.25

정답 및 해설 [터널 등의 전구선 또는 이동전선 등의 시설 (KEC 242.7.3)] 터널 등에 시설하는 사용 전압이 400[V] 미만인 저압의 전구선 또는 이동 전선(전구선)은 공칭단면적 0.75[mm^2] 이상의 300/300[V] 편조 고무 코드 또는 0.6/1[kV] EP 고무절연클로로프렌 캡타이어 케이블일 것   【정답】②

---

(8) 의료장소 (KEC 242.10)

① 의료장소의 구분 (kec 242.10.1)

의료장소는 의료용 전기기기의 장착부의 사용방법에 따라 다음과 같이 구분한다.

그룹 0	장착부를 사용하지 않는 의료장소 (일반병실, 진찰실, 검사실, 처치실, 재활치료실 등)
그룹 1	장착부를 환자의 신체 외부 또는 심장 부위를 제외한 환자 (분만실, MRI실, X선 검사실, 회복실, 구급처치실, 인공투석실, 내시경실 등)

그룹 2	장착부를 환자의 심장 부위에 삽입 또는 접촉시켜 사용하는 의료장소 (관상동맥질환 처치실(심장카테터실), 심혈관조영실, 중환자실(집중치료실), 마취실, 수술실, 회복실 등)

② 의료장소별 접지계통의 분류 (kec 242.10.2)

그룹 0	TT 계통 또는 TN 계통
그룹 1	TT 계통 또는 TN 계통
그룹 2	의료 IT 계통

③ 의료장소의 안전을 위한 보호 설비 (kec 242.10.3)

1. 전원측에 이중 또는 강화절연을 한 비단락보증 절연변압기를 설치하고 그 2차측 전로는 접지하지 말 것.

2. 비단락보증 절연변압기의 2차측 정격전압은 교류 250[V] 이하로 하며 공급방식 및 정격출력은 단상 2선식, 10[kVA] 이하로 할 것.

3. 3상 부하에 대한 전력공급이 요구되는 경우 비단락보증 3상 절연변압기를 사용할 것.

4. 그룹 1과 그룹 2의 의료장소에 무영등 등을 위한 특별저압(SELV 또는 PELV)회로를 시설하는 경우에는 사용전압은 교류 실효값 25[V] 또는 직류 비맥동 60[V] 이하로 할 것.

5. 의료장소의 전로에는 정격 감도전류 30[mA] 이하, 동작시간 0.03초 이내의 누전차단기를 설치할 것. 다만, 다음의 경우는 그러하지 아니하다.

   가. 의료 IT 계통의 전로

   나. TT 계통 또는 TN 계통에서 전원자동차단에 의한 보호가 의료행위에 중대한 지장을 초래할 우려가 있는 회로에 누전경보기를 시설하는 경우

   다. 의료장소의 바닥으로부터 2.5[m]를 초과하는 높이에 설치된 조명기구의 전원회로

   라. 건조한 장소에 설치하는 의료용 전기기기의 전원회로

④ 의료장소 내의 접지 설비 (kec 242.10.4)

1. 접지설비란 접지극, 접지도체, 기준접지 바, 보호도체, 등전위본딩도체를 말한다.

2. 의료장소마다 그 내부 또는 근처에 기준접지 바를 설치할 것. 다만, 인접하는 의료장소와의 바닥 면적 합계가 50[mm^2] 이하인 경우에는 기준접지 바를 공용할 수 있다.

3. 의료장소 내에서 사용하는 모든 전기설비 및 의료용 전기기기의 노출도전부는 보호도체에 의하여 기준접지 바에 각각 접속되도록 할 것.

4. 그룹 2의 의료장소에서 환자환경(환자가 점유하는 장소로부터 수평방향 2.5[m], 의료장소의 바닥으로부터 2.5[m] 높이 이내의 범위) 내에 있는 계통외 도전부와 전기설비 및 의료용 전기기기의 노출도전부, 전자기장해(EMI) 차폐선, 도전성 바닥 등은 등전위본딩을 시행할 것.

5. 보호도체, 등전위 본딩도체 및 접지도체의 종류는 450/750[V] 일반용 단심 비닐 절연전선으로서 절연체의 색이 녹/황의 줄무늬이거나 녹색인 것을 사용할 것.

⑤ 의료장소내의 비상전원 (kec 242.10.5)

절환시간 0.5초 이내	그룹 1 또는 그룹 2의 의료장소의 수술등, 내시경, 수술실 테이블, 기타 필수 조명
절환시간 15초 이내	그룹 2의 의료장소에 최소 50[%]의 조명, 그룹 1의 의료장소에 최소 1개의 조명
절환시간 15초를 초과	병원기능을 유지하기 위한 기본 작업에 필요한 조명

기출문제에서 뽑은 최다 빈출

적중 예상문제

1. 누전 차단기 시설이 제외된 사항이 아닌 것은?

① 기계기구를 건조한 곳에 시설하는 경우

② 기계기구를 발전소·변전소·개폐소 또는 이에 준하는 곳에 시설하는 경우

③ 기계기구가 유도전동기의 2차측 전로에 접속되는 것일 경우

④ 금속제 외함을 가지는 사용전압이 50[V]를 초과하는 저압의 기계 기구로서 사람이 쉽게 접촉할 우려가 있는 경우

|정|답|및|해|설|
[누전차단기의 시설 (kec 211.2.4)] 금속제 외함을 가지는 사용전압이 50[V]를 초과하는 저압의 기계 기구로서 사람이 쉽게 접촉할 우려가 있는 곳에 시설하는 것에 전기를 공급하는 전로에는 누전차단기를 시설하여야 한다.
【정답】④

2. 저압 옥내간선에서 분기하여 전기사용 기계·기구에 이르는 저압 옥내전로는 분기점에서 전선의 길이가 몇 [m] 이하인 곳에 개폐기 및 과전류차단기를 시설하여야 하는가? (단, 단락의 위험과 화재 및 인체에 대한 위험성이 최소화 되도록 시설된 경우)

① 2 ② 3

③ 4 ④ 5

|정|답|및|해|설|
[과부하 보호장치의 설치 위치 (kec 212.4.2)] 단락의 위험과 화재 및 인체에 대한 위험성이 최소화 되도록 시설된 경우, 분기회로의 보호장치(P_2)는 분기회로의 분기점(O)으로부터 3[m] 까지 이동하여 설치할 수 있다.
【정답】②

3. 과전류 차단기로서 저압전로에 사용하는 100[A] 퓨즈는 수평으로 붙여서 시험할 때 이 퓨즈는 정격전류의 몇 배의 전류에 견딜 수 있어야 하는가?

① 1.25 ② 1.5

③ 1.6 ④ 1.9

|정|답|및|해|설|
[저압전로 중의 과전류차단기의 시설 (kec 212.6.3)]
[과전류차단기로 저압전로에 사용하는 퓨즈]

정격전류의 구분	시간[분]	정격전류의 배수	
		불용단전류	용단전류
4[A] 이하	60분	1.5배	2.1배
4[A] 초과 16[A] 미만	60분	1.5배	1.9배
16[A] 이상 63[A] 이하	60분	1.25배	1.6배
63[A] 초과 160[A] 이하	120분	1.25배	1.6배
160[A] 초과 400[A] 이하	180분	1.25배	1.6배
400[A] 초과	240분	1.25배	1.6배

【정답】①

4. 저압 가공 인입선의 전선으로 사용할 수 없는 전선은?

① 코드선 ② 절연전선

③ 다심형 전선 ④ 케이블

|정|답|및|해|설|
[구내 인입선 (KEC 221.1)] 코드선은 전열기기 등에서 사용되는 전선이다. 인입선용으로 사용할 수 없다.
【정답】①

5. 옥내에 시설하는 전동기(0.2[kW] 이하는 제외)는 원칙적으로 과부하 보호 장치를 시설하도록 규정하고 있다. 다음 중 과부하 보호 장치를 생략할 수 없는 사항은 어느 것인가?

① 전동기를 운전 중 상시 취급자가 감시할 수 있는 위치에 시설하는 경우

② 전동기의 정격 출력이 7.5[kW] 이하로서 취급자가 감시할 수 있는 위치에 전동기에 흐르는 전류치를 표시하는 계기를 시설한 경우

③ 전동기가 단상의 것으로 과부하 차단기의 정격 전류가 16[A] 이하인 경우

④ 전동기의 부하의 성질상 전동기의 권선에 전동기가 소손할 과전류가 생길 우려가 없는 경우

|정|답|및|해|설|
[저압전로 중의 전동기 보호용 과전류보호장치의 시설 (kec 212.6.4)] 과부하 보호 장치를 생략할 수 있는 경우
① <u>정격 출력이 0.2[kW] 이하인 경우</u>
② 전동기를 운전 중 상시 취급자가 감시할 수 있는 위치에 시설하는 경우
③ 전동기의 구조나 부하의 성질로 보아 전동기가 손상될 수 있는 과전류가 생길 우려가 없는 경우
④ 단상전동기를 그 전원측 전로에 시설하는 과전류 차단기의 정격전류가 16[A](배선용 차단기는 20[A]) 이하인 경우
【정답】②

6. 다음 저압 연접 인입선의 시설 규정 중 틀린 것은?

① 경간이 20[m]인 곳에 직경 2.0[mm] DV 전선을 사용하였다.

② 인입선에서 분기하는 점으로부터 100[m]를 넘지 않았다.

③ 폭 4.5[m] 도로를 넘지 않았다.

④ 옥내를 통과하지 않도록 했다.

|정|답|및|해|설|
[연접 인입선 (kec 221.1.2)] ① 인입선에서 분기하는 점으로부터 100[m]를 넘는 지역에 미치지 않을 것
② 폭 5[m]를 넘는 도로를 횡단하지 않을 것
③ 옥내를 통과하지 않을 것
④ 전선은 지름 2.6[mm] 경동선 사용(단, 경간이 15[m] 이하인 경우 2.0[mm] 경동선을 사용한다.)
【정답】①

7. 저압 옥측전선로의 시설로 잘못된 것은?

① 철골주 조영물에 버스덕트공사로 시설

② 합성수지관공사로 시설

③ 목조 조영물에 금속관공사로 시설

④ 전개된 장소에 애자사용공사로 시설

|정|답|및|해|설|
[저압 옥측 전선로 (KEC 221.2)] 애자 사용 공사, 합성 수지관 공사, 금속관 공사, 버스 덕트 공사, 케이블 공사에 의하여 시설할 수 있으나 애자 사용 공사는 전개된 장소에 한하여 시설하며 금속관, 버스 덕트, 케이블 공사는 <u>목조 이외에 조영물에 한하여 시설</u>할 수 있다.
【정답】③

8. 다음은 저압 옥측 전선로의 종별에 따르는 시설 장소를 설명한 것이다. 장소에 따른 부적정한 공사의 종별을 택한 것은?

① 버스 덕트 공사를 철골조로 된 공장 건물에 시설하고자 한다.

② 합성 수지관 공사를 목조로 된 건축물에 시설하고자 한다.

③ 금속관 공사를 목조로 된 건축물에 시설하고자 한다.

④ 애자 사용 공사를 전개된 장소가 있는 공장 건물에 시설하고자 한다.

[저압 옥측 전선로 (KEC 221.2)]
금속관 공사(목조 이외의 조영물에 시설하는 경우에 한한다.)
【정답】③

9. 목조 조영물의 전개된 장소에 있어서 저압 인입선의 옥측 부분 공사로서 옳은 것은?

① 가요 전선관 공사

② 버스 덕트 공사

③ 애자 사용 공사

④ 금속관 공사

[저압 옥측 전선로 (KEC 221.2)]
① 애자 사용 공사(전개된 장소에 한한다.)
② 합성수지관 공사
③ 금속관 공사(목조 이외의 조영물에 시설하는 경우에 한한다.)
④ 버스 덕트 공사[목조 이외의 조영물에(점검할 수 없는 은폐된 장소를 제외한다.)에 시설하는 경우에 한한다.
⑤ 케이블 공사(연피 케이블·알루미늄 피 케이블 또는 미네럴 인슈레이션 케이블을 사용하는 경우에는 목조 이외의 조영물에 시설하는 경우에 한한다.)
【정답】③

10. 저압 옥내 배선에서, 점검할 수 없는 은폐 장소에 시설할 수 없는 공사는 어느 것인가?

① 셀룰라 덕트 공사　　② 금속관 공사

③ 케이블 공사　　　　④ 애자 사용 공사

[저압 옥측 전선로 (KEC 221.2)] 애자 사용 공사는 점검할 수 없는 은폐장소에 시설할 수 없다.
【정답】④

11. 저압 옥상 전선로의 시설에 대한 설명이다. 옳지 못한 시설 방법은?

① 전선은 절연전선을 사용하였다.

② 전선은 지름 2.6[mm]의 경동선을 사용하였다.

③ 전선의 지지점간의 거리를 20[m]로 하였다.

④ 전선과 식물과의 이격거리를 20[cm] 이상으로 유지시켰다.

[저압 옥상 전선로의 시설 (KEC 221.3)]
① 전선은 인장강도 2.30[kN] 이상의 것 또는 지름 2.6[mm] 이상의 경동선의 것
② 전선은 절연전선일 것
③ 전선은 조영재에 견고하게 붙인 지지주 또는 지지대에 절연성·난연성 및 내수성이 있는 애자를 사용하여 지지하고 또한 그 지지점간의 거리는 15[m] 이하일 것
④ 전선과 그 저압 옥상 전선로를 시설하는 조영재와의 이격거리는 2[m](전선이 고압 절연전선, 특별고압 절연전선 또는 케이블인 경우에는 1[m]) 이상일 것
【정답】③

12. 시가지의 저압 가공선로에 사용하는 절연 경동선의 최소 굵기는 지름 몇 [mm]인가?

① 2.6　　　　　② 3.2

③ 4.0　　　　　④ 5.0

[저압 가공전선의 굵기 및 종류 (KEC 222.5)] 저압 가공선로에서는 2.6[mm] 절연 경동선을 사용한다.
【정답】①

13. 사용전압이 400[V] 미만인 저압 가공전선을 케이블인 경우를 제외하고 인장 강도가 얼마 이상인 것을 사용하여야 하는가?

① 인장강도 1.04[KN] 이상

② 인장강도 2.46[KN] 이상

③ 인장강도 3.43[KN] 이상

④ 인장강도 5.26[KN] 이상

[저압 가공전선의 굵기 및 종류 (KEC 222.5)] 400[V] 미만의 가공전선은 인장강도 3.43[KN] 이상 또는 지름 3.2[mm] 이상의 경동선을 사용한다. 절연전선인
경우에는 인장강도 2.3[KN] 이상 또는 지름 2.6[mm] 이상의 경동선을 사용한다. **【정답】③**

14. 시가지에서 400[V] 미만의 저압 가공전선로의 나경동선의 경우 최소 굵기[mm]는?

① 1.6　　　　② 2.8

③ 2.6　　　　④ 3.2

[저압 가공전선의 굵기 및 종류 (KEC 222.5)] 저압 가공전선로에서 인장강도 3.43[KN] 이상 또는 지름 3.2[mm] 이상의 경동선 사용 **【정답】④**

15. 시가지 내에 시설하는 고압 가공전선으로 사용하는 경동선의 최소 굵기는?

① 2.6[mm]　　　　② 3.2[mm]

③ 4.0[mm]　　　　④ 5.0[mm]

[저압 가공전선의 굵기 및 종류 (KEC 222.5)] 고압 가공전선으로 시가지에 시설하는 전선은 인장강도 8.01[KN] 이상 또는 지름 5[mm] 이상의 경동선을 사용한다.
【정답】④

16. 저압 가공전선이 철도 또는 궤도를 횡단하는 경우에 궤조면상 몇[m] 이상의 높이이어야 하는가?

① 5　　　　② 5.5

③ 6　　　　④ 6.5

[저압 가공전선의 높이 (KEC 222.7)] 전선은 도로를 횡단하면 6[m] 이상, 철도를 횡단하면 6.5[m] 이상의 높이어야 한다.
【정답】④

17. 횡단 보도교 위에 시설하는 경우에는 저압 가공전선이 600[V] 비닐 절연전선의 경우 그 노면상 높이 최저는 몇[m]인가?

① 3　　　　② 3.5

③ 4　　　　④ 5

[저압 가공전선의 높이 (KEC 222.7)] 저·고압 가공전선이 횡단 보도교 위에 시설되는 경우 저압은 노면상 3.5[m] 이상(절연전선은 3[m] 이상), 고압은 노면상 3.5[m] 이상이다.
【정답】①

18. 건조물에 접근하는 400[V] 미만인 저압 가공전선로용 나경동선의 최소 굵기[mm]는?

① 4.0　　　　② 3.2

③ 2.6　　　　④ 2.0

[저압 보안공사 (KEC 222.10)] 건조물에 접근한다는 것은 보안공사를 의미한다. 저압 보안공사에는 인장강도 5.26[KN] 이상 지름 4.0[mm] 경동선을 사용한다.
【정답】①

19. 400[V] 이상 저압 보안 공사 시에 가공전선으로 사용해야 할 전선의 굵기와 인장강도를 바르게 나열한 것은?

① 2.6[mm] 이상의 경동선 또는 인장강도 2.3[KN] 이상의 것

② 3.2[mm] 이상의 경동선 또는 인장강도 3.43[KN] 이상의 것

③ 4.0[mm] 이상의 경동선 또는 인장강도 5.26[KN] 이상의 것

④ 5.0[mm] 이상의 경동선 또는 인장강도 8.01[KN] 이상의 것

[저압 보안공사 (KEC 222.10)] 400[V] 이상의 저압과 고압 보안공사 에서는 5.0[mm] 이상의 경동선 또는 인장강도 8.01[KN] 이상의 것을 사용한다.　　　　【정답】④

20. 저·고압 가공전선과 식물이 상호 접촉되지 않도록 이격시키는 기준으로 옳은 것은?

① 이격거리는 최소 50[cm] 이상 떨어져 시설하여야 한다.

② 상시 불고 있는 바람 등에 의하여 접촉하지 않도록 시설하여야 한다.

③ 저압가공전선은 반드시 방호구에 넣어 시설하여야 한다.

④ 트리와이어(Tree Wire)를 사용하여 시설하여야 한다.

[저·고압 가공전선과 식물의 이격 거리 (kec 222.19)] 상시 불고 있는 바람 등에 의하여 접촉하지 않도록 시설하여야 한다.
　　　　　　　　　　　　　　　　　　　【정답】②

21. 농사용 220[V] 가공전선로의 전선으로 2[mm]의 경동선을 사용하려면 전선로의 지지물의 경간은 몇 [m] 이하로 하는가?

① 30　　　　　　② 40
③ 50　　　　　　④ 100

[농사용 저압 가공전선로 시설 (KEC 222.22)]
농사용 저압 가공전선로 사용전압은 저압일 것
① 저압 가공전선은 인장강도 1.38[kN] 이상의 것 또는 지름 2[mm] 이상의 경동선일 것
② 저압 가공전선의 지표상의 높이는 3.5[m] 이상일 것. 다만, 저압 가공전선을 사람이 쉽게 출입하지 아니하는 곳에 시설하는 경우에는 3[m]까지로 감할 수 있다.
③ 목주의 굵기는 말구 지름이 9[cm] 이상일 것
④ 전선로의 경간은 30[m] 이하일 것　　　【정답】①

22. 방직 공장의 구내 도로에 400[V] 미만의 조명 등용 저압 가공전선로를 설치하고자 한다. 전선로의 최대 경간은 몇 [m]인가?

① 20　　　　　　② 30
③ 40　　　　　　④ 50

[구내에 시설하는 저압 가공전선로 (KEC 222.23)]
전선은 인장강도 1.38[kN] 이상의 절연전선 또는 지름 2[mm] 이상의 경동선의 절연전선일 것
전선로의 경간은 30[m] 이하일 것　　　【정답】②

23. 저압 옥내 배선공사에 사용할 수 있는 MI 케이블의 최소 굵기는 몇 $[mm^2]$ 이상의 것인가?

① 1.0　　　　　　② 1.2
③ 2.0　　　　　　④ 2.6

[저압 옥내 배선의 사용 전선 (KEC 231.3)] MI 케이블은 저압에서만 사용할 수 있고 1.0[mm²] 이상의 굵기로 사용할 수 있다.　　　　　　　　　　　　　　　【정답】①

24. 옥내의 저압 전선으로 나전선의 사용이 기본적으로 허용되지 않는 경우는?

① 전기로용 전선

② 이동 기중기용 접촉 전선

③ 제분 공장의 전선

④ 전선 피복 절연물이 부식하는 장소에 시설하는 전선

[나전선의 사용 제한 (나전선의 사용 제한 (KEC 231.4)] 옥내에 시설하는 저압 전선에는 나전선을 사용하여서는 안 된다.
※나전선 사용할 수 있는 장소 : 전기로용, 버스덕트, 라이팅 덕트, 접촉전선, 전선이 부식하는 장소
　　　　　　　　　　　　　　　　　　　【정답】③

25. 다음 배전 공사 중 전선이 반드시 절연선이 아니라도 상관없는 것은?

① 합성 수지관 공사

② 금속 덕트 공사

③ 버스 덕트 공사

④ 플로어 덕트 공사

26. 예열 기동식 형광 방전등에 무선 설비에 대한 고주파 전류에 의한 장해방지용으로 글로우 램프와 병렬로 접속하는 콘덴서의 정전용량 [μF]은 얼마인가?

① 0.1 ~ 1

② 0.06 ~ 0.1

③ 0.006 ~ 0.01

④ 0.6 ~ 1.0

27. 저압 옥내배선용 전선의 굵기는 연동선을 사용할 때 일반적으로 몇 $[mm^2]$ 이상의 것을 사용하여야 하는가?

① 2.5

② 1

③ 1.5

④ 0.75

28. 저압 옥내 배선을 할 때 인입용 비닐 절연전선을 사용할 수 없는 것은?

① 합성수지관 공사

② 금속관 공사

③ 가요 전선관 공사

④ 애자 사용 공사

29. 점검할 수 있는 은폐 장소로서 건조한 곳에 시설하는 애자 사용 노출 공사에 있어서 사용 전압 440[V]의 경우 전선과 조영재와의 이격 거리는?

① 2.5[cm] 이상

② 3[cm] 이상

③ 4.5[cm] 이상

④ 5[cm] 이상

30. 사용전압 220[V]인 경우에 애자 사용 공사에서 전선과 조영재와의 이격거리는 최소 몇 [cm] 이상이어야 하는가?

① 2.5

② 4.5

③ 6

④ 8

31. 습기가 많은 장소에서 440[V] 애자 사용 공사의 전선과 조영재와의 최소 이격거리[cm]는?

① 2 ② 2.5

③ 4.5 ④ 6

|정|답|및|해|설|

[애자사용공사 (KEC 232.3)] 전선과 조영재 사이의 거리는 2.5[cm]이다. 다만 비나 이슬에 젖는 곳은 400[V]가 넘는 경우 4.5[cm]로 한다.

【정답】③

32. 다음 중 고압 옥내배선의 시설에 있어서 적당하지 않은 것은?

① 애자 사용 공사에 사용하는 애자는 난연성일 것

② 고압 옥내배선과 저압 옥내배선을 다르게 하기 위하여 색깔 있는 것을 사용할 것

③ 전선이 관통할 때 절연관에 넣을 것

④ 전선과 조영재와의 이격거리는 4.5[cm]로 할 것

|정|답|및|해|설|

[애자사용공사 (KEC 232.3)] 전선 상호간격은 8[cm] 이상, 전선과 조영재와의 이격거리는 5[cm] 이상일 것

【정답】④

33. 옥내에 시설하는 애자 사용 공사 시 사용 전압이 400[V] 미만인 경우 전선 상호간의 이격거리는?(단, 비와 이슬에 젖지 않은 장소이다.)

① 4.5[cm] ② 6[cm]

③ 10[cm] ④ 12[cm]

|정|답|및|해|설|

[애자사용공사 (KEC 232.3)] 전선과 전선 사이의 사용 전압이 400[V] 미만인 경우 6[cm] 이상

【정답】②

34. 합성수지관 공사 시 관 상호간과 박스와의 접속은 관의 삽입하는 깊이를 관 바깥 지름의 몇 배 이상으로 하여야 하는가?

① 0.5배 ② 0.9배

③ 1.0배 ④ 1.2배

|정|답|및|해|설|

[합성수지관공사 (KEC 232.5)] 합성수지관 공사 시 관 상호간을 접속하고자할 때 삽입 깊이는 관의 지름의 1.2배로 하고 접착제 등을 사용하여 할 때에는 0.8배로 할 수 있다.

【정답】④

35. 다음 중에서 합성수지관 공사의 시공 방법에 해당되는 것은?

① 합성수지관 안에 전선의 접속점이 있어야 한다.

② 전선은 반드시 옥외용 절연전선을 사용하여야 한다.

③ 합성수지관내 2.6[mm] 경동 단선을 넣을 수 있다.

④ 합성수지관의 지지점간의 거리는 3[m]로 한다.

|정|답|및|해|설|

[합성수지관공사 (KEC 232.5)] 관내부에는 절대로 접속점을 만들지 않는다. 합성수지관의 지지점 간격은 1.5[m] 옥외용 전선을 옥내공사에 사용할 수는 없다.

【정답】③

36. 다음 케이블 트레이의 안전율은 얼마인가?

① 1.2 ② 1.3

③ 1.4 ④ 1.5

|정|답|및|해|설|

[케이블 트레이 공사 (KEC 232.15)] 케이블 트레이의 안전율은 1.5이상으로 해야 한다.

【정답】④

37. 금속관에 의한 저압 옥내배선에서 금속관을 콘크리트에 매설한다면 관 두께와 사용 전선의 종류로 적합한 것은?

① 관 두께 : 1.0[mm] 이상, 전선 : 옥외용 비닐 절연전선

② 관 두께 : 1.2[mm] 이상, 전선 : 600[V] 비닐 절연전선

③ 관 두께 : 1.0[mm] 이상, 전선 : 600[V] 비닐 절연전선

④ 관 두께 : 1.2[mm] 이상, 전선 : 옥외용 비닐 절연전선

|정|답|및|해|설|

[금속관공사 (KEC 232.6)] 금속관 공사에서 금속관을 콘크리트에 매설한다면 두께는 1.2[mm] 이상으로 해야 한다. 옥내에서는 옥외용 전선을 사용할 수 없다.

【정답】②

38. 가요전선관 공사에 대한 설명 중 틀린 것은 다음 중 어느 것인가?

① 가요전선관 안에서는 전선의 접속점이 없어야 한다.

② 1종 금속제 가요전선관의 두께는 1.2[mm] 이상이어야 한다.

③ 가요전선관 내에 수용되는 전선은 연선이어야 하며 지름이 3.2[mm] 이하인 단선은 무방하다.

④ 가요전선관 내에 수용되는 전선은(옥외용 비닐 절연선은 제외한다.) 절연전선 이어야 한다.

|정|답|및|해|설|

[가요전선관공사 (KEC 232.8)] 1종 금속제 가요 전선관은 두께 0.8[mm] 이상인 것일 것

【정답】②

39. 금속 덕트 공사에 적당하지 않는 것은?

① 덕트 종단부에는 개방시킬 것

② 덕트 내부에는 돌기가 없을 것

③ 덕트 재료에 아연도금 할 것

④ 분기점 이외에 전선은 접속하지 말 것

|정|답|및|해|설|

[금속덕트공사 (KEC 232.9)] 덕트의 종단부는 폐쇄시켜서 물이나 먼지가 들어가지 않도록 한다.

【정답】①

40. 제어 회로용 절연 전선을 금속 덕트 공사에 의하여 시설하고자 한다. 절연 피복을 포함한 전선의 총 면적은 덕트 내부의 단면적의 몇 [%]까지 할 수 있는가?

① 20　　　　　　② 30

③ 40　　　　　　④ 50

|정|답|및|해|설|

[금속덕트공사 (KEC 232.9)] 금속 덕트 공사의 내단면적은 20[%]이지만 제어회로와 같은 전선은 50[%]까지 단면적을 이용할 수가 있다.

【정답】④

41. 금속 덕트 공사에 의한 저압 옥내 배선 공사 중 시설 기준에 적합하지 않는 것은?

① 덕트는 kec 140에 준하여 접지공사를 할 것

② 덕트 상호 및 덕트와 금속관과는 전기적으로 완전하게 접속하였다.

③ 덕트를 조영재에 붙이는 경우 덕트의 지지점간의 거리를 4[m] 이하로 견고하게 붙였다.

④ 금속 덕트에 넣은 전선의 단면적의 합계가 덕트의 내부 단면적의 20[%] 이하가 되게하였다.

[금속덕트공사 (KEC 232.9)] 금속 덕트, 버스 덕트의 지지점 간격은 3[m] 이내로 해야 한다.
라이팅 덕트 공사는 2[m], 합성수지관 공사는 1.5[m]
【정답】③

42. 라이딩 덕트 공사에 의한 저압 옥내 배선은 덕트의 지지점간의 거리는 몇 [m] 이하로 하여야 하는가?

① 2   ② 3

③ 4   ④ 5

[라이팅덕트공사 (KEC 232.11)] 라이팅 덕트 공사는 2[m], 합성수지관 공사는 1.5[m], 금속 덕트, 버스 덕트의 지지점 간격은 3[m]
【정답】①

43. 절연 전선을 사용하는 고압 옥내배선을 애자 사용 공사에 의하여 조영재 면에 따라 시설하는 경우에 전선 지점간의 거리[m]는 얼마 이하이어야 하는가?

① 5   ② 4

③ 3   ④ 2

[케이블공사 (KEC 232.14)] 애자 사용 공사나 케이블 공사에서 조영재 면에 따라 시설하는 경우에는 지지점 간격이 2[m], 조영재 면에 따라 시설하지 않는 경우는 6[m] 이내로 지지하면 된다.
【정답】④

44. 케이블을 지지하기 위하여 사용하는 금속제 또는 불연성 재료로 제작된 유니트의 집합체를 케이블 트레이라 한다. 케이블 트레이 종류가 아닌 것은?

① 사다리형   ② 바닥밀폐형

③ 펀칭형   ④ 통풍 밀폐형

[케이블 트레이 공사 (KEC 232.15)] 케이블트레이의 종류로는 사다리형, 바닥밀폐형, 펀칭형, 메시형, 채널형 등이 있다.
【정답】④

45. 풀용 수중 조명등에 전기를 공급하기 위하여 1차측 120[V], 2차측 30[V]의 절연 변압기를 사용하였다. 절연 변압기의 2차측 전로의 시설이 전기설비 기준에 적합한 것은?

① 제 1종 접지 공사로 접지한다.

② 제 2종 접지 공사로 접지한다.

③ 특별 제 3종 접지 공사로 접지한다.

④ 비접지식으로 접지한다.

[수중조명등 (KEC 234.14)] 절연 변압기의 2차 측은 비접지로 한다. 절연 변압기의 2차측 전로의 사용전압이 30[V] 이하인 경우에는 1차와 2차 권선 사이에 금속체의 혼촉 방지판을 설치하고 kec140에 준하는 접지공사를 한다.
【정답】④

46. 풀용 수중 조명등에 전기를 공급하기 위하여 사용되는 절연 변압기 1차측 및 2차측 전로의 사용전압은 각각 최대 몇 [V]인가?

① 300, 100   ② 400, 150

③ 200, 150   ④ 600, 300

[수중조명등 (KEC 234.14)] 조명등에 전기를 공급하기 위해서는 1차측 전로의 사용전압이 400[V] 미만 2차측 전로의 사용전압이 150[V] 이하의 절연 변압기를 사용한다.
절연 변압기의 2차측 전로에는 개폐기 및 과전류차단기를 각극에 시설한다.
조명등의 용기 및 방호장치의 금속제부분은 kec140에 준하는 접지공사를 한다.
【정답】②

47. 풀용 수중 조명등에 전기를 공급하기 위하여 사용되는 절연 변압기에 대한 것이다. 옳지 않은 것은?

① 절연 변압기 2차측 전로의 사용전압은 150[V] 이하이어야 한다.

② 절연 변압기 2차측 전로의 사용전압이 30[V] 이하인 경우에는 1차와 2차 권선 사이에 금속체의 혼촉 방지판이 있어야 한다.

③ 절연 변압기의 2차측 전로에는 반드시 제3종 접지공사를 하며 그 저항값은 5[Ω] 이하가 되도록 하여야 한다.

④ 절연 변압기의 2차측 전로의 사용전압이 30[V]를 넘는 경우에는 그 전로에 지기가 생긴 경우 자동적으로 전로를 차단하는 차단장치가 있어야 한다.

|정|답|및|해|설|
[수중조명등 (KEC 234.14)] 수중조명등의 절연변압기는 그 2차측 전로의 사용전압이 30[V] 이하인 경우는 1차권선과 2차권선 사이에 금속제의 혼촉방지판을 설치하고, kec140에 준하여 접지공사를 하여야 한다. 【정답】③

48. 백열전등 또는 방전등 및 이에 부속하는 전선은 사람이 접촉할 우려가 없는 경우 대지전압은 최대 몇 [V]인가?

① 100   ② 150

③ 300   ④ 450

|정|답|및|해|설|
[1[kV] 이하 방전등 (kec 234.11)] 백열전등 또는 방전등에 전기를 공급하는 옥내 전로의 대지전압은 300[V] 이하로 한다. (사람이 접촉할 우려가 있으면 150[V]) 【정답】③

49. 출퇴근표시등 회로에 전기를 공급하기 위한 변압기는 1차측 전로의 대지전압이 300[V] 이하이고, 2차측 전로의 사용전압이 몇 [V] 이하인 절연 변압기이어야 하는가?

① 40   ② 60

③ 100   ④ 150

|정|답|및|해|설|
[출퇴표시등 (KEC 234.13)] 1차측 전로의 대지전압 300[V] 이하 , 2차측 전로의 사용전압이 60[V] 이하인 절연 변압기를 사용한다. 【정답】②

50. 일반 주택 및 아파트 각 호실의 조명용 백열전등을 설치할 때 사용하는 타임스위치는 몇 [분] 이내에 소등되는 것을 시설하여야 하는가?

① 1[분]   ② 3[분]

③ 10[분]   ④ 20[분]

|정|답|및|해|설|
[점멸기의 시설 (KEC 234.6)]
·여관, 호텔의 객실 입구 등은 1분 이내
·주택, APT각 호실의 현관 등은 3분 이내에 소등될 것
【정답】②

51. 호텔 또는 여관 각 객실의 입구에 조명용 백열전등을 설치할 경우 몇 분 이내에 소등 되는 타임 스위치를 시설하여야 하는가?

① 1분   ② 2분

③ 3분   ④ 5분

|정|답|및|해|설|
[점멸기의 시설 (KEC 234.6)] 주택은 3분 이내에 소등되는 타임 스위치를 시설하고 호텔이나 여관은 1분 이내에 소등되는 타임 스위치를 입구에 시설하도록 해야 한다.
【정답】①

52. 가로등, 경기장, 공장, 아파트 단지 등의 일반조명을 위하여 시설하는 고압 방전등은 그 효율이 몇 [Lm/W] 이상의 것이어야 하는가?

① 30　　　　　　① 50

② 70　　　　　　③ 80

|정|답|및|해|설|
[점멸기의 시설 (KEC 234.6)] 가로등, 경기장, 공장, 아파트 단지 등의 일반조명을 위하여 시설하는 고압방전등은 그 효율이 70[lm/W] 이상의 것이어야 한다.
【정답】③

53. 네온관등 회로의 배선 공사에서 적합하지 않는 것은?

① 전선은 조영재의 측면 또는 하면에 붙일 것

② 관등회로의 배선은 애자 사용 공사에 의하여 시설한다.

③ 전선 상호간의 간격은 6[cm] 이상이고, 유리관의 지지점간의 거리는 50[cm] 이하일 것

④ 배선은 전개된 장소 또는 점검할 수 없는 은폐장소에서 시설할 것

|정|답|및|해|설|
[옥내의 네온 방전등 공사 (KEC 234.12)] 관등회로의 배선을 점검할 수 없는 은폐장소에 시설해서는 안 된다.
【정답】④

54. 옥내에 시설하는 전구선의 최소 굵기$[mm^2]$는?

① 1.25　　　　　② 1.00

③ 0.75　　　　　④ 0.5

|정|답|및|해|설|
[전구선 및 이동전선 (KEC 234.3)] 전구선 및 이동전선, 제어회로, 쇼케이스에는 0.75$[mm^2]$ 캡타이어 케이블이 사용된다.
【정답】③

55. 교통 신호등 회로의 사용전압은 최대 몇 [V]인가?

① 100　　　　　② 200

③ 300　　　　　④ 400

|정|답|및|해|설|
[교통신호등 (KEC 234.15)] 사용 전압은 300[V] 이하일 것 전선의 지표상 높이는 2.5[m] 이상일 것
【정답】③

56. 교통 신호등의 시설을 다음과 같이 하였다. 이 공사 중 옳지 못한 것은?

① 전선은 600[V] 비닐 절연전선을 사용하였다.

② 신호등의 인하선은 지표상 2.5[m]로 하였다.

③ 도로를 횡단시 지표상 6[m]로 하였다.

④ 제어장치의 금속제 외함은 제1종 접지공사를 하였다.

|정|답|및|해|설|
[교통신호등 (KEC 234.15)] 교통신호등의 제어장치의 금속제외함 및 신호등을 지지하는 철주에는 kec140에 준하여 접지공사를 하여야 한다.
【정답】④

57. 쇼윈도 또는 쇼케이스 안의 저압 옥내배선에서 사용전압[V]은 얼마인가?

① 100　　　　　② 200

③ 400　　　　　④ 600

|정|답|및|해|설|
[진열장 또는 이와 유사한 것의 내부 배선 (KEC 234.8)] 사용전압 400[V], 단면적이 0.75$[mm^2]$ 이상인 코드 또는 캡타이어 케이블을 사용한다.
【정답】③

58. 전기 울타리의 시설에 관한 다음 사항 중 틀린 것은?

① 사람이 쉽게 출입하지 아니하는 곳에 시설한다.

② 전선은 2[mm]의 경동선 또는 동등 이상의 것을 사용할 것

③ 수목과의 이격거리는 30[cm] 이상일 것

④ 전로의 사용전압은 600[V] 이하일 것

|정|답|및|해|설|
[전기울타리 (KEC 241.1)] 전기 울타리는 사용전압 250[V] 미만으로 하고 전선은 경동선 2[mm]

【정답】④

59. 전기 울타리의 시설에서 전선과 이를 지지하는 기둥과의 이격 거리는 최소 몇 [cm] 이상인가?

① 1.5　　　　　② 2.5

③ 3.5　　　　　④ 4.5

|정|답|및|해|설|
[전기울타리 (KEC 241.1)] 전선과 이를 지지하는 기둥과의 이격거리는 2.5[cm] 이상으로 한다.

【정답】②

60. 전기 온상용 발열선의 최고 사용 온도는 몇 [℃]인가?

① 50　　　　　② 60

③ 80　　　　　④ 100

|정|답|및|해|설|
[전기온상 등 (KEC 241.5)] 전기온상용 발열선은 사용온도를 80[℃] 이하로 한다. 대지전압 300[V]

【정답】③

61. 전기온돌 등의 절연 장치를 시설할 때 발열선을 도로, 주차장 또는 조영물로 조영재에 고정시켜 시설하는 경우 발열선에 전기를 공급하는 전로의 대지 전압은 몇 [V] 이하이어야 하는가?

① 150　　　　　② 300

③ 380　　　　　④ 440

|정|답|및|해|설|
[전기온상 등 (KEC 241.5)] 대지전압 300[V] 이하일 것, 전기온상용 발열선은 사용온도를 80[℃] 이하로 한다.

【정답】②

62. 최대 사용전압 30[V]를 넘고 60[V] 이하인 소세력 회로에 사용하는 절연 변압기의 2차 단락 전류값이 제한을 받지 않을 경우는 2차측에 시설하는 과전류 차단기의 용량이 몇[A] 이하일 경우인가?

① 0.5　　　　　② 1.5

③ 3　　　　　④ 5

|정|답|및|해|설|
[소세력 회로 (KEC 241.14)] 소세력 회로에 사용하는 절연 변압기의 2차 단락 전류는 표와 같다.

최대 사용전압의 구분	2차 단락 전류	비고(과전류 차단기 용량)
15[V] 이하	8[A] 이하	5[A] 이하
15[V]를 넘고 30[V] 이하	5[A] 이하	3[A] 이하
30[V]를 넘고 60[V] 이하	3[A] 이하	1.5[A] 이하

【정답】②

63. 전자 개폐기의 조작 회로, 벨, 경보기 등의 전로로서 60[V] 이하의 소세력 회로용으로 사용하는 변압기의 1차 대지전압[V]의 최대 크기는?

① 100 ② 150

③ 300 ④ 600

|정|답|및|해|설|
[소세력 회로 (KEC 241.14)] 소세력 회로의 1차 전압은 대지 전압 300[V], 2차 전압은 60[V]이다.
【정답】③

64. 소맥분, 전분, 기타의 가연성 분진이 존재하는 곳의 저압 옥내 배선으로 적합하지 않은 공사 방법은?

① 합성수지관 공사

② 가요 전선관 공사

③ 금속관 공사

④ 케이블 공사

|정|답|및|해|설|
[분진 위험장소 (KEC 242.2)] 가연성 분진이 있는 경우 적합한 공사 방법은 합성수지관 공사, 금속관 공사, 케이블 공사이다.
【정답】②

65. 폭연성 분진 또는 화학류의 분말이 존재하는 곳의 저압 옥내 배선은 어느 공사에 의하는가?

① 애자 사용 공사 또는 가요 전선관 공사

② 캡타이어 케이블 공사

③ 합성수지관 공사

④ 금속관 공사

|정|답|및|해|설|
[분진 위험장소 (KEC 242.2)] 폭연성 분진 또는 화학류의 분말이 존재하는 곳의 저압 옥내 배선은 금속관 공사와 케이블 공사를 할 수 있다.
【정답】④

66. 석유류를 저장하는 장소의 전등 배선에서 사용할 수 없는 방법은?

① 애자 사용 공사

② 케이블 공사

③ 금속관 공사

④ 경질 비닐관 공사

|정|답|및|해|설|
[위험물 등이 존재하는 장소 (KEC 242.4)] 석유류를 저장하는 장소의 전등 배선에서는 케이블 공사, 금속관 공사, 합성수지관 공사를 할 수 있다.
【정답】①

67. 화약류 저장소의 전기 설비 시설에 있어서 틀린 사항은 다음 중 어느 것인가?

① 전용 개폐기 및 과전류 차단기는 화학류 저장소 밖에 둔다.

② 전용 개폐기 및 과전류 차단기는 화학류 저장소 안에 둔다.

③ 과전류 차단기에서 저장소 인입구까지의 배선에는 케이블을 사용한다.

④ 케이블은 지하에 시설한다.

|정|답|및|해|설|
[화약류 저장소 등의 위험장소 (KEC 242.5)] 전용 개폐기 및 과전류 차단기는 화학류 저장소 밖에 두어야 한다.
·전로의 대지전압은 300[V] 이하일 것
·전기 기계 기구는 전폐형일 것
·금속관 공사, 케이블 공사에 의할 것
·개폐기, 과전류 차단기는 저장소 밖에 시설할 것
·개폐기 및 과전류 차단기에서 화약류 저장소까지는 케이블을 사용하여 지중에 시설한다.
【정답】②

68. 화약류 저장 장소에 있어서의 전기설비의 시설이 적당하지 않은 것은?

① 전용 개폐기 또는 과전류 차단 장치를 시설할 것

② 전기 기계 기구는 개방형일 것

③ 지락 차단 장치 또는 경보 장치를 시설할 것

④ 전로의 대지전압은 300[V] 이하일 것

|정|답|및|해|설|..........

[화약류 저장소 등의 위험장소 (KEC 242.5)] 전기 기계 기구는 전폐형일 것 　　　　　　　　　【정답】②

69. 전기욕기의 전원 변압기의 2차측 전압의 최대 한도는 몇 [V]인가?

① 6　　　　　　② 10

③ 12　　　　　④ 15

|정|답|및|해|설|..........

[전기욕기 (KEC 241.2)]
① 전기욕기용 전원 장치의 전원 변압기의 2차측 전로의 사용전압 10[V] 이하일 것, 유도코일 사용시에는 30[V]
② 전기욕기용 전원장치의 금속제 외함 및 전선을 넣은 금속관에는 제3종 접지공사를 할 것
③ 욕탕 안의 전극은 사람이 쉽게 접촉할 우려가 없도록 시설할 것
④ 전선상호, 전선과 대지 간 절연저항은 0.1[MΩ] 이상일 것
　　　　　　　　　　　　　　　【정답】②

70. 전기 욕기용 전원 장치로부터 욕탕 안의 전극까지의 전선 상호간 및 전선과 대지사이에 절연 저항값은 몇 [MΩ] 이상이어야 하는가?

① 0.1　　　　　② 0.2

③ 0.3　　　　　④ 0.4

|정|답|및|해|설|..........

[전기욕기 (KEC 241.2)] 전선상호, 전선과 대지 간 절연 저항은 0.1[MΩ] 이상일 것 　　　　　【정답】①

71. 공사 현장 등에서 사용하는 이동용 전기 아크 용접기용 절연 변압기의 1차 측 대지 전압은 얼마 이하이어야 하는가?

① 150　　　　　② 230

③ 300　　　　　④ 480

|정|답|및|해|설|..........

[아크 용접기 (KEC 241.10)]
용접 변압기는 절연 변압기일 것
용집 변압기 1차측 전로의 대시전압은 300[V] 이하일 것
　　　　　　　　　　　　　　　【정답】③

72. 가반형의 용접 전극을 사용하는 아크 용접 장치의 시설에 대한 설명으로 옳은 것은?

① 용접 변압기의 1차측 전로의 대지 전압은 600[V] 이하일 것

② 용접 변압기의 1차측 전로에는 퓨즈를 시설할 것

③ 용접 변압기는 절연 변압기일 것

④ 케이블의 피복에 사용하는 금속체에는 kec140의 규정에 준하여 접지공사를 하여야 한다.

|정|답|및|해|설|..........

[아크 용접기 (KEC 241.10)]
・용접 변압기는 절연 변압기일 것
・케이블의 피복에 사용하는 금속체에는 kec140의 규정에 준하여 접지공사를 하여야 한다.
・1차측 전로의 대지전압은 300[V] 이하일 것
・1차측 전로에는 변압기 가까운 곳에 쉽게 개폐할 수 있는 개폐기를 시설할 것 　　　　　　　【정답】③

73. 지중 또는 수중에 시설되는 금속체의 부식을 방지하기 위하여 지중 또는 수중에 시설하는 전기방식 회로의 사용 전압은 어떤 전압 이하로 제한하고 있는가?

① DC 60[V]　　　② DC 120[V]

③ AC 100[V]　　　④ AV 200[V]

|정|답|및|해|설|

[전기부식 방지 시설 (KEC 241.16)] 지중 또는 수중에 시설되는 금속체의 부식을 방지하기 위하여 지중 또는 수중에 시설하는 전기방식 회로의 사용 전압은 직류 60[V] 이하일 것 지표 또는 수중에서 1[m]간격의 임의의 2점간 전위차가 5[V]를 넘지 않을 것　　　【정답】①

74. 철재 물탱크에 전기 방식 시설을 하였다. 지표 또는 수중에서 1[m]의 간격을 가지는 임의의 두 점간의 전위차는 몇 [V]를 넘으면 안 되는가?

① 10　　　② 30

③ 5　　　④ 25

|정|답|및|해|설|

[전기부식 방지 시설 (KEC 241.16)] 지표 또는 수중에서 1[m]간격의 임의의 2점간 전위차가 5[V]를 넘지 않을 것
　　　【정답】③

75. 유원지에 시설된 유희용 전차의 공급 전압은 교류 몇 [V] 이하인가?

① 40　　　② 60

③ 80　　　④ 100

|정|답|및|해|설|

[유희용 전차 (KEC 241.8)] 유희용 전차에 전기를 공급하는 전로의 사용전압은 직류의 경우 60[V], 교류의 경우 40[V] 이하일 것　　　【정답】①

76. 유희용 전차 안의 전로 및 이격에 전기를 공급하기 위하여 사용하는 전기설비는 다음에 의하여 시설하여야 한다. 옳지 않은 것은?

① 유희용 전차에 전기를 공급하는 전로에는 전용 개폐기를 시설할 것

② 유희용 전차에 전기를 공급하기 위하여 사용되는 접촉 전선은 제3조 궤조 방식에 의하여 시설할 것

③ 유희용 전차에 전기를 공급하는 전로의 사용 전압은 직류에 있어서는 80[V] 이하, 교류에 있어서는 60[V] 이하일 것

④ 유희용 전차에 전기를 공급하는 전로의 사용 전압에 전기를 변성하기 위하여 사용하는 변압기의 1차 전압은 400[V] 미만일 것

|정|답|및|해|설|

[유희용 전차 (KEC 241.8)] 유희용 전차에 전기를 공급하는 전로의 사용전압은 직류의 경우 60[V], 교류의 경우 40[V] 이하일 것. 절연 변압기를 사용한다.
　　　【정답】③

77. 2차측 개방 전압이 1만 볼트인 절연 변압기를 사용한 전격 살충기는 전격 격자가 지표상 또는 마루 위 몇 [m] 이상의 높이에 설치하여야 하는가?

① 3.5　　　② 3.0

③ 2.8　　　④ 2.5

|정|답|및|해|설|

[전격살충기 (KEC 241.7)] 전격 살충기는 전격 격자가 지표상 또는 마루 위 3.5[m] 이상의 높이에 시설할 것. 단, 2차측 개방전압이 7000[V] 이하일 때 1.8[m]로 감할 수 있다.
　　　【정답】①

78. 의료 장소에서 인접하는 의료장소와의 바닥면적 합계가 몇 $[m^2]$ 이하인 경우 기준 접지바를 공용으로 할 수 있는가?

① 30

② 50

③ 80

④ 100

|정|답|및|해|설|
────────────────
[의료장소 내의 접지 설비 (kec 242.10.4)] 의료장소마다 그 내부 또는 근처에 기준 접지바를 설치할 것. 다만, 인접하는 의료장소와의 바닥면적 합계가 50$[m^2]$ 이하인 경우에는 기준 접지바를 공용으로 할 수 있다.

【정답】②

79. 의료장소의 안전을 위한 의료용 절연 변압기에 대한 다음 설명 중 옳은 것은?

① 2차측 정격 전압은 교류 300[V] 이하

② 2차측 정격 전압은 직류 250[V] 이하

③ 정격 출력은 5[kVA] 이하

④ 정격 출력은 10[kVA] 이하

|정|답|및|해|설|
────────────────
[의료장소의 안전을 위한 보호 설비 (kec 242.10.3)] 의료용 절연변압기의 2차측 정격전압은 교류 250[V] 이하로 하며 공급 방식 및 정격출력은 단상 2선식 10[kVA] 이하로 할 것

【정답】④

고압·특고압 전기설비

01 통칙 (KEC 300)

1. 적용범위 (KEC 301)

교류 1[kV] 초과 또는 직류 1.5[kV]를 초과하는 고압 및 특고압 전기를 공급하거나 사용하는 전기설비에 적용한다.

2. 기본원칙 (KEC 302)

(1) 일반사항 (KEC 302.1)

설비 및 기기는 그 설치장소에서 예상되는 전기적, 기계적, 환경적인 영향에 견디는 능력이 있어야 한다.

(2) 전기적 요구사항 (KEC 302.2)

① 중성점 접지방식의 선정시 다음을 고려하여야 한다.

    1. 전원공급의 연속성 요구사항

    2. 지락고장에 의한 기기의 손상제한

    3. 고장부위의 선택적 차단

    4. 고장위치의 감지

    5. 접촉 및 보폭전압

    6. 유도성 간섭

    7. 운전 및 유지보수 측면

② 전압 등급 : 사용자는 계통 공칭전압 및 최대 운전 전압을 결정하여야 한다.

③ 정상 운전 전류 : 설비의 모든 부분은 정의된 운전 조건에서의 전류를 견딜 수 있어야 한다.

④ 단락전류

    1. 설비는 단락전류로부터 발생하는 열적 및 기계적 영향에 견딜 수 있도록 설치되어야 한다.

    2. 설비는 단락을 자동으로 차단하는 장치에 의하여 보호되어야 한다.

    3. 설비는 지락을 자동으로 차단하는 장치 또는 지락상태 자동표시장치에 의하여 보호되어야 한다.

⑤ 정격 주파수 : 설비는 운전될 계통의 정격주파수에 적합하여야 한다.

⑥ 코로나 : 코로나에 의하여 발생하는 전자기장으로 인한 전파장해는 331.1에 범위를 초과하지 않도록 하여야 한다.

⑦ 전계 및 자계 : 가압된 기기에 의해 발생하는 전계 및 자계의 한도가 인체에 허용 수준 이내로 제한되어야 한다.

⑧ 과전압 : 기기는 낙뢰 또는 개폐동작에 의한 과전압으로부터 보호되어야 한다.

⑨ 고조파 : 고조파 전류 및 고조파 전압에 의한 영향이 고려되어야 한다.

(3) 기계적 요구사항 (KEC 302.3)

① 기기 및 지지구조물 : 기기 및 지지구조물은 그 기초를 포함하며, 예상되는 기계적 충격에 견디어야 한다.

② 인장하중 : 인장하중은 현장의 가혹한 조건에서 계산된 최대도체인장력을 견딜 수 있어야 한다.

③ 빙설하중 : 전선로는 빙설로 인한 하중을 고려하여야 한다.

④ 풍압하중 : 풍압하중은 그 지역의 지형적인 영향과 주변 구조물의 높이를 고려하여야 한다.

⑤ 개폐전자기력 : 지지물을 설계할 때에는 개폐전자기력이 고려되어야 한다.

⑥ 단락전자기력 : 단락 시 전자기력에 의한 기계적 영향을 고려하여야 한다.

⑦ 도체 인장력의 상실 : 인장애자련이 설치된 구조물은 최악의 하중이 가해지는 애자나 도체(케이블)의 손상으로 인한 도체인장력의 상실에 견딜 수 있어야 한다.

⑧ 지진하중 : 지진의 우려성이 있는 지역에 설치하는 설비는 지진하중을 고려하여 설치하여야 한다.

(4) 기후 및 환경조건 (KEC 302.4)

설비는 주어진 기후 및 환경조건에 적합한 기기를 선정하여야 하며, 정상적인 운전이 가능하도록 설치하여야 한다.

(5) 특별요구사항 (KEC 302.5)

설비는 작은 동물과 미생물의 활동으로 인한 안전에 영향이 없도록 설치하여야 한다.

02 안전을 위한 보호 (KEC 310)

1. 안전보호 (KEC 311)

(1) 절연수준의 선정 (KEC 311.1)

절연수준은 기기최고전압 또는 충격내전압을 고려하여 결정하여야 한다.

(2) 직접 접촉에 대한 보호 (KEC 311.2)

① 전기설비는 충전부에 무심코 접촉하거나 충전부 근처의 위험구역에 무심코 도달하는 것을 방지하도록 설치되어져야 한다.

② 계통의 도전성 부분(충전부, 기능상의 절연부, 위험전위가 발생할 수 있는 노출 도전성 부분 등)에 대한 접촉을 방지하기 위한 보호가 이루어져야 한다.

③ 보호는 그 설비의 위치가 출입제한 전기운전구역 여부에 의하여 다른 방법으로 이루어질 수 있다.

(3) 간접 접촉에 대한 보호 (KEC 311.3)

전기설비의 노출도전성 부분은 고장시 충전으로 인한 인축의 감전을 방지하여야 하며, 그 보호방법은 고압·특고압 접지시스템에 따른다.

(4) 아크고장에 대한 보호 (KEC 311.4)

전기설비는 운전 중에 발생되는 아크고장으로부터 운전자가 보호될 수 있도록 시설해야 한다.

(5) 직격뢰에 대한 보호 (KEC 311.5)

낙뢰 등에 의한 과전압으로부터 전기설비 등을 보호하기 위해 피뢰설비를 시설하고, 그 밖의 적절한 조치를 하여야 한다.

(6) 화재에 대한 보호 (KEC 311.6)

전기기기의 설치 시에는 공간분리, 내화벽, 불연재료의 시설 등 화재예방을 위한 대책을 고려하여야 한다.

(7) 절연유 누설에 대한 보호 (KEC 311.7)

① 환경보호를 위하여 절연유를 함유한 기기의 누설에 대한 대책이 있어야 한다.

② 옥내기기의 절연유 유출방지설비

　　1. 옥내기기가 위치한 구역의 주위에 누설되는 절연유가 스며들지 않는 바닥에 유출방지 턱을 시설하거나 건축물 안에 지정된 보존구역으로 집유한다.

　　2. 유출방지 턱의 높이나 보존구역의 용량을 선정할 때 기기의 절연유량뿐만 아니라 화재보호시스템의 용수량을 고려하여야 한다.

③ 옥외설비의 절연유 유출방지설비

　　1. 절연유 유출 방지설비의 선정은 기기에 들어 있는 절연유의 양, 우수 및 화재보호시스템의 용수량, 근접 수로 및 토양조건을 고려하여야 한다.

　　2. 집유조 및 집수탱크가 시설되는 경우 집수탱크는 최대 용량 변압기의 유량에 대한 집유능력이 있어야 한다.

　　3. 벽, 집유조 및 집수탱크에 관련된 배관은 액체가 침투하지 않는 것이어야 한다.

4. 절연유 및 냉각액에 대한 집유조 및 집수탱크의 용량은 물의 유입으로 지나치게 감소되지 않아야 하며, 자연배수 및 강제배수가 가능하여야 한다.

5. 다음의 추가적인 방법으로 수로 및 지하수를 보호하여야 한다.

    가. 집유조 및 집수탱크는 바닥으로부터 절연유 및 냉각액의 유출을 방지하여야 한다.

    나. 배출된 액체는 유수분리장치를 통하여야 하며 이 목적을 위하여 액체의 비중을 고려하여야 한다.

(8) SF6의 누설에 대한 보호 (KEC 311.8)

① 환경보호를 위하여 SF6가 함유된 기기의 누설에 대한 대책이 있어야 한다.

② SF6 가스 누설로 인한 위험성이 있는 구역은 환기가 되어야 한다.

(9) 식별 및 표시 (KEC 311.9)

① 표시, 게시판 및 공고는 내구성과 내부식성이 있는 물질로 만들고 지워지지 않는 문자로 인쇄되어야 한다.

② 개폐기반 및 제어반의 운전 상태는 주 접점을 운전자가 쉽게 볼 수 있는 경우를 제외하고 표시기에 명확히 표시되어야 한다.

③ 케이블 단말 및 구성품은 확인되어야 하고 배선목록 및 결선도에 따라서 확인할 수 있도록 관련된 상세 사항이 표시되어야 한다.

④ 모든 전기기기 실에는 바깥쪽 및 각 출입구의 문에 전기기기실임과 어떤 위험성을 확인할 수 있는 안내판 또는 경고판과 같은 정보가 표시되어야 한다.

03 접지설비 (KEC 320)

1. 고압·특고압 접지 계통 (KEC 321)

(1) 일반사항 (KEC 321.1)

① 고압 또는 특고압 기기는 접촉전압 및 보폭전압의 허용 값 이내의 요건을 만족하도록 시설되어야 한다.

② 고압 또는 특고압 기기가 출입제한 된 전기설비 운전구역 이외의 장소에 설치되었다면 KS C IEC 60364-4-41에서 주어진 저압 한계 50[V]를 초과하는 고압측 고장으로부터의 접촉전압을 방지할 수 있도록 통합접지를 하여야 한다.

③ 모든 케이블의 금속시스 부분은 접지를 시행하여야 한다.

2. 혼촉에 의한 위험 방지 시설 (KEC 322)

(1) 고압 또는 특고압과 저압의 혼촉에 의한 위험방지 시설 (KEC 322.1)

① 고압전로 또는 특고압전로와 저압전로를 결합하는 변압기의 저압측의 중성점에는 접지공사(사용 전압이 35[kV] 이하의 특고압전로로서 전로에 지락이 생겼을 때에 1초 이내에 자동적으로 이를 차단하는 장치가 되어 있는 것 및 접지저항 값이 10[Ω]을 넘을 때에는 접지저항 값이 10[Ω] 이하인 것에 한한다)를 하여야 한다. 다만, 저압전로의 사용전압이 300[V] 이하인 경우에 그 접지공 사를 변압기의 중성점에 하기 어려울 때에는 저압측의 1단자에 시행할 수 있다.

② 제①의 접지공사는 변압기의 시설장소마다 시행하여야 하며, 변압기의 시설장소로부터 200[m]까 지 떼어놓을 수 있다.

③ 가공공동지선

1. 가공공동지선은 인장강도 5.26[kN] 이상 또는 지름 4[mm] 이상의 경동선

2. 접지공사는 각 변압기를 중심으로 하는 지름 400[m] 이내의 지역으로서 그 변압기에 접속되는 전선로 바로 아래의 부분에서 각 변압기의 양쪽에 있도록 할 것

3. 가공공동지선과 대지 사이의 합성 전기저항 값은 1[km]를 지름으로 하여 분리하였을 경우의 각 접지도체와 대지 사이의 전기저항 값은 300[Ω] 이하로 할 것

핵심기출 【기사】 12/1

가공 공동 지선에 의한 접지 공사에 있어 가공 공동 지선과 대지 간의 합성 전기 저항 값은 몇 [m]를 지름으로 하는 지역마다 규정하는 접지 저항값을 가지는 것으로 하여야 하는가?

① 400   ② 600   ③ 800   ④ 1000

정답 및 해설 [혼촉에 의한 위험 방지 시설 (KEC 322.1)] 가공공동지선과 대지 사이의 합성 전기저항 값은 1[km]를 지름으로 하여 분리하였을 경우의 각 접지도체와 대지 사이의 전기저항 값은 300[Ω] 이하로 할 것
【정답】 ④

---

(2) 혼촉 방지판이 있는 변압기에 접속하는 저압 옥외전선의 시설 등 (KEC 322.2)

① 저압전선은 1구내에만 시설할 것

② 저압 가공전선로 또는 저압 옥상전선로의 전선은 케이블일 것

③ 저압 가공전선과 고압 또는 특고압의 가공전선을 동일 지지물에 시설하지 아니할 것. 다만, 고압 가공전선로 또는 특고압 가공전선로의 전선이 케이블인 경우에는 그러하지 아니하다.

(3) 특고압과 고압의 혼촉 등에 의한 위험방지 시설 (KEC 322.3)

① 변압기에 의하여 특고압전로에 결합되는 고압전로에는 사용전압의 3배 이하의 방전장치를 그 변압기의 단자에 가까운 1극에 설치하여야 한다. 다만, 사용전압의 3배 이하인 전압이 가하여진

경우에 방전하는 피뢰기를 고압전로의 모선의 각상에 시설하거나 특고압권선과 고압권선 간에 혼촉방지판을 시설하여 접지저항 값이 10[Ω] 이하 또는 kec규정에 따른 접지공사를 한 경우에는 그러하지 아니하다.

② 제①에서 규정하고 있는 장치의 접지는 kec140의 규정에 따라 시설하여야 한다.

(4) 계기용변성기의 2차측 전로의 접지 (KEC 322.4)

고압·특고압의 계기용변성기의 2차측 전로에는 kec140의 규정에 의하여 접지공사를 하여야 한다.

(5) 전로의 중성점의 접지 (KEC 322.5)

전로의 보호 장치의 확실한 동작의 확보, 이상 전압의 억제 및 대지전압의 저하를 위하여 특히 필요한 경우에 전로의 중성점에 접지공사를 할 경우에는 다음에 따라야 한다.

① 사람이나 가축 또는 다른 시설물에 위험을 줄 우려가 없도록 시설할 것

② 접지도체는 공칭단면적 16[mm^2] 이상의 연동선

③ 저압 전로의 중성점에 시설하는 것은 공칭단면적 6[mm^2] 이상의 연동선

④ 전로의 중성점에 접지공사를 할 경우의 접지도체는 공칭단면적 6[mm^2] 이상의 연동선으로 하고 또한 kec140의 규정에 준하여 시설하여야 한다.

⑤ 변압기의 안정권선이나 유휴권선 또는 전압조정기의 내장권선을 이상전압으로부터 보호하기 위하여 특히 필요할 경우에 그 권선에 접지공사를 할 때에는 kec140의 규정에 의한 접지공사

핵심기출 【기사】 07/1 09/2 【산업기사】 06/3 08/1 08/2 11/3 14/1

전로의 중성점을 접지하는 목적이 아닌 것은?

① 전로의 보호 장치의 확실한 동작의 확보

② 이상 시 전위 상승 억제

③ 대지전압의 저하

④ 부하 전류의 경감으로 전선을 절약

정답 및 해설 [전로의 중성점의 접지 (KEC 322.5)] 전로의 보호 장치의 확실한 동작의 확보, 이상 전압의 억제 및 대지전압의 저하를 위하여 특히 필요한 경우에 전로의 중성점을 접지한다.

【정답】④

04 전선로 (KEC 330)

1. 전선로 일반 및 구내·옥측·옥상 전선로 (KEC 331)

(1) 가공전선로 지지물의 철탑오름 및 전주오름 방지 (KEC 331.4)

가공 전선로의 지지물에 취급자가 오르고 내리는데 사용하는 발판 볼트 등을 지표상 1.8[m] 미만에 시설하여서는 안 된다. 다만, 다음의 어느 하나에 해당되는 경우에는 그러하지 아니하다.

① 발판 볼트 등을 내부에 넣을 수 있는 구조로 되어 있는 지지물에 시설하는 경우

② 지지물에 승탑 및 승주 방지장치를 시설하는 경우

③ 지지물 주위에 취급자 이외의 방지 장치를 시설하는 경우

④ 지지물이 산간 등에 있으며 사람이 쉽게 접근할 우려가 없는 곳에 시설하는 경우

핵심기출 【기사】 07/3 12/3 13/2 17/1 18/1 19/2 【산업기사】 04/1 04/2 05/2 05/3 08/3 16/2 17/1 18/3

가공 전선로의 지지물에 취급자가 오르고 내리는데 사용하는 발판 볼트 등은 지표상 몇 [m] 미만에 시설하여서는 아니 되는가?

① 1.2　　　　　② 1.5　　　　　③ 1.8　　　　　④ 2.0

정답 및 해설 [가공전선로 지지물의 승탑 및 승주방지 (KEC 331.4)] 발판 볼트 등은 1.8[m] 미만에 시설하여서는 안 된다.　　　　　　【정답】③

---

(2) 풍압하중의 종별과 적용 (KEC 331.6)

가공 전선로에 사용하는 지지물의 강도 계산에 적용하는 풍압 하중은 갑종, 을종, 병종이 있다.

$$\text{전선의 합성 하중 } W_T = \sqrt{(W_c + W_l)^2 + W_w^2}$$

여기서, W_T : 전선의 합성 하중, W_c : 전선의 자체 하중, W_l : 빙설 하중, W_w : 풍압 하중

① 갑종 풍압 하중

다음 표에서 정한 구성재의 수직 투영 면적 $1[m^2]$에 대한 풍압을 기초로 하여 계산한 것

풍압을 받는 구분				구성재의 수직 투영 면적
지지물	목주			588[Pa]
	철주	원형의 것		588[Pa]
		삼각형 또는 마름모형		1412[Pa]
		강관에 의하여 구성되는 4각형의 것		1117[Pa]
		기타의 것	복재가 전·후면에 겹치는 경우	1627[Pa]
			기타	1784[Pa]

풍압을 받는 구분				구성재의 수직 투영 면적
지지물	철근콘크리트주	원형의 것		588[Pa]
		기타의 것		882[Pa]
	철탑	단주(완철류는 제외)	원형의 것	588[Pa]
			기타의 것	1117[Pa]
		강관으로 구성되는 것(단주는 제외함)		1255[Pa]
		기타의 것		2157[Pa]
전선 기타의 가섭선		다도체를 구성하는 전선		666[Pa]
		기타의 것		745[Pa]
애자장치(특별고압 전선용의 것에 한한다.)				1039[Pa]
목주, 철주(원형의 것에 한한다.) 및 철근콘크리트주의 완금속 (특별고압전선로용의 것에 한한다.)			단일재 사용	1196[Pa]
			기타의 경우	1627[Pa]

② 을종 풍압 하중

전선 기타 가섭선 주위에 두께 6[mm], 비중 0.9의 빙설이 부착된 상태에서 수직 투영 면적 1[m^2]당 372[pa](다도체 구성전선은 333[pa]), 그 이외의 것은 갑종 풍압하중의 1/2을 기초로 하여 계산한 값

③ 병종 풍압 하중

인가가 많이 연접된 장소 및 저온계에 있어서 강풍이나 빙설이 적은 지방을 대상으로 하여 갑종 풍압하중의 1/2을 기초로 하여 계산한 값

$$병종\ 풍압\ 하중 = 갑종\ 풍압\ 하중 \times \frac{1}{2}[Pa]$$

④ 풍압 하중 적용

지방별 및 시설 장소			풍 압	
			고온 계절	저온 계절
★인가가 많이 연접된 장소			갑종	병종 풍압 하중
상기 이외의 장소	빙설이 많은 지방 이외의 지방		갑종	병종 풍압 하중
	빙설이 많은 지방	하기 이외의 지방	갑종	을종 풍압 하중
		해안지방 기타 동 계에 최대 풍압이 생기는 지방	갑종	갑종 풍압 하중 또는 을종 풍압 하중

【비고】 ★표는 다음의 구성재에 한한다.
  ·저압 또는 고압 가공 전선로의 지지물 또는 가섭선
  ·사용 전압이 35,000[V] 이하인 전선에 특별 고압 절연전선 또는 케이블을 사용하는 특별고압 가공 전선을 지지하는 애자 장치 및 완금류

【기사】 07/2 16/3 17/3 18/3 【산업기사】 11/3 13/1 14/3

가공 전선로에 사용하는 지지물의 강도 계산에 적용하는 갑종 풍압 하중을 계산할 때 구성재의 수직 투영면적 1[m^2]에 대한 풍압의 기준이 잘못된 것은?

① 목주 : 588[pa]

② 원형 철주 : 588[pa]

③ 원형 철근 콘크리트주 : 882[pa]

④ 강관으로 구성(단주는 제외)된 철탑 : 1,255[pa]

정답 및 해설 [풍압하중의 종별과 적용 (KEC 331.6)] ③ 원형 철근 콘크리트주 : 588[pa] 【정답】③

【기사】 06/2

가공전선로에 사용하는 지지물을 강관으로 구성되는 철탑으로 할 경우, 지지물의 강도 계산에 적용하는 병종 풍압 하중은 구성재의 수직 토영 면적 1[m²]에 대한 풍압의 몇 [Pa]를 기초로 하여 계산하는가? (단, 단주는 제외한다.)

① 441　　　② 627　　　③ 705　　　④ 1087

정답 및 해설 [풍압하중의 종별과 적용 (KEC 331.6)] 병종 풍압 하중=갑종 풍압 하중$\times\frac{1}{2}[Pa]$

· 지지물을 강관으로 구성되는 철탑의 투영 면적 1255[Pa]

· 병종 풍압 하중=갑종 풍압 하중$\times\frac{1}{2}=1255\times\frac{1}{2}=627[Pa]$ 【정답】②

---

(3) 가공전선로 지지물의 기초 안전율 (KEC 331.7)

지지물 기초의 안전율은 2 이상(이상시 상정하중에 대한 철탑의 기초는 1.33)으로 하며 다음의 경우는 예외

구분		6.8[kN] 이하	6.8[kN] 초과 9.8[kN] 이하	9.81[kN] 초과 14.72[kN] 이하	
강관을 주체로 하는 철주 또는 철근 콘크리트주	15[m] 이하	전장×1/6[m] 이상	전장×1/6+0.3[m] 이상	전장×1/6+0.5[m]	
	15[m] 초과 16[m] 이하	2.5[m] 이상		15[m] 초과 18[m] 이하	3[m] 이상
논이나 그 밖의 지반이 연약한 곳 제외	16[m] 초과 20[m] 이하	2.8[m] 이상		18[m] 초과	3.2[m] 이상

【기사】05/3 09/1 11/3 13/3

길이 15[m], 설계하중 9.8[kN]의 철근 콘크리트주를 지반이 튼튼한 곳에 시설하는 경우 지지물 기초의 안전율과 무관하려면 땅에 묻는 깊이를 몇 [m] 이상으로 하여야 하는가?

① 2.5　　　　　② 2.6　　　　　③ 2.7　　　　　④ 2.8

정답 및 해설 [가공전선로 지지물의 기초의 안전율 (KEC 331.7)]

6.8[kN] 초과 9.8[kN] 이하 : 전장×1/6+0.3[m] 이상 → $15 \times \frac{1}{6} + 0.3 = 2.8[m]$

【정답】④

(4) 목주의 강도 계산 (KEC 331.10)

지표면의 목주지름([cm]를 단위로 한다) D_0는 다음과 같다.

$$D_0 = D + 0.9H$$

여기서, D : 목주의 말구([cm]를 단위로 한다.)

(5) 지선의 시설 (KEC 331.11)

① 가공전선로의 지지물로 사용하는 철탑은 지선을 사용하여 강도를 분담시켜서는 아니 된다.

② 가공전선로의 지지물로 사용하는 철주 또는 철근 콘크리트주는 그 철주 또는 철근 콘크리트주가 지선을 사용하지 아니하는 상태에서 풍압하중의 1/2 이상의 풍압하중에 견디는 강도를 가지는 경우 이외에는 지선을 사용하여 그 강도를 분담시켜서는 아니 된다.

③ 지선의 안전율은 2.5 이상일 것(목주, A종 경우 1.5), 허용 인장 하중의 최저는 4.31[KN]

④ 소선은 3가닥 이상의 연선일 것

⑤ 소선의 지름이 2.6[mm] 이상의 금속선을 사용한 것일 것. (단, 소선의 지름이 2[mm] 이상인 아연도 강연선으로서 소선의 인장 강도 0.68[KN/mm^2] 이상인 것을 사용하는 경우에는 그러하지 않는다.)

⑥ 지중의 부분 및 지표상 30[cm]까지의 부분에는 내식성이 있는 것 또는 아연 도금한 철봉을 사용한다 (다만, 목주에 시설하는 지선에 대해서는 적용하지 않는다.).

⑦ 지선의 설치 높이

1. 도로를 횡단하는 경우 지표상 5[m] 이상

2. 교통지장 없는 경우 4.5[m] 이상

3. 보도의 경우는 2.5[m] 이상

가공 전선로의 지지물에 지선을 시설하려고 한다. 이 지선의 최저 기준으로 옳은 것은?

① 소선 굵기 : 2.0[mm], 안전율 : 3.0, 허용 인장 하중 : 2.16[kN]

② 소선 굵기 : 2.6[mm], 안전율 : 2.5, 허용 인장 하중 : 4.31[kN]

③ 소선 굵기 : 1.6[mm], 안전율 : 2.0, 허용 인장 하중 : 4.31[kN]

④ 소선 굵기 : 2.6[mm], 안전율 : 1.5, 허용 인장 하중 : 3.24[kN]

정답 및 해설 [지선이 시설 (KEC 331.10)]
· 안전율 : 2.5 이상 일 것
· 최저 인상 하중 : 4.31[kN]
· 2.6[mm] 이상의 금속선을 3조 이상 꼬아서 사용
· 지중 및 지표상 30[cm]까지의 부분은 아연도금 철봉 등을 사용   【정답】②

(6) 구내인입선 (KEC 331.12)

① 고압 가공인입선의 시설 (KEC 331.12.1)

1. 전선에는 인장강도 8.01[kN] 이상의 고압 절연전선, 특고압 절연전선 또는 지름 5[mm] 이상의 경동선의 고압 절연전선, 특고압 절연전선 또는 케이블일 것

2. 고압 가공인입선의 높이는 지표상 3.5[m] 까지로 감할 수 있다.

3. 고압 연접인입선은 시설하여서는 아니 된다.

4. 고압 가공인입선의 높이

도로횡단	6[m]
철도횡단	6.5[m]
횡단보도교위	3.5[m]
기타	5[m] (단, 위험표시를 하면 3.5[m])

② 특고압 가공인입선의 시설 (KEC 331.12.2)

1. 변전소 또는 개폐소에 준하는 곳 이외의 곳에 인입하는 특고압 가공 인입선은 사용전압이 100[kV] 이하일 것

2. 특고압 가공 인입선의 높이

전압	일반	도로횡단	철도 및 궤도횡단	횡단보도교위
35[kV] 이하	5[m]	6[m]	6.5[m]	4[m]
35[kV] 초과 160[kV] 이하	6[m]	6[m]	6.5[m]	5[m]
	산지 등 사람이 쉽게 들어갈 수 없는 장소 : 5[m]			
160[kV] 초과	일반장소		6+단수×0.12[m]	
	철도 및 궤도횡단		6.5+단수×0.12[m]	
	산지		5+단수×0.12[m]	

(7) 옥측 전선로 (KEC 331.13)

① 고압 옥측전선로의 시설 (KEC 331.13.1)

1. 전선은 케이블을 사용하고 관, 기타 트라프에 넣어 시설할 것

2. 케이블 지지점 간 거리를 2[m] 이하(수직으로 붙인 경우 6[m] 이하)

3. 케이블의 시설은 조가용선에 조가하여 시설

4. 관 기타의 케이블을 넣는 방호장치의 금속제 부분, 금속제의 전선 접속함 및 케이블의 피복에 사용하는 금속제에는 이들의 방식조치를 한 부분 및 대지와의 사이의 전기저항 값이 10[Ω] 이하인 부분을 제외하고 kec140에 준하여 접지공사를 할 것

5. 옥측 전선로의 전선이 약전류 전선, 관등 회로의 배선, 수도관, 가스관과의 접근 교차 시 15[cm] 이상 이격 할 것

6. 다른 시설물과 접근 교차 시 30[cm] 이상 이격할 것

② 특별 고압 옥측 전선로 시설 (KEC 331.13.2)

1. 특고압 옥측 전선로는 시설하여서는 아니 된다.

   (단, 특고압 인입선의 옥측 부분을 제외한다.)

2. 사용 전압이 100[kV] 이하, 케이블 공사로 시설하면 가능하다.

(8) 옥상 전선로 (KEC 331.14)

① 고압 옥상 전선로의 시설 (KEC 331.14.1)

1. 전개된 장소에서 전선은 케이블을 사용

2. 조영재와의 거리를 1.2[m] 이상

3. 전선은 관 기타 트라프에 넣어 시설할 것

4. 고압 옥상 전선로의 전선이 다른 시설물과 접근 교차 시 60[cm] 이상 이격할 것

5. 고압 옥상전선로의 전선은 상시 부는 바람 등에 의하여 식물에 접촉하지 않도록 시설하여야 한다.

② 특고압 옥상 전선로의 시설 (KEC 331.14.2)

특고압 옥측 전선로(특고압 인입선의 옥측 부분을 제외한다)는 시설하여서는 아니 된다.

2. 가공전선로 (KEC 332)

(1) 가공약전류전선로의 유도장해 방지 (KEC 332.1)

① 저·고압 가공전선로와 기설 가공약전류전선로가 병행하는 경우에는 유도작용에 의하여 통신상의 장해가 생기지 않도록 전선과 기설 약전류전선간의 이격거리는 2[m] 이상이어야 한다.

② 기설 가공약전류전선로에 장해를 줄 우려가 있는 경우에는 다음중 한 가지 또는 두 가지 이상을 기준으로 하여 시설하여야 한다.

  1. 가공전선과 가공약전류전선간의 이격거리를 증가시킬 것.

  2. 교류식 가공전선로의 경우에는 가공전선을 적당한 거리에서 연가할 것

  3. 가공전선과 가공약전류전선 사이에 인장강도 5.26[kN] 이상의 것 또는 지름 4[mm] 이상인 경동선의 금속선 2가닥 이상을 시설하고 kec140에 준하여 접지공사를 할 것

핵심기출 【기사】 05/3 10/2 19/3 【산업기사】 09/3 10/2 17/1

고압 가공 전선로와 기설 가공 약전류 전선로가 병행되는 경우, 유도 작용에 의해서 통신상의 장해가 발생하지 않도록 하기 위하여 전선과 기설 가공 약전류 전선 간의 이격 거리는 최소 몇 [m] 이상이어야 하는가?

① 0.5   ② 1   ③ 1.5   ④ 2

정답 및 해설 [가공 약전류 전선로의 유도장해 방지 (KEC 331.14.2)] 저고압 가공 전선류와 가공 약전류 전선로가 병행하는 경우에는 유도 작용에 의하여 통신상의 장해가 생기지 아니하도록 <u>전선과 약전류 전선과의 이격 거리는 2[m] 이상</u>   【정답】④

---

(2) 가공케이블의 시설 (KEC 332.2)

① 케이블은 조가용선에 행거로 시설할 것. (고압인 때에는 행거의 간격은 50[cm] 이하로 시설)

② 조가용선은 인장강도 5.93[kN] 이상의 것 또는 단면적 $22[mm^2]$ 이상인 아연도강연선일 것

③ 조가용선 및 케이블의 피복에 사용하는 금속체에는 kec140에 준하여 접지공사를 할 것

④ 조가용선의 케이블에 접촉시켜 그 위에 쉽게 부식하지 아니하는 금속 테이프 등을 20[cm] 이하의 간격을 유지하며 나선상으로 감는다.

(3) 고압 가공전선의 안전율 (KEC 332.4)

고압 가공전선은 케이블인 경우 이외에는 그 안전율이 경동선 또는 내열 동합금선은 2.2 이상, 그 밖의 전선은 2.5 이상이 되는 이도로 시설하여야 한다.

(4) 고압 가공전선의 높이 (KEC 332.5)

구분	높이
도로 횡단	지표상 6[m] 이상
철도, 궤도 횡단	궤조면상 6.5[m] 이상
횡단보도교 위	노면상 3.5[m] 이상
일반 장소	지표상 5[m] 이상 단, 절연전선 또는 케이블을 사용하여 교통에 지장이 없도록 하여 옥외 조명용에 공급하는 경우 4[m]로 감한다.

(5) 고압 가공전선로의 가공지선 (KEC 332.6)

고압 가공전선로 : 인장강도 5.26[KN] 이상의 것 또는 지름 4[mm]의 나경동선 이상일 것

(특고압 가공전선로 : 인장강도 8.01[KN] 이상의 것 또는 5[mm] 이상의 나경동선 이상일 것)

(6) 고압 가공전선 등의 병행설치 (KEC 332.8)

① 저압 가공전선을 고압 가공전선의 아래로 하고 별개의 완금류에 시설할 것

② 저압 가공전선과 고압 가공전선 사이의 이격거리는 50[cm] 이상일 것 (단, 고압에 케이블 사용시 30[cm] 이상)

(7) 고압 가공전선로의 지지물의 강도 (kec 332.7)

고압 가공전선로의 지지물로서 사용하는 목주는 다음에 따라 시설하여야 한다.

① 풍압하중에 대한 안전율은 1.3 이상일 것.

② 굵기는 말구 지름 0.12[m] 이상일 것.

(8) 고압 가공전선로의 경간의 제한 (KEC 332.9)

① 고압 가공전선로의 경간은 표에서 정한 값 이하이어야 한다.

지지물의 종류	표준 경간	25[㎟] 이상의 경동선 사용
목주·A종 철주 또는 A종 철근 콘크리트 주	150	300
B종 철주 또는 B종 철근 콘크리트 주	250	500
철탑	600	600

② 고압 가공전선로의 경간이 100[m]을 초과하는 경우에는 그 부분의 전선로는 다음 각 호에 따라 시설하여야 한다.

　　1. 고압 가공전선은 인장강도 8.01[kN] 이상의 것 또는 지름 5[mm] 이상의 경동선의 것

　　2. 목주의 풍압하중에 대한 안전율은 1.5 이상

핵심기출 【기사】11/1 　【산업기사】05/2

고압 가공전선로의 지지물로는 A종 철근콘크리트주를 사용하고, 전선으로는 단면적 22[mm²]의 경동연선을 사용한다면 경간은 최대 몇 [m] 이하이어야 하는가?

① 150　　　　　　　　　　② 250

③ 300　　　　　　　　　　④ 500

정답 및 해설 [고압 가공전선로 경간의 제한 (KEC 332.9)] 목주·A종 철주 또는 A종 철근 콘크리트주를 사용하고, 전선으로는 단면적 22[mm²]의 경동연선을 사용한다면 경간은 최대 300[m] 이하여야 한다.

【정답】③

---

(9) 고압 보안공사 (KEC 332.10)

① 전선은 케이블인 경우 이외에는 인장강도 8.01[kN] 이상의 것 또는 지름 5[mm] 이상의 경동선

② 목주의 풍압하중에 대한 안전율은 1.5 이상일 것

③ 경간은 표에서 정한 값 이하일 것. 다만, 전선에 인장강도 14.51[kN] 이상의 것 또는 단면적 38 [mm²] 이상의 경동연선을 사용하는 경우로서 지지물에 B종 철주·B종 철근 콘크리트주 또는 철탑을 사용하는 때에는 그러하지 아니하다.

지지물 종류	경간[m]	보안공사 38[mm²] 이상시
목주, A종 철주 A종 철근콘크리트주	100	100
B종 철주 B종 철근콘크리트주	150	250
철탑	400	600

(10) 저·고압 가공전선과 건조물의 접근 (KEC 332.11)

① 저압 가공전선과 건조물의 소영재 사이의 이격거리

건조물 조영재의 구분	접근 형태	이 격 거 리
상부 조영재	위쪽	2[m] (전선이 고압 절연전선, 특고압 절연전선 또는 케이블인 경우는 1[m])
	옆쪽 또는 아래쪽	1.2[m] ·전선에 사람이 쉽게 접촉할 우려가 없도록 시설한 경우에는 0.8[m] ·고압 절연전선, 특고압 절연전선 또는 케이블인 경우에는 0.4[m]
기타의 조영재		1.2[m] ·전선에 사람이 쉽게 접촉할 우려가 없도록 시설한 경우에는 0.8[m] ·고압 절연전선, 특고압 절연전선 또는 케이블인 경우에는 0.4[m])

② 고압 가공전선과 건조물의 조영재 사이의 이격거리

건조물 조영재의 구분	접근형태	이 격 거 리
상부 조영재	위쪽	2[m] (단, 전선이 케이블인 경우에는 1[m])
	옆쪽 또는 아래쪽	1.2[m] ·전선에 사람이 쉽게 접촉할 우려가 없도록 시설한 경우에는 0.8[m] ·케이블인 경우에는 0.4[m]
기타의 조영재		1.2[m] ·전선에 사람이 쉽게 접촉할 우려가 없도록 시설한 경우에는 0.8[m] ·케이블인 경우에는 0.4[m]

사람이 접촉할 우려가 있는 경우 고압 가공전선과 상부 조영재의 옆쪽에서의 이격 거리는 몇 [m] 이상이어야 하는가? 단, 전선은 경동연선이라고 한다.

① 0.6 　　　　② 0.8 　　　　③ 1.0 　　　　④ 1.2

정답 및 해설 [저고압 가공 전선과 건조물의 접근 (KEC 332.11)] 사람이 접촉할 우려가 있는 경우 고압 가공전선과 상부 조영재의 옆쪽에서의 이격 거리는 1.2[m] 이상이다. 　　　　　　　　　　　　　【정답】④

(11) 고압 가공전선과 도로 등의 접근 또는 교차 (KEC 332.12)

도로 등의 구분		이격거리
도로, 횡단보도교, 철도 또는 궤도		3[m]
삭도나 그 지주 또는 저압 전차선	저압	0.6[m] (케이블인 경우 0.3[m])
	고압	0.8[m] (케이블인 경우 0.4[m])
저압 전차선로의 지지물	저압	0.3[m]
	고압	0.6[m] (케이블인 경우 0.3[m])

(12) 저·고압 가공전선과 가공약전류 전선 등의 접근 또는 교차 (KEC 332.13)

가공전선 약전류전선	저압가공전선		고압가공전선	
	저압절연전선	고압절연전선 또는 케이블	절연전선	케이블
일반	0.6[m]	0.3[m]	0.8[m]	0.4[m]
절연전선 또는 통신용 케이블인 경우	0.3[m]	0.15[m]		

(13) 고압 가공전선과 안테나의 접근 또는 교차 (KEC 332.14)

저압 가공전선 또는 고압 가공전선이 안테나와 접근상태로 시설되는 경우에는 다음 각 호에 따라야 한다.

① 고압 가공전선로는 고압 보안공사에 의할 것

② 가공전선과 안테나 사이의 이격 거리는 다음과 같다.

사용전압 부분 공작물의 종류	저압	고압
일반적인 경우	0.6[m]	0.8[m]
전선이 고압 절연 전선	0.3[m]	0.8[m]
전선이 케이블인 경우	0.3[m]	0.4[m]

핵심기출 【기사】 17/1

가섭선에 의하여 시설하는 안테나가 있다. 이 안테나 주위에 경동연선을 사용한 고압 가공전선이 지나가고 있다면 수평 이격거리는 몇 [cm] 이상이어야 하는가?

① 40 ② 60 ③ 80 ④ 100

정답 및 해설 [고압 가공전선과 안테나의 접근 또는 교차 (KEC 332.14)]

가공 전선과 안테나 사이의 이격거리는 저압은 60[cm](전선이 고압 절연 전선, 특고 절연 전선 또는 케이블인 경우에는 30[cm]) 이상, 고압은 80[cm](전선이 케이블인 경우에는 40[cm])이상 일 것

【정답】③

(14) 고압 가공전선과 교류전차선 등의 접근 또는 교차 (kec 332.15)

① 저압 가공전선에는 케이블을 사용하고 또한 이를 단면적 35[mm^2] 이상인 아연도강연선으로서 인장강도 19.61[kN] 이상인 것으로 조가하여 시설할 것.

② 고압 가공전선은 케이블인 경우 이외에는 인장강도 14.51[kN] 이상의 것 또는 단면적 38[mm^2] 이상의 경동연선일 것

③ 고압 가공전선이 케이블인 경우에는 이를 단면적 38[mm^2] 이상인 아연도강연선으로서 인장강도 19.61[kN] 이상인 것으로 조가하여 시설할 것.

④ 교류 전차선 등의 지지물에 철근 콘크리트주 또는 철주를 사용하고 또한 지지물의 경간이 60[m] 이하일 것

(15) 고압 가공전선 상호 간의 접근 또는 교차 (kec 332.17)

고압 가공전선이 다른 고압 가공 전선과 접근상태로 시설되거나 교차하여 시설되는 경우에는 다음에 따라 시설하여야 한다.

① 위쪽 또는 옆쪽에 시설되는 고압 가공전선로는 고압 보안공사에 의할 것.

② 고압 가공전선 상호 간의 이격거리는 0.8[m] (어느 한쪽의 전선이 케이블인 경우에는 0.4[m]) 이상, 하나의 고압 가공전선과 다른 고압 가공전선로의 지지물 사이의 이격거리는 0.6[m] (전선이 케이블인 경우에는 0.3[m]) 이상일 것.

(16) 저고압 가공전선과 가공약전류전선 등의 공용설치 (kec 332.21)

저압 가공전선 또는 고압 가공전선과 가공약전류전선 등을 동일 지지물에 시설하는 경우에는 다음에 따라 시설하여야 한다.

① 전선로의 지지물로서 사용하는 목주의 풍압하중에 대한 안전율은 1.5 이상일 것.

② 가공전선을 가공약전류전선 등의 위로하고 별개의 완금류에 시설할 것.

③ 가공전선과 가공약전류전선 등 사이의 이격거리는 가공전선에 유선 텔레비전용 급전겸용 동축케이블을 사용한 전선으로서 그 가공전선로의 관리자와 가공약전류전선로 등의 관리자가 같을 경우 이외에는 저압은 0.75[m] 이상, 고압은 1.5[m] 이상일 것. 다만, 가공약전류전선 등이 절연전선과 동등 이상의 절연효력이 있는 것 또는 통신용 케이블인 경우에 이격거리를 저압 가공전선이 고압 절연전선, 특고압 절연전선 또는 케이블인 경우에는 0.3[m], 고압 가공전선이 케이블인 때에는 0.5[m]까지, 가공약전류전선로 등의 관리자의 승낙을 얻은 경우에는 이격거리를 저압은 0.6[m], 고압은 1[m]까지로 각각 감할 수 있다.

핵심기출 【기사】01

고압 가공전선과 가공 약전류전선을 공용 설치 할 경우 최소 이격거리는 몇 [m]인가?

① 0.5　　　　　② 0.75　　　　　③ 1.5　　　　　④ 2.0

정답 및 해설 [저고압 가공전선과 가공약전류전선 등의 공용설치 (kec 332.21)] 가공전선과 가공약전류전선 등 사이의 이격거리는 저압(다중접지된 중성선을 제외한다)은 0.75[m] 이상, 고압은 1.5[m] 이상일 것

【정답】③

---

3. 특고압 가공전선로 (KEC 333)

(1) 시가지 등에서 특고압 가공전선로의 시설 (KEC 333.1)

① 전선이 케이블인 경우, 사용 전압이 170[kV] 미만인 경우 위험이 없도록 시설할 수 있다.

② 지지하는 애자장치는 다음 중 어느 하나에 의할 것

　1. 50[%] 충격섬락전압 값이 그 전선의 근접한 다른 부분을 지지하는 애자 장치 값의 110[%](사용전압이 130[kV]를 초과하는 경우는 105[%]) 이상인 것

　2. 아크 혼을 붙인 현수 애자, 장간 애자 또는 라인포스트 애자를 사용하는 것

　3. 2련 이상의 현수 애자 또는 장간 애자를 사용하는 것

　4. 2개 이상의 핀 애자 또는 라인포스트 애자를 사용하는 것

③ 특고압 가공전선로의 경간

　1. 지지물에는 철근 콘크리트주, 철주, 철탑을 사용할 것

　2. 목주는 사용할 수 없다.

지지물의 종류	경간
A종 철주 A종 철근콘크리트주	75[m] 이하
B종 철주 B종 철근콘크리트주	150[m] 이하
철탑	400[m] 이하 (단주인 경우 300[m] 이하) (단, 전선이 수평으로 2 이상 있는 경우에 전선 상호 간의 간격이 4[m] 미만인 때에는 250[m] 이하)

④ 시가지 등에서 170[kV] 이하 특고압 가공전선로 전선의 단면적

사용전압	전선의 단면적
100[kV] 미만	인장 강도 21.67[kN] 이상의 연선 또는 단면적 55[mm²] 이상의 경동연선
100[kV] 이상	인장강도 58.84[kN] 이상의 연선 또는 단면적 150[mm²] 이상의 경동연선

⑤ 170[kV] 이하 특고압 가공전선로 높이

사용전압의 구분	지표상의 높이
35[kV] 이하	10[m] (전선이 특고압 절연전선인 경우 8[m])
35[kV] 초과	10[m]에 35[kV]를 초과하는 10[kV] 또는 그 단수마다 12[cm]를 더한 값. 즉, $10 + (n \times 0.12)[m]$ (단수(n)= $\dfrac{사용전압 - 35}{10}$)

⑥ 사용 전압이 100[kV]를 초과하는 특고압 가공전선에 지락 또는 단락이 생겼을 때에는 1초 이내에 자동적으로 이를 전로로부터 차단하는 장치를 시설할 것

⑦ 사용전압이 170[kV] 초과하는 전선로를 다음에 의하여 시설하는 경우 다음에 의할 것

  1. 전선로는 회선수 2 이상 또는 그 전선로의 손괴에 의하여 현저한 공급지장이 발생하지 않도록 시설할 것
  2. 전선을 지지하는 애자 장치에는 아크 혼을 취부한 현수 애자 또는 장간 애자를 사용할 것
  3. 현수애자 장치에 의하여 전선을 지지하는 부분에는 아머로드를 사용할 것
  4. 경간 거리는 600[m] 이하일 것
  5. 지지물은 철탑을 사용할 것
  6. 전선로에는 가공지선을 시설할 것
  7. 전선은 압축접속에 의하는 경우 이외에는 경간 도중에 접속점을 시설하지 아니할 것
  8. 전선의 지표상의 높이는 10[m]에 35[kV]를 초과하는 10[kV]마다 12[cm]를 더한 값 이상일 것
  9. 지지물에는 위험표시를 보기 쉬운 곳에 시설할 것

(2) 유도 장해의 방지 (KEC 333.2)

① 사용 전압이 60[kV] 이하인 경우에는 전화선로의 길이 12[km] 마다 유도 전류가 2[μA]를 넘지 아니하도록 할 것

② 사용 전압이 60[kV]를 초과하는 경우에는 전화선로의 길이 40[km] 마다 유도 전류가 3[μA]를 넘지 아니하도록 할 것

(3) 특고압 가공케이블의 시설 (KEC 333.3)

① 조가용선에 행거에 의하여 시설할 것. 행거의 간격은 0.5[m] 이하로 시설

② 조가용선은 인장강도 13.93[kN] 이상의 연선 또는 단면적 $25[mm^2]$ 이상의 아연도강연선일 것

③ 조가용선에 접촉시키고 그 위에 쉽게 부식되지 아니하는 금속 테이프 등을 0.2[m] 이하의 간격을 유지시켜 나선형으로 감아 붙일 것

④ 조가용선 및 케이블의 피복에 사용하는 금속체에는 kec140에 준하여 접지공사를 할 것

(4) 특고압 가공전선의 굵기 및 종류 (KEC 333.4)

인장강도 8.71[KN] 이상의 연선 또는 $25[mm^2]$의 경동연선

(5) 특고압 가공전선과 지지물 등의 이격거리 (KEC 333.5)

특고압 가공전선과 그 지지물·완금류·지주 또는 지선 사이의 이격 거리는 표에서 정한 값 이상이어야

한다. 다만, 기술상 부득이한 경우에 위험의 우려가 없도록 시설한 때에는 표에서 정한 값의 0.8배까지 감할 수 있다.

사용 전압	이격거리[cm]
15[kV] 미만	15
15[kV] 이상 25[kV] 미만	20
25[kV] 이상 35[kV] 미만	25
35[kV] 이상 50[kV] 미만	30
50[kV] 이상 60[kV] 미만	35
60[kV] 이상 70[kV] 미만	40
70[kV] 이상 80[kV] 미만	45
80[kV] 이상 130[kV] 미만	65
130[kV] 이상 160[kV] 미만	90
160[kV] 이상 200[kV] 미만	110
200[kV] 이상 230[kV] 미만	130
230[kV] 이상	160

핵심기출 【기사】 11/1 16/3 17/2 【산업기사】 09/3 15/1 18/3

사용 전압 22.9[kV]인 가공 전선과 지지물과의 이격거리는 일반적으로 몇 [cm] 이상이어야 하는가?

① 5   ② 10   ③ 15   ④ 20

정답 및 해설 [특고압 가공전선과 지지물 등의 이격 거리 (KEC 333.5)] 15[kV] 이상 25[kV] 미만 : 20[cm]

【정답】④

(6) 특고압 가공전선의 높이 (KEC 333.7)

특고압 가공전선의 지표상(철도 또는 궤도를 횡단하는 경우에는 레일면상, 횡단보도교를 횡단하는 경우에는 그 노면상)의 높이는 표에서 정한 값 이상이어야 한다.

전압의 구분	지표상의 높이	
35[kV] 이하	일반	5[m]
	철도 또는 궤도를 횡단	6.5[m]
	도로 횡단	6[m]
	횡단보도교의 위 (전선이 특고압 절연전선 또는 케이블)	4[m]

전압의 구분		지표상의 높이
35[kV] 초과 160[kV] 이하	일반	6[m]
	철도 또는 궤도를 횡단	6.5[m]
	산지	5[m]
	횡단보도교의 케이블	5[m]
160[kV] 초과	일반	6[m]
	철도 또는 궤도를 횡단	6.5[m]
	산지	5[m]
	160[kV]를 초과하는 10[kV] 또는 그 단수마다 12[cm]를 더한 값	

(7) **특고압 가공전선로의 가공지선** (KEC 333.8)

인장강도 8.01[KN] 이상의 것 또는 5[mm] 이상의 나경동선 이상일 것

(8) **특고압 가공전선로의 목주 시설** (KEC 333.10)

특고압 가공전선로의 지지물로 사용하는 목주는 다음에 따르고 또한 견고하게 시설하여야 한다.

① 풍압하중에 대한 안전율은 1.5 이상일 것

② 굵기는 말구 지름 12[cm] 이상일 것

(9) **특고압 가공전선로의 철주·철근 콘크리트주 또는 철탑의 종류** (KEC 333.11)

① 직선형 : 전선로의 직선 부분(3도 이하인 수평 각도를 이루는 곳을 포함한다)에 사용하는 것 다만, 내장형 및 보강형에 속하는 것을 제외한다.

② 각도형 : 전선로 중 3도를 초과하는 수평 각도를 이루는 곳에 사용하는 것

③ 인류형 : 전가섭선을 인류하는 곳에 사용하는 것

④ 내장형 : 전선로의 지지물 양쪽의 경간의 차가 큰 곳에 사용하는 것

⑤ 보강형 : 전선로의 직선 부분에 그 보강을 위하여 사용하는 것

핵심기출 【기사】 05/2 09/2 11/2 12/3 14/1 14/2 【산업기사】 06/1 12/1 14/3 15/2 16/2 17/2 18/3 19/2

지지물로 B종 철주, B종 철근 콘크리트주, 또는 철탑을 사용한 특별 고압 가공전선로에서 지지물 양쪽 경간의 차가 큰 곳에 사용하는 것은?

① 내장형　　　　　　　　② 직선형

③ 인류형　　　　　　　　④ 보강형

정답 및 해설 [특고압 가공전선로의 철주, 철근 콘크리트주 또는 철탑의 종류 (KEC 333.11)] 내장형 : 전선로 지지물 양측의 경간차가 큰 곳에 사용하는 것　　　　　　　　　　　　　　　　【정답】①

(10) 상시 상정하중 (KEC 333.13)

① 지지물에 가해지는 하중은 수직하중, 수평 횡하중, 수평 종하중으로 나누어진다.

  1. 수직하중 : 지지물, 가섭선 및 애자 장치의 풍압, 수평각도 있는 경우 수평 횡분력에 의한 하중, 가섭선 절단에 의한 비틀림 힘 등에 의한 하중

  2. 수평 횡하중 : 지지물, 가섭선 및 애자 장치의 풍압, 수평각도 있는 경우 수평 횡분력에 의한 하중, 가섭선 절단에 의한 비틀림 힘 등에 하중

  3. 수평 종하중 : 지지물, 애자 장치, 완금류의 풍압, 가섭선 절단에 의한 불평균 장력의 수평 종분력에 의한 하중 및 비틀림 힘에 의한 하중

  4. 상시 상정하중 : 풍압이 전선로에 직각방향으로 가해지는 경우의 하중과 전선로의 방향으로 가해지는 하중 중 큰 것으로 적용(정상 상태하에서)

  5. 이상시 상정하중 : 철탑의 강도계산에 사용하는 이상 시 상정하중은 풍압이 전선로에 직각 또는 전선로의 방향으로 가하여지는 경우의 하중(수직하중, 수평 횡하중, 수평 종하중이 동시에 가하여 지는 것)을 계산하여 큰 응력이 생기는 쪽의 하중을 채택한다.

② 인류형·내장형 또는 보강형·직선형·각도형의 철주·철근 콘크리트주 또는 철탑의 경우에는 다음에 따라 가섭선 불평균 장력에 의한 수평 종하중을 가산한다.

  1. 인류형의 경우에는 전가섭선에 관하여 각 가섭선의 상정 최대장력과 같은 불평균 장력의 수평 종분력에 의한 하중

  2. 내장형·보강형의 경우에는 전가섭선에 관하여 각 가섭선의 상정 최대장력의 33[%] 와 같은 불평균 장력의 수평 종분력에 의한 하중

  3. 직선형의 경우에는 전가섭선에 관하여 각 가섭선의 상정 최대장력의 3[%] 와 같은 불평균 장력의 수평 종분력에 의한 하중.(단 내장형은 제외한다)

  4. 각도형의 경우에는 전가섭선에 관하여 각 가섭선의 상정 최대장력의 10[%]와 같은 불평균 장력의 수평 종분력에 의한 하중.

(11) 이상 시 상정하중 (kec 333.14)

철탑의 강도 계산에 사용하는 이상 시 상정하중은 풍압이 전선로에 직각 또는 전선로의 방향으로 가하여지는 경우의 하중(수직 하중, 수평 횡하중, 수평 종하중이 동시에 가하여 지는 것)을 계산하여 큰 응력이 생기는 쪽의 하중을 채택한다.

(12) 특별고압 가공전선로의 내장형 등의 지지물 시설 (KEC 333.16)

① 특별고압 가공전선로 중 지지물로 목주, A종 철주, A종 철근콘크리트주를 연속하여 5기 이상 사용하는 직선 부분(5도 이하의 수평 각도를 이루는 곳을 포함한다.)에는 다음에 의하여 시설하여야 한다.

  1. 5기 이하마다 지선을 전선로와 직각방향으로 그 양쪽에 시설한 목주, A종 철주 또는 A종 철근 콘크리트주 1기

2. 연속하여 15기 이상으로 사용하는 경우에는 15기 이하마다 지선을 전선로의 방향으로 그 양쪽에 시설한 목주, A종 철주 또는 A종 철근 콘크리트주 1기

② 특별고압 가공전선로 중 지지물로서 B종 철주 또는 B종 철근 콘크리트주를 연속하여 10기 이상 사용하는 부분에는 10기 이하마다 내장형의 철주 또는 철근 콘크리트주 1기를 시설하거나 5기 이하마다 보강형의 철주 또는 철근 콘크리트주 1기를 시설하여야 한다.

③ 특별고압 가공전선로 중 지지물로서 직선형의 철탑을 연속하여 10기 이상 사용하는 부분에는 10기 이하마다 내장 애자 장치가 되어 있는 철탑 또는 이와 동등 이상의 강도를 가지는 철탑 1기를 시설하여야 한다.

(13) 특고압 가공전선과 저고압 가공전선 등의 병행설치 (KEC 333.17)

① 사용전압이 35[kV] 이하인 특고압 가공전선과 저압 또는 고압의 병가

1. 특고압 가공전선은 연선일 것

2. 가공전선로의 경간이 50[m] 이하인 경우에는 인장강도 5.26[kN] 이상의 것 또는 지름 4[mm] 이상의 경동선

3. 가공전선로의 경간이 50[m] 을 초과하는 경우에는 인장강도 8.01[kN] 이상의 것 또는 지름 5[mm] 이상의 경동선

4. 특고압 가공전선과 저압 또는 고압 가공전선사이의 이격거리는 1.2[m] 이상일 것. 다만, 특고압에 케이블 사용 및 저·고압에 절연전선 또는 케이블 사용시 0.5[m]까지로 감할 수 있다.

② 사용전압 35[kV]를 넘고 100[kV] 이하의 특별고압가공전선과 고압과 저압과의 병가

1. 특고압 가공전선은 제2종 특고압 보안공사

2. 특고압 가공전선과 저압 또는 고압 가공전선 사이의 이격거리는 2[m] 이상

3. 인장강도 21.67[kN] 이상의 연선 또는 단면적이 55[mm²] 이상 경동연선

4. 지지물은 철주·철근 콘크리트주 또는 철탑일 것

③ 특고압 가공전선과 저고압 가공전선의 병가 시 이격거리

사용전압의 구분	이 격 거 리
35[kV] 이하	1.2[m] (특고압 가공전선이 케이블인 경우에는 0.5[m])
35[kV] 초과 60[kV] 이하	2[m] (특고압 가공전선이 케이블인 경우에는 1[m])
60[kV] 초과	2[m] (특고압 가공전선이 케이블인 경우에는 1[m])에 60[kV]을 초과하는 10[kV] 또는 그 단수마다 0.12[m]를 더한 값

사용전압 66[kV]가 가공전선과 6[kV] 가공전선을 동일 지지물에 시설하는 경우, 특고압 가공전선은 케이블인 경우를 제외하고는 단면적이 몇 [㎟]인 경동연선 또는 이와 동등이상의 세기 및 굵기의 연선이어야 하는가?

① 22   ② 38   ③ 55   ④ 100

정답 및 해설 [특고압 가공전선과 저고압 가공전선의 병가 (KEC 333.17)]

	35[kV] 초과 100[kV] 미만	35[kV] 이하
이격 거리	2[m] 이상	1.2[m] 이상
사용 전선	인장강도 21.67[kN] 이상의 연선 또는 단면적이 55[㎟] 이상인 경동연선	연선

【정답】③

(14) 특고압 가공전선과 가공약전류전선 등의 공용 설치 (KEC 333.19)

① 사용전압이 35[kV] 이하

② 특고압 가공전선로는 제2종 특고압 보안공사

③ 특고압 가공전선은 가공약전류전선 등의 위로하고 별개의 완금류에 시설할 것

④ 특고압 가공전선은 케이블인 경우 이외에는 인장강도 21.67[kN] 이상의 연선 또는 단면적이 50[mm^2] 이상인 경동연선일 것

⑤ 이격거리는 2[m] 이상으로 할 것. 다만, 특고압 가공전선이 케이블인 경우에는 0.5[m] 까지로 감할 수 있다.

⑥ 가공약전류 전선은 특고압 가공전선이 케이블인 경우를 제외하고 차폐층을 가지는 통신용 케이블일 것

(15) 특고압 가공전선로의 경간 제한 (KEC 333.21)

지지물의 종류	경 간
목주 · A종 철주 또는 A종 철근 콘크리트주	150[m]
B종 철주 또는 B종 철근 콘크리트주	250[m]
철탑	600[m] (단주인 경우에는 400 m)

(16) 특고압 보안공사 (KEC 333.22)

① 제1종 특고압 보안공사

  1. 전선은 케이블인 경우 이외에는 단면적이 표에서 정한 값 이상일 것

사용전압	전선의 단면적
100[kV] 미만	인장강도 21.67[kN] 이상의 연선 또는 단면적 55[mm²] 이상의 경동연선
100[kV] 이상 300[kV] 미만	인장강도 58.84[kN] 이상 또는 단면적 150[mm²] 이상의 경동연선
300[kV] 이상	인장강도 77.47[kN] 이상 또는 단면적 200[mm²] 이상의 경동연선

2. 제1종 특고압 보안공사 시 경간 제한

지지물 종류	경간[m]
B종 철주 B종 철근콘크리트주	150
철탑	400 (단주인 경우 300)

3. 전선로의 지지물에는 B종 철주·B종 철근 콘크리트주 또는 철탑을 사용할 것(목주, A종은 사용불가)

4. 현수 애자 또는 장간 애자 사용 시 50[%]의 충격섬락전압이 타 부분의 110[%]값 이상일 것(단, 사용전압이 130[kV]를 넘는 경우에는 105[%] 이상일 것)

5. 특별고압 전선에 지기 또는 단락 발생시는 : 3초 안에 자동 차단하는 장치를 시설할 것(단, 사용전압이 100[kV] 이상은 2초 내에)

② 제2종 특고압 보안공사

1. 특고압 가공전선은 연선일 것.

2. 지지물로 사용하는 목주의 풍압하중에 대한 안전율은 2 이상일 것.

3. 제2종 특고압 보안공사 시 경간 제한

경간은 다음에서 정한 값 이하일 것. 다만, 전선에 안장강도 38.05[kN] 이상의 연선 또는 단면적이 95[mm²] 이상인 경동연선을 사용하고 지지물에 B종 철주 · B종 철근 콘크리트주 또는 철탑을 사용하는 경우에는 그러하지 아니하다.

지지물 종류	경간[m]
목주, A종 철주, A종 철근콘크리트주	100
B종 철주, B종 철근콘크리트주	200
철탑	400 (단주인 경우 300)

③ 제3종 특고압 보안공사

1. 특고압 가공전선은 연선일 것

2. 제3종 특고압 보안공사 시 경간 제한

경간은 다음에서 정한 값 이하일 것. 다만, 전선에 안장강도 38.05[kN] 이상의 연선 또는 단면적이 95[mm²] 이상인 경동연선을 사용하고 지지물에 B종 철주 · B종 철근 콘크리트주 또는 철탑을 사용하는 경우에는 그러하지 아니하다.

지지물 종류	경간[m]	
목주, A종 철주, A종 철근콘크리트주	100	38[mm²] 이상 150[m]
B종 철주, B종 철근콘크리트주	200	55[mm²] 이상 250[m]
철탑	400 (단주인 경우 300)	55[mm²] 이상 600[m]

핵심기출 【기사】 17/2

154[kV] 가공 송전선로를 제1종 특고압 보안공사로 할 때 사용되는 경동연선의 굵기는 몇 [mm²]이상이어야 하는가?

① 100　　　② 150　　　③ 200　　　④ 250

정답 및 해설 [특고압 보안공사 (KEC 333.22)]

100[kV] 이상 300[kV] 미만	인장강도 58.84[kN] 이상의 연선 또는 단면적 150[[mm²] 이상의 경동연선

【정답】②

(17) 특고압 가공전선과 건조물의 접근 (KEC 333.23)

특고압 가공전선이 건조물과 제1차 접근상태로 시설되는 경우에는 다음에 따라야 한다.

① 특고압 가공전선로는 제3종 특고압 보안공사에 의할 것.

② 사용전압이 35[kV] 이하인 특고압 가공전선과 건조물의 조영재 이격거리는 표에서 정한 값 이상일 것.

건조물과 조영재의 구분	전선 종류	접근 형태	이격거리
상부 조영재	특고압 절연전선	위쪽	2.5[m]
		옆쪽 또는 아래쪽	1.5[m] (전선에 사람이 쉽게 접촉할 우려가 없도록 시설한 경우는 1[m])
	케이블	위쪽	1.2[m]
		옆쪽 또는 아래쪽	0.5[m]
	기타전선		3[m]
기타 조영재	특고압 절연전선		1.5[m] (전선에 사람이 쉽게 접촉할 우려가 없도록 시설한 경우는 1[m])
	케이블		0.5[m]
	기타 전선		3[m]

③ 사용전압이 35[kV] 초과하는 경유

사용전압	이격거리
35[kV] 초과	3[m]에 35[kV]를 초과하는 10[kV] 또는 그 단수마다 15[cm]를 더한 값 즉, $3 + (n \times 0.15)[m]$ (단수(n) = $\dfrac{\text{사용전압} - 35}{10}$)

④ 사용전압이 400[kV] 이상의 경우

　　사용전압이 400[kV] 이상의 특고압 가공전선이 건조물과 제2차 접근상태로 있는 경우 전선높이가 최저상태일 때 가공전선과 건조물 상부(지붕, 챙(차양), 옷 말리는 곳 기타 사람이 올라갈 우려가 있는 개소)와의 수직거리가 28[m] 이상일 것

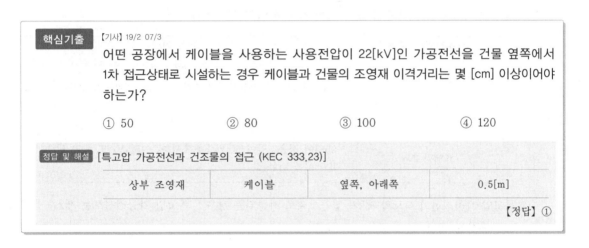

핵심기출 **[기사]** 19/2 07/3

어떤 공장에서 케이블을 사용하는 사용전압이 22[kV]인 가공전선을 건물 옆쪽에서 1차 접근상태로 시설하는 경우 케이블과 건물의 조영재 이격거리는 몇 [cm] 이상이어야 하는가?

① 50　　　　　② 80　　　　　③ 100　　　　　④ 120

정답 및 해설 [특고압 가공전선과 건조물의 접근 (KEC 333.23)]

상부 조영재	케이블	옆쪽, 아래쪽	0.5[m]

【정답】①

(18) 특고압 가공전선과 도로 등의 접근 또는 교차 (KEC 333.24)

① 이격거리

사용 전압의 구분	이격 거리
35[kV] 이하	3[m] 이상
35[kV] 초과	$3 + \left(\dfrac{\text{사용전압} - 35}{10} \right) \times 0.15[m]$ 이상 (괄호 값은 절상한다.)

② 보호망을 구성하는 금속선은 그 외주 및 특고압 가공전선의 직하에 시설하는 금속선에는 인장강도 8.01[kN] 이상의 것 또는 지름 5[mm] 이상의 경동선을 사용하고 그 밖의 부분에 시설하는 금속선에는 인장강도 5.26[kN] 이상의 것 또는 지름 4[mm] 이상의 경동선을 사용할 것.

③ 보호망을 구성하는 금속선 상호의 간격은 가로, 세로 각각 1.5[m] 이하일 것

④ 보호망은 kec140의 규정에 준하여 접지공사를 한 금속제의 망상장치로 하고 견고하게 지지할 것

⑤ 접근상태에 따른 보안공사

건조물과 제1차 접근상태로 시설	제3종 특고압 보안공사
건조물과 제2차 접근상태로 시설	제2종 특고압 보안공사
도로 통과 교차하여 시설	제2종 특고압 보안공사
가공 약전류선과 공가하여 시설	제2종 특고압 보안공사

(19) 특고압 가공전선과 삭도의 접근 또는 교차 (KEC 333.25)

① 특고압 가공전선이 삭도와 제1차 접근상태로 시설되는 경우 : 특고압 가공전선로는 제3종 특고압 보안공사에 의할 것.

② 특고압 가공전선과 삭도 또는 삭도용 지주 사이의 이격거리

사용전압의 구분	이격 거리
35[kV] 이하	2[m] (전선이 특고압 절연전선인 경우는 1[m], 케이블인 경우는 50[cm]
35[kV] 초과 60[kV] 이하	2[m]
60[kV] 초과	2[m]에 사용전압이 60[kV]를 초과하는 10[kV] 또는 그 단수마다 12[cm]를 더한 값

③ 특고압 가공전선이 삭도와 제2차 접근상태로 시설되는 경우 : 특고압 가공전선로는 제2종 특고압 보안공사에 의할 것.

(20) 특고압 가공전선과 저고압 가공전선 등의 접근 또는 교차 (KEC 333.26)

① 저압 또는 고압의 가공전선이나 전차선과 제1차 접근상태의 경우

1. 제3종 특고압 보안공사를 하여야 함

2. 특고압 가공전선과 저고압 가공 전선 등 또는 이들의 지지물이나 지주 사이의 이격거리

사용전압의 구분	이격거리
60[kV] 이하	2[m]
60[kV] 초과	2[m]에 사용전압이 60[kV]를 초과하는 10[kV] 또는 그 수단마다 12[cm]을 더한 값

② 저압 또는 고압의 가공전선이나 전차선과 제2차 접근상태의 경우

1. 제2종 특고압 보안공사를 하여야 함. 다만, 사용전압이 35[kV] 이하인 특고압 가공전선과 저고압 가공전선 등 사이에 보호망을 시설하는 경우에는 제2종 특고압 보안공사에 의하지 아니할 수 있다.

2. 특고압 가공전선과 저고압 가공전선등과의 수평 이격거리는 2[m] 이상일 것

③ 보호망을 구성하는 금속선

1. 그 외주 및 특고압 가공전선의 바로 아래에 시설하는 금속선에 인장강도 8.01[kN] 이상의 것 또는 지름 5[mm] 이상의 경동선을 사용

2. 기타 부분에 시설하는 금속선에 인장강도 3.64[kN] 이상 또는 지름 4[mm] 이상의 아연도철선을 사용할 것

(21) 특고압 가공전선 상호 간의 접근 또는 교차 (KEC 333.27)

① 일반사항

사용 전압의 구분	이격 거리
60[kV] 이하	2[m] 이상
60[kV] 초과	$2+\left(\dfrac{\text{사용전압}-60}{10}\right)\times 0.12[\text{m}]$ 이상 (괄호 값은 절상한다.)

단, 사용전압이 35[kV] 이하로서 다음의 어느 하나에 해당하는 경우는 그러하지 아니하다.

1. 특고압 가공전선에 케이블을 사용하고 다른 특고압 가공전선에 특고압 절연전선 또는 케이블을 사용하는 경우로 상호 간의 이격거리 0.5[m] 이상

2. 각각의 특고압 가공전선에 특고압 절연전선을 사용하는 경우로 상호 간의 이격거리가 1[m] 이상

② 15[kV] 초과 25[kV] 이하 특고압 가공전선로 이격거리

전선의 종류	이격거리
나전선	1.5[m]
특고압 절연전선	1.0[m]
한쪽이 케이블이고, 다른 쪽이 특고압절연전선	0.5[m]

(22) 특고압 가공전선과 다른 시설물의 접근 또는 교차 (kec 333.28)

특고압 절연전선 또는 케이블을 사용하는 사용전압이 35[kV] 이하의 특고압 가공전선과 다른 시설물 사이의 이격거리는 다음 표에서 정한 값까지 감할 수 있다.

[35[kV] 이하 특고압 가공전선(절연전선 및 케이블 사용한 경우)과 다른 시설물 사이의 이격거리]

다른 시설물의 구분	접근형태	이격거리
조영물의 상부조영재	위쪽	2[m] (전선이 케이블 인 경우는 1.2[m])
	옆쪽 또는 아래쪽	1[m] (전선이 케이블인 경우는 0.5[m])
조영물의 상부조영재 이외의 부분 또는 조영물 이외의 시설물		1[m] (전선이 케이블인 경우는 0.5[m])

(23) 특별고압 가공전선과 식물의 이격거리 (KEC 333.30)

① 사용전압이 35[kV] 이하인 경우 0.5[m] 이상 이격

② 60[kV] 이하 : 2[m] 이상 이격

③ 60[kV] 초과 : 2[m]에 60[kV]를 넘는 10[kV] 또는 그 단수마다 12[cm]를 가산한 값 이상으로 이격

(24) 25[kV] 이하인 특고압 가공전선로의 시설 (KEC 333.32)

사용전압이 15[kV] 이하인 특고압 가공전선로(중성선 다중접지식의 것으로서 전로에 지락이 생겼을 때 2초 이내에 자동적으로 이를 전로로부터 차단하는 장치가 되어 있는 것에 한함)는 다음에 따른다.

① 접지도체는 공칭단면적 6[mm²] 이상의 연동선

② 접지공사는 kec140에 준하고 또한 접지한 곳 상호 간의 거리는 전선로에 따라 300[m] 이하일 것

③ 각 접지도체를 중성선으로부터 분리하였을 경우의 각 접지점의 대지 전기저항 값과 1[km] 마다의 중성선과 대지사이의 합성 전기저항 값은 다음에 의한다.

사용전압	각 접지점의 대지 전기저항	1[km]마다의 합성전기저항
15[kV] 이하	300[Ω]	30[Ω]
15[kV] 초과 25[kV] 이하	300[Ω]	15[Ω]

④ 15[kV] 초과 25[kV] 이하인 특고압 가공전선로 경간 제한

지지물의 종류	경간
목주·A종 철주 또는 A종 철근 콘크리트주	100[m]
B종 철주 또는 B종 철근 콘크리트주	150[m]
철탑	400[m]

⑤ 15[kV] 초과 25[kV] 이하 특고압 가공전선로 이격거리

건조물의 조영재	접근형태	전선의 종류	이격거리
상부 조영재	위쪽	나전선	3.0[m]
		특고압 절연전선	2.5[m]
		케이블	1.2[m]
	옆쪽 또는 아래쪽	나전선	1.5[m]
		특고압 절연전선	1.0[m]
		케이블	0.5[m]
기타의 조영재		나전선	1.5[m]
		특고압 절연전선	1.0[m]
		케이블	0.5[m]

⑥ 교류 전차선 교차 시 특고압 가공전선로의 경간 제한

지지물의 종류	경간
목주·A종 철주·A종 철근 콘크리트주	60[m]
B종 철주·B종 철근 콘크리트주	120[m]

핵심기출 【기사】 18/2

사용전압이 22.9[kV]인 특고압 가공전선로(중성선 다중접지식의 것으로서 전로에 지락이 생겼을 때에 2초 이내에 자동적으로 이를 전로로부터 차단하는 장치가 되어 있는 것에 한한다.)가 상호간 접근 또는 교차하는 경우 사용전선이 양쪽 모두 케이블인 경우 이격거리는 몇 [m] 이상인가?

① 0.25　　　② 0.5　　　③ 0.75　　　④ 1.0

정답 및 해설 [25[kV] 이하인 특고압 가공전선로의 시설 (KEC 333.32)] 특고압 가공전선이 도로 등의 아래쪽에서 접근하여 시설될 때에는 상호간의 이격거리는 표에서 정한 값 이상으로 하고 또한 위험의 우려가 없도록 시설할 것

전선의 종류	이격거리[m]
나전선	1.5
특고압 절연전선	1
케이블	0.5

【정답】②

4. 지중전선로 (KEC 334)

(1) 지중 전선로의 시설 (KEC 334.1)

전선에 케이블을 사용하고 관로식, 암거식 또는 직접 매설식에 의할 것

① 직접 매설식

　1. 차량 기타 중량물의 압력을 받을 우려가 있는 장소 : 1.2[m] 이상

　2. 기타 장소 : 60[cm] 이상

　3. 지중 전선을 견고한 트라프 기타 방호물에 넣어 시설하여야 한다.

　　단, 콤바인덕트 케이블, 파이프형 압력케이블, 최대 사용 전압이 60[kV]를 초과하는 연피케이블, 알루미늄피케이블, 금속 피복을 한 특고압 케이블 등은 견고한 트라프 기타 방호물에 넣지 않고도 부설할 수 있다.

② 관로식

　1. 매설 깊이를 1.0 [m]이상

　2. 중량물의 압력을 받을 우려가 없는 곳은 60 [cm] 이상으로 한다.

③ 암거식에 의하여 시설하는 경우에는 견고하고 차량 기타 중량물의 압력에 견디는 것을 사용할 것

(2) 지중함의 시설 (KEC 334.2)

① 지중함은 견고하고 차량 기타 중량물의 압력에 견디는 구조일 것

② 지중함은 그 안의 고인 물을 제거할 수 있는 구조로 되어 있을 것

③ 폭발성 또는 연소성의 가스가 침입할 우려가 있는 것에 시설하는 지중함으로서 그 크기가 $1[m^3]$ 이상인 것에는 통풍장치나 기타 가스를 방산시키기 위한 적당한 장치를 시설할 것

④ 지중함의 뚜껑은 시설자 이외의 자가 쉽게 열수 없도록 시설할 것

⑤ 지중전선의 피복금속체에는 140의 규정에 준하여 접지공사를 하여야 한다.

핵심기출 【기사】 05/1 06/1 06/2 07/1 11/1 12/2 15/3 17/2 18/2 19/2 19/3 【산업기사】 06/2 07/3 09/2 10/3 14/1

중량물이 통과하는 장소에 비닐 외장 케이블을 직접 매설식으로 시설하는 경우 매설 깊이는 최소 몇 [m]인가?

① 0.8   ② 1.0   ③ 1.2   ④ 1.5

정답 및 해설 [지중선로의 시설 (KEC 334.1)] 지중 전선로를 직접 매설식에 의하여 시설하는 경우에는 매설 깊이를 차량 기타 중량물의 압력을 받을 우려가 있는 장소에는 1.2[m] 이상, 없는 곳은 0.6[m] 이상으로 한다.

【정답】③

---

(3) 케이블 가압장치의 시설 (KEC 334.3)

압축가스를 사용하여 케이블에 압력을 가하는 장치는 다음에 따라 시설하여야 한다.

① 압축기는 각각의 최고 사용압력의 1.5배의 유압 또는 수압(유압 또는 수압으로 시험하기 곤란한 경우에는 최고 사용압력의 1.25배의 기압)을 연속하여 10분간 가하여 시험을 하였을 때 이에 견디고 또한 누설되지 아니하는 것일 것

② 가압장치에는 압축가스 또는 유압의 압력을 계측하는 장치를 설치할 것

③ 압축가스는 가연성 및 부식성의 것이 아닐 것

(4) 지중약전류전선의 유도장해 방지 (KEC 334.5)

지중전선로는 기설 지중약전류전선로에 대하여 누설전류 또는 유도작용에 의하여 통신상의 장해를 주지 않도록 기설 약전류전선로로부터 충분히 이격시키거나 기타 적당한 방법으로 시설하여야 하다.

(5) 지중전선과 지중약전류전선 등 또는 관과 접근 또는 교차 (KEC 334.6)

① 지중 전선과 지중 약전류 전선 등과 접근 또는 교차

　　1. 저·고압 지중 전선 : 30[cm] 이하

　　2. 특고 지중 전선 : 60[cm] 이하

② 특고압 지중 전선이 가연성이나 유독성의 유체를 내포하는 관과 접근 또는 교차

　　1. 상호 간의 이격 거리 : 1[m] 이하

2. 사용 전압이 25[kV] 이하인 다중 접지 방식 : 50[cm] 이하

3. 이외 : 30[cm] 이하

③ 상호 간의 이격거리가 0.3[m] 이하인 경우에는 지중전선과 관 사이에 견고한 내화성 격벽을 시설하는 경우 이외에는 견고한 불연성 또는 난연성의 관에 넣어 시설하여야 한다.

(6) 지중 전선 상호 간의 접근 또는 교차 (KEC 334.7)

① 저압 지중전선과 고압 지중전선 간의 이격 거리 : 15[cm] 이상

② 저압이나 고압의 지중전선과 특고압 지중전선 간의 이격 거리 : 30[cm] 이상

핵심기출 【기사】06/1 09/2 10/2 12/1 12/3 14/3   【산업기사】05/1 11/2 12/2 19/3

고압 지중전선이 지중 약전류전선 등과 접근하여 이격거리가 몇 [cm] 이하인 때에는 양 전선 사이에 견고한 내화성의 격벽을 설치하는 경우 이외에는 지중전선을 견고한 불연성, 또는 난연성의 관에 넣어 그 관이 지중 약 전류전선 등과 직접 접촉되지 않도록 하여야 하는가?

① 15　　　　　　② 20　　　　　　③ 25　　　　　　④ 30

정답 및 해설 [지중 전선과 지중 약전류 전선 등 또는 관과의 접근 또는 교차 (KEC 334.6)] 고압 지중 전선이 지중 약전류 전선과 접근 교차하는 경우 상호의 이격거리가 30[cm] 이하인 경우에는 지중 전선과 관과의 사이에 견고한 내화성의 격벽을 시설하여야 한다.　　　　　　　　【정답】④

---

5. 특수장소의 전선로 (KEC 335)

(1) 터널 안 전선로의 시설 (KEC 335.1)

① 철도, 궤도 또는 자동차도 전용 터널 안의 전선로 시설 기준

저압	① 전선 : 인장강도 2.30[kN] 이상의 절연전선 또는 지름 2.6[mm] 이상의 경동선의 절연전선 ② 설치 높이 : 레일면상 또는 노면상 2.5[m] 이상 ③ 합성수지관공사, 금속관공상, 가요전선관공사, 케이블공사, 애자사용공사
고압	① 전선 : 인장강도 5.26[kN] 이상의 지름 4[mm] 이상의 경동선, 고압 절연전선 사용 또는 특고압 절연전선 사용 ② 설치 높이 : 레일면상 또는 노면상 3[m] 이상 ③ 케이블공사, 애자사용공사

② 사람이 통행하는 터널 내의 전선

저압	① 전선 : 인장강도 2.30[kN] 이상의 절연전선 또는 지름 2.6[mm] 이상의 경동선의 절연전선 ② 설치 높이 : 레일면상 또는 노면상 2.5[m] 이상 ③ 케이블 공사
고압	전선 : 케이블공사 (특고압전선은 시설하지 않는 것을 원칙으로 한다.)

(2) 수상 전선로의 시설 (KEC 335.3)

① 사용 전선

  1. 저압 : 클로로프렌 캡타이어 케이블

  2. 고압 : 캡타이어 케이블

② 전선과 가공전선의 접속점의 높이

  ㉮ 접속점이 육상

    1. 지표상 5[m] 이상

    2. 사용 전압이 저압인 경우에 도로상 이외의 곳에 있을 때에는 지표상 4[m] 까지

  ㉯ 접속점이 수면상

    1. 저압일 경우 수면상 4[m] 이상

    2. 고압일 경우 수면상 5[m] 이상

③ 수상 전선로의 사용 전압이 고압인 경우에는 전로에 지락이 생겼을 때에 자동적으로 전로를 차단하기 위한 장치를 시설하여야 한다.

【기사】 09/3 【산업기사】 04/1 07/2 12/3

다음 중 수상 전선로를 시설하는 경우에 대한 설명으로 알맞은 것은?

① 사용전압이 고압인 경우에 제3종 캡타이어 케이블을 사용한다.

② 가공 전선로의 전선과 접속하는 경우, 접속점이 육상에 있는 경우에는 지표상 4[m]이상의 높이로 지지물에 견고하게 붙인다.

③ 가공 전선로의 전선과 접속하는 경우, 접속점이 육상에 있는 경우에는 지표상 5[m] 이상의 높이로 지지물에 견고하게 붙인다.

④ 고압 수상 전선로에 지락이 생길 때를 대비하여 전로를 수동으로 차단하는 장치를 시설한다.

정답 및 해설 [수상 전선로의 시설 (KEC 335.3)] 수상 전선로는 그 사용전압이 저압 또는 고압의 것에 한하여 전선은 저압의 경우 클로로프렌 캡타이어 케이블, <u>고압인 경우 캡타이어 케이블</u>을 사용하고 수상 전선로의 전선을 가공 전선로의 전선과 접속하는 경우의 접속점의 높이는 접속점이 육상에 있는 경우는 <u>지표상 5[m]</u> 이상, <u>수면상에 있는 경우 4[m]</u> 이상, 고압 5[m] 이상이어야 한다. 수상 전선로의 사용 전압이 고압인 경우에는 전로에 지락이 생겼을 때에 <u>자동적으로</u> 전로를 차단하기 위한 장치를 시설하여야 한다.   【정답】③

(3) 물밑 전선로의 시설 (KEC 335.4)

① 저압 또는 고압의 물밑전선로의 전선은 표준에 적합한 물밑 케이블 또는 규정이 정하는 구조로 개장한 케이블이어야 한다. 다만, 다음 각 호 어느 하나에 의하여 시설하는 경우에는 그러하지 아니하다.

1. 전선에 케이블을 사용하고 또한 이를 견고한 관에 넣어서 시설하는 경우

2. 전선에 지름 4.5[mm] 아연도철선 이상의 기계적 강도가 있는 금속선으로 개장한 케이블을 사용하고 또한 이를 물밑에 매설하는 경우

3. 전선에 지름 4.5[mm](비행장의 유도로 등 기타 표지 등에 접속하는 것은 지름 2[mm]) 아연도철선 이상의 기계적 강도가 있는 금속선으로 개장하고 또한 개장 부위에 방식피복을 한 케이블을 사용하는 경우

② 특고압 물밑전선로

1. 전선은 케이블일 것

2. 케이블은 견고한 관에 넣어 시설할 것. 다만, 전선에 지름 6[㎜]의 아연도철선 이상의 기계적강도가 있는 금속선으로 개장한 케이블을 사용하는 경우에는 그러하지 아니하다.

(4) 교량에 시설하는 전선로 (KEC 335.6)

① 교량의 윗면에 시설하는 것은 다음에 의하는 이외에 전선의 높이를 교량의 노면상 5[m] 이상으로 하여 시설할 것

1. 전선은 케이블인 경우 이외에는 인장강도 2.30[kN] 이상의 것 또는 지름 2.6[mm] 이상의 경동선의 절연전선일 것

2. 전선과 조영재 사이의 이격 거리는 전선이 케이블인 경우 이외에는 30[cm] 이상일 것

3. 완금류에 절연성, 난연성 및 내수성 애자

4. 전선과 조영재 사이의 이격 거리를 15[cm] 이상

② 교량의 아랫면에 시설하는 것은 합성수지관 공사, 금속관 공사, 가요전선관 공사 또는 케이블 공사에 의하여 시설할 것

핵심기출 【기사】 09/2 17/3

특수 장소에 시설하는 전선로의 기준으로 옳지 않은 것은?

① 교량의 윗면에 시설하는 저압 전선로는 교량 노면상 5[m] 이상으로 할 것

② 합성 수지관, 금속관 공사 또는 케이블 공사에 의해 교량의 아랫면에 저압 전선로를 시설할 수 있으나, 가요 전선관 공사에 의해 시설할 수 없다.

③ 벼랑과 같은 수직 부분에 시설하는 전선로는 부득이한 경우에 시설하며, 이때 전선의 지지점간의 거리는 15[m] 이하이어야 한다.

④ 저압 전선로와 고압 전선로를 같은 벼랑에 시설하는 경우 고압 전선과 저압 전선 사이의 이격 거리는 50[cm] 이상일 것

정답 및 해설 [교량에 시설하는 전선로 (KEC 335.6)] 교량의 아랫면에 시설하는 것은 합성수지관공사, 금속관공사, 가요 전선관 공사 또는 케이블공사에 의하여 시설할 것 **【정답】②**

---

05 기계기구의 시설 (KEC 340)

1. 기계 및 기구 (KEC 341)

(1) 특고압용 변압기의 시설 장소 (KEC 341.1)

특고압용 변압기는 발전소·변전소·개폐소 또는 이에 준하는 곳에 시설하여야 한다. 다만, 다음의 변압기는 각각의 규정에 따라 필요한 장소에 시설할 수 있다.

① 배전용 변압기

② 다중접지식 특고압 가공전선로에 접속하는 변압기

③ 교류식 전기철도용 신호회로 등에 전기를 공급하기 위한 변압기

(2) 특고압 배전용 변압기의 시설 (KEC 341.2)

① 특별 고압 절연전선 또는 케이블을 사용할 것

② 변압기의 1차 전압은 35[kV] 이하, 2차 전압은 저압 또는 고압일 것

③ 변압기의 특고압 측에는 개폐기 및 과전류 차단기를 시설할 것

④ 변압기의 2차 측이 고압 경우에는 개폐기를 시설하고 쉽게 개폐할 수 있도록 할 것

(3) 특고압을 직접 저압으로 변성하는 변압기의 시설 (KEC 341.3)

특고압을 직접 저압으로 변성하는 변압기는 다음의 것 이외에는 시설하여서는 아니 된다.

① 전기로 등 전류가 큰 전기를 소비하기 위한 변압기

② 발전소·변전소·개폐소 또는 이에 준하는 곳의 소내용 변압기

③ 25[kV] 이하 중성점 다중 접지식 전로에 접속하는 변압기

④ 사용전압이 35[kV] 이하인 변압기로서 그 특고압측 권선과 저압측 권선이 혼촉한 경우에 자동적으로 변압기를 전로로부터 차단하기 위한 장치를 설치한 것.

⑤ 교류식 전기철도용 신호회로에 전기를 공급하기 위한 변압기

(4) 특별고압용 기계기구의 시설 (KEC 341.4)

① 기계 기구의 주위에 울타리·담 등을 시설하는 경우

　1. 울타리·담 등의 높이 : 2[m] 이상

　2. 지표면과 울타리·담 등의 하단 사이의 간격 : 15 [cm] 이하

② 기계 기구를 지표상 5[m] 이상의 높이에 시설하고 또한 사람이 접촉할 우려가 없도록 시설하는 경우 다음과 같이 시설한다.

사용 전압의 구분	울타리의 높이와 울타리로부터 충전부분까지의 거리의 합계 또는 지표상의 높이
35[kV] 이하	5[m]
35[kV] 넘고 160[kV] 이하	6[m]
160[kV] 초과	·6[m]에 160[kV]를 넘는 10[kV] 또는 그 단수마다 12[cm]를 더한 값 　거리의 합계 $= 6 + $ 단수 $\times 12[cm]$ ·단수 $= \dfrac{\text{사용전압}[kV] - 160}{10}$

(5) 고주파 이용 전기설비의 장해방지 (KEC 341.5)

고주파 이용 전기설비에서 다른 고주파 이용 전기설비에 누설되는 고주파 전류의 허용한도는 측정 장치 또는 이에 준하는 측정 장치로 2회 이상 연속하여 10분간 측정하였을 때에 각각 측정값의 최대값에 대한 평균값이 $-30[dB]$일 것

(6) 기계기구의 철대 및 외함의 접지 (KEC 341.6)

① 전로에 시설하는 기계기구의 철대 및 금속제 외함(외함이 없는 변압기 또는 계기용변성기는 철심)
에는 kec140에 의한 접지공사를 하여야 한다.

② 접지 공사의 생략 조건

1. 사용 전압이 직류 300[V] 또는 교류 대지 전압 150[V] 이하 기계 기구를 건조 장소 시설

2. 저압용 기계 기구를 그 전로에 지기 발생 시 자동 차단하는 장치를 시설한 저압 전로에 접속하여
건조한 곳에 시설하는 경우

3. 저압용 기계 기구를 건조한 목재의 마루 등 이와 유사한 절연성 물건 위에서 취급 경우

4. 철대 또는 외함 주위에 적당한 절연대 설치한 경우

5. 외함 없는 계기용 변성기가 고무, 합성 수지 기타 절연물로 피복한 경우

6. 2중 절연되어 있는 구조의 기계 기구

7. 저압용 기계 기구에 전기 공급하는 전원 측에 절연 변압기(2차 300[V] 이하, 용량 3[kV] 이하를
시설하고 변압기 부하 측의 전로를 접지하지 않는 경우)

8. 인체 감전 보호용 누전 차단기(정격 감도 전류 30[mA] 이하, 동작 시간 0.03[s] 이하의 전류
동작형)를 개별 기계 기구 또는 개별 전로에 시설한 경우

(7) 아크를 발생하는 기구의 시설 (KEC 341.8)

고압용 또는 특고압용의 개폐기·차단기·피뢰기 기타 이와 유사한 기구로서 동작 시에 아크가 생기는
것은 목재의 벽 또는 천장 기타의 가연성 물체로부터 정한 값 이상 이격하여 시설하여야 한다.

① 고압용은 1[m] 이상 이격

② 특고압용은 2[m] 이상 이격

(사용전압이 35[kV] 이하의 특고압용의 기구 등으로서 동작할 때에 생기는 아크의 방향과 길이를
화재가 발생할 우려가 없도록 제한하는 경우에는 1[m] 이상)

고압용의 개폐기 · 차단기 · 피뢰기 기타 이와 유사한 기구로서 동작 시에 아크가 생기는 것은 목재의 벽 또는 천장, 기타의 가연성 물체로부터 몇 [m] 이상 떼어 놓아야 하는가?

① 1.0[m] ② 1.2[m]

③ 1.5[m] ④ 2.0[m]

정답 및 해설 [아크를 발생하는 기구의 시설 (KEC 341.7)) 고압용 또는 특고압용의 개폐기·차단기·피뢰기 기타 이와 유사한 기구로서 동작시에 아크가 생기는 것은 목재의 벽 또는 천장 기타의 가연성 물체로부터 고압용의 것은 1[m] 이상, 특고압용은 2[m] 이상 이격하여야 한다. 【정답】①

(8) 고압용 기계기구의 시설 (KEC 341.9)

① 시가지외 : 지표상 4[m] 이상의 높이에 시설

② 시가지 : 지표상 4.5[m] 이상의 높이에 시설

③ 기계기구 주위에 사람이 접촉할 우려가 없도록 적당한 울타리를 설치

(9) 개폐기의 시설 (KEC 341.10)

① 전로중에 개폐기는 각 극에 설치하여야 한다. 단, 다음의 경우는 예외로 한다.

  1. 저압 분기 회로용 개폐기로서 중성선 또는 접지측 전선

  2. 저압의 점멸용 개폐기는 단극에서 시설 가능

  3. 특별고압 가공전선로의 다중 접지식 전로의 중성선

  4. 자동 제어회로 등에 조작용 개폐기를 시설하는 경우의 공동선

② 고압용 또는 특고압용 개폐기는 그 작동에 따라 개폐상태 표시 장치가 있을 것

③ 고압 또는 특고압용 개폐기로 중력에 의해 자연 동작 우려가 있는 것은 자물쇠 장치 등 기타 방지장치 시설할 것

④ 고압용 또는 특고압용의 개폐기로서 부하전류를 차단하기 위한 것이 아닌 개폐기는 부하전류가 통하고 있을 경우에는 개로할 수 없도록 시설하여야 한다. 다만, 다음의 경우는 예외로 한다.

  1. 개폐기의 조작 위치에 부하전류의 유무를 표시한 장치가 있는 경우

  2. 개폐기의 조작 위치에 전화기 기타의 지령 장치가 있는 경우

  3. 터블렛 등을 사용하는 경우

(10) 고압 및 특고압 전로 중의 과전류 차단기의 시설 (KEC 341.11)

① 고압 전로에 사용되는 포장 퓨즈는 정격 전류의 1.3배에 견디고 2배의 전류에 120분 안에 용단되는 것

② 고압 전로에 사용되는 비포장 퓨즈는 정격 전류의 1.25배에 견디고 2배의 전류에 2분 안에 용단되는 것

다음의 ⓐ, ⓑ에 들어갈 내용으로 옳은 것은?

> 과전류 차단기로 시설하는 퓨즈 중 고압전로에 사용하는 비포장 퓨즈는 정격전류의
> (ⓐ)배의 전류에 견디고 또한 2배의 전류로 (ⓑ)분 안에 용단되는 것이어야
> 한다.

① ⓐ 1.1, ⓑ 1   ② ⓐ 1.2, ⓑ 1

③ ⓐ 1.25, ⓑ 2   ④ ⓐ 1.3, ⓑ 2

① 고압 전로에 사용되는 포장 퓨즈는 정격 전류의 1.3배에 견디고 2배의 전류에 120분 안에 용단되는 것
② 고압 전로에 사용되는 비포장 퓨즈는 정격 전류의 1.25배에 견디고 2배의 전류에 2분 안에 용단되는 것
【정답】③

(11) 과전류차단기의 시설 제한 (KEC 341.12)

① 접지공사의 접지도체

② 다선식 전로의 중성선 및 전로의 일부에 접지공사를 한 저압 가공전선로의 접지측 전선. 다만,
다선식 전로의 중성선에 시설한 과전류차단기가 동작한 경우에 각 극이 동시에 차단될 때 또는
저항기, 리액터 등을 사용하여 접지공사를 한 때에 과전류차단기의 동작에 의하여 그 접지도체가
비접지 상태로 되지 아니할 때는 적용하지 않는다.

(12) 지락차단장치 등의 시설 (KEC 341.13)

① 특고압전로 또는 고압전로에 변압기에 의하여 결합되는 사용전압 400[V] 이상의 저압전로 또는
발전기에서 공급하는 사용전압 400[V] 이상의 저압전로에는 전로에 지락이 생겼을 때에 자동적으
로 전로를 차단하는 장치를 시설하여야 한다.

② 고압 및 특고압 전로 중 다음에 열거하는 곳 또는 이에 근접한 곳에는 전로에 지락이 생겼을 때에
자동적으로 전로를 차단하는 장치를 시설하여야 한다.

　　1. 발전소, 변전소 또는 이에 준하는 곳의 인출구

　　2. 다른 전기사업자로부터 공급받는 수전점

　　3. 배전용변압기(단권변압기를 제외)의 시설 장소

(13) 피뢰기의 시설 (KEC 341.14)

① 발·변전소 또는 이에 준하는 장소의 가공 전선 인입구, 인출구

② 가공 전선로에 접속하는 특고 배전용 변압기의 고압 및 특고압측

③ 고압 및 특고압 가공 전선로에서 공급받는 수용장소 인입구

④ 가공 전선로와 지중 전선로가 접속되는 곳

(14) 피뢰기의 접지 (KEC 341.15)

고압 및 특고압의 전로에 시설하는 피뢰기 접지저항 값은 10[Ω] 이하로 하여야 한다. 다만, 고압가공전선로에 시설하는 피뢰기 접지공사의 접지선이 전용의 것인 경우에는 접지저항 값이 30[[Ω]까지 허용한다.

핵심기출　【기사】07/3　【산업기사】04/1 15/3 19/3

다음 중 피뢰기를 설치하지 않아도 되는 곳은?

① 발전소, 변전소의 가공전선 인입구 및 인출구

② 가공 전선로의 말구 부분

③ 가공 전선로의 접속한 특고 배전용 변압기의 고압 측 및 특별 고압 측

④ 고압 및 특별 고압 가동 전선로로부터 공급을 받는 수용 장소의 인입구

정답 및 해설 [피뢰기의 시설 (KEC 341.14)]
① 발전소, 변전소 또는 이에 준하는 장소의 가공 전선 인입구 및 인출구
② 배전용 변압기의 고압 측 및 특고압 측
③ 고압 및 특고압 가공 전선로부터 공급을 받는 장소의 인입구
④ 가공 전선로와 지중 전선로가 접속되는 곳　　　　　　　　　【정답】②

---

(15) 압축공기계통 (KEC 341.16)

발전소, 변전소, 개폐소 또는 이에 준하는 곳에서 개폐기 또는 차단기에 사용하는 압축공기장치는 다음에 따라 시설하여야 한다.

① 공기압축기는 최고 사용압력의 1.5배의 수압(수압을 연속하여 10분간 가하여 시험을 하기 어려울 때에는 최고 사용압력의 1.25배의 기압)을 연속하여 10분간 가하여 시험을 하였을 때에 이에 견디고 또한 새지 아니할 것

② 사용 압력에서 공기의 보급이 없는 상태로 개폐기 또는 차단기의 투입 및 차단을 연속하여 1회 이상 할 수 있는 용량을 가지는 것일 것

③ 주 공기탱크 또는 이에 근접한 곳에는 사용압력의 1.5배 이상 3배 이하의 최고 눈금이 있는 압력계를 시설할 것

(16) SF6 가스취급설비 (KEC 341.17)

발전소·변전소·개폐소 또는 이에 준하는 곳에 시설하는 가스 절연기기는 최고 사용압력의 1.5배의 수압(수압을 연속하여 10분간 가하여 시험을 하기 어려울 때에는 최고 사용압력의 1.25배의 기압)을 연속하여 10분간 가하여 시험을 하였을 때에 이에 견디고 또한 새지 아니할 것

2. 고압·특고압 옥내 설비의 시설 (KEC 342)

(1) 고압 옥내배선 등의 시설 (KEC 342.1)

고압 옥내 공사은 다음 중 하나에 의하여 시설할 것.

· 애자사용공사 (건조한 장소로서 전개된 장소에 한한다)

· 케이블공사

· 케이블트레이공사

① 애자사용공사 (건조한 장소로서 전개된 장소에 한한다)

전압	전선과 조영재 사이의 이격거리	전선 상호 간격	조영재의 상면 또는 측면	
			상면 또는 측면	전선의 지지점 간의 거리
고압	5[cm] 이상	8[cm] 이상	2[m] 이하	6[m] 이하

1. 애자사용배선에 사용하는 애자는 절연성·난연성 및 내수성의 것일 것

2. 전선은 공칭단면적 $6[mm^2]$ 이상의 연동선 또는 이와 동등 이상의 세기 및 굵기의 특·고압 절연전선

② 케이블공사

1. 전선 : 케이블

2. 관 기타의 케이블을 넣는 방호장치의 금속제 부분, 금속제의 전선 접속함 및 케이블 피복에 사용하는 금속제에는 kec140에 준하는 접지공사를 한다.

③ 케이블트레이공사

1. 전선

   가. 난연성 케이블(연피케이블, 알루미늄피케이블)

   나. 기타 케이블 (적당한 간격으로 연소 방지 조치)

2. 금속제 케이블 트레이 계통은 기계적 및 전기적으로 완전하게 접속하여야 하며 금속제 트레이에는 kec140에 준하는 접지공사를 하여야 한다.

④ 고압 옥내배선과 타 시설물과의 이격거리

1. 다른 고압 옥내배선, 저압 옥내전선, 관등회로의 배선, 약전류 전선 : 15[cm]

2. 수관·가스관이나 이와 유사한 것과 접근하거나 교차하는 경우 : 15[cm]

3. 애자사용공사에 의하여 시설하는 저압 옥내전선이 나전선인 경우 : 30[cm]

4. 가스계량기 및 가스관의 이음부와 전력량계 및 개폐기 : 60[cm]

【기사】 17/2

건조한 장소로서 전개된 장소에 고압 옥내 배선을 시설할 수 있는 공사방법은?

① 덕트공사   ② 금속관공사

③ 애자사용공사   ④ 합성수지관공사

정답 및 해설 [고압 옥내배선 등의 시설 (KEC 342.1)] 고압 옥내 배선은 애자 사용 공사(건조한 장소로서 전개된 장소에 한함) 및 케이블 공사, 케이블 트레이 공사에 의하여야 한다.

【정답】③

(2) 옥내 고압용 이동전선의 시설 (KEC 342.2)

① 전선은 고압용의 캡타이어케이블일 것

② 이동전선에 전기를 공급하는 전로에는 전용 개폐기 및 과전류 차단기를 각 극에 시설하고, 또한 전로에 지락이 생겼을 때에 자동적으로 전로를 차단하는 장치를 시설할 것

 【기사】 06/3 07/2 11/3 18/3 【산업기사】 06/1 07/1 09/2

옥내에 시설하는 고압용 이동 전선으로 사용 가능한 것은?

① 2.6[mm] 연동선

② 비닐 캡타이어 케이블

③ 고압용 제3종 클로로프렌 캡타이어 케이블

④ 600[V] 고무절연전선

정답 및 해설 [옥내 고압용 이동 전선의 시설 (KEC 342.2)] 전선은 고압용의 캡타이어 케이블일 것

【정답】③

(3) 옥내에 시설하는 고압접촉전선 공사 (KEC 342.3)

이동 기중기 기타 이동하여 사용하는 고압의 전기기계기구에 전기를 공급하기 위하여 사용하는 접촉전선을 옥내에 시설하는 경우에는 전개된 장소 또는 점검할 수 있는 은폐된 장소에 애자사용배선에 의하고 또한 다음에 따라 시설하여야 한다.

① 전선은 사람이 접촉할 우려가 없도록 시설할 것

② 전선은 인장강도 2.78[kN] 이상의 것 또는 지름 10[mm]의 경동선으로 단면적이 70[mm²] 이상인 구부리기 어려운 것일 것.

③ 전선 지지점 간의 거리는 6[m] 이하일 것

④ 전선 상호 간의 간격 및 집전장치의 충전 부분 상호 간 및 집전장치의 충전 부분과 극성이 다른 전선 사이의 이격거리는 30[cm] 이상일 것

(4) 특고압 옥내 전기설비의 시설 (KEC 342.4)

① 전선은 케이블일 것

② 사용전압 : 100[kV] 이하 (단, 케이블 트레이 공사에 의하여 시설하는 경우에는 35[kV] 아하)

③ 이격거리 : 특고압 배선과 저·고압선 60[m] 이격(약전류 전선 또는 수관, 가스관과 접촉하지 않도록 시설)

핵심기출 【기사】 09/2 11/1 18/2

특고압 옥내 전기 설비를 시설할 때 사용전압은 일반적인 경우 최대 몇 [kV] 이하인가?
(단, 케이블 트레이공사 제외)

① 100[kV]　　　　　　　　　　　② 170[kV]

③ 250[kV]　　　　　　　　　　　④ 345[kV]

정답 및 해설 [특고압 옥내 전기 설비의 시설 (KEC 342.3)] 사용전압은 100[kV] 이하일 것, 다만 케이블 트레이 공사에 의하여 시설하는 경우에는 35[kV] 이하일 것　　　　　　　　　　【정답】①

---

06 발전소, 변전소, 개폐소 (KEC 350)

1. 발전소, 변전소, 개폐소 등의 전기설비 (KEC 351)

(1) 발전소 등의 울타리, 담 등의 시설 (KEC 351.1)

① 다음 각 호에 따라 취급자 이외의 자가 출입할 수 없도록 시설하여야 한다.

　1. 울타리, 담 등을 시설할 것

　2. 출입구에는 출입금지의 표시를 할 것

　3. 출입구에는 자물쇠장치 기타 적당한 장치를 할 것

② 울타리, 담 등의 시설

　1. 울타리, 담, 등의 높이는 2[m] 이상으로 할 것

　2. 지표면과 울타리, 담, 등의 하단 사이의 간격은 15[cm] 이하로 할 것

③ 울타리, 담, 등의 높이와 울타리, 담, 등으로부터 충전부까지 거리 합계는 다음 값으로 한다.

사용전압 구분	울타리, 담 등의 높이와 울타리, 담 등에서 충전부분까지 거리 합계
35[kV] 이하	5[m] 이상
35[kV] 넘고 160[kV] 이하	6[m] 이상
160[kV] 초과	① 거리의 합계 : 6[m]에 160[kV]를 넘는 10[kV] 또는 그 단수마다 12[cm]를 더한 값, 거리의 합계 $= 6 + 단수 \times 12[cm]$ ② 단수$= \dfrac{사용전압[kV] - 160}{10}$

④ 고압 또는 특고압 가공전선(전선에 케이블을 사용하는 경우는 제외함)과 금속제의 울타리·담 등이 교차하는 경우에 금속제의 울타리·담 등에는 교차점과 좌, 우로 45[m] 이내의 개소에 kec 140의 규정에 의한 접지공사를 하여야 한다.

⑤ 울타리·담 등에 문 등이 있는 경우에는 접지공사를 하거나 울타리·담 등과 전기적으로 접속하여야 하며, 고압 가공전선로는 고압보안공사, 특고압 가공전선로는 제2종 특고압 보안공사에 의하여 시설할 수 있다.

핵심기출 【기사】 05/3 06/2 09/1 11/1 13/3 【산업기사】 11/1 12/1 13/1 17/3 18/1

사용전압이 175,000[V]인 변전소의 울타리, 담 등의 높이와 울타리, 담 등으로부터 충전 부분까지의 거리의 합계는 몇 [m] 이상으로 하여야 하는가?

① 3.12   ② 4.24

③ 5.12   ④ 6.24

정답 및 해설 [울타리·담 등의 높이 (KEC 351.1)] · 단수 $= \dfrac{175-160}{10} = 1.5 \rightarrow 2$단

· 충전 부분까지의 거리 $= 6 + 2 \times 0.12 = 6.24[m]$ 【정답】④

---

(2) 특고압 전로의 상 및 접속 상태의 표시 (KEC 351.2)

① 발전소, 변전소 또는 이에 준하는 곳의 특별고압 전로에는 그의 보기 쉬운 곳에 상별 표시를 하여야 한다.

② 발전소, 변전소 또는 이에 준하는 곳의 특고압 전로에 대하여는 그 접속 상태를 모의 모선의 사용 기타 방법으로 표시하여야 한다. 단, 특고압 전선로의 회선수가 2 이하이고 또한 특고압의 모선이 단일 모선인 경우는 예외이다.

(3) 발전기 등의 보호장치 (KEC 351.3)

기기	용량	사고의 종류	보호 장치
발전기	모든 발전기	과전류가 생긴 경우	자동 차단 장치
	500[kVA] 이상	수차 압유 장치의 유압이 현저히 저하	
	100[kVA] 이상	풍차 압유 장치의 유압이 현저히 저하	
	2천[kVA] 이상	수차의 스러스트베어링의 온도가 상승	
	1만[kVA] 이상	발전기 내부 고장	
	10만[kVA] 이상	·증기터빈의 베어링 마모 ·온도 상승	
특고압 변압기	5천~1만[kVA] 미만	변압기 내부 고장	경보 장치
	1만[kVA] 이상	변압기 내부 고장	자동 차단 장치

기기	용량	사고의 종류	보호 장치
조상기	1만5천[kVA] 이상	내부 고장	자동 차단 장치
증기터어빈	1만[kW] 이상	스트러스 베어링이 마모되거나 온도 상승	자동 차단 장치
변압기 (타냉식 송유 자냉식 송유 풍냉식 수냉식)		·냉각장치고장인 경우 변압기 온도가 상승한 경우 ·기름펌프 또는 송풍기정기 ·변압기 온도상승 ·냉각용 수단수. 온도 상승	경보 장치
전력용 콘덴서(sc) 분로 리액터(sh)	500~15000[kVA] 미만	·내부고장. 과전류	자동 차단 장치
	15,000[kVA] 이상	·내부고장, 과전류. 과전압	

(4) 특별고압용 변압기의 보호장치 (KEC 351.4)

특고압용의 변압기에는 그 내부에 고장이 생겼을 경우에 보호하는 장치를 아래 표와 같이 시설하여야 한다.

뱅크용량의 구분	동작조건	보호장치
5천[kVA] 이상 1만[kVA] 미만	변압기 내부고장	경보장치 또는 자동차단장치
1만[kVA] 이상	변압기 내부고장	자동차단장치
타냉식변압기 (강제 순환식)	·냉각장치 고장 ·변압기 온도 상승	경보장치

(5) 무효전력 보상장치의 보호장치 (KEC 351.5)

무효전력 보상장치에는 그 내부에 고장이 생긴 경우에 보호하는 장치를 다음 표와 같이 시설하여야 한다.

설비종별	배크용량의 구분	자동적으로 전로로부터 차단하는 장치
전력용 커패시터 및 분로리액터	500[kVA] 초과 15,000[kVA] 미만	내부고장, 과전류
	15,000[kVA] 이상	내부고장, 과전류, 과전압
조상기	15,000[kVA] 이상	내부고장

(6) 계측장치의 시설 (KEC 351.6)

① 발전소 계측 장치 시설

   1. 발전기·연료전지 또는 태양전지 모듈의 전압 및 전류 또는 전력

   2. 발전기의 베어링 및 고정자의 온도

   3. 정격출력이 10,000[kW]를 초과하는 증기터빈에 접속하는 발전기의 진동의 진폭

   4. 주요 변압기의 전압 및 전류 또는 전력

   5. 특고압용 변압기의 온도

② 정격출력이 10[kW] 미만의 내연력 발전소는 연계하는 전력계통에 그 발전소 이외의 전원이 없는 것에 대해서는 전류 및 전력을 측정하는 장치를 시설하지 아니할 수 있다.

③ 동기발전기 동기검정장치 시설

④ 변전소 계측 장치 시설

   1. 주요 변압기의 전압 및 전류 또는 전력

   2. 특고압용 변압기의 온도

⑤ 동기조상기 계측 장치 및 동기검정장치 시설

   1. 동기조상기의 전압 및 전류 또는 전력

   2. 동기조상기의 베어링 및 고정자의 온도

핵심기출 【기사】05/1 07/2 08/2 09/3 10/3 12/2 12/3 13/1 15/2 16/2 19/3 【산업기사】05/2 06/1 06/2 06/3 10/3 12/1 12/3 19/1

발전소에는 필요한 계측 장치를 시설해야 한다. 다음 중 시설을 생략해도 되는 계측 장치는?

① 발전기의 전압 및 전류 계측장치

② 주요 변압기의 역률 계측장치

③ 발전기의 고정자 온도 계측장치

④ 특별 고압용 변압기의 온도 계측장치

정답 및 해설 [계측장치의 시설 (KEC 351.6)] 역률, 유량 등은 반드시 시설할 의무가 없다.

【정답】②

(7) 상주 감시를 하지 아니하는 발전소의 시설 (KEC 351.8)

다음과 같은 경우 발전기를 전로에서 자동적으로 차단하는 장치를 시설할 것

① 원동기 제어용의 압유장치의 유압, 압축 공기장치의 공기압 또는 전동 제어 장치의 전원 전압이 현저히 저하한 경우

② 원동기의 회전속도가 현저히 상승한 경우

③ 발전기에 과전류가 생긴 경우

④ 정격 출력이 500[kW] 이상의 원동기(풍차를 시가지 그 밖에 인가가 밀집된 지역에 시설하는 경우에는 100[kW] 이상) 또는 그 발전기의 베어링의 온도가 현저히 상승한 경우

⑤ 2,000[kVA] 이상의 발전기의 내부에 고장 시

⑥ 내연기관의 냉각수 온도가 현저히 상승한 경우 또는 냉각수의 공급이 정지된 경우

⑦ 내연기관의 윤활유 압력이 현저히 저하한 경우

⑧ 내연력 발전소의 제어회로 전압이 현저히 저하한 경우

(8) 상주 감시를 하지 아니하는 변전소의 시설 (KEC 351.9)

① 다음의 경우에는 변전제어소 또는 기술원이 상주하는 장소에 경보장치를 시설할 것

    1. 운전조작에 필요한 차단기가 자동적으로 차단한 경우(차단기가 재폐로한 경우를 제외)

    2. 주요 변압기의 전원측 전로가 무전압으로 된 경우

    3. 제어 회로의 전압이 현저히 저하한 경우

    4. 옥내변전소에 화재가 발생한 경우

    5. 출력 3,000[kVA]를 초과하는 특고압용 변압기는 그 온도가 현저히 상승한 경우

    6. 특고압용 타냉식변압기는 그 냉각장치가 고장난 경우

    7. 조상기는 내부에 고장이 생긴 경우

    8. 수소냉각식 조상기는 그 조상기 안의 수소의 순도가 90[%] 이하로 저하한 경우 또는 수소의 온도가 현저히 상승한 경우

② 수소냉각식 조상기를 시설하는 변전소는 그 조상기 안의 수소의 순도가 85[%] 이하로 저하한 경우에 그 조상기를 전로로부터 자동적으로 차단하는 장치를 시설할 것

핵심기출 【산업기사】 17/3

변전소를 관리하는 기술원이 상주하는 장소에 경보 장치를 시설하지 아니하여도 되는 것은?

① 조상기 내부에 고장이 생긴 경우

② 주요 변압기의 전원 측 전로가 무전압으로 된 경우

③ 특고압용 타냉식변압기의 냉각장치가 고장 난 경우

④ 출력 2,000[kVA] 특고압용 변압기의 온도가 현저히 상승한 경우

정답 및 해설 [상주 감시를 하지 아니하는 변전소의 시설 (KEC 351.9)] 출력 3,000[kVA]를 초과하는 특고압용변압기는 그 온도가 현저히 상승한 경우

【정답】④

07 전력보안 통신설비 (KEC 360)

(1) 전력보안통신설비의 시설 요구사항 (KEC 362.1)

발전소, 변전소 및 변환소의 전력보안통신설비의 시설장소는 다음에 따른다.

① 원격 감시가 되지 않는 발·변전소, 발·변전 제어소, 개폐소 및 전선로의 기술원 주재소와 이를 운용하는 급전소간

② 2 이상의 급전소 상호간과 이들을 총합 운영하는 급전소간

③ 수력설비 중 필요한 곳(양수소 및 강수량 관측소와 수력 발전소간)

④ 동일 수계에 속하고 보안상 긴급 연락 필요 있는 수력발전소 상호간

⑤ 동일 전력 계통에 속하고 보안상 긴급 연락 필요 있는 발·변전소, 발·변전 제어소 및 개폐소 상호간

(2) 전력보안통신케이블의 지상고와 배전설비와의 이격거리 (KEC 362.2)

① 배전주(배전용 전주)의 공가 통신케이블의 지상고

구분	지상고	비고
도로(인도)에 시설 시	5.0[m] 이상	경간 중 지상고
도로횡단 시	6.0[m] 이상	
철도 궤도 횡단 시	6.5[m] 이상	레일면상
횡단보도교 위	3.0[m] 이상	그 노면상
기타	3.5[m] 이상	

② 배전설비와의 이격거리

배전전주에 시설하는 공가 통신설비와 배전설비의 이격거리는 아래 표와 같다. 단, 저고압, 특고압 가공전선이 절연전선이고 통신선을 절연전선과 동등 이상의 성능을 사용하는 경우에는 30[cm] 이상으로 이격하여야 한다.

구분	지상고	비고
7[kV] 초과	1.2[m] 이상	
1[kV] 초과 7[kV] 이하	0.6[m] 이상	
저압 또는 특고압 다중접지 중성도체	0.6[m] 이상	

③ 특고압 가공전선로의 지지물에 시설하는 통신선 또는 이에 직접 접속하는 통신선이 도로·횡단보도교·철도의 레일·삭도·가공전선·다른 가공약전류 전선 등 또는 교류 전차선 등과 교차하는 경우에는 다음에 따라 시설하여야 한다.

  1. 통신선이 도로, 횡단보도교, 철도의 레일 또는 삭도와 교차하는 경우에는 통신선은 단면적 16[mm²](지름 4[mm])의 절연전선과 동등 이상의 절연 효력이 있는 것, 인장강도 8.01[kN] 이상의 것 또는 단면적 25[mm²](지름 5[mm])의 경동선일 것

2. 통신선과 삭도 또는 다른 가공약전류 전선 등 사이의 이격거리는 80[cm](통신선이 케이블 또는 광섬유 케이블일 때는 40[cm] 이상으로 할 것

(3) 특고압 가공전선로 첨가설치 통신선의 시가지 인입 제한 (KEC 362.5)

① 특고압 가공전선로의 지지물에 첨가설치하는 통신선 또는 이에 직접 접속하는 통신선은 시가지에 시설하는 통신선에 접속하여서는 아니 된다. 다만, 다음에 해당하는 경우에는 그러하지 아니하다.

1. 특고압 가공전선로의 지지물에 첨가 설치하는 통신선 또는 이에 직접 접속하는 통신선과 시가지의 통신선과의 접속점 표준에 적합한 특고압용 제1종 보안장치, 특고압용 제2종 보안장치 또는 이에 준하는 보안장치를 시설하고 또한 그 중계선륜 또는 배류 중계선륜의 2차측에 시가지의 통신선을 접속하는 경우

2. 시가지의 통신선이 절연전선과 동등 이상의 절연효력이 있는 것

② 시가지에 시설하는 통신선은 특고압 가공전선로의 지지물에 시설하여서는 아니 된다. 다만, 통신선이 절연전선과 동등 이상의 절연효력이 있고 인장강도 5.26[kN] 이상의 것. 또는 단면적 16[mm²] (지름 4[mm]) 이상의 절연전선 또는 광섬유 케이블인 경우에는 그러하지 아니하다.

③ 보안장치의 표준은 다음과 같다.

1. 급전전용통신선용 보안장치

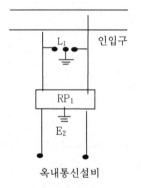

여기서, RP₁: 교류 300[V] 이하에서 동작하고, 최소 감도 전류가 3[A] 이하로서 최소 감도전류 때의 응동시간이 1사이클 이하이고 또한 전류 용량이 50[A], 20초 이상인 자복성이 있는 릴레이 보안기

E₁ 및 E₂ : 접지, L₁: 교류 1[kV] 이하에서 동작하는 피뢰기

2. 저압용 보안장치일 것

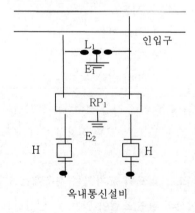

여기서, H : 250[mA] 이하에서 동작하는 열 코일

(4) 전력선 반송 통신용 결합장치의 보안장치 (KEC 362.10)

전력선 반송통신용 결합 커패시터에 접속하는 회로에는 다음 그림의 보안장치 또는 이에 준하는 보안장치를 시설하여야 한다.

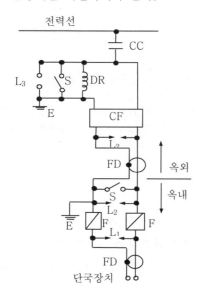

여기서, FD : 동축케이블

F : 정격전류 10[A] 이하의 포장 퓨즈

DR : 전류 용량 2[A] 이상의 배류 선륜

L_1 : 교류 300[V] 이하에서 동작하는 피뢰기

L_2 : 동작 전압이 교류 1.3[kV]를 초과하고 1.6[kV] 이하로 조정된 방전갭

L_3 : 동작 전압이 교류 2[kV]를 초과하고 3[kV] 이하로 조정된 구상 방전갭

S : 접지용 개폐기

CF : 결합 필타

CC : 결합 커패시터(결합 안테나를 포함한다.)

E : 접지

(5) 무선용 안테나 등을 지지하는 철탑 등의 시설 (KEC 364.1)

전력보안통신설비인 무선통신용 안테나 또는 반사판을 지지하는 목주·철주·철근 콘크리트주 또는 철탑은 다음에 따라 시설하여야 한다.

① 목주의 안전율은 1.5 이상이어야 한다.

② 철주·철근 콘크리트주 또는 철탑의 기초 안전율은 1.5 이상이어야 한다.

(6) 무선용 안테나 등의 시설 제한 (KEC 364.2)

무선용 안테나 등은 전선로의 주위 상태를 감시하거나 배전자동화, 원격검침 등 지능형전력망을 목적으로 시설하는 것 이외에는 가공전선로의 지지물에 시설하여서는 아니 된다.

핵심기출 【기사】 07/1 19/2 【산업기사】 10/2 16/1

다음 중 무선용 안테나 등을 지지하는 철탑의 기초 안전율로 옳은 것은?

① 0.92 이상

② 1.0 이상

③ 1.2 이상

④ 1.5 이상

정답 및 해설 [무선용 안테나 등을 지지하는 철탑 등의 시설 (KEC 364)]

① 목주의 안전율 : 1.5 이상

② 철주·철근콘클리트주 또는 철탑의 기초 안전율 : 1.5 이상 【정답】④

1. 154/3.3[kV]의 변압기를 시설할 때 고압 측에 방전기를 시설하고자 한다. 몇 [V] 이하에서 방전하는 것이면 기술 기준에 적합한가?

① 4125[V] ② 4950[V]

③ 6600[V] ④ 9900[V]

|정|답|및|해|설|

[특별 고압과 고압의 혼촉에 의한 위험 방지 시설 (kec 322.3)] 정전 방전 장치는 사용 전압의 3배에서 방전하도록 한다. 사용 전압은 고압 측, 즉 3.3[kV]이므로 3배인 9900[V] 이내에서 방전하는 것으로 한다. **【정답】④**

2. 접지 공사를 가공 접지선을 써서 변압기의 시설 장소로부터 몇 [m]까지 떼어 놓을 수 있는가?

① 50[m] ② 57[m]

③ 100[m] ④ 200[m]

|정|답|및|해|설|

[고압 또는 특별고압과 저압의 혼촉에 의한 위험 방지시설 (kec 322.3)] 접지공사는 변압기의 시설장소마다 시행하여야 한다. 다만, 토지의 상황에 의하여 변압기의 시설장소에서 접지저항 값을 얻기 어려운 경우, 인장강도 5.26[kN] 이상 또는 지름 4[mm] 이상의 가공 접지도체를 시설할 때에는 변압기의 시설장소로부터 200[m]까지 떼어놓을 수 있다. **【정답】④**

3. 변압기에 의하여 특별 고압 전로에 결합되는 고압 전로에는 어느 전압의 3배 이하에서 방전하는 장치를 변압기의 단자에 가까운 1극에 시설하여야 하는가?

① 최대 전압 ② 최저 전압

③ 정격 전압 ④ 사용 전압

|정|답|및|해|설|

[특별 고압과 고압의 혼촉에 의한 위험 방지 시설 (kec 322.3)] 특별 고압과 결합되는 고압 전로에는 사용 전압의 3배에서 방전하는 방전 장치를 시설해야 한다. 1종 접지를 하며 고압 모선에 피뢰기가 시설되어 있으면 방전 장치를 생략할 수 있다. **【정답】④**

4. 변압기의 시설 장소에 접지 공사를 시행하기 곤란하여 가공 공동 지선으로 접지 공사를 시행하는 경우, 각 변압기를 중심으로 하여 직경 몇 [m] 미만의 지역에 시설하여야 되는가?

① 400 ② 500

③ 350 ④ 250

|정|답|및|해|설|

[고압 또는 특별고압과 저압의 혼촉에 의한 위험 방지시설 (KEC 322.1)] 접지 저항값을 얻기 어려운 경우 가공 공동 지선을 이용하여 각 변압기를 중심으로 하는 지름 400[m] 이내의 지역으로 그 변압기에 접속되는 권선 바로 아래 부분에서 각 변압기의 양 측에 있도록 시설할 것 **【정답】①**

5. 고·저압 혼촉 사고 시에 대비하여 시설한 접지 공사로서 가공 공동 지선을 쓰는 경우의 그 지름[mm]은 얼마 이상인가?

① 2.6 ② 3.2

③ 4 ④ 5

|정|답|및|해|설|

[고압 또는 특별고압과 저압의 혼촉에 의한 위험 방지시설 (KEC 322.1)] 가공 공동지선은 인장강도 5.26 [KN] 이상 지름 4[mm] 이상 경동선을 사용한다. **【정답】③**

6. 변압기에 의하여 특고압전로에 결합되는 고압 전로에는 사용전압의 3배 이하의 전압이 가하여진 경우에 방전하는 피뢰기를 어느 곳에 시설할 때, 방전장치를 생략할 수 있는가?

① 변압기의 단자

② 변압기의 단자의 1극

③ 고압전로의 모선의 각상

④ 특고압 전로의 1극

ㅣ정ㅣ답ㅣ및ㅣ해ㅣ설ㅣ
[특별고압과 고압의 혼촉 등에 의한 위험 방지시설 (kec 322.3) 사용전압이 3배 이하인 전압이 가하여진 경우에 방전하는 장치를 그 변압기의 단자에 가까운 1극에 설치하여야 한다. 다만, 사용전압이 3배 이하인 전압이 가하여진 경우에 방전하는 피뢰기를 고전압전로의 모선의 각상 시설할 때에는 그러하지 아니한다. 【정답】③

7. 3300[V] 전로의 중성점을 접지하는 경우의 접지선에 연동선을 사용할 때 그 최소 공칭단면적은 몇 $[mm^2]$인가?

① 6.0

② 10

③ 16

④ 25

ㅣ정ㅣ답ㅣ및ㅣ해ㅣ설ㅣ
[전로의 중성점의 접지 (KEC 322.5)] 접지도체는 공칭단면적 16$[mm^2]$ 이상의 연동선 또는 이와 동등 이상의 세기 및 굵기의 쉽게 부식하지 아니하는 금속선(저압 전로의 중성점에 시설하는 것은 공칭단면적 6$[mm^2]$ 이상의 연동선 또는 이와 동등 이상의 세기 및 굵기의 쉽게 부식하지 않는 금속선)으로서 고장시 흐르는 전류가 안전하게 통할 수 있는 것을 사용하고 또한 손상을 받을 우려가 없도록 시설할 것. 【정답】③

8. 가공전선로의 지지물에는 취급자가 오르고 내리는데 사용하는 발판 볼트 등을 지표상 몇 [m] 이상인 곳부터 시설하는가?

① 1.0

② 1.5

③ 1.8

④ 2.0

ㅣ정ㅣ답ㅣ및ㅣ해ㅣ설ㅣ
[가공전선로 지지물의 철탑오름 및 전주오름 방지 (KEC 331.4)] 가공전선로의 지지물에 취급자가 오르고 내리는데 사용하는 빌판 못 등을 지표상 1.8[m] 미만에 시설하여서는 안 된다. 【정답】③

9. 전로의 중성점을 접지하는 목적에 해당되지 않는 것은?

① 보호 장치의 확실한 동작을 확보

② 이상 전압의 억제

③ 부하 전류의 일부를 대지로 흐르게 함으로써 전선을 절약

④ 대지 전압의 저하

ㅣ정ㅣ답ㅣ및ㅣ해ㅣ설ㅣ
[전로의 중성점의 접지 (KEC 322.5)] 중성점 접지의 목적은 이상 전압의 억제, 기기보호, 보호계전기의 확실한 동작을 확보하며 절연을 경감하려는데 있다.

※부하 전류의 일부를 대지로 흐르게 하는 것도 안 되는 것이고 전선의 절약을 목적으로 하지 않는다. 【정답】③

10. 원형 철근 콘크리트주의 갑종 풍압 하중[Pa]은 수직 투영 면적 1[m²]당 얼마인가?

① 588

② 784

③ 882

④ 1117

ㅣ정ㅣ답ㅣ및ㅣ해ㅣ설ㅣ
[갑종 풍압 하중 (KEC 331.6)] 철근콘크리트주(원형의 것) 588[Pa] 【정답】①

11. 다도체의 을종 풍압 하중[Pa]은 전선 주위에 두께 6[mm], 비중 0.9의 빙설이 부착된 상태에서 수직 투영 면적 1[m^2]당 얼마인가?

① 372　　　　② 490

③ 744　　　　④ 823

|정|답|및|해|설|
[을종 풍압 하중 (KEC 331.6)] 전선 기타 가섭선 주위에 두께 6[mm], 비중 0.9의 빙설이 부착된 상태에서 수직 투영 면적 1[㎡]당 372[Pa](다도체 가공전선은 333[Pa]), 그 이외의 것은 갑종 풍압하중의 $\frac{1}{2}$을 기초로 하여 계산한 값이다.

【정답】①

12. 다도체 가공전선의 을종 풍압 하중은 수직 투영 면적 1[m^2]당 얼마로 규정되어 있는가? (단, 전선, 기타의 가섭선 주위에 두께 6[mm], 비중 0.9의 빙설이 부착된 상태임)

① 333[Pa]　　　② 372[Pa]

③ 411[Pa]　　　④ 450[Pa]

|정|답|및|해|설|
[을종 풍압 하중 (KEC 331.6)] 전선 기타 가섭선 주위에 두께 6[mm], 비중 0.9의 빙설이 부착된 상태에서 수직 투영 면적 1[㎡]당 372[Pa](다도체 가공전선은 333[Pa]), 그 이외의 것은 갑종 풍압하중의 $\frac{1}{2}$을 기초로 하여 계산한 값이다.

【정답】①

13. 가공전선로에 사용되는 특별 고압전선용의 애자 장치에 대한 갑종 풍압 하중은 그 구성재의 수직 투영 면적 1[㎡]에 대한 풍압으로 몇[Pa]을 기초로 하여 계산하는가?

① 588　　　　② 666

③ 882　　　　④ 1039

|정|답|및|해|설|
[갑종 풍압 하중 (KEC 331.6)] 애자 장치(특별고압 전선용의 것에 한한다.)는 1039[Pa]

【정답】④

14. 가공전선로에 사용하는 지지물의 강도 계산에 적용하는 병종 풍압 하중은 갑종 풍압 하중의 몇 [%]를 기초로 하여 계산한 것인가?

① 110　　　　② 80

③ 50　　　　　④ 30

|정|답|및|해|설|
[병종 풍압 하중 (KEC 331.6)] 병종 풍압 하중은 인가가 밀집한 곳으로 갑종 풍압 하중의 50[%]를 기초로 하여 계산한 값이다.

【정답】③

15. 고저압 가공전선로의 지지물을 인가가 많이 연결된 장소에 시설할 때 적용하는 적합한 풍압 하중은?

① 갑종 풍압하중 값의 30[%]

② 을종 풍압하중 값

③ 갑종 풍압하중 값의 50[%]

④ 병종 풍압하중 값의 1.1배

|정|답|및|해|설|
[병종 풍압 하중 (KEC 331.6)] 병종 풍압 하중은 인가가 밀집한 곳으로 갑종 풍압 하중의 50[%]를 기초로 하여 계산한 값이다. 빙설이 적은 지방에서 저온계 풍압 하중으로 적용된다.

【정답】③

16. 길이 15[m]의 철근 콘크리이트주의 설계하중이 8.82[KN]이라 한다. 이 지지물을 지반이 탄탄한 곳에 기초 안전율의 고려가 없이 시설하자면 땅에 묻히는 깊이를 얼마로 하면 되는가?

① 2.5[m] 이상　　② 2.6[m] 이상

③ 2.7[m] 이상　　④ 2.8[m] 이상

[가공전선로 지지물의 기초 안전율 (KEC 331.7)] 6.8[KN]에 16[m]까지가 A종이고 넘으면 B종이므로 30[cm] 더한 값으로 매입한다. 즉, (15/6)+0.3=2.8[m] 【정답】④

17. 철탑의 강도 계산을 할 때 이상 시 상정하중이 가하여지는 경우 철탑의 기초에 대한 안전율은 얼마 이상이어야 하는가?

① 1.33　　　　　② 1.83

③ 2.25　　　　　④ 2.75

[가공전선로 지지물의 기초 안전율 (KEC 331.7)] 가공전선로의 지지물에 하중이 가하여지는 경우에 그 하중을 받는 지지물의 기초의 안전율은 2(이상 시 상정하중이 가하여지는 경우의 그 이상 시 상정하중에 대한 철탑의 기초에 대하여는 1.33) 이상이어야 한다. 【정답】①

18. 가공전선로의 지지물에 시설하는 지선의 시설 기준에 대한 설명 중 맞는 것은?

① 지선의 안전율은 2.0 이상일 것

② 소선 5조 이상의 연선일 것

③ 지중부분 및 지표상 60[cm]까지의 부분 은 아연도금 철봉 등 부식하기 어려운 재료를 사용할 것

④ 자동차 왕래가 많은 도로를 횡단하여 시설하는 지선의 높이는 지표상 5[m] 이상 으로 할 것

[지선의 시설 (KEC 331.11)]
① 철탑은 지선으로 지지하지 않는다.
② 지선의 안전율은 2.5 허용인장하중은 4.31[KN]
③ 소선은 3가닥 이상의 연선이며 지름 2.6[mm] 이상의 금속 선을 사용한다.

④ 지중부분 및 지표상 30[cm] 까지 부분에는 아연 도금한 철봉을 사용할 것

⑤ 지선의 높이는 도로 횡단 시 5[m](교통에 지장이 없는 경우 4.5[m]) 【정답】④

19. 가공전선로의 지지물로서 지선을 사용하여 그 강도의 일부를 분담시켜서는 안 되는 것은?

① 목주　　　　　② 철주

③ 철근 콘크리트주　　④ 철탑

[지선의 시설 (KEC 331.11)] 철탑은 지선으로 지지해서 강도의 일부를 분담하지 않는다. 【정답】④

20. 가공전선로의 지지물로 사용되는 철탑 기초 강도의 안전율은 얼마 이상인가?

① 1.5　　　　　② 2

③ 2.5　　　　　④ 3

[가공전선로 지지물의 기초 안전율 (KEC 331.11)] 지지물의 안전율은 2.0이다. 철탑의 경우 이상 시 상정하중(단선 사고 에 의한 것)에 대해서는 1.33이다. 【정답】②

21. 고압 가공인입선의 높이는 그 아래에 위험표시를 하였을 경우에 지표상 몇 [m]까지로 감할 수 있는가?

① 2.5　　　　　② 3

③ 3.5　　　　　④ 4

[고압 가공인입선의 시설 (kec 331.12.1)]
① 인장강도 8.01[kN] 이상의 고압절연전선 또는 5[mm] 이 상의 경동선 사용
② 고압 가공 인입선의 높이 3.5[m]까지 감할 수 있다. (전선 의 아래쪽에 위험표시를 할 경우)
③ 고압 연접 인입선을 시설하여서는 안 된다.
【정답】③

22. 특고압 옥측 전선로의 사용 제한 전압[V]은?

① 10,000 ② 17,000

③ 100,000 ④ 170,000

|정|답|및|해|설|
[특고압 옥측전선로의 시설 (kec 331.13.2)]
·특고압 옥측 전선로는 시설하여서는 아니 된다. (단, 특고압 인입선의 옥측 부분을 제외한다.)
·사용 전압이 100[kV] 이하, 케이블 공사로 시설하면 가능하다.
【정답】③

23. 고압 가공전선이 경동선 또는 내열 동합금선인 경우 안전율의 최소값은?

① 2.2 ② 2.5

③ 3.0 ④ 2.0

|정|답|및|해|설|
[고압 가공전선의 안전율 (KEC 331.14.2)] 전선에서 경동선이나 내열 동합금선의 안전율은 2.2, 알루미늄 등은 2.5이다.
【정답】①

24. 전장 15[m]가 넘는 목주, A종 철주, A종 철근 콘크리이트주의 매설 깊이 최소값[m]은?

① 3 ② 3.5

③ 2 ④ 2.5

|정|답|및|해|설|
[가공전선로 지지물의 기초 안전율 (KEC 331.7)]
15[m][초과 16[m] 이하 : 2.5[m] 이상
【정답】④

25. 고압 옥측전선로에 사용할 수 있는 전선은?

① 케이블 ② 나경동선

③ 절연전선 ④ 다심형 전선

|정|답|및|해|설|
[특별 고압 옥측 전선로 시설 (KEC 331.13.1)]
·전선은 케이블일 것.
·케이블을 조영재의 옆면 또는 아랫면에 따라 붙일 경우에는 케이블의 지지점 간의 거리를 2[m] (수직으로 붙일 경우에는 6[m])이하로 하고 또한 피복을 손상하지 아니하도록 붙일 것.
【정답】③

26. 특별고압을 시설할 수 없는 전선로는 어느 것인가?

① 가공전선로 ② 옥상 전선로

③ 지중 전선로 ④ 수중 전선로

|정|답|및|해|설|
[특고압 옥상 전선로의 시설 (KEC 331.14.2)] 특별고압 옥상 전선로(특별고압의 인입선의 옥상 부분을 제외한다.)는 시설하여서는 아니 된다.
【정답】②

27. 고압 가공전선과 가공 약전류전선을 공용 설치할 경우 이격거리는 몇 [m]인가?

① 0.5 ② 0.75

③ 1.5 ④ 2.0

|정|답|및|해|설|
[특저고압 가공전선과 가공약전류전선 등의 공용설치 (kec 332.21)] 가공전선과 가공약전류전선 등 사이의 이격거리는 저압(다중접지된 중성선을 제외한다)은 0.75[m] 이상, 고압은 1.5[m] 이상일 것
【정답】③

28. 고압 가공전선로의 지지물로서 사용하는 목주의 풍압 하중에 대한 안전율은?

① 1.1 이상 ② 1.2 이상

③ 1.3 이상 ④ 1.5 이상

|정|답|및|해|설|
[저·고압 가공전선로의 지지물의 강도 (kec 332.7)] 목주의 안전율은 저압에서 1.2, 고압에서 1.3이며 보안공사를 하고자 할 때 저·고압 모두 1.5이다.
【정답】③

29. 고압 가공전선로와 가공약전류 전선로가 병행하는 경우, 유도 작용에 의하여 통신상의 장해가 미치지 아니하도록 하기 위한 최소 이격 거리[m]는?

① 0.5　　　　　② 1.0

③ 1.5　　　　　④ 2.0

|정|답|및|해|설|
[가공 약전류 전선로에의 유도 장해의 방지 (KEC 332.1)] 저·고압 가공전선로와 가공약전류 전선로가 병행(나란히)하는 경우 유도 작용에 의해서 통신선에 장해가 생기지 않도록 2[m] 이상 이격해야 한다. 　　　　【정답】④

30. 저·고압 가공전선과 가공약전류 전선 등을 동일 지지물에 시설하는 경우로서 옳지 않은 방법은?

① 가공전선을 가공약전류 전선 위로하고 별개의 완금류에 시설할 것

② 가공전선과 가공약전류 전선 사이의 이격 거리는 저압과 고압이 모두 75[cm] 이상일 것

③ 전선로의 지지물로 사용하는 경우의 풍압하중에 대한 안전율은 1.5이상일 것

④ 가공전선이 가공약전류 전선에 대하여 유도작용에 대한 통신선의 장해를 줄 우려가 있는 경우에는 가공전선을 적당한 거리에서 연가할 것

|정|답|및|해|설|
[저고압 가공전선과 가공약전류 전선 등의 공가 (kec 332.21)] 저압 가공전선 또는 고압 가공전선과 가공약전류전선 등을 동일 지지물에 시설하는 경우
① 전선로의 지지물로서 사용하는 목주의 풍압하중에 대한 안전율은 1.5 이상일 것
② 가공전선을 가공약전류 전선 등을 위로하고 별개의 완금류에 시설할 것
③ 가공전선과 가공약전류 전선 등 사이의 이격거리는 저압(다중 접지된 중성선을 제외한다.)은 75[cm] 이상, <u>고압은 1.5[m] 이상일 것</u>　　　　【정답】②

31. 고압 가공전선과 가공약전류 전선을 동일 지지물에 공가 할 경우, 상호간의 최소 이격 거리[m]는 얼마인가?(단, 다중 접지된 중선선을 제외한다.)

① 0.5　　　　　② 0.75

③ 1　　　　　　④ 1.5

|정|답|및|해|설|
[저고압 가공전선과 가공약전류 전선 등의 공가 (kec 332.21)] 가공전선과 가공약전류 전선 등 사이의 이격거리는 저압(다중 접지된 중성선을 제외한다.)은 75[cm] 이상, 고압은 1.5[m] 이상일 것 　　　　【정답】④

32. 고압 보안공사에 있어서 A종 철근 콘크리트주의 최대 경간은?

① 75[m]　　　　② 100[m]

③ 150[m]　　　　④ 200[m]

|정|답|및|해|설|
[고압 보안 공사 (KEC 332.10)] 저·고압 보안공사에서는 A종 100[m], B종 150[m] 　　　　【정답】②

33. 고압 보안공사에 있어서 지지물에 B종 철근 콘크리트주를 사용하면 그 경간[m]의 최대는?

① 100　　　　　② 150

③ 200　　　　　④ 250

|정|답|및|해|설|
[고압 보안 공사 (KEC 332.10)] 고압 보안공사는 5.0[mm] 경동선을 사용하고 A종은 100[m], B종은 150[m]
　　　　【정답】②

34. B종 철근 콘크리트주를 사용하는 특별고압 가공전선로의 표준경간[m]의 한도는?

① 100
② 150
③ 250
④ 300

|정|답|및|해|설|
[고압 가공전선로 경간의 제한 (KEC 332.9)]
표준 경간은 A종 150[m], B종 250[m], 철탑 600[m]

【정답】③

35. 고압 보안공사에 의하여 시설하는 B종 철주 사용 고압 가공전선로의 경간을 250[m]로 하려면 전선에는 굵기가 얼마 이상의 경동선을 사용하여야 하는가?

① 22[mm^2], 8.71[kN]
② 38[mm^2], 14.51[kN]
③ 55[mm^2], 21.67[kN]
④ 100[mm^2], 38.05[kN]

|정|답|및|해|설|
[고압 보안 공사 (KEC 332.10)] 고압 보안공사에는 인장 강도 8.01[KN] 이상 또는 지름 5[mm] 이상의 경동선이 사용되지만 경간을 150[m]에서 B종 표준경간인 250[m]로 확장하고자 할 때에는 인장강도 14.51[KN] 이상 또는 38[mm^2] 이상의 경동연선을 사용하여야 한다.

【정답】②

36. 고압 가공전선과 건조물의 상부 조영재와의 옆쪽 이격 거리는 일반적인 경우 최소 몇[m] 이상이어야 하는가?

① 1.5
② 1.2
③ 0.9
④ 0.6

|정|답|및|해|설|
[저고압 가공 전선과 건조물의 접근 (KEC 332.11)]
저·고압 가공전선이 건조물의 옆쪽에서 접근한 경우 1.2[m] 이격한다. 위쪽에서 접근한 경우는 2[m] 이상

【정답】②

37. 600[V] 비닐 절연전선을 사용한 저압 가공전선이 위쪽에서 상부 조영재와 접근하는 경우의 전선과 상부 조영재 상호간의 최소 이격 거리[m]?

① 1.0
② 1.2
③ 2.0
④ 2.5

|정|답|및|해|설|
[저고압 가공 전선과 건조물의 접근 (KEC 332.11)]
저·고압 가공전선이 건조물의 옆쪽에서 접근한 경우 1.2[m] 이격한다. 위쪽에서 접근한 경우는 2[m] 이상

【정답】③

38. 고압 절연전선을 사용한 6,600[V] 배전선이 안테나와 접근상태로 시설되는 경우, 그 이격 거리[cm]는?

① 60 이상
② 80 이상
③ 100 이상
④ 120 이상

|정|답|및|해|설|
[저고압 가공전선과 안테나의 접근 또는 교차 (KEC 332.14)]
고압전선과 안테나, 전화선, 저압선 등과의 이격거리는 80[cm](케이블 사용 시 [40[cm])

【정답】②

39. 저압 가공전선이 다른 저압 가공전선과 접근교차 상태로 시설할 때 저압 가공전선의 상호 최소 이격 거리[m]는?

① 0.6
② 1.0
③ 1.2
④ 2.0

|정|답|및|해|설|
[저고압 가공전선과 안테나의 접근 또는 교차 (KEC 332.14)]
저압전선과 안테나, 전화선, 저압선 등과의 이격거리는 60[cm](케이블 사용 시 [30[cm])

【정답】①

40. 특별고압 가공전선로용 지지물로서 시가지에 시설하여서는 아니 되는 것은?

① 철탑
② 철근 콘크리트주
③ B종 철주
④ 목주

|정|답|및|해|설|

[시가지 등에서 특고압 가공전선로의 시설 제한 (KEC 333.1)]
특별고압 가공전선로에서는 철주, 철근콘크리트주, 철탑을 사용하고 목주는 사용하지 않는다.

【정답】 ④

41. 시가지에 시설되는 69,000[V] 가공송전선로 경동연선의 최소 굵기[mm^2]는?

① 25
② 35
③ 55
④ 100

|정|답|및|해|설|

[특고압 가공전선의 굵기 및 종류 (KEC 333.4)] 인장강도 8.71[KN] 이상의 연선 또는 25[mm^2]의 경동연선

【정답】 ①

42. 22,900[V]의 전선로를 시가지에 시설하는 경우 그 전선의 지표상의 최소 높이[m]는?

① 5
② 6
③ 8
④ 10

|정|답|및|해|설|

[시가지 등에서 특고압 가공전선로의 시설 제한 (KEC 333.1)]
35[KV] 이하의 특고압전선이 시가지에 시설되는 경우 높이는 10[m] 이상으로 해야한다.(단, 특고압 절연전선으로 시설하는 경우에는 8[m] 이상으로 할 수 있다.)

【정답】 ④

43. 345[kV] 초고압 가공 송전 선로를 평야에 건설할 경우 지표상 높이는 몇[m] 이상인가?

① 5.5
② 6
③ 7.5
④ 8.28

|정|답|및|해|설|

[특고압 가공전선의 높이 (KEC 333.7)]
$H = 6 + 0.12 \times (34.5 - 16.0) = 8.28[m]$ (34.5는 35로 해서 계산한다.)

【정답】 ④

44. 특별 고압 가공전선이 건조물 등과 접근 상태로 시설되는 경우에 지지물에 A종 철근 콘크리트주를 사용하면 그 경간[m]의 최대값은?

① 100
② 150
③ 200
④ 250

|정|답|및|해|설|

[25[kV] 이하 특별 고압 가공전선로 (KEC 333.32)]
건조물등과 접근상태이면 2, 3종 특고압 보안공사로 한다. A종은 100[m], B종은 200[m], 철탑은 400[m] A종은 표준 경간의 경우에서만 150[m]이므로 보안공사에서는 다 그보다 짧아서 100[m], 시가지는 75[m]이다.

【정답】 ①

45. 특별고압 가공전선로를 시가지에 A종 철주를 사용하는 경우 경간의 최대는 몇[m] 인가?

① 100
② 75
③ 150
④ 200

|정|답|및|해|설|

[시가지 등에서 특고압 가공전선로의 시설 제한 (KEC 333.1)]
시가지에 시설되는 특고압 가공전선로는 A종의 경우 75[m]로 해야 한다. B종은 150[m]

【정답】 ②

46. 시가지에 시설하는 철탑 사용 특별고압 가공전선로의 전선이 수평 배치이고, 또한 전선 상호 간의 간격이 4[m] 미만이면 전선로의 경간[m]은 얼마 이하이어야 하는가?

① 400
② 350
③ 300
④ 250

|정|답|및|해|설|

[시가지 등에서 특고압 가공전선로의 시설 (KEC 333.1)] 시가지에 시설하는 특별고압 가공전선은 400[m]로 해야 하지만 철탑 사용 특별 고압 가공전선로의 전선이 수평 배치이고, 또한 전선 상호간의 간격이 4[m] 미만이면 전선로의 경간[m]은 250[m]로 해야 한다.

【정답】④

47. 제1종 특별고압 보안공사에 의하여 시설한 154[kV] 가공 송전선로는 전선에 지기가 생긴 경우에 몇 초 안에 자동적으로 이를 전로로부터 차단하는 장치를 시설하는가?

① 0.5
② 1.0
③ 2.0
④ 3.0

|정|답|및|해|설|

[특고압 보안 공사 (KEC 333.22)] 1종 특고압 보안공사에 의해 시설된 154[KV] 가공 송전선로는 지기가 생긴 경우 2초 이내에 자동적으로 차단하는 장치를 시설해야 한다.

【정답】③

48. 154[kV] 특별고압 가공전선로를 경동 연선으로 시가지에 시설하려고 한다. 애자 장치는 50[%] 충격섬락전압의 값이 다른 부분의 몇 [%] 이상으로 되어야 하는가?

① 100
② 115
③ 110
④ 105

|정|답|및|해|설|

[시가지 등에서 특고압 가공전선로의 시설 (KEC 333.1)] 현수 애자 또는 장간 애자 사용 시 50[%]의 충격섬락전압이 타부분

의 110[%]값 이상일 것(단, 사용 전압이 130[kV]를 넘는 경우에는 105[%] 이상일 것)

【정답】④

49. 사용전압이 35[kV] 이하인 특별고압 가공전선이 건조물과 제2차 접근상태에 시설되는 경우의 보안공사는?

① 고압 보안공사
② 제1종 특별고압 보안공사
③ 제2종 특별고압 보안공사
④ 제3종 특별고압 보안공사

|정|답|및|해|설|

[특고압 보안 공사 (KEC 333.22)]

① 사용전압이 35[kV] 이하인 특별고압 가공전선이 건조물과 제2차 접근상태에 시설되는 경우는 제2종 특별고압 보안공사

② 사용전압이 35[kV] 이상인 특별고압 가공전선이 건조물과 제2차 접근상태에 시설되는 경우는 제1종 특별고압 보안공사

③ 1차 접근상태로 시설되는 특별고압 가공전선은 3종 특별고압 보안공사로 한다.

【정답】③

50. 지지물로 목주를 사용하는 제2종 특별고압 보안공사의 시설기준에서 잘못된 것은?

① 전선은 연선일 것
② 목주의 풍압하중에 대한 안전율은 2이상 일 것
③ 지지물의 경간은 150[m] 이하일 것
④ 전선은 바람 또는 눈에 의한 요동에 의하여 단락될 우려가 없도록 시설할 것

|정|답|및|해|설|

[특고압 보안 공사 (KEC 333.22)] 목주는 A종이므로 2, 3종 특별고압 보안공사에서 100[m]

【정답】③

51. 154[kV] 가공송전선을 시가지에 시설할 경우의 경동연선의 최소 단면적[mm^2]은?

① 22 　　② 38

③ 55 　　④ 150

|정|답|및|해|설|

[시가지 등에서 특고압 가공전선로의 시설 (KEC 333.1)] 100[kV] 이상일 경우 인장강도 58.84[KN] 이상의 연선 또는 단면적 150[mm^2] 이상의 경동연선

【정답】④

52. 제 1종 특별 고압 보안 공사에 의해서 시설하는 전선으로 지지물로 사용할 수 없는 것은?

① 철탑

② B종 철주

③ B종 철근 콘크리트주

④ A종 철근 콘크리트주

|정|답|및|해|설|

[특고압 보안 공사 (KEC 333.22)] 1종 특고압 보안 공사에서는 A종 지지물을 사용할 수 없다. 　　【정답】④

53. 154[kV] 가공송전선이 66[kV] 가공송전선의 상방에 교차되어 시설되는 경우 154[kV] 가공송전선로에는 제 몇 종 특별고압 보안공사에 의하여야 하는가?

① 1 　　② 2

③ 3 　　④ 4

|정|답|및|해|설|

[특고압 보안 공사((KEC 333.22)] 특별고압 가공전선이 다른 특별고압 가공전선과 접근상태로 시설되거나 교차하여 시설되는 경우에는 위쪽 또는 옆쪽에 시설되는 특별고압 가공전선로는 제3종 특별고압 보안공사에 의할 것

【정답】③

54. 다음 사항은 특별고압 가공전선로를 170[KV] 초과하는 시가지에 시설한 경우 시설 기준이다. 다음사항 중에서 틀린 것은?

① 전선로는 회선 수 1이상 또는 그 전선로의 손괴에 의하여 현저한 공급지장이 발생하지 않도록 시설할 것

② 전선을 지지하는 애자 장치에는 아크 혼을 취부한 현수 애자 또는 장간 애자를 사용할 것

③ 지지물은 철탑을 사용하고 경간은 600[m] 이하로 할 것

④ 전선로에 가공지선을 시설할 것

|정|답|및|해|설|

[시가지 등에서 특고압 가공전선로의 시설 (KEC 333.1)] 사용 전압이 170,000[V] 초과하는 전선로를 시설하는 경우 다음에 의할 것

① 전선로는 회선 수 2이상 또는 그 전선로의 손괴에 의하여 현저한 공급지장이 발생하지 않도록 시설할 것

② 전선을 지지하는 애자 장치에는 아크 혼을 취부한 현수 애자 또는 장간 애자를 사용할 것

③ 현수애자 장치에 의하여 전선을 지지하는 부분에는 아머로드를 사용할 것

④ 경간 거리는 600[m] 이하일 것

⑤ 지지물은 철탑을 사용할 것

⑥ 전선로에는 가공지선을 시설할 것

⑦ 전선은 압축접속에 의하는 경우 이외에는 경간 도중에 접속점을 시설하지 아니할 것

⑧ 전선의 지표상의 높이는 10[m]에 35kV를 초과하는 10[kV]마다 12[cm]를 더한 값 이상일 것

⑨ 지지물에는 위험표시를 보기 쉬운 곳에 시설할 것

【정답】①

55. 고저압 가공전선을 병가할 경우 고압 전선과 저압 전선과의 최소 이격 거리[cm]는?

① 50 　　② 60

③ 70 　　④ 80

|정|답|및|해|설|

[특고압 가공전선과 저고압 가공전선 등의 병행설치 (KEC 333.17)] 고저압 병가에서 고압을 위로하고 고압선과 저압선은 50[cm](케이블은 30[cm]) 이격한다.

【정답】①

56. 제3종 특별고압 보안공사는 다음의 어느 경우에 해당하는 것인가?

① 특별고압 가공전선이 건조물과 제1차 접근상태로 시설되는 경우

② 35[kV] 이하인 특별고압 가공전선이 건조물과 제2차 접근상태로 시설되는 경우

③ 35[kV]를 넘고 170[kV] 미만의 특별고압 가공전선이 건조물과 제2차 접근상태로 시설되는 경우

④ 170[kV] 이상의 특별고압 가공전선이 건조물과 제2차 접근상태로 시설되는 경우

|정|답|및|해|설|

[특고압 가공전선과 도로 등의 접근 또는 교차 (KEC 333.24)] 특별 고압 가공전선이 건조물과 <u>제1차 접근상태로 시설되는 경우에는 3종 특별고압 보안 공사</u>를 한다.

35[kV] 이하인 특별고압 가공전선이 건조물과 제2차 접근상태로 시설되는 경우는 2종 특별고압 보안공사

35[kV]를 넘고 170[kV] 미만의 특별고압 가공전선이 건조물과 제2차 접근상태로 시설되는 경우는 1종 특별고압 보안 공사로 한다.　　　　　　　　【정답】①

57. 사용 전압이 35000[V] 이하인 특별고압 가공전선이 건조물과 제2차 접근상태로 시설된 경우의 기준으로 틀린 것은?

① 특별고압 가공전선로는 제2종 특별고압 보안고압 보안 공사로 시설한다.

② 특별고압 가공전선과 건조물과 이격거리는 3[m] 이상으로 시설한다.

③ 특별고압 가공전선으로 케이블을 사용하여 건조물의 상부 조영재에서 위쪽에 시설하는 경우 건조물과 조영재 사이의 이격거리는 1.2[m] 이상으로 시설한다.

④ 지지물로 사용하는 목주의 풍압하중에 대한 안전율은 1.5이상으로 한다.

|정|답|및|해|설|

[특고압 보안 공사 (KEC 333.22)] 제2종 특별고압 보안공사

① 특별고압 가공전선은 연선일 것

② 지지물로 사용하는 목주의 풍압하중에 대한 <u>안전율은 2이상</u>일 것

③ 전선에 안장강도 38.05[kN] 이상의 연선 또는 단면적이 95[mm²] 이상인 경동연선을 사용하면 표준경간으로 할 수 있다.　　　　　　　　【정답】④

58. 154[kV] 가공송전선로를 제1종 특별고압 보안공사에 의해서 시설하는 경우의 사용 경동 연선의 최소 굵기는 얼마인가?

① 55[mm²]　　　　② 100[mm²]

③ 150[mm²]　　　　④ 200[mm²]

|정|답|및|해|설|

[특고압 보안 공사 (KEC 333.22)] 제1종 특고압 보안공사

154[kV]는 150[mm²], 345[kV]는 200[mm²]

【정답】③

59. 사용전압 66,000[V]의 가공전선로에 고압선을 병가하는 경우에 이 특별고압 가공전선로는 어느 종류의 보안 공사를 하여야 하는가?

① 고압 보안공사

② 제1종 특별고압 보안공사

③ 제2종 특별고압 보안공사

④ 제3종 특별고압 보인공사

|정|답|및|해|설|

[특고압 가공전선과 저고압 가공전선 등의 병행설치 (KEC 333.17)] 공가, 병가는 모두 2종 특별고압 보안 공사로 한다.

【정답】③

60. 사용전압이 66[kV]인 특별고압 가공전선과 고압 전차선이 병가하는 경우, 상호 이격 거리는 최소 몇 [m] 인가?

① 0.5   ② 1.0

③ 2.0   ④ 2.5

|정|답|및|해|설|
[특고압 가공전선과 저고압 가공전선 등의 병행설치 (KEC 333.17)] 병가의 경우 35[KV] 이상은 2[m]로 한다. 35[KV] 미만은 1.2[m]   **【정답】③**

61. 66[kV] 가공전선과 6[kV] 가공전선을 동일 지지물에 병가하는 경우, 특별고압 가공전선에 사용하는 경동연선의 굵기는 몇 $[mm^2]$ 이상이어야 하는가?

① 22   ② 38

③ 55   ④ 100

|정|답|및|해|설|
[특고압 가공전선과 저고압 가공전선 등의 병행설치 (KEC 333.17)] 공가 병가는 2종 특별고압 보안공사로 하고 전선은 55[mm^2] 이상으로 해야 한다.

            【정답】③

62. 22.9[kV] 배전선로(나전선)와 건조물에 설치된 안테나의 최소 수평 이격 거리[m]는?

① 1   ② 1.25

③ 1.5   ④ 2

|정|답|및|해|설|
[25[kV] 이하 특별 고압 가공전선로 (KEC 333.32)] 특고압과 안테나, 전화선, 고저압전선 등과의 수평 이격 거리는 2[m] 이상이다.   **【정답】④**

63. 최대 사용전압이 161[kV]인 가공전선로를 건조물과 접근해서 시설하는 경우 가공전선과 건조물과의 최소 이격 거리[m]는?

① 약 4.5   ② 약 4.9

③ 약 5.3   ④ 약 5.7

|정|답|및|해|설|
[특고압 가공전선과 건조물의 접근 (KEC 333.23)]
전선과 건조물은 3[m]가 기본이다.
$$D = 2 + 0.15(16.1 - 3.5) = 4.95[m]$$
   → (16.1 − 3.5 = 12.6은 13으로 계산한다)
            【정답】②

64. 중성점을 다중 접지한 22.9[kV] 3상 4선식 가공전선로를 건조물의 위쪽에서 접근 상태로 시설하는 경우 가공전선과 건조물의 최소 이격 거리는 얼마인가?

① 1.2[m]   ② 2.0[m]

③ 2.5[m]   ④ 3.0[m]

|정|답|및|해|설|
[25[kV] 이하 특별 고압 가공전선로 (KEC 333.32)]
특고압 가공전선이 건조물에 접근하는 경우 이격거리

건조물의 조영재	접근형태	전선의 종류	이격거리
상부 조영재	위쪽	나전선	3m
		특별고압 절연전선	2.5m
		케이블	1.2m
	옆쪽 또는 아래쪽	나전선	1.5m
		특별고압 절연전선	1.0m
		케이블	0.5m
기타의 조영재		나전선	1.5m
		특별고압 절연전선	1.0m
		케이블	0.5m

            【정답】④

65. 사용 전압 154[kV] 가공전선과 식물 사이의 이격 거리는 최소 몇 [m] 이상이어야 하는가?

① 2   ② 2.6

③ 3.2   ④ 3.6

|정|답|및|해|설|
[특별고압 가공전선과 식물의 이격거리 (KEC 333.30)]
전선과 전선 사이의 이격 거리 : 3.2[m]
$$D = 2 + 0.12(15.4 - 6) = 3.2[m] → (15.4는 16으로 계산)$$
※전선과 건조물 사이의 이격 거리 : 4.8[m]
            【정답】③

66. 특별 고압 가공전선이 삭도와 제 2차 접근 상태로 시설할 경우에 특별 고압 가공전선로는 어느 보안공사를 하여야 하는가?

① 고압 보안공사

② 제1종 특별고압 보안공사

③ 제2종 특별보안 공사

④ 제3종 특별고압 보안공사

|정|답|및|해|설|
[특고압 가공전선과 도로 등의 접근 또는 교차 (KEC 333.24)]
특별고압 가공전선이 삭도와 제1차 접근상태로 시설되는 경우
특별고압 가공전선로는 제3종 특별고압 보안공사에 의할 것
【정답】③

67. 35,000[V]의 특별고압 가공전선과 가공약전류 전선을 동일 지지물에 공가하는 경우, 다음 보안 공사의 종류 중 해당되는 것은?

① 특별고압 가공선로는 제2종 특별고압 보안공사에 의하여 시설한다.

② 특별고압 가공선로는 고압 보안공사에 의하여 시설한다.

③ 특별고압 가공선로는 제1종 특별고압 보안공사에 의하여 시설한다.

④ 특별고압 가공선로는 제3종 특별고압 보안공사에 의하여 시설한다.

|정|답|및|해|설|
[특고압 가공전선과 가공약전류전선 등의 공용 설치 (KEC 333.19)] 사용 전압이 35,000[V] 이하인 특별고압 가공전선과 가공약전류 전선 등을 동일 지지물에 시설하는 경우
① 특별고압 가공전선로는 제2종 특별고압 보안공사에 의할 것
② 특별고압 가공전선은 가공약전류 전선 등의 위로하고 별개의 완금류에 시설할 것
③ 특별고압 가공전선은 케이블인 경우 이외에는 인장강도 21.67[kN] 이상의 연선 또는 단면적이 50[mm²] 이상인 경동연선일 것
④ 특별고압 가공전선과 가공약전류 전선 등 사이의 이격거리는 2[m] 이상으로 할 것. 다만, 특별고압 가공전선이 케이블인 경우에는 50[cm]까지로 감할 수 있다.
【정답】①

68. 가공약전류 전선(전력보안 통신선 및 전기철도의 전용 부지 안에 시설하는 전기철도용 통신선은 제외한다.)을 사용전압이 22,900볼트인 가공전선과 동일 지지물에 가공하고자 할 때 가공전선으로 경동연선을 사용한다면 다음의 전선규격 중 사용할 수 있는 경동연선은 어느 것인가?

① 55[mm²]의 경동연선

② 50[mm²]의 경동연선

③ 38[mm²]의 경동연선

④ 22[mm²]의 경동연선

|정|답|및|해|설|
[특고압 가공전선과 저고압 가공전선의 병가 (KEC 333.17)] 특별고압 가공전선은 케이블인 경우 이외에는 인장 강도 21.67[kN] 이상의 연선 또는 단면적이 55[mm²] 이상인 경동연선일 것

전압 구분	이격 거리
35[kV] 이하	1.2[m] (특고압 가공전선이 케이블인 경우에는 0.5[m])
35[kV] 초과 60[kV] 이하	2[m] (특고압 가공전선이 케이블인 경우에는 1[m])
60[kV] 초과	2[m] (특고압 가공전선이 케이블인 경우에는 1[m])에 60[kV]을 초과하는 10[kV] 또는 그 단수마다 12[cm]을 더한 값

【정답】①

69. 특별고압 가공전선로 중 지지물로 하여 직선형의 철탑을 계속하여 10기 이상 사용하는 부분에는 10기 이하마다 내장 애자 장치를 가지는 철탑 또는 이와 동등 이상의 강도를 가지는 철탑 몇 기를 시설하여야 하는가?

① 1기 ② 3기

③ 6기 ④ 8기

[특고압 가공전선로의 내장형 등의 지지물 시설(KEC 333.16)] 특별고압 가공전선로 중 지지물로서 직선형의 철탑을 연속하여 10기 이상 사용하는 부분에는 10기 이하마다 내장 애자 장치가 되어 있는 철탑 또는 이와 동등 이상의 강도를 가지는 <u>철탑 1기</u>를 시설하여야 한다.

【정답】①

70. 철주, 콘크리트주 또는 철탑을 사용한 전선로에서 지지를 양측의 경간의 차가 큰 곳에 사용하는 지지물은?

① 직선형   ② 인류형

③ 내장형   ④ 보강형

[철탑의 종류 (KEC 333.11)] 지지물 양측의 경간의 차가 큰 곳에는 내장형을 사용하여 지지한다.

【정답】③

71. 특별고압 가공전선로의 B종 철주 중 각도형은 전선로 중 몇 [°]를 넘는 수평 각도를 이루는 곳에 사용되는가?

① 1[°]   ② 2[°]

③ 3[°]   ④ 4[°]

[철탑의 종류 (KEC 333.11)] 각도형은 전선로중 3도를 초과하는 수평각도를 이루는 곳에 사용하는 것

【정답】③

72. 사용전압 60,000[V] 이하의 특별고압 가공전선로에서 전화선로의 길이 12[km]마다 유도전류는 몇 [μA]로 제한하였는가?

① 1   ② 1.5

③ 2   ④ 3

[특고압선의 유도 장해의 방지 (KEC 333.2)]
사용 전압이 60,000[V] 이하인 경우에는 전화 선로의 길이 12[km]마다 유도 전류가 2[μA]를 넘지 아니하도록 할 것

【정답】③

73. 사용전압 60,000[V]를 넘는 특별 고압 가공전선로에서 상시 정전 유도는 전화 선로의 길이 40[km]마다 유도전류[μA]가 얼마를 넘지 아니하여야 하는가?

① 1   ② 2

③ 3   ④ 4

[특고압선의 유도 장해의 방지 (KEC 333.2)]
① 사용 전압이 60,000[V] 이하인 경우에는 전화선로의 길이 12[km]마다 유도전류가 2[μA]를 넘지 아니하도록 할 것
② 사용전압이 60,000[V]를 초과하는 경우에는 <u>전화선로의 길이 40[km]마다 유도전류가 3[μA]를 넘지 아니하도록 할 것</u>

【정답】③

74. 사용전압 22,000[V]의 특별고압 가공전선과 그 지지물과의 최소값[cm]은?

① 15   ② 20

③ 25   ④ 30

[특고압 가공전선과 지지물 등의 이격 거리 (KEC 333.5)]

사용전압	이격거리(cm)
15,000V 미만	15
15,000V 이상 25,000V 미만	20
25,000V 이상 35,000V 미만	25
35,000V 이상 50,000V 미만	30
50,000V 이상 60,000V 미만	35
60,000V 이상 70,000V 미만	40
70,000V 이상 80,000V 미만	45
80,000V 이상 130,000V 미만	65
130,000V 이상 160,000V 미만	90
160,000V 이상 200,000V 미만	110
200,000V 이상 230,000V 미만	130
230,000V 이상	160

【정답】②

75. 25[kV] 이하인 특별고압 가공전선로의 시설에 있어서 중성선을 다중 접지하는 경우에 각 접지점 상호의 거리[m]는 얼마 이하로 되어야 하는가?

① 100 ② 150

③ 250 ④ 300

|정|답|및|해|설|

[25[kV] 이하인 특고압 가공 전선로의 시설 (KEC 333.32)] 25[kV] 미만인 특고압 가공전선로의 시설에 있어서 중성선을 다중 접지하는 경우 각 접지점 상호의 거리는 전선로에 따라 300[m] 이상일 것 【정답】④

76. 전압 22,900[V]의 특별고압 가공전선이 건조물과 제1차 접근상태로 시설되는 경우 특별고압가공전선과 건조물사이의 이격 거리는 몇 [m] 이상이어야 하는가?

① 3 ② 6

③ 9 ④ 12

|정|답|및|해|설|

[특고압 가공전선과 건조물의 접근 (KEC 333.23)]
특별고압 전선의 건조물의 접근은 1차 접근 상태에서 최소 3[m] 【정답】①

77. 특별고압 가공전선이 건조물과 제1차 접근상태로 시설되는 경우에 특별고압 가공전선로는 몇 종 특별고압 보안공사를 하여야 하는가?

① 제1종 ② 제2종

③ 제3종 ④ 고압보안공사

|정|답|및|해|설|

[특고압 가공전선과 도로 등의 접근 또는 교차 (KEC 333.24)]
특별고압 가공전선이 건조물과 제1차 접근상태로 시설되는 경우 3종 특별고압 보안 공사를 한다.
【정답】③

78. 22.9[kV] 배전선로 중성선 다중 접지 계통에서 1[km]마다 중성선과 대지간 합성전기의 최대 저항값[Ω]은?

① 5 ② 10

③ 15 ④ 30

|정|답|및|해|설|

[25[kV] 이하 특별 고압 가공전선로 (KEC 333.32)]
각 접지선을 중성선으로 부터 분리하였을 경우의 각 접지점의 대지 전기저항치와 1[km]마다 중성선과 대지 사이의 합성 전기저항치는 표에서 15[Ω] 이하일 것

각 접지점의 대지 전기저항치	1[km]마다의 합성 전기저항치
300[Ω]	15[Ω]

【정답】③

79. 30[kV]의 지중 전선로를 직접 매설식에 의해 중량물이 통과하는 도로 밑에 시설하는 경우 지표로부터의 최소 깊이[m]는?

① 1.5 ② 1.2

③ 1.0 ④ 0.6

|정|답|및|해|설|

[지중 전선로의 시설 (KEC 334.1)] 지중 전선로를 직접 매설식에 의하여 시설하는 경우에는 매설 깊이를 차량 기타 중량물의 압력을 받을 우려가 있는 장소에는 1.2[m] 이상, 기타 장소에는 60[cm] 이상으로 하고 또한 지중 전선을 견고한 트라프 기타 방호물에 넣어 시설하여야 한다.
【정답】②

80. 지중 전선로 중에 직접 매설식에 의하여 시설할 경우에는 토관의 깊이를 차량 및 기타 중량물의 압력을 받을 우려가 없는 장소에서는 몇 [m] 이상으로 하여야 하는가?

① 0.6 ② 1.0

③ 1.2 ④ 1.5

|정|답|및|해|설|

[지중 전선로의 시설 (KEC 334.1)] 중량물의 압력을 받을 우려가 없는 경우는 60[cm] 【정답】①

81. 직접 매설식 특별 고압 지중 전선로에 쓰이는 것은?

① 비닐 외장 케이블

② 고무 외장 케이블

③ 연피 케이블

④ 클로로프렌 외장 케이블

|정|답|및|해|설|
[지중 전선로의 시설 (KEC 334.1)] 특고압 케이블은 파이프형 압력 케이블, 연피 케이블, 알루미늄피 케이블
【정답】③

82. 고압 지중케이블로서 직접 매설식에 의하여 콘크리트제 기타 견고한 관 또는 트라프에 넣지 않고 부설할 수 있는 케이블은?

① 비닐 외장 케이블

② 고무 외장 케이블

③ 크로로프렌 외장 케이블

④ 콤바인 덕트 케이블

|정|답|및|해|설|
[지중 전선로의 시설 (KEC 334.1)]
① 저압 또는 고압의 지중전선에 콤바인덕트 케이블로 시설하는 경우
② 지중 전선에 파이프형 압력 케이블을 사용하고 또한 지중 전선의 위를 견고한 판 또는 몰드 등으로 덮어 시설하는 경우 【정답】④

83. 지중전선로의 전선으로 사용할 수 있는 것은?

① 600[V] 불소수지 절연전선

② 다심형 전선

③ 인하용 절연전선

④ 케이블

|정|답|및|해|설|
[지중 전선로의 시설 (KEC 334.1)]
지중 전선로는 전선에 케이블을 사용하고 또한 관로식, 암거식 또는 직접 매설식에 의하여 시설하여야 한다.
【정답】④

84. 특별고압 지중전선이 유독성의 유체를 내포하는 관과 접근하거나 교차하는 경우에 상호간에 견고한 내화성 격벽을 설치하지 않으면 안 되는 최대 이격거리는?

① 30[cm] ② 60[cm]

③ 80[cm] ④ 100[cm]

|정|답|및|해|설|
[지중전선과 지중 약전류전선 등 또는 관과의 접근 또는 교차 (KEC 334.6)] 특별고압 지중전선이 가연성이나 유독성의 유체(流體)를 내포하는 관과 접근하거나 교차하는 경우에 상호간의 이격 리가 1[m] 이하(단, 사용전압이 25,000[V] 이하인 다중접지방식 지중전선로인 경우에는 50[cm] 이하)인 때에는 지중 전선과 관 사이에 견고한 내화성의 격벽을 시설하는 경우 이외에는 지중전선을 견고한 불연성 또는 난연성의 관에 넣어 그 관이 가연성이나 유독성의 유체를 내포하는 관과 직접 접촉하지 아니하도록 시설하여야 한다.
【정답】④

85. 지중 전선로에 사용하는 지중함의 시설기준이 아닌 것은?

① 견고하고 차량 기타 중량물의 압력에 견딜 수 있을 것

② 그 안의 고인 물을 제거할 수 있는 구조일 것

③ 뚜껑은 시설자 이외의 자가 쉽게 열수 없도록 할 것

④ 조명 및 세척이 가능한 장치를 하도록 할 것

|정|답|및|해|설|
[지중함의 시설 (KEC 334.2)]
① 지중함은 견고하고 차량 기타 중량물의 압력에 견디는 구조일 것
② 지중함은 그 안의 고인 물을 제거할 수 있는 구조로 되어 있을 것
③ 폭발성 또는 연소성의 가스가 침입할 우려가 있는 것에 시설하는 지중함으로서 그 크기가 1[㎥] 이상인 것에는 통풍장치 기타 가스를 방산시키기 위한 적당한 장치를 시설할 것
④ 지중함의 뚜껑은 시설자 이외의 자가 쉽게 열 수 없도록 시설할 것 【정답】④

86. 특별고압 지중전선과 고압 지중 전선과 서로 교차할 때의 최소 이격 거리[m]는?

① 0.3   ② 0.6

③ 1.0   ④ 1.25

|정|답|및|해|설|
[지중 전선 상호 간의 접근 또는 교차 (KEC 334.7)] 지중전선이 다른 지중전선과 접근하거나 교차하는 경우에 지중함 내 이외의 곳에서 상호간의 거리가 저압 지중전선과 고압 지중전선에 있어서는 15[cm] 이하, 저압이나 고압의 지중전선과 특별고압 지중전선에 있어서는 30[cm] 이하로 한다.

【정답】①

87. 지중전선과 지중약전류 전선이 접근 또는 교차되는 경우에 고·저압에서의 이격 거리[cm]는?

① 30   ② 40

③ 50   ④ 60

|정|답|및|해|설|
[지중전선과 지중약전류전선 등 또는 관과의 접근 또는 교차 (kec 334.6)] 지중전선이 지중약전류 전선 등과 접근하거나 교차하는 경우에 상호간의 이격거리가 저압 또는 고압의 지중전선은 30[cm] 이하, 특별고압 지중전선은 60[cm] 이하로 한다.

【정답】①

88. 가스압 케이블을 사용하는 특별고압 지중전선로의 가압장치의 압력관으로서 최고 사용 압력이 얼마 이상의 것은 고시하는 규격의 적합한 것을 사용하는가?

① 294[kPa]   ② 194[kPa]

③ 394[kPa]   ④ 467[kPa]

|정|답|및|해|설|
[케이블 가압 장치의 시설 (KEC 334.3)]
① 압력관으로서 최고 사용압력이 294[kPa] 이상인 것
② 압력탱크 및 압력관은 용접에 의하여 잔류응력이 생기거나 나사 조임에 의하여 무리한 하중이 걸리지 아니하도록 할 것
③ 가압장치에는 압축가스 또는 유압의 압력을 계측하는 장치를 설치할 것
④ 압축가스는 가연성 및 부식성의 것이 아닐 것

【정답】①

89. 지중 전선로에 있어서 폭발성 가스가 침입할 우려가 있는 장소 시설하는 지중함으로써 그 크기가 얼마 이상일 때 가스를 방산시키기 위한 장치를 시설하여야 하는가?

① 0.6[㎥]   ② 0.9[㎥]

③ 1.0[㎥]   ④ 2.0[㎥]

|정|답|및|해|설|
[지중함의 시설 (KEC 334.2)] 폭발성 또는 연소성의 가스가 침입할 우려가 있는 것에 시설하는 지중함으로서 그 크기가 1[㎥] 이상인 것에는 통풍 장치 기타 가스를 방산시키기 위한 적당한 장치를 시설할 것

【정답】③

90. 전선로의 종류가 아닌 것은?

① 산간 전선로   ② 수상 전선로

③ 수저 전선로   ④ 터널 내 전선로

|정|답|및|해|설|
[특수장소의 전선로 (KEC 335)] 산간 전선로나 해저 전선로는 없다.

【정답】①

91. 터널 내 전선로 공사 중 규정에 적합하지 않은 항은?

① 저압전선은 직경 2.0[mm]의 경동선이나 이와 동등 이상의 세기 및 굵기의 절연선을 사용하였다.

② 고압전선은 케이블 공사로 하였다.

③ 저압전선을 애자 사용 공사에 의하여 시설하고 이를 궤조면상 또는 노면상 2.5[m] 이상으로 하였다.

④ 저압전선을 가요 전선관 공사에 의하여 시설하였다.

[터널 안 전선로의 시설 (KEC 335.1)] 저압 전선은 인장강도 2.30[kN] 이상의 절연전선 또는 지름 2.6[mm] 이상의 경동선의 절연전선을 사용하고 레일면상 또는 노면상 2.5[m] 이상의 높이로 유지할 것 저압은 합성수지관, 금속관, 가요전선관, 케이블 공사로하고 고압은 케이블 공사(관, 트라프에 넣어 시설), 애자 사용 공사 【정답】①

92. 교량의 상면에 신설하는 고압 전선로는 교량의 노면상 몇[m] 이상이어야 하는가?

① 3
② 4
③ 5
④ 6

[교량에 시설하는 전선로 (KEC 335.6)] 교량의 상면에 시설하는 것은 전선의 높이를 교량의 노면상 5[m] 이상으로 하여 시설할 것
① 전선은 케이블인 경우 이외에는 인장강도 2.30[kN] 이상의 것 또는 지름 2.6[mm] 이상의 경동선의 절연전선일 것
② 전선과 조영재 사이의 이격거리는 전선이 케이블인 경우 이외에는 30[cm] 이상일 것
③ 전선은 케이블인 경우 이외에는 조영재에 견고하게 붙인 완금류에 절연성•난연성 및 내수성의 애자로 지지할 것
④ 전선이 케이블인 경우에는 전선과 조영재 사이의 이격거리를 15[cm] 이상으로 하여 시설할 것
【정답】③

93. 다음 중 저압 수상 전선로에 사용되는 전선은 어느 것인가?

① 600[V] 비닐 절연 전선
② 옥외 비닐 케이블
③ 600[V] 고무 절연 전선
④ 4클로로프렌 캡타이어 케이블

[수상 전선로의 시설 (KEC 335.3)]
•저압인 경우에는 클로로프렌 캡타이어 케이블
•고압인 경우에는 고압용의 캡타이어 케이블일 것
【정답】④

94. 다음 중 특별 고압 배전용 변압기의 특별 고압 측에 시설하는 기기는 어느 것인가?

① 개폐기 및 과전류 차단기
② 방전기를 설치하고 제1종 접지 공사
③ 계기용 변류기
④ 계기용 변압기

[특별 고압 배전용 변압기의 시설 (KEC 341.2)]
① 특별 고압 전선에 특별 고압 절연 전선 또는 케이블을 사용할 것
② 변압기의 1차 전압은 35,000[V] 이하, 2차 전압은 저압 또는 고압일 것
③ 변압기의 특고압 측에는 개폐기 및 과전류 차단기를 시설할 것
④ 변압기의 2차측이 고압 경우에는 개폐기를 시설하고 쉽게 개폐할 수 있도록 할 것
【정답】①

95. 특고압 옥외 배전용 변압기 시설에 있어서 변압기의 1차 전압의 최고 한도 [V]는?

① 3500
② 25000
③ 35000
④ 100000

[특별 고압 배전용 변압기의 시설 (KEC 341.2)]
1차 전압은 35[KV], 2차 전압은 저압 또는 고압일 것
【정답】③

96. 특별 고압을 직접 저압으로 변성하는 변압기를 시설할 수 없는 경우는?

① 전기로용
② 광산 양수기용
③ 전기 철도 신호용
④ 발•변전소내용

[특별 고압을 직접 저압으로 변성하는 변압기의 시설 (KEC 341.3)]
① 전기로 등 전류가 큰 전기를 소비하기 위한 변압기
② 발•변전소, 개폐소 또는 이에 준하는 곳의 소내용 변압기
③ 25[kV] 이하의 중성점 다중 접지식 전로에 접속하는 변압기
④ 교류식 전기철도 신호 회로에 전기를 공급하기 위한 변압기
【정답】②

97. 고압 또는 특고용 개폐기로서 부하 전류의 차단 능력이 없는 것은 부하 전류가 통하고 있을 때 개로 될 수 없도록 시설하는 것이 원칙이다. 그러나 부하 전류가 통하고 있을 때 개로 조작을 할 수 있는 것을 방지하면 된다. 다음에서 그 방지 조치가 기술 기준에 적합하지 못한 것은?

① 타블렛 등을 사용하는 것

② 쇄정 장치를 하는 것

③ 전화기, 기타의 지령 장치를 하는 것

④ 보기 쉬운 곳에 부하 전류의 유무를 표시하는 장치를 하는 것

|정|답|및|해|설|
[개폐기의 시설 (KEC 341.10)] 쇄정 장치나 자물쇠 장치는 중력에 의해서 자동적으로 동작할 우려가 있을 때 방지하기 위해서 시설하는 것이다. 　　　　　　【정답】②

98. 고압 또는 특별 고압용의 개폐기, 차단기, 피뢰기, 기타 이와 유사한 기구는 목재의 벽 또는 천장, 기타 가연성 물질로부터 고압용의 것은 몇 [m] 이상 떨어져야 하는가?

① 0.3　　　　　　② 0.5

③ 1.0　　　　　　④ 2.0

|정|답|및|해|설|
[아크를 발생하는 기구의 시설 (KEC 341.8)] 화재를 방지하기 위해서 고압은 1[m] 특고압은 2[m] 이격한다.
　　　　　　【정답】③

99. 345[kV] 급·변전소에서 시설할 기계 기구의 지표상의 높이는 최소 몇 [m] 이상으로 하는가?

① 6.22　　　　　　② 6.28

③ 8.22　　　　　　④ 8.28

|정|답|및|해|설|
[특별고압용 기계기구의 시설 (KEC 341.4)]
345[kV]에서 6[m]+0.12(34.5-16.0)=8.28[m]
160[kV]까지는 6[m]이고 그 다음에는 10[KV]마다 12cm씩 증가시키는 것이다. 34.5는 절상해서 35로 해서 계산한다.
　　　　　　【정답】④

100. 고압 가공 전선로에 접속하는 변압기를 시가지에서 전주 위에 설치하는 지표상 높이의 최소값[m]은?

① 4.0　　　　　　② 4.5

③ 5.0　　　　　　④ 5.5

|정|답|및|해|설|
[고압용 기계 기구의 시설 (KEC 341.9)] 시가지에서는 4.5[m] 시가지 외에서는 4[m] 이상에 시설한다.
　　　　　　【정답】②

101. 다음 중 과전류 차단기를 시설할 수 없는 곳은?

① 직접 접지 계통에 설치한 변압기의 접지선

② 역률 조정용 고압 콘덴서 뱅크의 분기선

③ 고압 배전 선로의 인출 장소

④ 수용가의 인입선 부분

|정|답|및|해|설|
[과전류 차단기의 시설 제한 (KEC 341.12)] 직접 접지 계통에 설치한 변압기의 접지선에는 과전류를 차단하는 장치를 시설해서는 안 된다. 　　　　　　【정답】①

102. 전로 중에 기계기구 및 전선을 보호하기 위하여 필요한 곳에는 과전류 차단기를 시설하여야 한다. 다음 중 과전류 차단기를 시설하여도 되는 곳은?

① 접지공사의 접지선

② 다선식 전로의 중성선

③ 방전장치를 시설한 고압 전로의 전선

④ 전로의 일부에 접지공사를 한 저압가공
  전선로의 접지측 전선

|정|답|및|해|설|
[과전류 차단기의 시설 제한 (KEC 341.12)] 고압 또는 특별
고압의 전로 중에 있어서 기계 기구 및 전선을 보호하기 위하여
인입구, 간선의 전원 측 및 분기점 등에는 개폐기와 과전류 차단
기를 시설하여야 한다.
※ 과전류 차단기의 시설 제한
① 접지 공사의 접지선
② 접지 공사를 한 저압 가공 전로의 접지 측 전선
③ 다선식 전로의 중성선   【정답】③

103. 그림의 ①, ②, ③, ④의 ×는 과전류 차단기를
시설한 곳이며, 이 중에서 '전기 설비 기술 기준
에 관한 규칙'에 위배되는 곳은 어디인가?

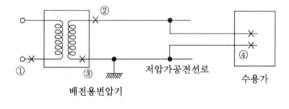

배전용변압기

① ①   ② ②
③ ③   ④ ④

|정|답|및|해|설|
[과전류 차단기의 시설 제한 (KEC 341.12)]
접지 측 전선으로는 고장 전류가 흘러야 하므로 ③에는 과전
류 차단기(퓨즈)를 시설하지 않는다.
                                          【정답】③

104. 다음 중 피뢰기를 시설하지 아니하여도 되는
것은?

① 발·변전소로부터 가공 인입구

② 특별 고압 가공 전선로부터 공급을 받는
  인입구

③ 습뢰 빈도가 적은 지역으로서 방출 보호
  통을 장치한 곳

④ 특별 고압 옥외용 변압기의 특별 고압측
  및 고압측

|정|답|및|해|설|
[피뢰기의 시설 (KEC 341.14)] 방출 보호통은 피뢰기에 갈음
하는(기능이 유사한) 장치이고 습뢰 빈도, 즉 낙뢰가 적으므
로 피뢰기가 반드시 시설되지 않아도 된다. 그러나 모든 인입
구(수용가의 입구)에는 지중으로 수전하는 것을 제외하고는
반드시 피뢰기가 시설되어야 한다.
                                          【정답】③

105. 고압 및 특별 고압 선로 중에서 필요한 곳에는
피뢰기를 시설하여야 한다. 다음에 열거한
곳 중에서 법규상으로 시설 의무가 없는 곳
은?

① 발전소 변전소의 가공전선 인입구

② 가공 전선로에 접속된 특별 고압 옥
  외 배전용 변압기의 고압측 및 특별
  고압측

③ 지중 전선로부터 수전하는 특별 고압
  수용 장소의 인입구

④ 고압 가공 전선로부터 수전하는 수용
  장소의 인입구

|정|답|및|해|설|
[피뢰기의 시설 (KEC 341.14)]
지중 전선로부터 수전하는 특별 고압 수용 장소의 인입구는
지중으로 들어가기 전에 피뢰기를 거쳐서 시공하기
때문에 인입구라도 시설하지 않는다.
                                          【정답】③

106. 피뢰기의 시설을 해야 하는 경우 아래 도면에서 피뢰기 시설 장소의 수는?

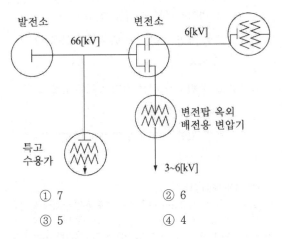

① 7   ② 6

③ 5   ④ 4

|정|답|및|해|설|
[피뢰기의 시설 (KEC 341.14)] 발·변전소의 인입구와 인출구 수용가의 인입구에 모두 시설한다. 즉, 뇌가 떨어지는 지점은 다 막아야 한다.

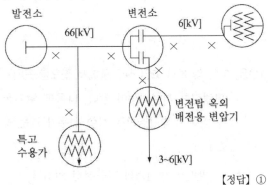

【정답】①

107. 고압 가공 전선로로부터 수전하는 수용가의 인입구에 시설하는 피뢰기의 접지 공사에 있어서 접지선이 피뢰기 접지 공사 전용의 것이면 접지 저항[Ω]은 얼마까지 허용되는가?

① 5   ② 10   ③ 30   ④ 75

|정|답|및|해|설|
[피뢰기의 접지 (KEC 341.15)] 고압 및 특고압의 전로에 시설하는 피뢰기 접지저항 값은 10[Ω] 이하 하여야 한다. 다만, 고압가공전선에 시설하는 피뢰기 접지공사 전용으로 시설하는 경우에는 30[Ω]까지 할 수 있다. 【정답】③

108. 고압 전로에 사용하는 포장 퓨즈는 정격 전류의 몇 배에 견디어야 하는가?

① 1.1   ② 1.25

③ 1.3   ④ 2

|정|답|및|해|설|
[고압 및 특고압 전로 중의 과전류 차단기의 시설 (KEC 341.11)] 고압 전로에서 포장 퓨즈는 1.3배를 견디고 2배에서 120분, 비포장 퓨즈는 1.25배를 견디고 2배에서 2분 【정답】③

109. 다음 공사 방법 중 고압 옥내 배선을 할 수 있는 것은?

① 애자 사용 공사   ② 금속관 공사

③ 합성 수지관 공사   ④ 덕트 공사

|정|답|및|해|설|
[고압 옥내배선 등의 시설 (KEC 342.1)] 고압 옥내배선을 할 수 있는 공사는 애자 사용 공사, 케이블 공사, 케이블트레이 공사이다. 【정답】①

110. 고압 옥내배선 공사 중 애자 사용 공사에 있어서 전선 지지점간의 최대 거리[m]는?(단, 전선은 조영재의 면에 따라 시설하지 않았다.)

① 2   ② 4

③ 4.5   ④ 6

|정|답|및|해|설|
[고압 옥내배선 등의 시설 (KEC 342.1)] 애자 사용 공사나 케이블 공사에서 조영재 면에 따라 시설하는 경우에는 지지점 간격이 2[m], 조영재 면에 따라 시설하지 않는 경우는 6[m] 이내로 지지하면 된다. 【정답】④

111. 특별 고압선을 옥내에 시설하는 경우 그 사용 전압의 최대 한도는?

① 100[kV]   ② 170[kV]

③ 350[kV]   ④ 사용전압에 제한 없음

|정|답|및|해|설|

[특별고압 옥내 전기 설비의 시설 (KEC 342.4)] 특별고압 옥내 시설 시 사용전압은 최대 100[KV]이다. (단, 케이블 트레이 공사에 의해서 시설되는 경우에는 35[KV] 이하로 한다.)

【정답】①

112. 특별고압 옥내배선과 고저압선과의 이격거리 [cm]는?

① 15   ② 30

③ 45   ④ 60

|정|답|및|해|설|

[특별고압 옥내 전기 설비의 시설 (KEC 342.4)] 특별 고압 옥내 배선이 저압 옥내 전선, 관등회로의 배선 또는 고압 옥내 전선 사이의 이격 거리는 60[cm] 이상일 것

【정답】④

113. 345[kV]의 옥외 변전소에 있어서 울타리의 높이와 울타리에서 충전 부분까지 거리[m]의 합계는?

① 6.48   ② 8.16

③ 8.40   ④ 8.28

|정|답|및|해|설|

[울타리, 담 등의 시설 (KEC 351.1)]

· 거리의 합계 $D = 6 + 단수 \times 12 [cm]$

· 단수 $= \dfrac{사용전압[kV] - 160}{10}$

  $D = 6 + 0.12 \times 19 = 8.28 [m]$ 【정답】④

114. 154[kV] 울타리의 높이와 울타리에서 충전부 분까지의 거리의 합계는 몇 [m] 이상이어야 하는가?

① 5   ② 5.5

③ 6   ④ 6.5

|정|답|및|해|설|

[울타리, 담 등의 시설 (KEC 351.1)]

160[KV] 미만은 6[m]   【정답】③

115. 발전기의 보호 장치에 있어서 그 발전기를 구동하는 수차의 압유 장치의 유압이 현저히 저하한 경우, 자동 차단시켜야 하는 발전기 용량은 얼마 이상으로 되어있는가?

① 500[kVA]   ② 1000[kVA]

③ 5000[kVA]   ④ 10000[kVA]

|정|답|및|해|설|

[발전기 등의 보호 장치 (KEC 351.3)] 500[kVA] 이상 발전기 의 경우 수차 압유 장치의 유압이 현저히 저하 될 경우 자동 차단 장치를 시설

500[kVA] 이상의 발전기	수차 압유 장치의 유압이 현저히 저하	자동 차단 장치

【정답】①

116. 20[kV]급 전로에 접속한 전력용 콘덴서 장치 에 울타리를 하고자 한다. 울타리의 높이를 2[m]로 하면 울타리로부터 콘덴서 장치의 최 단 충전부까지의 거리[m]는 얼마인가?

① 2   ② 3

③ 4   ④ 5

|정|답|및|해|설|

[울타리, 담 등의 시설 (KEC 351.1)] 울타리와 충전부까지의 거리를 합하여 5[m]이므로 울타리 높이가 2[m]이면 충전부 까지의 거리는 3[m]이다.

【정답】②

117. 발전기, 변압기, 조상기, 모선 또는 이를 지지 하는 애자는 어느 전류에 의하여 생기는 기계 적 충격에 견디는 강도를 가져야 하는가?

① 정격전류   ② 단락전류

③ 1.25 × 정격전류   ④ 과부하전류

[발전기 등의 기계적 강도 (기술기준 제23조)] 예상 최대 고장전류인 단락전류에 의한 기계적 충격에 견디는 강도를 가져야 한다. 【정답】②

118. 정격출력 (   )[kW]를 넘는 증기 터빈에 있어서 그의 스러스트 베어링이 현저하게 마모되거나 온도가 현저히 상승한 경우, 그 발전기를 전로로부터 차단하는 자동장치가 필요하다. 다음에서 괄호에 알맞은 것은?

① 500[kW] ② 2,000[kW]
③ 5,000[kW] ④ 10,000[kW]

[발전기 등의 보호 장치 (KEC 351.3)] 발전기에서 증기터빈의 베어링의 마모로 온도가 상승하는 경우 용량 10000[KW] 이상이면 자동 차단하는 장치를 시설해야 한다. 【정답】④

119. 과전압이 생긴 경우 자동적으로 전로로부터 차단하는 장치를 하여야 하는 전력용 콘덴서의 최소 뱅크 용량[kVA]은?

① 500 ② 5000
③ 10000 ④ 15000

[조상 설비의 보호 장치 (KEC 351.3)] 과전압 최소는 15000[kVA], 과전류 최소는 500[kVA] 【정답】④

120. 특별 고압용 변압기로서 내부 고장이 발생한 경우 경보만 하여도 좋은 것은 어느 범위의 용량인가?

① 500[kVA] 이상 1000[kVA] 미만
② 1000[kVA] 이상 5000[kVA] 미만
③ 5000[kVA] 이상 10000[kVA] 미만
④ 10000[kVA] 이상 15000[kVA] 미만

[특고압용 변압기 보호 장치 (KEC 351.3)] 5000[kVA] 이상 10000[kVA]미만 특별 고압용 변압기로서 내부고장이 발생한 경우나 타냉식인 경우에는 경보 장치를 시설한다. 【정답】③

121. 발전소나 변전소의 주요 변압기에 있어서 계측하는 장치가 꼭 필요하지 않은 것은?

① 유량 ② 유온
③ 전압 ④ 전력

[계측장치의 시설 (KEC 351.6)] 역률, 유량계 등은 반드시 시설할 의무가 없다. 【정답】①

122. 송유 풍냉식 및 타냉식 변압기의 특별 고압용 변압기의 송풍기고장이 생길 경우 에 어느 보호 장치가 필요한가?

① 경보 장치 ② 자동 차단 장치
③ 전압 계전기 ④ 속도 조정 장치

[특고압용 변압기 보호 장치 (KEC 351.3)] 특고압 변압기의 타냉식은 경보 장치를 한다. 【정답】①

123. 조상기의 내부에 고장이 발생한 경우에 자동적으로 조상기를 전로로부터 차단하는 장치를 필요로 하는 조상기의 용량은 최소 몇 [kVA]인가?

① 15,000 ② 10,000
③ 7,000 ④ 5,000

[조상 설비의 보호 장치 (KEC 351.3)] 조상기 내부고장은 15000[kVA]. 조상기란 무효전력을 공급하는 장치를 말한다. 【정답】①

124. 발전소에서 계측 장치를 시설하지 않아도 되는 것은?

① 발전기의 전압 및 전류 또는 전력
② 발전기의 베어링 및 고정자의 온도
③ 특별 고압 모선의 전압 및 전류 또는 전력
④ 특별 고압용 변압기의 온도

|정|답|및|해|설|
[계측 장치 (KEC 351.6)] 특별고압 모선은 계측 장치를 시설하지 않는다.　　　　　　　　　　　　【정답】③

125. 전력보안 통신용 전화 설비를 시설하여야 하는 곳은?

① 원격감시 제어가 되는 발전소
② 2이상의 발전소 상호간
③ 원격감시 제어가 되는 변전소
④ 2이상의 급전소 상호간

|정|답|및|해|설|
[전력보안통신설비의 시설 요구사항 (KEC 362.1)] 발전소, 변전소 및 변환소의 전력보안통신설비의 시설장소는 다음에 따른다.
① 원격감시 되지 않는 발·A변전소, 발·변전 제어소, 개폐소 및 전선로의 기술원 주재소와 이를 운용하는 급전소간
② 2이상의 급전소 상호간과 이들을 총합 운영하는 급전소간
③ 수력설비 중 필요한 곳(양수소 및 강수량 관측소와 수력발전소간)
④ 동일 수계에 속하고 보안상 긴급 연락 필요 있는 수력발전소 상호간　　　　　　　　　　　【정답】④

126. 사용 전압이 22.9[kV]의 첨가 통신선과 철도가 교차하는 경우 경동선을 첨가 통신선으로 사용할 경우 최소 굵기[mm]는 얼마인가?

① 3.2　　　　　　② 4.0
③ 4.5　　　　　　④ 5.0

|정|답|및|해|설|
[전력보안통신케이블의 지상고와 배전설비와의 이격거리 (KEC 362.2)] 인장강도 8.01[KN] 이상의 것 또는 지름 5[mm] 이상 경동선　　　　　　　　　　　　　【정답】④

127. 특별고압 가공전선로의 지지물에 시설하는 통신선 또는 이에 직접 접속하는 통신선이 도로, 횡단보도교, 철도, 궤도, 삭도 또는 교류 전차선 등과 교차하는 경우에 통신선과 삭도 또는 다른 가공 약전류 전선 등 사이의 이격거리는 몇 [cm] 이상으로 하여야 하는가?(단, 통신선은 광섬유 케이블이라고 한다.)

① 30　　　　　　② 40
③ 50　　　　　　④ 60

|정|답|및|해|설|
[전력보안통신케이블의 지상고와 배전설비와의 이격거리 (KEC 362.2)]
① 통신선이 도로, 횡단보도교, 철도, 삭도와 교차하는 경우 통신선은 지름 4.0[mm] 절연 전선 또는 인장강도 8.01[KN] 이상의 것, 지름 5.0[mm]경동선을 사용할 것
② 통신선과 삭도(케이블카) 또는 다른 가공 약전류전선 등 사이의 이격거리는 80[cm]이격(통신선이 케이블 또는 광섬유 케이블일 때에는 40[cm] 이상으로 할 것)
　　　　　　　　　　　　　　　　【정답】②

128. 전력보안 통신설비로 무선용 안테나 등의 시설에 관한 설명으로 옳은 것은?

① 항상 가공전선로의 지지물에 시설한다.
② 접지와 공용으로 사용할 수 있도록 시설한다.
③ 전선로의 주위 상태를 감시할 목적으로 시설한다.
④ 피뢰침 설비가 불가능한 개소에 시설한다.

|정|답|및|해|설|
[무선용 안테나 등의 시설 제한 (KEC 364.2)] 무선용 안테나 및 화상감시용 설비 등은 전선로의 주위 상태를 감시할 목적으로 시설하는 것 이외에는 가공전선로의 지지물에 시설해서는 안 된다.
　　　　　　　　　　　　　　　　【정답】③

전기 철도 설비

01 통칙 (kec 400)

(1) 전기철도의 용어 정의 (kec 402)

1. 전기철도: 전기를 공급받아 열차를 운행하여 여객(승객)이나 화물을 운송하는 철도를 말한다.

2. 전기철도설비: 전기철도설비는 전철 변전설비, 급전설비, 부하설비(전기철도차량 설비 등)로 구성된다.

3. 전기철도차량 : 전기적 에너지를 기계적 에너지로 바꾸어 열차를 견인하는 차량으로 전기방식에 따라 직류, 교류, 직·교류 겸용, 성능에 따라 전동차, 전기기관차로 분류한다.

4. 궤도: 레일, 침목 및 도상과 이들의 부속품으로 구성된 시설을 말한다.

5. 차량: 전동기가 있거나 또는 없는 모든 철도의 차량(객차, 화차 등)을 말한다.

6. 열차: 동력차에 객차, 화차 등을 연결하고 본선을 운전할 목적으로 조성된 차량을 말한다.

7. 레일: 철도에 있어서 차륜을 직접지지하고 안내해서 차량을 안전하게 주행시키는 설비를 말한다.

8. 전차선: 전기철도차량의 집전장치와 접촉하여 전력을 공급하기 위한 전선을 말한다.

9. 전차선로: 전기철도차량에 전력를 공급하기 위하여 선로를 따라 설치한 시설물로서 전차선, 급전선, 귀선과 그 지지물 및 설비를 총괄한 것을 말한다.

10. 급전선: 전기철도차량에 사용할 전기를 변전소로부터 합성전차선에 공급하는 전선을 말한다.

11. 급전선로: 급전선 및 이를 지지하거나 수용하는 설비를 총괄한 것을 말한다.

12. 급전방식: 전기철도차량에 전력을 공급하기 위하여 변전소로부터 급전선, 전차선, 레일, 귀선으로 구성되는 전력공급방식을 말한다.

13. 합성전차선: 전기철도차량에 전력을 공급하기위하여 설치하는 전차선, 조가선(강체포함), 행어이어, 드로퍼 등으로 구성된 가공전선을 말한다.

14. 조가선: 전차선이 레일면상 일정한 높이를 유지하도록 행어이어, 드로퍼 등을 이용하여 전차선 상부에서 조가하여 주는 전선을 말한다.

15. 가선방식: 전기철도차량에 전력을 공급하는 전차선의 가선방식으로 가공식, 강체식, 제3궤조식으로 분류한다.

16. 전차선 기울기: 연접하는 2개의 지지점에서, 레일면에서 측정한 전차선 높이의 차와 경간 길이와의 비율을 말한다.

17. 전차선 높이: 지지점에서 레일면과 전차선 간의 수직거리를 말한다.

18. 전차선 편위: 팬터그래프 집전판의 편마모를 방지하기 위하여 전차선을 레일면 중심수직선으로부터 한쪽으로 치우친 정도의 치수를 말한다.

19. 귀선회로: 전기철도차량에 공급된 전력을 변전소로 되돌리기 위한 귀로를 말한다.

20. 누설전류: 전기철도에 있어서 레일 등에서 대지로 흐르는 전류를 말한다.

21. 수전선로: 전기사업자에서 전철변전소 또는 수전설비 간의 전선로와 이에 부속되는 설비를 말한다.

22. 전철변전소: 외부로부터 공급된 전력을 구내에 시설한 변압기, 정류기 등 기타의 기계 기구를 통해 변성하여 전기철도차량 및 전기철도설비에 공급하는 장소를 말한다.

23. 지속성 최저전압: 무한정 지속될 것으로 예상되는 전압의 최저값을 말한다.

24. 지속성 최고전압: 무한정 지속될 것으로 예상되는 전압의 최고값을 말한다.

25. 장기 과전압: 지속시간이 20[ms] 이상인 과전압을 말한다.

02 전기철도의 전기방식 (kec 410)

(1) 전력수급조건

① 수전선로의 전력수급조건은 부하의 크기 및 특성, 지리적 조건, 환경적 조건, 전력조류, 전압강하, 수전 안정도, 회로의 공진 및 운용의 합리성, 장래의 수송수요, 전기사업자 협의 등을 고려하여 다음의 공칭전압(수전전압)으로 선정하여야 한다.

공칭전압(수전전압)[kV]	교류 3상 22.9, 154, 345

② 수전선로는 지형적 여건 등 시설조건에 따라 가공 또는 지중 방식으로 시설하며, 비상시를 대비하여 예비선로를 확보하여야 한다.

(2) 전차선로의 전압 (kec 411.2)

직류방식과 교류방식으로 구분된다.

① 직류(DC)방식

　1. 공칭전압 : 750[V]~1500[V]

② 교류(AC)방식

　1. 공칭전압 : 급전선과 전차선간의 공칭전압은 단상교류 50[kV](급전선과 레일 및 전차선과 레일 사이의의 전압은 25[kV])를 표준으로 한다.

03 전기철도의 변전방식 (kec 420)

(1) 변전소 등의 구성 (kec 421.1)

① 전기철도설비는 고장 시 고장의 범위를 한정하고 고장전류를 차단할 수 있어야 하며, 단전이 필요할 경우 단전 범위를 한정 할 수 있도록 계통별 및 구간별로 분리할 수 있어야 한다.

② 차량 운행에 직접적인 영향을 미치는 설비 고장이 발생한 경우 고장 부분이 정상 부분으로 파급되지 않게 전기적으로 자동 분리할 수 있어야 하며, 예비설비를 사용하여 정상 운용할 수 있어야 한다.

(2) 변전소 등의 계획 (kec 421.2)

① 전기철도 노선, 전기철도차량의 특성, 차량운행계획 및 철도망건설계획 등 부하특성과 연장급전 등을 고려하여 변전소 등의 용량을 결정하고, 급전계통을 구성하여야 한다.

② 변전소의 위치는 가급적 수전선로의 길이가 최소화 되도록 하며, 전력수급이 용이하고, 변전소 앞 절연구간에서 전기철도차량의 타행운행이 가능한 곳을 선정하여야 한다. 또한 기기와 시설자재의 운반이 용이하고, 공해, 염해, 각종 재해의 영향이 적거나 없는 곳을 선정하여야 한다.

③ 변전설비는 설비운영과 안전성 확보를 위하여 원격 감시 및 제어방법과 유지보수 등을 고려하여야 한다.

(3) 변전소의 용량 (kec 421.3)

① 변전소의 용량은 급전구간별 정상적인 열차부하조건에서 1시간 최대출력 또는 순시 최대출력을 기준으로 결정하고, 연장급전 등 부하의 증가를 고려하여야 한다.

② 변전소의 용량 산정 시 현재의 부하와 장래의 수송수요 및 고장 등을 고려하여 변압기 뱅크를 구성하여야 한다.

(4) 변전소의 설비 (kec 421.4)

① 변전소 등의 계통을 구성하는 각종 기기는 운용 및 유지보수성, 시공성, 내구성, 효율성, 친환경성, 안전성 및 경제성 등을 종합적으로 고려하여 선정하여야 한다.

② 급전용변압기는 직류 전기철도의 경우 3상 정류기용 변압기, 교류 전기철도의 경우 3상 스코트결선 변압기의 적용을 원칙으로 하고, 급전계통에 적합하게 선정하여야 한다.

③ 차단기는 계통의 장래계획을 감안하여 용량을 결정하고, 회로의 특성에 따라 기종과 동작책무 및 차단시간을 선정하여야 한다.

④ 개폐기는 선로 중 중요한 분기점, 고장발견이 필요한 장소, 빈번한 개폐를 필요로 하는 곳에 설치하며, 개폐상태의 표시, 쇄정장치 등을 설치하여야 한다.

⑤ 제어용 교류전원은 상용과 예비의 2계통으로 구성하여야 한다.

⑥ 제어반의 경우 디지털계전기방식을 원칙으로 하여야 한다.

04 전기철도의 전차선로 (kec 430)

(1) 전차선 가선방식 (kec 431.1)

전차선의 가선방식은 가공방식, 강체가선방식, 제3궤조 방식을 표준으로 한다.

(2) 전차선로의 충전부와 건조물 간의 절연이격 (kec 431.2)

① 전차선의 건조물 간의 최소 이격기리

시스템 종류	공칭 전압[V]	동적[mm]		정적[mm]	
		비오염	오염	비오염	오염
직류	750	25	25	25	25
	1,500	100	110	150	160
단상 교류	25,000	170	220	270	320

② 전차선로의 충전부와 차량 간의 절연이격

시스템 종류	공칭전압(V)	동적(mm)	정적(mm)
직류	750	25	25
	1,500	100	150
단상교류	25,000	190	290

(3) 급전선로 (kec 431.4)

① 급전선은 나전선을 적용하여 가공식으로 가설을 원칙으로 한다. 다만, 전기적 이격거리가 충분하지 않거나 지락, 섬락 등의 우려가 있을 경우에는 급전선을 케이블로 하여 안전하게 시공하여야 한다.

② 가공식은 전차선의 높이 이상으로 전차선로 지지물에 병가하며, 나전선의 접속은 직선접속을 원칙으로 한다.

③ 신설 터널 내 급전선을 가공으로 설계할 경우 지지물의 취부는 C찬넬 또는 매입전을 이용하여 고정하여야 한다.

④ 선상승강장, 인도교, 과선교 또는 교량 하부 등에 설치할 때에는 최소 절연이격거리이상을 확보하여야 한다.

(4) 귀선로 (kec 431.5)

① 귀선로는 비절연보호도체, 매설접지도체, 레일 등으로 구성하여 단권변압기 중성점과 공통접지에 접속한다.

② 비절연보호도체의 위치는 통신유도장해 및 레일전위의 상승의 경감을 고려하여 결정하여야 한다.

③ 귀선로는 사고 및 지락 시에도 충분한 허용전류용량을 갖도록 하여야 한다.

(5) 전차선 및 급전선의 높이 (kec 431.6)

전차선과 급전선의 최소 높이는 다음 표의 값 이상을 확보하여야 한다.

시스템 종류	공칭전압[V]	동적[mm]	정적[mm]
직류	750	4,800	4,400
	1,500	4,800	4,400
단상교류	25,000	4,800	4,570

(6) 전차선의 기울기 (kec 431.7)

전차선의 기울기는 해당 구간의 열차 통과 속도에 따라 아래 표에 따른다. 다만 구분장치 또는 분기 구간에서는 전차선에 기울기를 주지 않아야 한다. 또한, 궤도면상으로부터 전차선 높이는 같은 높이로 가선하는 것을 원칙으로 하되 터널, 과선교 등 특정 구간에서 높이 변화가 필요한 경우에는 가능한 한 작은 기울기로 이루어져야 한다.

설계속도[V] (km/시간)	속도등급	기울기(천분율)
$300 < V \leq 350$	350킬로급	0
$250 < V \leq 300$	300킬로급	0
$200 < V \leq 250$	250킬로급	1
$150 < V \leq 200$	200킬로급	2
$120 < V \leq 150$	150킬로급	3
$70 < V \leq 120$	120킬로급	4
$V \leq 70$	70킬로급	10

(7) 전차선의 편위 (kec 431.8)

① 전차선의 편위는 오버랩이나 분기 구간 등 특수 구간을 제외하고 레일면에 수직인 궤도 중심선으로부터 좌우로 각각 200[mm]를 표준으로 하며, 팬터그래프 집전판의 고른 마모를 위하여 지그재그 편위를 준다.

② 전차선의 편위는 선로의 곡선반경, 궤도조건, 열차속도, 차량의 편위량 등을 고려하여 최악의 운행환경에서도 전차선이 팬터그래프 집전판의 집전 범위를 벗어나지 않아야 한다.

③ 제3궤조 방식에서 전차선의 편위는 차량의 집전장치의 집전범위를 벗어나지 않아야 한다.

(8) 전차선로 지지물 설계 시 고려하여야 하는 하중 (kec 431.9)

① 전차선로 지지물 설계 시 선로에 직각 및 평행방향에 대하여 전선 중량, 브래킷, 빔 기타 중량, 작업원의 중량을 고려하여야 한다.

② 또한 풍압하중, 전선의 횡장력, 지지물이 특수한 사용조건에 따라 일어날 수 있는 모든 하중을 고려하여야 한다.

③ 지지물 및 기초, 지선기초에는 지진 하중을 고려하여야 한다.

(9) 전차선로 설비의 안전율 (kec 431.10)

하중을 지탱하는 전차선로 설비의 강도는 작용이 예상되는 하중의 최악 조건 조합에 대하여 다음의
최소 안전율이 곱해진 값을 견디어야 한다.

① 합금전차선의 경우 2.0 이상

② 경동선의 경우 2.2 이상

③ 조가선 및 조가선 장력을 지탱하는 부품에 대하여 2.5 이상

④ 복합체 자재(고분자 애자 포함)에 대하여 2.5 이상

⑤ 지지물 기초에 대하여 2.0 이상

⑥ 장력조정장치 2.0 이상

⑦ 빔 및 브래킷은 소재 허용응력에 대하여 1.0 이상

⑧ 철주는 소재 허용응력에 대하여 1.0 이상

⑨ 가동브래킷의 애자는 최대 만곡하중에 대하여 2.5 이상

⑩ 지선은 선형일 경우 2.5 이상, 강봉형은 소재 허용응력에 대하여 1.0 이상

05 전기철도의 설비를 위한 보호 (kec 450)

(1) 보호협조 (kec 451.1)

① 보호계전방식은 신뢰성, 선택성, 협조성, 적절한 동작, 양호한 감도, 취급 및 보수 점검이 용이

② 급전선로는 안정도 향상, 자동복구, 정전시간 감소를 위하여 보호계전방식에 자동재폐로 기능

④ 전차선로용 애자를 섬락사고로부터 보호하고 접지전위 상승을 억제하기 위하여 적정한 보호설비
구비

⑤ 가공 선로측에서 발생한 지락 및 사고전류의 파급을 방지하기 위하여 피뢰기를 설치하여야 한다.

(2) 절연협조 (kec 451.2)

변전소 등의 입, 출력 측에서 유입되는 뇌해, 이상전압과 변전소 등의 계통 내에서 발생하는 개폐서지
의 크기 및 지속성, 이상전압 등을 고려한다.

(3) 피뢰기 설치장소 (kec 451.3)

① 다음의 장소에 피뢰기를 설치하여야 한다.

1. 변전소 인입측 및 급전선 인출측

2. 가공전선과 직접 접속하는 지중케이블에서 낙뢰에 의해 절연파괴의 우려가 있는 케이블 단말

② 피뢰기는 가능한 한 보호하는 기기와 가깝게 시설하되 누설전류 측정이 용이하도록 지지대와
절연하여 설치한다.

(4) 피뢰기의 선정 (kec 451.4)

피뢰기는 다음의 조건을 고려하여 선정한다.

① 피뢰기는 밀봉형을 사용하고 유효 보호거리를 증가시키기 위하여 방전개시전압 및 제한전압이 낮은 것을 사용한다.

② 유도뢰서지에 대하여 2선 또는 3선의 피뢰기 동시동작이 우려되는 변전소 근처의 단락 전류가 큰 장소에는 속류차단능력이 크고 또한 차단성능이 회로조건의 영향을 받을 우려가 적은 것을 사용한다.

06 전기철도의 안전을 위한 보호 (kec 460)

(1) 감전에 대한 보호조치 (kec 461.1)

① 공칭전압이 교류 1[kV] 또는 직류 1.5[kV] 이하인 경우 사람이 접근할 수 있는 보행표면의 경우 가공 전차선의 충전부뿐만 아니라 전기철도차량 외부의 충전부(집전장치, 지붕도체 등)와의 직접 접촉을 방지하기 위한 공간거리가 있어야 하며 아래 그림에서 표시한 공간거리 이상을 확보하여야 한다. 단, 제3궤조 방식에는 적용되지 않는다.

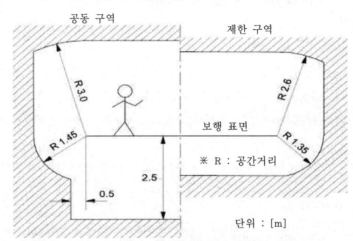

[공칭전압이 교류 1[kV] 또는 직류 1.5[kV] 이하인 경우 사람이 접근할 수 있는 보행표면의 공간 거리]

② ①에 제시된 공간거리를 유지할 수 없는 경우 충전부와의 직접 접촉에 대한 보호를 위해 장애물을 설치하여야 한다. 충전부가 보행표면과 동일한 높이 또는 낮게 위치한 경우 장애물 높이는 장애물 상단으로부터 1.35[m]의 공간 거리를 유지하여야 하며, 장애물과 충전부 사이의 공간거리는 최소한 0.3[m]로 하여야 한다.

③ 공칭전압이 교류 1[kV] 초과 25[kV] 이하인 경우 또는 직류 1.5[kV] 초과 25[kV] 이하인 경우 사람이 접근할 수 있는 보행표면의 경우 가공 전차선의 충전부뿐만 아니라 차량외부의 충전부(집전장치,

지붕도체 등)와의 직접접촉을 방지하기 위한 공간거리가 있어야 하며, 아래 그림에서 표시한 공간 거리 이상을 유지하여야 한다.

④ ③에 제시된 공간거리를 유지할 수 없는 경우 충전부와의 직접 접촉에 대한 보호를 위해 장애물을 설치하여야 한다.

⑤ 충전부가 보행표면과 동일한 높이 또는 낮게 위치한 경우 장애물 높이는 장애물 상단으로부터 1.5[m]의 공간 거리를 유지하여야 하며, 장애물과 충전부 사이의 공간거리는 최소한 0.6[m]로 하여야 한다.

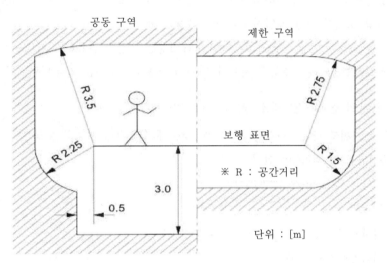

공칭전압이 교류 1[kV] 초과 25[kV] 이하인 경우 또는 직류 1.5[kV] 초과
25[kV] 이하인 경우 사람이 접근할 수 있는 보행표면의 공간거리

(2) 레일 전위의 위험에 대한 보호 (kec 461.2)

① 레일 전위는 고장 조건에서의 접촉전압 또는 정상 운전조건에서의 접촉전압으로 구분하여야 한다.

② 교류 전기철도 급전시스템에서의 레일 전위의 최대 허용 접촉전압은 표의 값 이하여야 한다. 단, 작업장 및 이와 유사한 장소에서는 최대 허용 접촉전압을 25[V](실효값)를 초과하지 않아야 한다.

[교류 전기철도 급전시스템의 최대 허용 접촉전압]

시간 조건	최대 허용 접촉전압(실효값)
순시조건(t≤0.5초)	670[V]
일시적 조건(0.5초〈t≤300초)	65[V]
영구적 조건(t>300)	60[V]

③ 직류 전기철도 급전시스템에서의 레일 전위의 최대 허용 접촉전압은 표의 값 이하여야 한다. 단, 작업장 및 이와 유사한 장소에서 최대 허용 접촉전압은 60[V]를 초과하지 않아야 한다.

[직류 전기철도 급전시스템의 최대 허용 접촉전압]

시간 조건	최대 허용 접촉전압
순시조건(t≤0.5초)	535[V]
일시적 조건(0.5초〈t≤300초)	150[V]
영구적 조건(t>300)	120[V]

④ 직류 및 교류 전기철도 급전시스템에서 최대 허용 접촉전압을 초과하는 높은 접촉전압이 발생할 수 있는지를 판단하기 위해서는 해당 지점에서 귀선 도체의 전압강하를 기준으로 하여 정상 동작 및 고장 조건에 대한 레일전위를 평가하여야 한다.

⑤ 직류 및 교류 전기철도 급전시스템에서 레일전위를 산출하여 평가 할 경우, 주행레일에 흐르는 최대 동작전류와 단락전류를 사용하고, 단락 산출의 경우에는 초기 단락전류를 사용하여야 한다.

(3) 레일 전위의 접촉전압 감소 방법 (kec 461.3)

① 교류 전기철도 급전시스템은 451.1.2의 2에 제시된 값을 초과하는 경우 다음 방법을 고려하여 접촉전압을 감소시켜야 한다.

  1. 접지극 추가 사용
  2. 등전위 본딩
  3. 전자기적 커플링을 고려한 귀선로의 강화
  4. 전압제한소자 적용
  5. 보행 표면의 절연
  6. 단락전류를 중단시키는데 필요한 트래핑 시간의 감소

② 직류 전기철도 급전시스템은 KEC의 규정된 값을 초과하는 경우 다음 방법을 고려하여 접촉전압을 감소시켜야 한다.

  1. 고장조건에서 레일 전위를 감소시키기 위해 전도성 구조물 접지의 보강
  2. 전압제한소자 적용
  3. 귀선 도체의 보강
  4. 보행 표면의 절연
  5. 단락전류를 중단시키는데 필요한 트래핑 시간의 감소

(4) 전식 방지 대책 (kec 461.4)

① 주행레일을 귀선으로 이용하는 경우에는 누설전류에 의하여 케이블, 금속제 지중관로 및 선로 구조물 등에 영향을 미치는 것을 방지하기 위한 적절한 시설을 하여야 한다.

② 전기철도측의 전식방식 또는 전식예방을 위해서는 다음 방법을 고려하여야 한다.

  1. 변전소 간 간격 축소
  2. 레일본드의 양호한 시공

3. 장대레일채택

4. 절연도상 및 레일과 침목사이에 절연층의 설치

③ 매설금속체측의 누설전류에 의한 전식의 피해가 예상되는 곳은 다음 방법을 고려하여야 한다.

1. 배류장치 설치

2. 절연코팅

3. 매설금속체 접속부 절연

4. 저준위 금속체를 접속

5. 궤도와의 이격 거리 증대

6. 금속판 등의 도체로 차폐

(5) 누설전류 간섭에 대한 방지 (kec 461.5)

① 직류 전기철도 시스템의 누설전류를 최소화하기 위해 귀선전류를 금속귀선로 내부로만 흐르도록 하여야 한다.

② 심각한 누설전류의 영향이 예상되는 지역에서는 정상 운전 시 단위길이당 컨덕턴스 값은 다음 표의 값 이하로 유지될 수 있도록 하여야 한다.

견인 시스템	옥외[S/km]	터널[S/km]
철도선로(레일)	0.5	0.5
개방 구성에서의 대량수송 시스템	0.5	0.1
폐쇄 구성에서의 대량수송 시스템	2.5	–

③ 귀선시스템의 종 방향 전기저항을 낮추기 위해서는 레일 사이에 저저항 레일본드를 접합 또는 접속하여 전체 종 방향 저항이 5[%] 이상 증가하지 않도록 하여야 한다.

④ 귀선시스템의 어떠한 부분도 대지와 절연되지 않은 설비, 부속물 또는 구조물과 접속되어서는 안 된다.

⑤ 직류 전기철도 시스템이 매설 배관 또는 케이블과 인접할 경우 누설전류를 피하기 위해 최대한 이격시켜야 하며, 주행레일과 최소 1[m] 이상의 거리를 유지하여야 한다.

1. 한국전기설비규정에서 정의하는 전기철도설비와 거리가 가장 먼 것은?

① 전차선로　　　② 전철 변전설비

③ 급전설비　　　④ 부하설비

|정|답|및|해|설|

[용어 정의 (kec 402)] 전기철도설비는 전철 변전설비, 급전설비, 부하설비(전기철도차량 설비 등)로 구성된다.

【정답】①

2. 궤도에 해당하지 않는 것은?

① 레일　　　② 객차

③ 침목　　　④ 도상

|정|답|및|해|설|

[용어 정의 (kec 402)] 궤도는 레일, 침목 및 도상과 이들의 부속품으로 구성된 시설을 말한다.

【정답】②

3. 장기 과전압이란 지속시간이 몇 [ms] 이상인 과전압을 말하는가?

① 10　　　② 20

③ 30　　　④ 40

|정|답|및|해|설|

[용어 정의 (kec 402)] 장기 과전압이란 지속시간이 20[ms] 이상인 과전압을 말한다.

【정답】②

4. 전기철도에서 합성전차선을 구성으로 알맞지 않은 것은?

① 전차선

② 조가선(강체포함)

③ 행어이어

④ 접지선

|정|답|및|해|설|

[용어 정의 (kec 402)] 합성전차선이란 전기철도차량에 전력을 공급하기위하여 설치하는 전차선, 조가선(강체포함), 행어이어, 드로퍼 등으로 구성된 가공전선을 말한다.

【정답】④

5. 전기철도에서 수전선로의 전력수급조건은 부하의 크기 및 특성, 지리적 조건, 환경적 조건, 전력조류, 전압강하, 수전 안정도, 회로의 공진 및 운용의 합리성, 장래의 수송수요, 전기사업자 협의 등을 고려하여 공칭전압(수전전압)으로 선정하여야 한다. 공칭전압에 해당되지 않는 것은?

① 22.9[kW]　　　② 154[kW]

③ 345[kW]　　　④ 625[kW]

|정|답|및|해|설|

[전력수급 조건 (kec 411.10)] 전력수급조건을 고려한 공칭전압은 22.9[kW], 154[kW], 345[kW], 625[kW]

【정답】④

6. 급전용변압기는 직류 전기철도의 경우 어떤 결선의 변압기를 원칙적으로 적용하는가?

① 3상 정류기용 변압기

② 3상 스코트결선 변압기

③ 환상결선

④ 대각결선

|정|답|및|해|설|

[변전소의 설비 (kec 421.4)] 급전용변압기는 직류 전기철도의 경우 3상 정류기용 변압기, 교류 전기철도의 경우 3상 스코트결선 변압기의 적용을 원칙으로 하고, 급전계통에 적합하게 선정하여야 한다. 【정답】①

7. 다음 중 전차선의 가선방식의 표준이 아닌 것은?

① 가공방식　　　② 강체가선방식

③ 제3궤조 방식　④ 지중방식

|정|답|및|해|설|

[전차선 가선방식 (kec 431.1)] 전차선의 가선방식은 열차의 속도 및 노반의 형태, 부하전류 특성에 따라 적합한 방식을 채택하여야 하며, 가공방식, 강체가선방식, 제3궤조 방식을 표준으로 한다. 【정답】④

8. 공칭전압이 직류 750[V]일 때 전차선과 차량 간의 최소 동적 절연이격거리는 몇 [mm]인가?

① 25　　　　② 50

③ 100　　　④ 150

|정|답|및|해|설|

[전차선로의 충전부와 건조물 간의 절연이격 (kec 431.2)]

시스템 종류	공칭전압(V)	동적(mm)	정적(mm)
직류	750	25	25
	1,500	100	150
단상교류	25,000	190	290

【정답】①

9. 전차선로 설비에서 경동선의 안전율은 몇 이상인가?

① 1.5　　　　② 2

③ 2.2　　　　④ 2.5

|정|답|및|해|설|

[전차선로 설비의 안전율 (kec 431.10)]
1. 합금전차선의 경우 2.0 이상
2. 경동선의 경우 2.2 이상
3. 조가선 및 조가선 장력을 지탱하는 부품에 대하여 2.5 이상
4. 복합체 자재(고분자 애자 포함)에 대하여 2.5 이상
5. 지지물 기초에 대하여 2.0 이상
6. 장력조정장치 2.0 이상
7. 빔 및 브래킷은 소재 허용응력에 대하여 1.0 이상
8. 철주는 소재 허용응력에 대하여 1.0 이상
9. 가동브래킷의 애자는 최대 만곡하중에 대하여 2.5 이상
10. 지선은 선형일 경우 2.5 이상, 강봉형은 소재 허용응력에 대하여 1.0 이상

【정답】③

10. 전식 방지를 위한 고려해야 할 사항에 해당되지 않는 것은?

① 배류장치 설치

② 변전소 간 간격 축소

③ 레일본드의 양호한 시공

④ 절연도상 및 레일과 침목사이에 절연층의 설치

|정|답|및|해|설|

[전식방지대책 (kec 461.4)] 전기철도측의 전식방식 또는 전식예방을 위해서는 다음 방법을 고려하여야 한다.
1. 변전소 간 간격 축소
2. 레일본드의 양호한 시공
3. 장대레일채택
4. 절연도상 및 레일과 침목사이에 절연층의 설치

【정답】①

분산형 전원 설비

01 통칙 (kec 500)

(1) 용어의 정의 (kec 502)

① 건물일체형 태양광발전시스템 : 태양광 모듈을 건축물에 설치하여 건축 부자재의 역할 및 기능과 전력생산을 동시에 할 수 있는 시스템으로 창호, 스팬드럴, 커튼월, 이중파사드, 외벽, 지붕재 등 건축물을 완전히 둘러싸는 벽·창·지붕 형태로 한정한다.

② 풍력터빈 : 바람의 운동에너지를 기계적 에너지로 변환하는 장치(가동부 베어링, 나셀, 블레이드 등의 부속물을 포함)를 말한다.

③ MPPT : 태양광발전이나 풍력발전 등이 현재 조건에서 가능한 최대의 전력을 생산할 수 있도록 인버터 제어를 이용하여 해당 발전원의 전압이나 회전속도를 조정하는 최대출력추종 기능을 말한다.

(2) 계통 연계용 보호장치의 시설 (kec 503.2.4)

계통 연계하는 분산형전원설비를 설치하는 경우 다음에 해당하는 이상 또는 고장 발생 시 자동적으로 분산형전원설비를 전력계통으로부터 분리하기 위한 장치 시설 및 해당 계통과의 보호협조를 실시하여야 한다.

① 분산형전원설비의 이상 또는 고장

② 연계한 전력계통의 이상 또는 고장

③ 단독운전 상태

(3) 전기저장장치 (kec 510)

① 옥내전로의 대지전압 제한 (kec 511.3)

주택의 전기저장장치의 축전지에 접속하는 부하 측 옥내배선을 다음에 따라 시설하는 경우에 주택의 옥내전로의 대지전압은 직류 600[V] 이하이어야 한다.

1. 전로에 지락이 생겼을 때 자동적으로 전로를 차단하는 장치를 시설할 것

2. 사람이 접촉할 우려가 없는 은폐된 장소에 합성수지관공사, 금속관공사 및 케이블공사에 의하여 시설하거나, 사람이 접촉할 우려가 없도록 케이블공사에 의하여 시설하고 전선에 적당한 방호장치를 시설할 것

② 전기배선 (kec 512.1)

전선은 공칭단면적 2.5[mm^2] 이상의 연동선 또는 이와 동등 이상의 세기 및 굵기의 것일 것

③ 제어 및 보호장치 등 (kec 512.2)

1. 전기저장장치가 비상용 예비전원 용도를 겸하는 경우에는 다음에 따라 시설하여야 한다.

　가. 상용전원이 정전되었을 때 비상용 부하에 전기를 안정적으로 공급할 수 있는 시설을 갖출 것

　나. 전원유지시간 동안 비상용 부하에 전기를 공급할 수 있는 충전용량을 상시 보존하도록 시설할 것

2. 전기저장장치의 접속점에는 쉽게 개폐할 수 있는 곳에 개방상태를 육안으로 확인할 수 있는 전용의 개폐기를 시설하여야 한다.

3. 전기저장장치의 이차전지는 다음에 따라 자동으로 전로로부터 차단하는 장치를 시설하여야 한다.

　가. 과전압 또는 과전류가 발생한 경우

　나. 제어장치에 이상이 발생한 경우

　다. 이차전지 모듈의 내부 온도가 급격히 상승할 경우

4. 직류 단락전류를 차단하는 능력을 가지는 것이어야 하고 "직류용" 표시를 하여야 한다.

6. 직류전로에는 지락이 생겼을 때에 자동적으로 전로를 차단하는 장치를 시설하여야 한다.

7. 발전소 또는 변전소 혹은 이에 준하는 장소에 전기저장장치를 시설하는 경우 전로가 차단되었을 때에 경보하는 장치를 시설하여야 한다.

02 태양광 발전설비 (kec 520)

(1) 설치장소의 요구사항 (kec 521.1)

① 인버터, 제어반, 배전반 등의 시설은 기기 등을 조작 또는 보수점검할 수 있는 충분한 공간을 확보하고 필요한 조명설비를 시설하여야 한다.

② 인버터 등을 수납하는 공간에는 실내온도의 과열 상승을 방지하기 위한 환기시설을 갖추어야하며 적정한 온도와 습도를 유지하도록 시설하여야 한다.

③ 배전반, 인버터, 접속장치 등을 옥외에 시설하는 경우 침수의 우려가 없도록 시설하여야 한다.

(2) 설비의 안전 요구사항 (kec 521.2)

① 태양전지 모듈, 전선, 개폐기 및 기타 기구는 충전부분이 노출되지 않도록 시설하여야 한다.

② 모든 접속함에는 내부의 충전부가 인버터로부터 분리된 후에도 여전히 충전상태일 수 있음을 나타내는 경고가 붙어 있어야 한다.

③ 태양광설비의 고장이나 외부 환경요인으로 인하여 계통연계에 문제가 있을 경우 회로분리를 위한 안전시스템이 있어야 한다.

(3) 옥내전로의 대지전압 제한 (kec 521.3)

주택의 태양전지모듈에 접속하는 부하측 옥내배선의 대지전압은 직류 600[V] 이하일 것

(4) 전기배선 (kec 522.1.1)

① 전선은 다음에 의하여 시설하여야 한다.

  1. 모듈 및 기타 기구에 전선을 접속하는 경우는 나사로 조이고, 기타 이와 동등 이상의 효력이 있는 방법으로 기계적·전기적으로 안전하게 접속하고, 접속점에 장력이 가해지지 않도록 할 것

  2. 배선시스템은 바람, 결빙, 온도, 태양방사와 같이 예상되는 외부 영향을 견디도록 시설할 것

  3. 모듈의 출력배선은 극성별로 확인할 수 있도록 표시할 것

  4. 전선은 공칭단면적 2.5[mm^2] 이상의 연동선 또는 이와 동등 이상의 세기 및 굵기의 것일 것

(5) 전력변환장치의 시설 (kec 522.2.2)

인버터, 절연변압기 및 계통 연계 보호장치 등 전력변환장치의 시설은 다음에 따라 시설하여야 한다.

① 인버터는 실내·실외용을 구분할 것

② 각 직렬군의 태양전지 개방전압은 인버터 입력전압 범위 이내일 것

③ 옥외에 시설하는 경우 방수등급은 IPX4 이상일 것

(6) 모듈을 지지하는 구조물 (kec 522.2.4)

모듈의 지지물은 다음에 의하여 시설하여야 한다.

① 자중, 적재하중, 적설 또는 풍압, 지진 및 기타의 진동과 충격에 대하여 안전한 구조일 것

② 부식환경에 의하여 부식되지 아니하도록 다음의 재질로 제작할 것

  1. 용융아연 또는 용융아연-알루미늄-마그네슘합금 도금된 형강

  2. 스테인레스 스틸(STS)

  3. 알루미늄합금

  4. 상기와 동등이상의 성능(인장강도, 항복강도, 압축강도, 내구성 등)을 가지는 재질로서 KS제품 또는 동등이상의 성능의 제품일 것

③ 모듈 지지대와 그 연결부재의 경우 용융아연도금처리 또는 녹방지 처리를 하여야 하며, 절단가공 및 용접부위는 방식처리를 할 것

(7) 제어 및 보호장치 등 (kec 522.3)

① 역전류 방지기능은 다음과 같이 시설하여야 한다.

1. 1대의 인버터에 연결된 태양전지 직렬군이 2병렬 이상일 경우에는 각 직렬군에 역전류 방지기능이 있도록 설치할 것

2. 용량은 모듈단락전류의 2배 이상이어야 하며 현장에서 확인할 수 있도록 표시할 것

② 태양전지 모듈의 프레임은 지지물과 전기적으로 완전하게 접속하여야 한다.

03 풍력 발전설비 (kec 530)

(1) 화재방호설비 시설 (kec 531.3)

500[kW] 이상의 풍력터빈은 나셀 내부의 화재 발생 시, 이를 자동으로 소화할 수 있는 화재방호설비를 시설하여야 한다.

(2) 간선의 시설기준 (kec 532.1)

풍력발전기에서 출력배선에 쓰이는 전선은 CV선 또는 TFR-CV선을 사용하거나 동등 이상의 성능을 가진 제품을 사용하여야 하며, 전선이 지면을 통과하는 경우에는 피복이 손상되지 않도록 별도의 조치를 취할 것

(3) 풍력설비의 시설기준 (kec 532.2)

풍력터빈의 강도계산은 다음 사항을 따라야 한다.

① 최대풍압하중 및 운전 중의 회전력 등에 의한 풍력터빈의 강도계산에는 다음의 조건을 고려하여야 한다.

㉮ 사용조건

1. 최대풍속

2. 최대회전수

㉯ 강도조건

1. 하중조건

2. 강도계산의 기준

3. 피로하중

② ①의 강도계산은 다음 순서에 따라 계산하여야 한다.

1. 풍력터빈의 제원(블레이드 직경, 회전수, 정격출력 등)을 결정

2. 자중, 공기력, 원심력 및 이들에서 발생하는 모멘트를 산출

3. 풍력터빈의 사용조건(최대풍속, 풍력터빈의 제어)에 의해 각부에 작용하는 하중을 계산

4. 각부에 사용하는 재료에 의해 풍력터빈의 강도조건

5. 하중, 강도조건에 의해 각부의 강도계산을 실시하여 안전함을 확인

③ ②의 강도 계산개소에 가해진 하중의 합계는 다음 순서에 의하여 계산하여야 한다.

    1. 바람 에너지를 흡수하는 블레이드의 강도계산

    2. 블레이드를 지지하는 날개 축, 날개 축을 유지하는 회전축의 강도계산

    3. 블레이드, 회전축을 지지하는 나셀과 타워를 연결하는 요 베어링의 강도계산

(4) 제어 및 보호장치 시설의 일반 요구사항 (kec 532.3.1)

① 제어장치는 다음과 같은 기능 등을 보유하여야 한다.

    1. 풍속에 따른 출력 조절

    2. 출력제한

    3. 회전속도제어

    4. 계통과의 연계

    5. 기동 및 정지

    6. 계통 정전 또는 부하의 손실에 의한 정지

    7. 요잉에 의한 케이블 꼬임 제한

② 보호장치는 다음의 조건에서 풍력발전기를 보호하여야 한다.

    1. 과풍속

    2. 이상진동

    3. 발전기의 과출력 또는 고장

    4. 계통 정전 또는 사고

    5. 케이블의 꼬임 한계

③ 계측장치의 시설

풍력터빈에는 설비의 손상을 방지하기 위하여 운전 상태를 계측하는 다음의 계측장치를 시설하여야 한다.

    1. 회전속도계

    2. 풍속계

    3. 압력계

    4. 온도계

    5. 나셀(nacelle) 내의 진동을 감시하기 위한 진동계

04 연료전지설비 (kec 540)

(1) 연료전지 발전실의 가스 누설 대책 (kec 541.2)

① 연료가스를 통하는 부분은 최고사용 압력에 대하여 기밀성을 가지는 것이어야 한다.

② 연료전지 설비를 설치하는 장소는 연료가스가 누설 되었을 때 체류하지 않는 구조의 것이어야 한다.

③ 연료전지 설비로부터 누설되는 가스가 체류 할 우려가 있는 장소에 해당 가스의 누설을 감지하고 경보하기 위한 설비를 설치하여야 한다.

(2) 연료전지설비의 구조 (kec 542.1.3)

① 내압시험은 연료전지 설비의 내압 부분 중 최고 사용압력이 0.1[MPa] 이상의 부분은 최고 사용압력의 1.5배의 수압(수압으로 시험을 실시하는 것이 곤란한 경우는 최고 사용압력의 1.25배의 기압)까지 가압하여 압력이 안정된 후 최소 10분간 유지하는 시험을 실시하였을 때 이것에 견디고 누설이 없어야 한다.

② 기밀시험은 연료전지 설비의 내압 부분중 최고 사용압력이 0.1[MPa] 이상의 부분(액체 연료 또는 연료가스 혹은 이것을 포함한 가스를 통하는 부분에 한정한다.)의 기밀시험은 최고 사용압력의 1.1배의 기압으로 시험을 실시하였을 때 누설이 없어야 한다.

(3) 안전밸브 (kec 542.1.4)

안전밸브의 분출압력은 다음과 같이 설정하여야 한다.

① 안전밸브가 1개인 경우는 그 배관의 최고사용압력 이하의 압력으로 한다. 다만, 배관의 최고사용압력 이하의 압력에서 자동적으로 가스의 유입을 정지하는 장치가 있는 경우에는 최고사용압력의 1.03배 이하의 압력으로 할 수 있다.

② 안전밸브가 2개 이상인 경우에는 1개는 상기 ①에 준하는 압력으로 하고 그 이외의 것은 그 배관의 최고사용압력의 1.03배 이하의 압력이어야 한다.

(4) 접지설비 (kec 542.2.5)

직류전로에 접지공사를 경우 다음에 따라 시설

① 접지도체는 공칭단면적 16[mm^2] 이상의 연동선(저압 전로의 중성점에 시설하는 것은 공칭단면적 6[mm^2] 이상의 연동선)으로서 고장 시 흐르는 전류가 안전하게 통할 수 있는 것을 사용하고 또한 손상을 받을 우려가 없도록 시설할 것

③ 접지도체에 접속하는 저항기·리액터 등은 고장 시 흐르는 전류를 안전하게 통할 수 있는 것을 사용할 것

④ 접지도체·저항기·리액터 등은 취급자 이외의 자가 출입하지 아니하도록 설비한 곳에 시설하는 경우 이외에는 사람이 접촉할 우려가 없도록 시설할 것

Memo

전기기사·산업기사
최근 6년간 기출문제
(2021.1회, 2020년 1회 ～ 2016년 3회)

2021 전기산업기사

81. 다음은 무엇에 관한 설명인가?

(기사 05/3 06/3 08/2 13/2 산업 14/3)

> 가공 전선이 다른 시설물과 접근하는 경우에 그 가공전선이 다른 시설물의 위쪽 또는 옆쪽에서 수평 거리로 3[m] 이만인 곳에 시설되는 상태

① 제1차 접근상태   ② 제2차 접근상태
③ 제3차 접근상태   ④ 제4차 접근상태

|정|답|및|해|설|
[주요 용어의 정의 (KEC 112)] 제2차 접근상태는 가공 전선이 다른 시설물과 상방 또는 측방에서 수평 거리로 3[m] 미만인 곳에 시설되는 상태를 말한다. **【정답】②**

82. 다음 중 가공전선로의 지지물에 지선을 시설할 때 옳은 방법은?

(기사 07/2 12/3 산 05/1 15/2)

① 지선의 안전율을 2.0으로 하였다.
② 소선은 최소 2가닥 이상의 연선을 사용하였다.
③ 지중의 부분 및 지표상 20[cm]까지의 부분은 아연도금 철봉 등 내부식성 재료를 사용하였다.
④ 도로를 횡단하는 곳의 지선의 높이는 지표상 5[m]로 하였다.

|정|답|및|해|설|
[지선의 시설 (KEC 331.11)
·안전율:2.5 이상
·최저 인상 하중:4.31[kN]
·2.6[mm] 이상의 금속선을 3조 이상 꼬아서 사용
·지중 및 지표상 30[cm]까지의 부분은 아연도금 철봉 등을 사용

·지선이 도로를 횡단하는 경우는 5[m] 이상으로 한다(보도의 경우는 2.5[m] 이상으로 할 수 있다). **【정답】④**

83. 지중전선로는 기설 지중 약전류 전선로에 대하여 다음의 어느 것에 의하여 통신상의 장해를 주지 아니하도록 기설 약전류 전선로로부터 충분히 이격시키는가?

(기사 16/2 19/3 산업 17/1)

① 충전전류 또는 표피작용
② 누설전류 또는 유도작용
③ 충전전류 또는 유도작용
④ 누설전류 또는 표피작용

|정|답|및|해|설|
[가공약전류전선로의 유도장해 방지 (KEC 332.1)] 지중전선로는 기설 지중 약전류 전선로에 대하여 누설전류 또는 유도작용에 의하여 통신상의 장해를 주지 아니하도록 기설 약전류 전선로로부터 충분히 이격시키거나 기타 적당한 방법으로 시설하여야 한다. **【정답】②**

84. 다음 중 지중 전선로의 전선으로 가장 알맞은 것은?

(기사 08/3)

① 절연전선   ② 동복강선
③ 케이블   ④ 나경동선

|정|답|및|해|설|
[지중 전선로의 시설 (KEC 334.1)]
·지중 전선로는 전선에 케이블을 사용하고 또한 관로식·암거식 또는 직접 매설식에 의하여 시설하여야 한다.
·지중 전선로를 직접 매설식에 의하여 시설하는 경우에는 매설 깊이를 차량 기타 중량물의 압력을 받을 우려가 있는 장소에는 1.2[m] 이상, 기타 장소에는 60[cm] 이상으로 하고 또한 지중 전선을 견고한 트라프 기타 방호물에 넣어 시설하여야 한다. **【정답】③**

85. 가요전선관 공사에 있어서 저압 옥내배선 시설에 맞지 않는 것은? *(산업 09/1)*

① 전선은 절연전선일 것

② 가요전선관 안에는 전선에 접속점이 없을 것

③ 단면적 10[㎟] 이하인 것은 단선을 쓸 수 있다.

④ 일반적으로 가요전선관은 3종 금속제 가요전선관일 것

|정|답|및|해|설|

[가요전선관공사 (KEC 232.8)]

① 전선은 절연 전선 이상일 것(옥외용 비닐 절연 전선은 제외)

② 전선은 연선일 것. 다만, 단면적10[㎟] 이하인 것은 단선을 쓸 수 있다.

③ 가요 전선관 안에는 전선에 접속점이 없도록 할 것

④ 가요 전선관은 2종 금속제 가요 전선관일 것

【정답】 ④

86. 발전소·변전소 또는 이에 준하는 곳의 특고압전로에 대한 접속 상태를 모의모선의 사용 또는 기타의 방법으로 표시하여야 하는데, 그 표시의 의무가 없는 것은? *(기사 16/2 09/1)*

① 전선로의 회선수가 3회선 이하로서 복모선

② 전선로의 회선수가 2회선 이하로서 복모선

③ 전선로의 회선수가 3회선 이하로서 단일모선

④ 전선로의 회선수가 2회선 이하로서 단일모선

|정|답|및|해|설|

[특고압 전로의 상 및 접속 상태의 표시 (KEC 351.2)]

모의모선이 필요없는 것은 회선수가 2회선 이하이고, 단일 모선인 경우이다.

【정답】 ④

87. 전기부식 방지 시설을 할 때 전기부식 방지용 전원장치로부터 양극 및 피방식체까지의 전로에 사용되는 전압은 직류 몇 [V] 이하이어야 하는가? *(기사 10/2 15/3 산업 06/2 09/3 15/3 19/1)*

① 20[V]　　　② 40[V]

③ 60[V]　　　④ 80[V]

|정|답|및|해|설|

[전기부식 방지 시설 (KEC 241.16)]

① 사용전압은 직류 60[V] 이하일 것

② 지중에 매설하는 양극은 75[㎝] 이상의 깊이일 것

③ 수중에 시설하는 양극과 그 주위 1[m] 안의 임의의 점과의 전위차는 10[V] 이내, 지표 또는 수중에서 1[m] 간격을 갖는 임의의 2점간의 전위차는 5[V] 이내이어야 한다.

④ 전선은 케이블인 경우를 제외하고 2[㎟] 경동선 이상이어야 한다.

【정답】 ③

88. 소세력회로의 전압이 15[V] 이하일 겨우 2차 단락전류 제한값은 8[A]이다. 이때 과전류 차단기의 정격전류는 몇 [A] 이하여야 하는가?

① 1.5　　　② 3

③ 5　　　④ 10

|정|답|및|해|설|

[소세력 회로 (KEC 241.14)]

절연변압기의 2차 단락전류 및 과전류차단기의 정격전류

소세력 회로의 최대 사용전압의 구분	2차 단락전류	과전류 차단기의 정격전류
15[V] 이하	8[A]	5[A]
15[V] 초과 30[V] 이하	5[A]	3[A]
30[V] 초과 60[V] 이하	3[A]	1.5[A]

【정답】 ③

89. 고압 가공전선로의 B종 철주의 경간은 얼마 이하로 해야 하는가?

① 150　　　② 250

③ 400　　　④ 600

|정|답|및|해|설|

[고압 가공전선로의 경간의 제한 (KEC 332.9)]

지지물의 종류	표준 경간[m]	25[㎟] 이상의 경동선 사용[m]
목주·A종 철주 또는 A종 철근 콘크리트 주	150	300
B종 철주 또는 B종 철근 콘크리트 주	250	500
철탑	600	600

【정답】 ②

90. 3상 4선식 22.9[kV] 중성선 다중접지식 가공전선로의 전로와 대지간의 절연내력 시험전압은 몇 배를 적용하는가?

① 1.1   ② 1.25

③ 0.92   ④ 0.72

|정|답|및|해|설|
[전로의 절연저항 및 절연내력 (KEC 132)]

권선의 종류		시험전압	시험 최소전압
7[kV] 이하		1.5배	500[V]
7[kV] 넘고 25[kV] 이하	다중접지식	0.92배	
7[kV] 넘고 60[kV] 이하	비접지방식	1.25배	10,500[V]
60[kV]초과	비접지	1.25배	
	접지식	1.1배	75000[V]
60[kV] 넘고 170[kV] 이하	중성점 직접지식	0.72배	
170[kV] 초과	중성점 직접지식	0.64배	

【정답】③

91. 특별 고압 가공 전선로의 지지물에 시설하는 통신선, 또는 이에 직접 접속하는 통신선이 도로, 횡단보도교, 철도, 궤도, 또는 삭도와 교차하는 경우 통신선은 지름 몇 [mm]의 경동선이나 이와 동등 이상의 세기의 것이어야 하는가? (기사 05/3)

① 4   ② 4.5   ③ 5   ④ 5.5

|정|답|및|해|설|
[고압 가공인입선의 시설 (KEC 331.12.1)] 전선에는 인장강도 8.01[kN] 이상의 고압 절연전선, 특고압 절연전선 또는 지름 5[mm] 이상의 경동선의 고압 절연전선, 특고압 절연전선 또는 케이블일 것   【정답】③

92. 그림은 전력선 반송통신용 결합장치의 보안장치를 나타낸 것이다. DR의 명칭으로 옳은 것은?

① 결합 필터   ② 방전 켑
③ 접지용 개폐기   ④ 배류 선륜

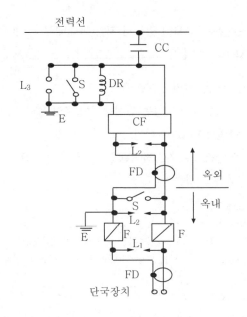
단국장치

|정|답|및|해|설|
[전력선 반송 통신용 결합장치의 보안장치 (KEC 362.10)]
FD : 동축케이블
F : 정격전류 10[A] 이하의 포장 퓨즈
DR : 전류용량 2[A] 이상의 배류 선륜
L1 : 교류 300[V] 이하에서 동작하는 피뢰기
L2 : 동작전압이 교류 1,300[V]를 초과하고 1,600[V] 이하로 조정된 방전갭
L3 : 동작전압이 교류 2[kV]를 초과하고 3[kV] 이하로 조정된 구상 방전갭
S : 접지용 개폐기
CF : 결합필타
CC : 결합커패시터(결합안테나를 포함한다)
E : 접지   【정답】③

93. 지중 전선로의 매설방법이 아닌 것은? (산 19/1 18/1)

① 관로식   ② 인입식
③ 암거식   ④ 직접 매설식

|정|답|및|해|설|
[지중 전선로의 시설 (KEC 334.1)] 전선은 케이블을 사용하고, 관로식, 암거식, 직접 매설식에 의하여 시공한다.
【정답】②

94. 가공 전선로의 지지물 중 지선을 사용하여 그 강도를 분담시켜서는 아니 되는 것은?

(기사 05/2 08/3 09/3 14/1 산업 08/1 12/3 17/2 17/3 18/2)

① 철탑 ② 목주
③ 철주 ④ 철근 콘크리트

|정|답|및|해|설|

[지선의 시설 (KEC 331.11)] 가공 전선로의 지지물로서 사용하는 철탑은 지선을 사용하여 그 강도를 분담시켜서는 아니 된다.

【정답】①

95. 옥내의 네온 방전등 공사의 방법으로 옳은 것은?

(산업 17/1)

① 방전등용 변압기는 누설 변압기일 것
② 관등회로의 배선은 점검할 수 없는 은폐된 장소에 시설할 것
③ 관등회로의 배선은 애자사용공사에 의할 것
④ 전선의 지지점간의 거리는 2[m] 이하로 할 것

|정|답|및|해|설|

[옥내의 네온 방전등 공사 (KEC 234.12)]
① 방전등용 변압기는 네온 변압기일 것
② 관등 회로의 배선은 전개된 장소 또는 점검할 수 있는 은폐된 장소에 시설할 것
③ 관등 회로의 배선은 애자 사용 공사에 의하여 시설하고 또한 다음에 의할 것
④ 전선의 지지점 간의 거리는 1[m] 이하일 것
⑤ 전선 상호 간의 간격은 6[cm] 이상일

【정답】③

96. 사용전압이 35[kV] 이하인 특별고압 가공 전선이 상부 조영재의 위쪽에 시설되는 경우, 특고압 가공 전선과 건조물의 조영재 이격거리는 몇 [m] 이상이어야 하는가? (단, 전선의 종류는 특고압 절연전선이라고 한다.)

① 0.5 ② 1.2
③ 2.5 ④ 3.0

|정|답|및|해|설|

[특고압 가공전선과 건조물의 접근 (KEC 333.23)]
특고압 가공전선과 건조물의 이격거리(사용전압이 35[kV] 이하)

건조물과 조영재의 구분	전선 종류	접근 형태	이격거리
상부 조영재	특고압 절연전선	위쪽	2.5[m]
		옆쪽 또는 아래쪽	1.5[m] (전선에 사람이 쉽게 접촉할 우려가 없도록 시설한 경우는 1[m])
	케이블	위쪽	1.2[m]
		옆쪽 또는 아래쪽	0.5[m]
	기타전선		3[m]
기타 조영재	특고압 절연전선		1.5[m] (전선에 사람이 쉽게 접촉할 우려가 없도록 시설한 경우는 1[m])
	케이블		0.5[m]
	기타 전선		3[m]

【정답】③

97. 다음 급전선로에 대한 설명으로 옳지 않은 것은?

① 급전선은 나전선을 적용하여 가공식으로 가설한다.
② 가공식은 전차선의 높이 이상으로 전차선로 지지물에 병가하며, 나전선의 접속은 직선 접속을 사용할 수 없다.
③ 신설 터널 내 급전선을 가공으로 설계할 경우 지지물의 취부는 C찬넬 또는 매입전을 이용하여 고정하여야 한다.
④ 교량 하부 등에 설치할 때에는 최소 절연 이격거리 이상을 확보하여야 한다.

|정|답|및|해|설|

[급전선로 (kec 431.4)] 가공식은 전차선의 높이 이상으로 전차선로 지지물에 병가하며, 나전선의 접속은 직선 접속을 원칙으로 한다.

【정답】②

98. 태양광 설비의 계측 장치로 알맞은 것은?

① 역률을 계측하는 장치

② 습도를 계측하는 장치

③ 주파수를 계측하는 장치

④ 전압과 전력을 계측하는 장치

|정|답|및|해|설|
[계측장치의 시설 (KEC 351.6)] 발전기·연료전지 또는 태양전지 모듈의 <u>전압 및 전류 또는 전력</u> 　　　　　【정답】④

99. 지중에 매설되어 있는 금속제 수도관로를 각종 접지 공사의 접지극으로 사용하려면 대지와의 전기저항 값이 몇 [Ω] 이하의 값을 유지하여야 하는가?

(기사 17/1)

① 1　　　　　　② 2

③ 3　　　　　　④ 5

|정|답|및|해|설|
[접지극의 시설 및 접지저항 (KEC 142.2)]

<u>대지 사이의 전기저항 값이 3[Ω] 이하인 값을 유지하고 있는 금속 제 수도관로는 각종 접지공사의 접지극으로 사용할 수 있다.</u> 이때 접지선과 금속제 수도관로의 접속은 안지름 75[mm] 이상인 금속제 수도관의 부분 또는 이로부터 분기한 안지름 75[mm] 미만인 금속 제 수도관의 분기점으로부터 5[m] 이내의 부분에서 할 것
【정답】③

100. 전기저장장치의 시설 중 제어 및 보호장치에 관한 사항으로 옳지 않은 것은?

① 상용전원이 정전되었을 때 비상용 부하에 전기를 안정적으로 공급할 수 있는 시설을 갖출 것

② 전기저장장치의 접속점에는 쉽게 개폐할 수 없는 곳에 개방상태를 육안으로 확인할 수 있는 전용의 개폐기를 시설하여야 한다.

③ 직류 전로에 과전류차단기를 설치하는 경우 직류 단락전류를 차단하는 능력을 가지는 것 이어야 하고 "직류용" 표시를 하여야 한다.

④ 전기저장장치의 직류 전로에는 지락이 생겼 을 때에 자동적으로 전로를 차단하는 장치 를 시설하여야 한다.

|정|답|및|해|설|
[제어 및 보호장치 등 (kec 512.2)] 전기저장장치의 접속점에는 쉽게 개폐할 수 있는 곳에 <u>개방상태를 육안으로 확인할 수 있는</u> 전용의 개폐기를 시설하여야 한다.
【정답】②

2020 전기산업기사

 (통합)

81. 버스덕트공사에 의한 저압의 옥측배선 또는 옥외배선의 사용전압이 400[V] 이상인 경우의 시설기준에 대한 설명으로 틀린 것은?

① 목조 외의 조영물(점검할 수 없는 은폐장소)에 시설할 것
② 버스덕트는 사람이 쉽게 접촉할 우려가 없도록 시설할 것
③ 버스덕트는 KS C IEC 60529(2006)에 의한 보호등급 IPX4에 적합할 것
④ 버스덕트는 옥외용 버스덕트를 사용하여 덕트 안에 물이 스며들어 고이지 아니하도록 한 것일 것

|정|답|및|해|설|
[버스덕트공사 (KEC 232.10)] 목조 외의 조영물(<u>점검할 수 없는 은폐장소 이외의 장소</u>)에 시설할 것　　【정답】①

82. 가공 전선로의 지지물에 지선을 시설하려고 한다. 이 지선의 기준으로 옳은 것은?

① 소선 지름 : 2.0[mm], 안전율 : 2.5
　 허용하중 : 2.11[kN]
② 소선 지름 : 2.6[mm], 안전율 : 2.5
　 허용하중 : 4.31[kN]
③ 소선 지름 : 1.6[mm], 안전율 : 2.0
　 허용하중 : 4.31[kN]
④ 소선 지름 : 2.6[mm], 안전율 : 1.5
　 허용하중 : 3.21[kN]

|정|답|및|해|설|
[지선의 시설 (KEC 331.11)]
·안전율 : 2.5 이상
·최저 인장 하중 : 4.31[kN]
·2.6[mm] 이상의 금속선을 3조 이상 꼬아서 사용
·지중 및 지표상 30[cm]까지의 부분은 아연도금 철봉 등을 사용
　　【정답】②

83. 직류식 전기철도에서 배류선은 상승부분 중 지표상 몇 [m] 미만의 부분에 대하여는 절연전선 · 캡타이어 케이블 또는 케이블을 사용하고, 사람이 접촉할 우려가 없고 또한 손상을 받을 우려가 없도록 시설하여야 하는가?

① 2.0　　　　　　② 2.5
③ 3.0　　　　　　④ 3.5

|정|답|및|해|설|
[배류접속] 배류선 상승 부분 중 지표상 2.5[m] 미만의 부분은 절연전선(옥외용 비닐 절연전선을 제외한다) · 캡타이어 케이블 또는 케이블을 사용하고 사람이 접촉할 우려가 없고 또한 손상을 받을 우려가 없도록 시설할 것　　【정답】②

84. [삭제 문제]

┌─────────────────────────────────┐
│ ※2021년 1월 1일부터 한국전기설비규정(KEC) 적용으 │
│ 　로 인해 더 이상 출제되지 않는 문제입니다. │
└─────────────────────────────────┘

85. 변압기에 의하여 특별고압전로에 결합되는 고압 전로에 몇 배 이하인 전압이 가하여진 경우에 방전 하는 장치를 그 변압기의 단자에 가까운 1극에 설치하여야 하는가?

① 3　　　② 4　　　③ 5　　　④ 6

|정|답|및|해|설|
[특고압과 고압의 혼촉 등에 의한 위험방지 시설 (KEC 322.3)]
변압기에 의하여 특고압전로에 결합되는 고압전로에는 사용전압 의 3배 이하의 방전장치를 그 변압기의 단자에 가까운 1극에 설치 하여야 한다. 다만, 피뢰기 또는 혼촉방지판을 시설하여 접지저항 값이 10[Ω] 이하 또는 kec규정에 따른 접지공사를 한 경우에는 그러하지 아니하다.　　　　　　　　　　　【정답】①

86. 수상 전선로를 시설 기준으로 옳은 것은?

① 사용전압이 고압인 경우에 클로로프렌 캡타 이어 케이블을 사용한다.

② 수상 전로에 사용하는 부대는 쇠사슬 등으 로 견고하게 연결한다.

③ 수상 전선로의 전선은 부대의 아래에 지지 하여 시설하고 또한 그 절연피복을 손상하 지 아니하도록 시설한다.

④ 고압 수상 전선로에 지락이 생길 때를 대비하여 전로를 수동으로 차단하는 장치를 시설한다.

|정|답|및|해|설|
[수상 전선로의 시설 (KEC 335.3)]
① 사용 전선
  1. 저압 : 클로로프렌 캡타이어 케이블
  2. 고압 : 캡타이어 케이블
② 수상전선로의 전선은 부대의 위에 지지하여 시설하고 또한 그 절연피복을 손상하지 아니하도록 시설할 것
③ 수상전선로의 사용전압이 고압인 경우에는 전로에 지락이 생 겼을 때에 자동적으로 전로를 차단하기 위한 장치를 시설하여 야 한다.　　　　　　　　　　　【정답】②

87. 특고압 가공전선이 가공약전류 전선 등 저압 또는 고압의 가공전선이나 저압 또는 고압의 전차선과 제1 차 접근상태로 시설되는 경우, 60[kV] 이하 가공전선 과 저고압 가공전선 등 또는 이들의 지지물이나 지주 사이의 이격거리는 몇 [m]이상인가?

① 1.2[m]　　　　　② 2[m]
③ 2.6[m]　　　　　④ 3.2[m]

|정|답|및|해|설|
[특고압 가공전선 상호 간의 접근 또는 교차 (KEC 333.27)]
60[kV] 이하인 경우에는 2[m] 이상을 이격한다.
　　　　　　　　　　　　　　　【정답】②

88. 가공전선로의 지지물에 취급자가 오르고 내리는 데 사용하는 발판 볼트 등은 지표상 몇 [m] 미만에 시설하여서는 아니 되는가?

① 1.2　　　　　② 1.5
③ 1.8　　　　　④ 2.0

|정|답|및|해|설|
[가공전선로 지지물의 철탑오름 및 전주오름 방지 (KEC 331.4)]
가공 전선로의 지지물에 취급자가 오르고 내리는데 사용하는 발판 볼 트 등은 지표상 1.8[m] 미만에 시설하여서는 안 된다.
　　　　　　　　　　　　　　　【정답】③

89. 특고압 가공전선과 가공약전류 전선 사이에 보호 망을 시설하는 경우 보호망을 구성하는 금속선의 상호 간격은 가로 및 세로 각각 몇 [m] 이하로 시설하여야 하는가?

① 0.5　　② 1.0　　③ 1.5　　④ 2.0

|정|답|및|해|설|
[특고압 가공전선과 도로 등의 접근 또는 교차 (KEC 333.24)]
보호망을 구성하는 금속선 상호의 간격은 가로, 세로 각각 1.5[m] 이하일 것
　　　　　　　　　　　　　　　【정답】③

90. 옥내에 시설하는 고압용 이동전선으로 옳지 않은 것은?

① 전선은 고압용의 캡타이어케이블을 사용하였다.

② 전로에 지락이 생겼을 때에 자동적으로 전로를 차단하는 장치를 시설하였다.

③ 이동전선과 전기사용기계기구와는 볼트 조임 기타의 방법에 의하여 견고하게 접속하였다.

④ 이동전선에 전기를 공급하는 전로의 중성극에 전용 개폐기 및 과전류차단기를 시설하였다.

|정|답|및|해|설|
[옥내 고압용 이동전선의 시설 (KEC 342.2)]
① 전선은 고압용의 캡타이어케이블일 것.
② 이동전선에 전기를 공급하는 전로에는 전용 개폐기 및 과전류 차단기를 각 극에 시설하고, 또한 전로에 지락이 생겼을 때에 자동적으로 전로를 차단하는 장치를 시설할 것.
※중성극에는 전용 개폐기 및 과전류차단기를 시설하면 안 된다.
【정답】④

91. 교통신호등의 시설기준으로 틀린 것은?

① 제어장치의 금속제 외함에는 접지공사를 한다.

② 교통신호등 회로의 사용전압은 300[V] 이하로 한다.

③ 교통신호등 회로의 인하선은 지표상 2[m] 이상으로 시설한다.

④ LED를 광원으로 사용하는 교통신호등의 설치는 KSC 7528 "LED 교통신호등 "에 적합한 것을 사용한다.

|정|답|및|해|설|
[교통 신호등의 시설 (KEC 234.15)]
·교통신호등 제어장치의 2차측 배선의 최대사용전압은 300[V] 이하이어야 한다.
·전선의 지표상의 높이는 2.5[m] 이상일 것
·교통신호등의 제어장치의 금속제외함 및 신호등을 지지하는 철주에는 kec140에 준하여 접지공사를 하여야 한다.
【정답】③

92. 터널 안의 윗면, 교량의 아랫면 기타 이와 유사한 곳 또는 이에 인접하는 곳에 시설하는 경우 가공 직류 전차선의 레일면상의 높이는 몇 [m] 이상인가?

① 3　　② 3.5　　③ 4　　④ 4.5

|정|답|및|해|설|
[가공 직류 전차선의 레일면상의 높이]
가공 직류 전차선의 레일면상의 높이는 4.8[m] 이상, 전용의 부지 위에 시설될 때에는 4.4[m] 이상이어야 한다. 다만, 다음 각 호의 어느 하나에 해당하는 경우에는 그러하지 아니하다.
1. 터널 안의 윗면, 교량의 아랫면 기타 이와 유사한 곳 또는 이에 인접하는 곳에 시설하는 경우로서 3.5[m] 이상일 때
2. 광산 기타의 갱도 안의 윗면에 시설하는 경우로서 1.8[m] 이상일 때
【정답】②

93. 사람이 상시 통행하는 터널 안의 배선의 시설기준에 적합하지 않은 것은?

① 사용전압은 저압에 한한다.

② 공칭단면적 2.5[mm^2]의 연동선과 동등 이상의 세기 및 굵기의 절연전선을 사용한다.

③ 애자사용공사 시 전선의 높이는 노면상 2[m]로 시설하였다.

④ 전로에는 터널의 입구 가까운 곳에 전용 개폐기를 시설하였다.

|정|답|및|해|설|
[사람이 통행하는 터널 내의 전선 (KEC 335.1)]

저압	① 전선 : 인장강도 2.30[kN] 이상의 절연전선 또는 지름 2.6[mm] 이상의 경동선의 절연전선 ② 설치 높이 : 레일면상 또는 노면상 2.5[m] 이상 ③ 케이블 공사
고압	전선 : 케이블공사 (특고압전선은 시설하지 않는 것을 원칙으로 한다.)

【정답】③

94. 고압 가공전선이 교류 전차선과 교차하는 경우, 고압 가공전선으로 케이블을 사용하는 경우 이외에는 단면적 몇 $[mm^2]$ 이상의 경동연선을 사용하여야 하는가?

① 14   ② 22   ③ 30   ④ 38

|정|답|및|해|설|
[저고압 가공전선과 교류전차선 등의 접근 또는 교차 (kec 332.15]
고압 가공전선은 케이블인 경우 이외에는 인장강도 14.51[kN] 이상의 것 또는 단면적 38[mm^2] 이상의 경동연선일 것
【정답】④

95. 변압기 1차측 3300[V], 2차측 220[V]의 변압기 전로의 절연내력시험 전압은 각각 몇 [V]에서 10분간 견디어야 하는가?

① 1차측 4950[V], 2차측 500[V]

② 1차측 4500[V], 2차측 400[V]

③ 1차측 4125[V], 2차측 500[V]

④ 1차측 3300[V], 2차측 400[V]

|정|답|및|해|설|
[변압기 전로의 절연내력 (KEC 135)]

접지 방식	최대 사용전압		시험 전압(최대 사용전압 배수)	최저 시험 전압
비접지	7[kV] 이하		1.5배	500[V]
	7[kV] 초과		1.25배	10,500[V] (60[kV]이하)
중성점 접지	60[kV] 초과		1.1배	75[kV]
중성점 직접접지	60[kV]초과 170[kV] 이하		0.72배	
	170[kV] 초과		0.64배	
중성전 다 중접지	25[kV] 이하		0.92배	500[V] (75[kV]이하)

1차측과 2차측 모두 700[V] 이하이므로 1.5배하면
1차측 시험전압 : $3300 \times 1.5 = 4950[V]$
2차측 시험전압 : $220 \times 1.5 = 330[V]$
2차측은 최저시험전압이 500[V] 이므로 500[V]
【정답】①

96. 저압 가공전선과 고압 가공전선을 동일 지지물에 시설하는 경우 저압 가공전선과 고압 가공전선 이격거리는 몇[cm] 이상이어야 하는가?

① 10   ② 20
③ 40   ④ 50

|정|답|및|해|설|
[고압 가공전선 등의 병행설치 (KEC 332.8)]
① 저압 가공전선을 고압 가공전선의 아래로 하고 별개의 완금류에 시설할 것
② 이격 거리 50[cm] 이상으로 저압선을 고압선의 아래로 별개의 완금류에 시설 (단, 고압에 케이블 사용시 30[cm] 이상)
【정답】④

97. 중성선 다중접지식의 것으로서 전로에 지락이 생겼을 때 2초 이내에 자동적으로 이를 전로로부터 차단하는 장치가 되어 있는 22.9[kV] 특고압 가공전선과 다른 특고압 가공전선과 접근하는 경우 이격거리는 몇 [m] 이상으로 하여야 하는가? (단, 양쪽이 나전선인 경우이다.)

① 0.5   ② 1.0
③ 1.5   ④ 2.0

|정|답|및|해|설|
[15[kV] 초과 25[kV] 이하인 특고압 가공전선로의 이격거리 (KEC 333.27)]

전선의 종류	이격거리[m]
나전선	1.5
특고압 절연전선	1.0
한쪽이 케이블이고 다른 쪽이 특고압절연전선	0.5

【정답】③

98. 고압 또는 특고압 가공전선과 금속제 울타리·담 등이 교차하는 경우에 금속제의 울타리·담 등에는 교차점과 좌우로 몇 [m] 이내의 개소에 접지공사를 하여야 하는가? (단, 전선에 케이블을 사용하는 경우는 제외한다.)

① 25　　　　　　② 35

③ 45　　　　　　④ 55

|정|답|및|해|설|

[발전소 등의 울타리·담 등의 시설 (KEC 351.1)]

고압 또는 특고압 가공전선(전선에 케이블을 사용하는 경우는 제외함)과 금속제의 울타리·담 등이 교차하는 경우에 금속제의 울타리·담 등에는 교차점과 좌, 우로 45[m] 이내의 개소에 kec140에 준하는 접지공사를 하여야 한다.

【정답】③

99. 의료 장소 중 그룹1 및 그룹2의 의료 IT계통에 시설되는 전기설비의 시설기준으로 틀린 것은?

① 의료용 절연변압기의 정격출력은 10[kVA] 이하로 한다.

② 의료용 절연변압기의 2차측 정격전압은 250[V] 이하로 한다.

③ 전원측에 강화절연을 한 의료용 절연변압기를 설치하고 그 2차측 전로는 접지한다.

④ 절연감시장치를 설치하여 절연저항이 50[kΩ]까지 감소하면 표시설비 및 음향설비로 경보를 발하도록 한다.

|정|답|및|해|설|

[의료장소의 안전을 위한 보호 설비 (kec 242.10.3)] 비전원측에 이중 또는 강화절연을 한 비단락보증 절연변압기를 설치하고 그 2차측 전로는 접지하지 말 것

【정답】③

100. 전력보안 통신설비인 무선통신용 안테나를 지지하는 목주는 풍압하중에 대한 안전율이 얼마 이상이어야 하는가?

① 1.0　　　　　　② 1.2

③ 1.5　　　　　　④ 2.0

|정|답|및|해|설|

[무선용 안테나 등을 지지하는 철탑 등의 시설 (KEC 364)]

전력 보안통신 설비인 무선통신용 안테나 또는 반사판을 지지하는 목주·철근·철근콘크리트주 또는 철탑은 다음 각 호에 의하여 시설하여야 한다.

① 목주의 안전율 : 1.5 이상

② 철주·철근콘클리트주 또는 철탑의 기초 안전율 : 1.5 이상

【정답】③

81. 발열선을 도로, 주차장 또는 조영물의 조영재에 고정시켜 시설하는 경우, 발열선에 전기를 공급하는 전로의 대지전압은 몇 [V] 이하 이어야 하는가?

① 100[V]　　　　② 150[V]

③ 200[V]　　　　④ 300[V]

|정|답|및|해|설|

[도로 등의 전열장치의 시설 (KEC 241.12)]

·전로의 대지전압 : 300[V] 이하

·전선은 미네럴인슈레이션(MI) 케이블, 클로로크렌 외장케이블 등 발열선 접속용 케이블일 것

·발열선은 그 온도가 80[℃]를 넘지 아니하도록 시설할 것

【정답】④

82. 고압 가공전선으로 ACSR선을 사용할 때의 안전율은 얼마 이상이 되는 이도(弛度)로 시설하여야 하는가?

① 2.2　　② 2.5　　③ 3　　④ 3.5

|정|답|및|해|설|

[고압 가공전선의 안전율 (KEC 331.14.2)] 전선에서 경동선이나 내열 동합금선의 안전율은 2.2, 그 밖의 전선은 2.5 이상이 되는 이도로 시설하여야 한다.

【정답】②

83. 발전기를 구동하는 풍차의 유압장치의 유압, 압축 공기장치의 공기압 또는 전동식 브레이드 제어장치의 전원전압이 현저히 저하한 경우 발전기를 자동적으로 차단하는 장치를 시설하여야 하는 발전기 용량은 몇 [kVA] 이상인가?

① 100　　　　　　② 300

③ 500　　　　　　④ 1000

|정|답|및|해|설|

[발전기 등의 보호장치 (KEC 351.3)]

발전기에는 다음의 경우에 자동적으로 이를 전로로부터 차단하는 장치를 시설하여야 한다.

용량	사고의 종류	보호장치
모든 발전기	과전류가 생긴 경우	
용량 500[kVA] 이상	수차압유장치의 유압이 현저히 저하	
용량 100[kVA] 이상	풍차압유장치의 유압이 현저히 저하	자동차단장치
용량 2000[kVA] 이상	수차의 스러스트베어링의 온도가 상승	
용량 10000[kVA] 이상	발전기 내부 고장	
정격출력 10000[kVA] 이상	증기터빈의 스러스트베어링이 현저하게 마모되거나 온도가 현저히 상승	

【정답】①

84. 특고압 가공전선로의 지지물에 시설하는 통신선 또는 이에 직접 접속하는 통신선이 도로, 횡단보도교, 철도의 레일 등 또는 교류전차선 등과 교차하는 경우의 시설기준으로 옳은 것은?

① 인장강도 4.0[kN] 이상의 것 또는 지름 3.5[mm] 경동선일 것

② 통신선이 케이블 또는 광섬유 케이블일 때는 이격거리의 제한이 없다.

③ 통신선과 삭도 또는 다른 가공약전류 전선 등 사이의 이격거리는 20[cm] 이상으로 할 것

④ 통신선이 도로, 횡단보도, 철도의 레일과 교차하는 경우에는 통신선은 지름 4[mm]의 절연전선과 동등 이상의 절연 효력이 있을 것

|정|답|및|해|설|

[전력보안통신케이블의 지상고와 배전설비와의 이격거리 (KEC 362.2)]

① 특고압전선로 첨가통신선과 도로, 횡단보도, 철도 및 다른 전선로와의 접근 또는 교차 시 절연전선 4.0[mm] 이상 또는 경동선 5.0[mm] 이상일 것

② 가공전선과 첨가 통신선과의 이격거리
· 저·고압과 첨가통신선의 이격거리 : 0.6[m] (둘 다 케이블인 경우 0.3[m])

· 특고압과 첨가 통신선의 이격거리 : 1.2[m]

· 특고압과 삭도 또는 가공약전류전선 등의 이격거리 : 80[cm] (단, 케이블은 40[cm]) 【정답】④

85. 뱅크용량 15000[kVA] 이상인 분로리액터에서 자동적으로 전로로부터 차단하는 장치가 동작하는 경우가 아닌 것은?

① 내부 고장 시

② 과전류 발생 시

③ 과전압 발생시

④ 온도가 현저히 상승한 경우

|정|답|및|해|설|

[무효전력 보상장치의 보호장치 (KEC 351.5)]

조상 설비에는 그 내부에 고장이 생긴 경우에 보호하는 장치를 표와 같이 시설하여야 한다.

설비 종별	뱅크 용량의 구분	자동적으로 전로로부터 차단하는 장치
전력용 커패시터 및 분로리액터	500[kVA] 초과 15,000[kVA] 미만	· 내부에 고장이 생긴 경우 · 과전류가 생긴 경우
	15,000[kVA] 이상	· 내부에 고장이 생긴 경우 · 과전류가 생긴 경우 · 과전압이 생긴 경우
조상기	15,000[kVA] 이상	· 내부에 고장이 생긴 경우

【정답】④

86. [삭제 문제]

※2021년 1월 1일부터 한국전기설비규정(KEC) 적용으로 인해 더 이상 출제되지 않는 문제입니다.

87. 시가지 또는 그 밖에 인가가 밀집한 지역에 154[kV] 가공 전선로의 전선을 케이블로 시설하고자 한다. 이때 가공전선을 지지하는 애자장치의 50[%] 충격 섬락전압 값이 그 전선의 근접한 다른 부분을 지지하는 애자장치 값의 몇 [%] 이상이어야 하는가?

① 75   ② 100

③ 105   ④ 110

|정|답|및|해|설|

[시가지 등에서 특고압 가공전선로의 시설 (KEC 333.1)]

애자 장치는 50[%] 충격 섬락 전압의 값이 타부분 애자 장치값의 110[%](사용 전압이 130[kV]를 넘는 경우는 105[%]) 이상인 것을 사용하거나 아크 혼을 취부하고 또는 2연 이상의 현수 애자, 장간 애자를 사용한다.   【정답】③

88. 저압 가공전선(다중접지된 중성선은 제외한다.)과 고압 가공전선을 동일 지지물에 시설하는 경우 저압 가공전선과 고압 가공전선 이격거리는 몇 [cm] 이상 이어야 하는가? (단, 각도주, 분기주 등에서 혼촉의 우려가 없도록 시설하는 경우가 아니다.)

① 50   ② 60

③ 80   ④ 100

|정|답|및|해|설|

[고압 가공전선 등의 병행설치 (KEC 332.8)]

① 저압 가공전선을 고압 가공전선의 아래로 하고 별개의 완금류에 시설할 것

② 저압 가공전선과 고압 가공전선 사이의 이격거리는 50[cm] 이상일 것 (단, 고압에 케이블 사용시 30[cm] 이상)   【정답】①

89. 가공 전선로의 지지물에 시설하는 지선의 시설기준으로 옳은 것은?

① 지선의 안전율은 1.2 이상일 것

② 소선은 최소 5가닥 이상의 연선일 것

③ 도로를 횡단하여 시설하는 지선의 높이는 일반적으로 지표상 5[m] 이상으로 할 것

④ 지중부분 및 지표상 60[cm]까지의 부분은 아연도금을 한 철봉 등 부식하기 어려운 재료를 사용할 것

|정|답|및|해|설|

[지선의 시설 (KEC 331.11)] 가공 전선로의 지지물에 시설하는 지선의 시설 기준

· 안전율 : 2.5 이상 일 것

· 최저 인상 하중 : 4.31[kN]

· 2.6[mm] 이상의 금속선을 3조 이상 꼬아서 사용

· 지중 및 지표상 30[cm]까지의 부분은 아연도금 철봉 등을 사용

· 도로를 횡단하여 시설하는 지선의 높이는 일반적으로 지표상 5[m] 이상으로 할 것   【정답】③

90. 욕조나 샤워 시설이 있는 욕실 등 인체가 물에 젖어 있는 상태에서 전기를 사용하는 장소에 콘센트를 시설할 경우 인체감전보호용 누전차단기의 정격감도전류는 몇 [mA] 이하인가?

① 5   ② 10

③ 15   ④ 20

|정|답|및|해|설|

[콘센트의 시설 (KEC 234.5)]

욕실 또는 화장실 등 인체가 물에 젖어있는 상태에서 전기를 사용하는 장소에 콘센트를 시설하는 경우에는 다음 각 호에 따라 시설하여야한다.

1. 「전기용품안전 관리법」의 적용을 받는 인체감전보호용 누전차단기(정격감도전류 15[mA] 이하, 동작시간 0.03초 이하의 전류동작형의 것에 한한다) 또는 절연변압기(정격용량 3[kVA] 이하인 것에 한한다)로 보호된 전로에 접속하거나, 인체감전보호용 누전차단기가 부착된 콘센트를 시설하여야 한다.

2. 주택의 옥내전로에는 접지극이 있는 콘센트를 사용하여 접지하여야 한다.   【정답】③

91. 건조한 곳에 시설하고 또한 진열장 내부를 건조한 상태로 사용하는 진열장 안의 사용전압이 400 [V] 미만인 저압 옥내배선으로 외부에서 보기 쉬운 곳에 한하여 코드 또는 타이어 케이블을 조영재에 접촉하여 시설할 수 있다. 이때 전선의 붙임점 간의 거리는 몇 [m] 이하로 시설하여야 하는가?

① 0.5   ② 1.0

③ 1.5   ④ 2.0

[케이블공사 (KEC 232.14)] 전선의 지지점 간의 거리를 케이블은 2[m](사람이 접촉할 우려가 없는 곳에서 수직으로 붙이는 경우에는 6[m]) 이하 캡타이어 케이블은 1[m] 이하

【정답】②

권선의 종류		시험 전압	시험 최소 전압
7[kV] 이하		1.5배	500[V]
7[kV] 넘고 25[kV] 이하	다중접지식	0.92배	
7[kV] 넘고 60[kV] 이하	비접지방식	1.25배	10,500[V]
60[kV]초과	비접지	1.25배	
	접지식	1.1배	75000[V]

【정답】③

92. 다음 (   )의 ㉠, ㉡에 들어갈 내용으로 옳은 것은?

> "전기철도용 급전선"이란 저기철도용 (㉠)로부터 다른 전기철도용 (㉠) 또는 (㉡)에 이르는 전선을 말한다.

① ㉠ 급전선, ㉡ 개폐소
② ㉠ 궤전선, ㉡ 변전소
③ ㉠ 변전소, ㉡ 전차선
④ ㉠ 전차선, ㉡ 급전소

[용어의 정리]
① 급전선(feeder) : 배전 변전소 또는 발전소로부터 배전 간선에 이르기까지의 도중에 부하가 접속되어 있지 않은 선로
② 전기철도용 급전선 : 전기철도용 변전소부터 다른 전기철도용 변전소 또는 전차선에 이르는 전선을 말한다.
③ 전기철도용 급전선로 : 전기철도용 급전선 및 이를 지지하거나 수용하는 시설물을 말한다. 【정답】③

94. 다음 중 폭연성 분진이 많은 장소의 저압 옥내배선에 적합한 배선 공사방법은?

① 금속관공사
② 애자 사용공사
③ 합성수지관공사
④ 가요전선관공사

[분진 위험장소 (KEC 242.2)]
① 폭연성 분진 : 설비를 금속관 공사 또는 케이블 공사(캡타이어 케이블 제외)
② 가연성 분진 : 합성수지관 공사, 금속관 공사, 케이블 공사
【정답】①

93. 기구 등의 전로의 절연내력시험에서 최대사용전압이 60[kV]를 초과하는 기구 등의 전로로서 중성점 비접지식 전로에 접속하는 것은 최대사용전압의 몇 배의 전압에 10분간 견디어야 하는가?

① 0.72
② 0.92
③ 1.25
④ 1.5

[전로의 절연저항 및 절연내력 (KEC 132)]

95. 변압기에 의하여 154[kV]에 결합되는 3300[V] 전로에는 몇 배 이하의 전압이 가하여진 경우에 방전하는 장치를 그 변압기의 단자에 가까운 1극에 설치하여야 하는가?

① 2
② 3
③ 4
④ 5

[특고압과 고압의 혼촉 등에 의한 위험방지 시설 (KEC 322.3)]
사용전압이 3배 이하인 전압이 가하여진 경우에 방전하는 장치를 그 변압기의 단자에 가까운 1극에 설치하여야 한다. 다만, 피뢰기 또는 혼촉방지판을 시설하여 접지저항 값이 10[Ω] 이하 또는 kec 규정에 따른 접지공사를 한 경우에는 그러하지 아니하다.
【정답】②

96. 절연내력시험은 전로와 대지 사이에 연속하여 10분간 가하여 절연내력을 시험하였을 때에 이에 견디어야 한다. 최대 사용전압이 22.9[kV]인 중성선 대중접지식 가공전선로의 전로와 대지 사이의 절연내력 시험전압은 몇 [V]인가?

① 16488 ② 21068

③ 22900 ④ 28625

|정|답|및|해|설|

[전로의 절연저항 및 절연내력 (KEC 132)]

접지방식	최대 사용전압	시험 전압(최대 사용전압 배수)	최저 시험 전압
비접지	7[kV] 이하	1.5배	500[V]
	7[kV] 초과	1.25배	10,500[V]
중성점접지	60[kV] 초과	1.1배	75[kV]
중성점직접접지	60[kV] 초과 170[kV] 이하	0.72배	
	170[kV] 초과	0.64배	
중성점다중접지	25[kV] 이하	0.92배	

중성점다중접지 0.92배 이므로
$22900 \times 0.92 = 21068[V]$

【정답】②

97. 제1종 특고압 보안공사로 시설하는 전선로의 지지물로 사용할 수 없는 것은?

① 철탑
② B종 철주
③ B종 철근콘크리트주
④ 목주

|정|답|및|해|설|

[특고압 보안공사 (KEC 333.22)]

제1종 특고압 보안 공사의 지지물에는 B종 철주, B종 철근 콘크리트주 또는 철탑을 사용할 것(목주, A종은 사용불가)

【정답】④

98. 154[kV] 가공송전선과 식물과의 최소 이격거리는 몇 [m]인가?

① 2.8 ② 3.2

③ 3.8 ④ 4.2

|정|답|및|해|설|

[특별고압 가공전선과 식물의 이격거리 (KEC 333.30)]

· 60[kV] 이하는 2[m] 이상, 60[kV]를 넘는 것은 2[m]에 60kV를 넘는 1만[V] 또는 그 단수마다 12[cm]를 가산한 값 이상으로 이격시킨다.

· 단수 $= \frac{154-60}{10} = 9.4 \rightarrow 10$단

· 이격거리 $= 2 + 10 \times 0.12 = 3.2[m]$

【정답】②

99. 풀장용 수중조명등에 전기를 공급하기 위하여 사용되는 절연변압기에 대한 설명으로 옳지 않은 것은?

① 절연변압기 2차측 전로의 사용전압은 150[V] 이하이어야 한다.

② 절연변압기 2차측 전로의 사용전압이 30[V] 이하인 경우에는 1차권선과 2차권선 사이에 금속제의 혼촉방지판이 있어야 한다.

③ 절연변압기의 1차측 전로의 사용전압은 250[V] 미만일 것.

④ 절연변압기의 2차측 전로의 사용전압이 30[V]를 넘는 경우에는 그 전로에 지락이 생긴 경우 자동적으로 전로를 차단하는 차단장치가 있어야 한다.

|정|답|및|해|설|

[수중 조명등 (KEC 234.14)]

① 풀용 수중조명등 기타 이에 준하는 조명등에 전기를 공급하는 변압기를 1차 400[V] 미만, 2차 150[V] 이하의 절연 변압기를 사용할 것

② 절연 변압기 2차측 전로의 사용전압이 30[V] 이하인 경우에는 1차 권선과 2차 권선 사이에 금속제의 혼촉 방지판을 설치하고 kec140에 준하는 접지공사를 할 것

③ 수중조명등의 절연변압기의 2차측 전로의 사용전압이 30[V]를 초과하는 경우 지락이 발생하면 자동적으로 전로를 차단하는 정격감도전류 30[mA] 이하의 누전차단기를 시설하여야 한다.

【정답】③

100. 저압 가공인입선 시설 시 도로를 횡단하여 시설하는 경우 노면상 높이는 몇 [m] 이상으로 하여야 하는가?

① 4 　　　　　② 4.5

③ 5 　　　　　④ 5.5

|정|답|및|해|설|

[구내 인입선 (KEC 221.1)] 전선의 높이

① 도로(차도와 보도의 구별이 있는 <u>도로인 경우에는 차도</u>)를 횡단하는 경우 : 노면상 5[m](기술상 부득이한 경우에 교통에 지장이 없을 때에는 3[m]) 이상

② 철도 또는 궤도를 횡단하는 경우 : 레일면상 6.5[m] 이상

③ 횡단보도교 위에 시설하는 경우 : 노면상 3[m] 이상

【정답】③

81. 저압 옥측 전선로에서 시설할 수 없는 공사방법은?

① 금속관공사를 목조의 조영물에 시설할 경우

② 버스덕트공사

③ 합성수지관공사(목조 이외의 조영물에 시설할 경우)

④ 애자사용공사(전개된 장소일 경우)

|정|답|및|해|설|

[저압 옥측 전선로의 시설 (KEC 221.2)]

① 애자사용공사(전개된 장소에 한한다)

② 합성수지관공사

③ 금속관공사(<u>목조 이외의 조영물에 시설</u>하는 경우에 한한다)

④ 버스덕트공사[<u>목조 이외의 조영물</u>(점검할 수 없는 은폐된 장소를 제외한다)에 시설하는 경우에 한한다]

⑤ 케이블공사(연피 케이블·알루미늄피 케이블 또는 미네럴인슈레이션게이블을 사용하는 경우에는 <u>목조 이외의 조영물에 시설하는 경우에 한한다)</u>　　　【정답】①

82. 발전소의 개폐기 또는 차단기에 사용하는 압축공기장치의 주 공기탱크에 시설하는 압력계의 최고 눈금의 범위로 옳은 것은?

① 사용압력의 1배 이상 2배 이하

② 사용압력의 1.15배 이상 2배 이하

③ 사용압력의 1.5배 이상 3배 이하

④ 사용압력의 2배 이상 3배 이하

|정|답|및|해|설|

[압축공기계통 (KEC 341.16)]

1. 공기 압축기는 최고 사용압력의 1.5배의 수압을 연속하여 10분간 가하여 시험하였을 때에 이에 견디고 또한 새지 아니하는 것일 것

2. 주 공기탱크 또는 이에 근접한 곳에는 <u>사용압력의 1.5배 이상 3배 이하</u>의 최고 눈금이 있는 압력계를 시설할 것

【정답】③

83. 직선형의 철탑을 사용한 특고압 가공전선로가 연속하여 10기 이상 사용하는 부분에는 몇 기 이하마다 내장 애자장치가 되어 있는 철탑 1기를 시설하여야 하는가?

① 5 　　　　　② 10

③ 15 　　　　　④ 20

|정|답|및|해|설|

[특고압 가공전선로의 내장형 등의 지지물 시설(KEC 333.16)]

특고압 가공전선로 중 지지물로서 직선형의 철탑을 연속하여 10기 이상 사용하는 부분에는 <u>10기 이하마다</u> 내장 애자장치가 되어 있는 철탑 또는 이와 동등이상의 강도를 가지는 철탑 1기를 시설하여야 한다.　　　【정답】②

84. 저압 전로의 중성점을 접지할 때 접지선으로 연동선을 사용하는 경우의 최소공칭단면적은 몇 $[mm^2]$인가?

① 6.0$[mm^2]$ 　　② 10$[mm^2]$

③ 16$[mm^2]$ 　　④ 25$[mm^2]$

|정|답|및|해|설|

[전로의 중성점의 접지 (KEC 322.5)]

·접지도체는 공칭단면적 16$[mm^2]$ 이상의 연동선

·저압 전로의 중성점에 시설하는 것은 <u>공칭단면적 6$[mm^2]$ 이상</u>의 연동선　　　【정답】①

85. [삭제 문제]

> ※2021년 1월 1일부터 한국전기설비규정(KEC) 적용으로 인해 더 이상 출제되지 않는 문제입니다.

86. 전선의 접속법을 열거한 것 중 틀린 것은?

① 전선의 세기를 30[%] 이상 감소시키지 않는다.
② 접속 부분을 절연 전선의 절연율과 동등 이상의 절연 효력이 있도록 충분히 피복한다.
③ 접속 부분은 접속관, 기타의 기구를 사용한다.
④ 알루미늄 도체의 전선과 동 도체의 전선을 접속할 때에는 전기적 부식이 생기지 않도록 한다.

|정|답|및|해|설|
[전선의 접속 방법 (KEC 123)]
① 전기저항을 증가시키지 않도록 할 것
② 전선의 세기를 20[%] 이상 감소시키지 아니 할 것
③ 접속부분의 절연전선에 절연물과 동등 이상의 절연효력이 있는 것으로 충분히 피복할 것
【정답】①

87. 최대사용전압이 7200[V]인 중성점 비접지식 변압기의 절연내력 시험전압은?

① 4400
② 10500
③ 2250
④ 20500

|정|답|및|해|설|
[절연내력 시험전압 (KEC 132)]　　(최대 사용전압의 배수)

권선의 종류		시험 전압	시험 최소 전압
7[kV] 이하		1.5배	500[V]
7[kV] 넘고 25[kV] 이하	다중접지식	0.92배	
7[kV] 넘고 60[kV] 이하	비접지방식	1.25배	10,500[V]
60[kV]초과	비접지	1.25배	
	접지식	1.1배	75000[V]

절연내력시험전압= $7200 \times 1.25 = 9000[V]$
최소시험전압 10500[V]
【정답】②

88. 전가섭선에 관하여 각 가섭선의 상정 최대 장력의 33[%]와 같은 불평형 장력의 수평 종분력에 의한 하중을 더 고려하여야 할 철탑의 유형은?

① 직선형
② 각도형
③ 내장형
④ 인류형

|정|답|및|해|설|
[상시 상정하중 (KEC 333.13)] 내장형·보강형의 경우에는 전가섭선에 관하여 각 가섭선의 상정 최대장력의 33[%]와 같은 불평균 장력의 수평 종분력에 의한 하중　　　【정답】③

89. [삭제 문제]

> ※2021년 1월 1일부터 한국전기설비규정(KEC) 적용으로 인해 더 이상 출제되지 않는 문제입니다.

90. 저압옥내배선은 일반적인 경우, 단면적 $1[mm^2]$ 이상의 굵기로 사용하는 저압용 케이블의 종류로 알맞은 것은?

① MI케이블
② 연피케이블
③ 비닐외장케이블
④ 폴리에틸렌외장케이블

|정|답|및|해|설|
[저압 옥내배선의 사용전선 (KEC 231.3)]
① 단면적 $2.5[mm^2]$ 이상의 연동선 또는 이와 동등 이상의 강도 및 굵기의 것
② 단면적이 $1[mm^2]$ 이상의 미네럴인슈레이션케이블
【정답】①

91. 고압 옥측 전선로에 사용할 수 있는 전선은?

① 케이블
② 나경동선
③ 절연전선
④ 다심형 전선

|정|답|및|해|설|
[고압 옥측전선로의 시설 (KEC 331.13.1)]
1. 전선은 케이블일 것
2. 케이블의 지지점 간의 거리를 2[m] (수직으로 붙일 경우에는 6[m])이하로 하고 또한 피복을 손상하지 아니하도록 붙일 것
3. 대지와의 사이의 전기저항 값이 10[Ω] 이하인 부분을 제외하고 kec140에 준하는 접지공사를 할 것
【정답】①

92. 금속덕트 공사에 적당하지 않은 것은?

① 전선은 절연전선을 사용한다.
② 덕트의 끝부분은 항시 개방시킨다.
③ 덕트 안에는 전선의 접속점이 없도록 한다.
④ 덕트의 안쪽 면 및 바깥 면에는 산화 방지를 위하여 아연도금을 한다.

|정|답|및|해|설|
[금속 덕트 공사 (KEC 232.9)]
금속 덕트는 다음 각 호에 따라 시설하여야 한다.
1. 덕트 상호 간은 견고하고 또한 전기적으로 완전하게 접속할 것.
2. 덕트를 조영재에 붙이는 경우에는 덕트의 지지점 간의 거리를 3[m](취급자 이외의 자가 출입할 수 없도록 설비한 곳에서 수직으로 붙이는 경우에는 6[m]) 이하로 하고 또한 견고하게 붙일 것.
3. 덕트의 뚜껑은 쉽게 열리지 아니하도록 시설할 것.
4. 덕트의 끝부분은 막을 것.
5. 덕트 안에 먼지가 침입하지 아니하도록 할 것.
6. 덕트는 물이 고이는 낮은 부분을 만들지 않도록 시설할 것.
【정답】②

93. 사용전압이 400[V] 미만인 저압 가공전선으로 절연전선을 사용하는 경우, 지름 몇[mm] 이상의 경동선을 사용하여야 하는가?

① 2.0
② 2.6
③ 3.2
④ 3.8

|정|답|및|해|설|
[저고압 가공전선의 굵기 및 종류 (KEC 222.5)]
사용전압이 400[V] 미만인 저압 가공전선은 케이블인 경우를 제외하고는 인장강도 3.43[kN] 이상의 것 또는 지름 3.2[mm](절연전선인 경우는 인장강도 2.3[kN] 이상의 것 또는 지름 2.6[mm] 이상의 경동선) 이상의 것이어야 한다.
【정답】②

94. 전기 욕기에 전기를 공급하는 전원장치는 전기욕기용으로 내장되어 있는 2차측 전로의 사용전압을 몇 [V] 이하로 한정하고 있는가?

① 6
② 10
③ 12
④ 15

|정|답|및|해|설|
[전기욕기의 시설 (KEC 241.2)]
① 내장되어 있는 전원 변압기의 2차측 전로의 사용전압이 10[V] 이하인 것에 한한다.
② 욕탕안의 전극간의 거리는 1[m] 이상일 것
③ 전원장치로부터 욕탕안의 전극까지의 배선은 공칭단면적 2.5 [mm^2] 이상의 연동선
④ 전선과 대지 사이의 절연저항 값은 0.1[MΩ] 이상일 것
【정답】②

95. 특고압용 타냉식 변압기의 냉각장치에 고장이 생긴 경우를 대비하여 어떤 보호 장치를 하여야 하는가?

① 경보장치
② 속도조정장치
③ 온도시험장치
④ 냉매흐름장치

|정|답|및|해|설|
[특고압용 변압기의 보호장치 (KEC 351.4)]

뱅크 용량의 구분	동작 조건	장치의 종류
5,000[kVA] 이상 10,000[kVA] 미만	변압기 내부 고장	자동 차단 장치 또는 경보 장치
10,000[kVA] 이상	변압기 내부 고장	자동 차단 장치
타냉식 변압기 (강제순환식)	·냉각장치 고장 ·변압기 온도 상승	경보 장치

【정답】①

96. 지중 전선로를 관로식에 의하여 시설하는 경우에는 매설 깊이를 몇 [m] 이상으로 하여야 하는가?

① 0.6
② 1.0
③ 1.2
④ 1.5

|정|답|및|해|설|
[지중 전선로의 시설 (KEC 334.1)]
관로식에 의하여 시설하는 경우에는 매설 깊이를 1.0[m] 이상으로 하되, 매설 깊이가 충분하지 못한 장소에는 견고하고 차량 기타 중량물의 압력에 견디는 것을 사용할 것. 다만 중량물의 압력을 받을 우려가 없는 곳은 60[cm] 이상으로 한다.
【정답】①

97. 발열선을 도로, 주차장 또는 조영물의 조영재에 고정시켜 시설하는 경우, 발열선에 전기를 공급하는 전로의 대지전압은 몇 [V] 이하 이어야 하는가?

① 100[V] ② 150[V]

③ 200[V] ④ 300[V]

|정|답|및|해|설|
[도로 등의 전열장치의 시설 (KEC 241.12)]

1. 발열선에 전기를 공급하는 <u>전로의 대지전압은 300[V]</u> 이하일 것
2. 발열선은 사람이 접촉할 우려가 없고 또한 손상을 받을 우려가 없도록 콘크리트 기타 견고한 내열성이 있는 것 안에 시설할 것
3. 발열선은 그 온도가 80[℃]를 넘지 아니하도록 시설할 것. 다만, 도로 또는 옥외주차장에 금속피복을 한 발열선을 시설할 경우에는 발열선의 온도를 120[℃] 이하로 할 수 있다.

【정답】④

98. 태양전지 모듈 시설에 대한 설명 중 옳은 것은?

① 충전 부분은 노출하여 시설할 것
② 옥내에 시설할 경우에는 전선을 케이블공사로 시설할 것
③ 태양전지 모듈의 프레임은 지지물과 전기적으로 완전하게 접속하여야 한다.
④ 태양전지 모듈을 병렬로 접속하는 전로에는 과전류차단기 시설하지 않아도 된다.

|정|답|및|해|설|
[태양전지 모듈의 시설 (kec 520)]

1. 충전부분은 노출되지 아니하도록 시설할 것
2. 옥내에 시설할 경우에는 합성수지관공사, 금속관공사, 가요전선관공사 또는 케이블공사에 준하여 시설할 것
3. 태양전지 모듈의 프레임은 지지물과 전기적으로 완전하게 접속하여야 한다.
4. 모듈을 병렬로 접속하는 전로에는 그 주된 <u>전로에 단락전류가 발생할 경우에 전로를 보호하는 과전류차단기 또는 기타 기구를 시설할 것</u>

【정답】②

99. 수상 전선로를 시설하는 경우에 대한 설명으로 알맞은 것은?

① 사용전압이 고압인 경우에는 클로로프렌 캡타이어 케이블을 사용한다.

② 수상전로에 사용하는 부대는 쇠사슬 등으로 견고하게 연결한다.
③ 수상선로의 전선은 부대의 아래에 지지하여 시설하고 또한 그 절연피복을 손상하지 아니하도록 시설한다.
④ 고압 수상 전선로에 지락이 생길 때를 대비하여 전로를 수동으로 차단하는 장치를 시설한다.

|정|답|및|해|설|
[수상전선로의 시설 (KEC 335.3)]

① 사용 전선
　· 저압 : 클로로프렌 캡타이어 케이블
　· 고압 : 캡타이어 케이블
② 수상 전선로의 사용 전압이 고압인 경우에는 전로에 지락이 생겼을 때에 <u>자동적으로 전로를 차단</u>하기 위한 장치를 시설하여야 한다.

【정답】②

100. 다음 그림과 같은 통신선용 보안장치에 대한 설명으로 틀린 것은?

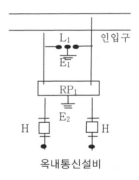

옥내통신설비

① 교류 1,000[V] 이하에서 동작하는 피뢰기를 사용한다.
② 릴레이 보안기는 교류 300[V] 이하에서 동작한다.
③ 릴레이 보안기는 자복성이 없다.
④ 릴레이 보안기의 최소 감조전류는 3[A] 이하이다.

[특고압 가공전선로 첨가설치 통신선의 시가지 인입 제한 (KEC 362.5)]

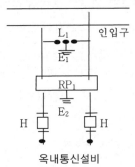

옥내통신설비

RP1 : 교류 300[V] 이하에서 동작하고, 최소 감도 전류가 3[A] 이하로서 최소 감도전류 때의 응동시간이 1사이클 이하이고 또한 전류 용량이 50[A], 20초 이상인 <u>자복성이 있는 릴레이 보안기</u>

L1 : <u>교류 1[kV] 이하에서 동작하는 피뢰기</u>

E1 및 E2 : 접지　　　　　　　　　　　　　【정답】③

2019 전기산업기사

1회

81. 건조한 장소로서 전개된 장소에 고압 옥내 배선을 시설할 수 있는 공사방법은?

① 덕트공사　　　　② 금속관공사

③ 애자사용공사　　④ 합성수지관공사

|정|답|및|해|설|
[고압 옥내배선 등의 시설 (KEC 342.1)]
고압 옥내배선은 다음 중 1에 의하여 시설할 것.
① 애자사용 공사(건조한 장소로서 전개된 장소에 한한다)
② 케이블 공사
③ 케이블 트레이 공사　　　　　　　　　　　　【정답】③

82. 154/22.9[kV]용 변전소의 변압기에 반드시 시설하지 않아도 되는 계측장치는?

① 전압계　　　　② 전류계

③ 역률계　　　　④ 온도계

|정|답|및|해|설|
[계측장치 (KEC 351.6)]
변전소 또는 이에 준하는 곳에는 다음 각 호의 사항을 계측하는 장치를 시설하여야 한다.
1. 주요 변압기의 전압 및 전류 또는 전력
2. 특고압용 변압기의 온도　　　　　　　　　　【정답】③

83. 중성선 다중접지식의 것으로서 전로에 자기가 생긴 경우에 2초 안에 자동적으로 차단하는 장치를 가지는 22.9[kV] 가공전선로를 상부 조영재의 위쪽에서 접근상태로 시설하는 경우, 가공전선과 건조물과의 이격거리는 몇 [m] 이상이어야 하는가?

① 1.2　　　　② 1.5

③ 2.5　　　　④ 3.0

|정|답|및|해|설|
[25[kV] 이하인 특고압 가공 전선로의 시설 (KEC 333.32)]
특고압 가공전선(다중접지를 한 중성선을 제외한다)이 건조물과 접근하는 경우에 특고압 가공전선과 건조물의 조영재 사이의 이격거리

건조물의 조영재	접근 형태	전선의 종류	이격 거리
상부 조영재	위쪽	나전선	3[m]
		특고압 절연전선	2.5[m]
		케이블	1.2[m]
	옆쪽 아래쪽	나전선	1.5[m]
		특고압 절연전선	1.0[m]
		케이블	0.5[m]

【정답】④

84. 전기부식방지 시설은 지표 또는 수중에서 1[m] 간격의 임의의 2점간의 전위차가 몇 [V]를 넘으면 안 되는가?

① 5　　　　② 10

③ 25　　　　④ 30

|정|답|및|해|설|
[전기부식방지 시설 (KEC 241.16)]
전기 방식 시설은 직류 60[V] 이하를 사용하며 수중에 시설하는 양극과 그 주위 1[m] 안에 있는 점과의 전위차는 10[V] 이하, 1[m] 간격을 갖는 임의의 2점간의 <u>전위차는 5[V]</u> 이하이어야 한다.
【정답】①

85. 고압 가공전선이 가공약전류 전선 등과 접근하는 경우는 고압 가공전선과 가공약전류전선 등 사이의 이격거리는 몇 [cm] 이상이어야 하는가? (단 전선이 케이블인 경우이다.)

① 15[cm] ② 30[cm]

③ 40[cm] ④ 80[cm]

|정|답|및|해|설|
[저고압 가공전선과 가공약전류전선 등의 접근 또는 교차 (KEC 332.13)]

가공전선 약전류전선	저압 가공전선		고압 가공전선	
	저압 절연전선	고압 절연전선 또는 케이블	절연전선	케이블
일반	0.6[m]	0.3[m]	0.3[m]	0.4[m]
절연전선, 통신용 케이블인 경우	0.3[m]	0.15[m]		

【정답】③

86. 가공전선로의 지지물에 시설하는 지선의 시설 기준에 대한 설명 중 알맞은 것은?

① 소선의 지름 : 1.6[mm], 안전율 : 2.0, 허용 인장하중 : 4.31[kN]

② 소선의 지름 : 2.0[mm], 안전율 : 2.5, 허용 인장하중 : 2.11[kN]

③ 소선의 지름 : 2.6[mm], 안전율 : 1.5, 허용 인장하중 : 3.21[kN]

④ 소선의 지름 : 2.6[mm], 안전율 : 2.5, 허용 인장하중 : 4.31[kN]

|정|답|및|해|설|
[지선의 시설 (KEC 331.11)]
지선 지지물의 강도 보강
・안전율 : 2.5 이상
・최저 인장 하중 : 4.31[kN]
・소선 2.6[mm] 이상의 금속선을 3조 이상 꼬아서 사용
・지중 및 지표상 30[cm]까지의 부분은 아연도금 철봉 등을 사용
・도로를 횡단하여 시설하는 지선의 높이는 지표상 5[m] 이상, 교통에 지장을 초래할 우려가 없는 경우에는 지표상 4.2[m] 이상, 보도의 경우에는 2.5[m] 이상으로 할 수 있다.
【정답】④

87. 시가지 등에서 특고압 가공전선로를 시설하는 경우 특고압 가공전선로용 지지물로 사용 될 수 없는 것은? (단, 사용전압이 170[kV] 이하인 경우이다.)

① 철탑 ② 철근콘크리트주

③ 철주 ④ 목주

|정|답|및|해|설|
[시가지 등에서 특고압 가공전선로의 시설 (KEC 333.1)]
시가지에 시설하는 특고압 가공전선로용 지지물로는 A・B종 철주, A・B종 철근콘크리트주, 또는 철탑을 사용한다.

지지물의 종류	경간
A종 철주 또는 A종 철근 콘크리트주	75[m]
B종 철주 또는 B종 철근 콘크리트주	150[m]
철탑	400[m] (단주인 경우에는 300[m]) 다만, 전선이 수평으로 2 이상 있는 경우에 전선 상호간의 간격이 4[m] 미만인 때에는 250[m]

【정답】④

88. 시가지에 시설하는 고압 가공전선으로 경동선을 사용하려면 그 지름은 최소 몇 [mm]이어야 하는가?

① 2.6 ② 3.2

③ 4.0 ④ 5.0

|정|답|및|해|설|
[저고압 가공전선의 굵기 및 종류 (KEC 222.5)]
사용전압이 400[V] 이상인 저압 가공전선 또는 고압 가공전선은 케이블인 경우 이외에는 시가지에 시설하는 것은 인장강도 8.01[kN] 이상의 것 또는 지름 5[mm] 이상의 경동선, 시자기 외에 시설하는 것은 인장강도 5.26[kN] 이상의 것 또는 지름 4[mm] 이상의 경동선이어야 한다. 【정답】④

89. 중성선 다중접지식의 것으로 전로에 지락이 생겼을 때에 2초 이내에 자동적으로 이를 전로로부터 차단하는 장치가 되어 있는 22.9[kV] 가공전선로 상부 조영재의 위쪽에서 접근상태로 시설하는 경우, 가공전선과 건조물과의 이격거리는 몇 [m] 이상이어야 하는가? (단, 전선으로 나전선을 사용한다고 한다.)

① 1.2   ② 1.5

③ 2.5   ④ 3.0

|정|답|및|해|설|

[25[kV] 이하인 특고압 가공 전선로의 시설 (KEC 333.32)]

건조물의 조영재	접근 형태	전선의 종류	이격거리 [m]
상부 조영재	위쪽	나전선	3
		특고압 절연전선	2.5
		케이블	1.2
	옆쪽 또는 아래쪽	나전선	1.5
		특고압 절연전선	1
		케이블	0.5
기타의 조영재		나전선	1.5
		특고압 절연전선	1
		케이블	0.5

【정답】④

90. 케이블을 지지하기 위하여 사용하는 금속제 케이블트레이의 종류가 아닌 것은?

① 통풍 밀폐형   ② 통풍 채널형

③ 바닥 밀폐형   ④ 사다리형

|정|답|및|해|설|

[케이블트레이 공사 (KEC 232.15)]

· 종류는 채널형, 사다리형, 바닥밀폐형, 펀칭형 등이 있다.

· 케이블 트레이의 안전율은 1.5 이상이어야 한다.

· 금속제 케이블 트레이는 kec140에 의한 접지공사를 하여야 한다.

【정답】①

91. 출퇴표시등 회로에 전기를 공급하기 위한 변압기는 2차 측 전로의 사용전압이 몇 [V] 이하인 절연변압기이어야 하는가?

① 40   ② 60

③ 80   ④ 100

|정|답|및|해|설|

[출퇴표시등 회로의 사실 (KEC 234.13)]

출퇴표시등 회로에 전기 공급하는 변압기는 1차측 전로의 대지전압이 300[V] 이하, 2차측 전로의 사용전압이 60[V] 이하인 절연변압기 이어야 한다. 【정답】②

92. 발전소, 변전소 또는 이에 준하는 곳의 특고압 전로에는 그의 보기 쉬운 곳에 어떤 표시를 반드시 하여야 하는가?

① 모선 표시   ② 상별 표시

③ 차단 위험표시   ④ 수전 위험표시

|정|답|및|해|설|

[특고압전로의 상 및 접속 상태의 표시 (KEC 351.2)]

① 발전소·변전소 또는 이에 준하는 곳의 특고압전로에는 그의 보기 쉬운 곳에 상별(相別) 표시를 하여야 한다.

② 발전소·변전소 또는 이에 준하는 곳의 특고압전로에 대하여는 그 접속 상태를 모의모선(模擬母線)의 사용 기타의 방법에 의하여 표시하여야 한다. 【정답】②

93. 전력 보안 통신용 전화 설비를 시설하여야 하는 곳은?

① 원격감시 제어가 되는 변전소와 이를 운용하는 급전소간

② 동일 수계에 속하고 보안상 긴급 연락의 필요가 없는 수력발전소 상호간

③ 원격 감시 제어가 되는 발전소와 이를 운용하는 급전소간

④ 2 이상의 급전소 상호간과 이들을 총합 운용하는 급전소간

[전력보안통신설비의 시설 요구사항 (KEC 362.1)]
전력 보안 통신용 전화 설비는 원격 감시 제어가 되지 아니하는 발·변전소, 2 이상의 급전선 상호간, 수력 설비 중 중요한 곳, 특고 가공 전선로 및 선로 길이 5[km] 이상의 고압 가공전선로 등에 시설 하여야 한다. 【정답】④

② 지중에 매설하는 양극은 75[cm] 이상의 깊이일 것
③ 수중에 시설하는 양극과 그 주위 1[m] 안의 임의의 점과의 전위차는 10[V] 이내, 지표 또는 수중에서 1[m] 간격을 갖는 임의의 2점간의 전위차는 5[V] 이내이어야 한다.
④ 전선은 케이블인 경우를 제외하고 2[mm] 경동선 이상이어야 한다. 【정답】③

---

94. 6.6[kV] 지중전선로의 케이블을 직류 전원으로 절연내력 시험을 하자면 시험전압은 직류 몇 [V]인가?

① 9900 ② 14420
③ 16500 ④ 19800

[전로의 절연저항 및 절연내력 (KEC 132)]

접지방식	최대 사용전압	시험 전압(최대 사용전압 배수)	최저 시험 전압
비접지	7[kV] 이하	1.5배	
	7[kV] 초과	1.25배	10,500[V]
중성점접지	60[kV] 초과	1.1배	75[kV]
중성점직접접지	60[kV] 초과 170[kV] 이하	0.72배	
	170[kV] 초과	0.64배	
중성점다중접지	25[kV] 이하	0.92배	

※ 전로에 케이블을 사용하는 경우에는 직류로 시험할 수 있으며, 시험 전압은 교류의 경우의 2배가 된다.
① 6600×1.5=9900[V] → (7000[V] 이하이므로 1.5배)
② 시험 전압이 직류일 경우 교류 전압의 2배이므로
$$9900 \times 2 = 19800[V]$$ 【정답】④

95. 전기부식방지 시설을 시설할 때 전기부식방지용 전원장치로부터 양극 및 피방식체까지의 전로의 사용전압은 직류 몇 [V] 이하로 하여야 하는가?

① 20[V] ② 40[V]
③ 60[V] ④ 80[V]

[전기부식방지 시설 (KEC 241.16)]
① 사용전압은 직류 60[V] 이하일 것

---

96. [삭제 문제]

※2021년 1월 1일부터 한국전기설비규정(KEC) 적용으로 인해 더 이상 출제되지 않는 문제입니다.

97. [삭제 문제]

※2021년 1월 1일부터 한국전기설비규정(KEC) 적용으로 인해 더 이상 출제되지 않는 문제입니다.

98. [삭제 문제]

※2021년 1월 1일부터 한국전기설비규정(KEC) 적용으로 인해 더 이상 출제되지 않는 문제입니다.

99. 고압 가공전선 상호간 접근 또는 교차하여 시설되는 경우, 고압 가공전선 상호간의 이격거리는 몇 [cm] 이상이어야 하는가? (단, 고압 가공전선은 모두 케이블이 아니라고 한다.)

① 50 ② 60
③ 70 ④ 80

[가공전선 상호간 접근 또는 교차 (kec 332.17)] 고압 가공전선 상호간의 이격거리는 0.8[m] (어느 한쪽의 전선이 케이블인 경우에는 0.4[m]) 이상, 하나의 고압 가공전선과 다른 고압 가공전선로의 지지물 사이의 이격거리는 0.6[m] (전선이 케이블인 경우에는 0.3[m]) 이상일 것. 【정답】④

100. 과전류차단기로 시설하는 퓨즈 중 고압전로에 사용하는 비포장 퓨즈는 정격전류의 몇 배의 전류에 견디어야 하는가?

① 1.1 　　　　　② 1.25
③ 1.5 　　　　　④ 2

|정|답|및|해|설|
[고압 및 특고압 전로 중의 과전류차단기의 시설 (KEC 341.11)]
·포장 퓨즈 : 정격전류의 1.3배의 전류에 견디고 또한 2배의 전류로 120분 안에 용단되는 것 또는 다음에 적합한 고압전류제한 퓨즈이어야 한다.
·비포장 퓨즈 : 정격전류의 1.25배의 전류에 견디고 또한 2배의 전류로 2분 안에 용단되는 것이어야 한다.
【정답】②

2회

81. 저압 옥내배선과 옥내 저압용의 전구선의 시설방법으로 틀린 것은?

① 쇼케이스 내의 배선에 0.75[mm²]의 캡타이어케이블을 사용하였다.
② 출퇴표시등용 전선으로 1.0[mm²]의 연동선을 사용하여 금속관에 넣어 시설하였다.
③ 전광표시장치의 배선으로 1.5[mm²]의 연동선을 사용하고 합성수지관에 넣어 시설하였다.
④ 조형물에 고정시키지 아니하고 백열전등에 이르는 전구선으로 0.55[mm²]의 케이블을 사용하였다.

|정|답|및|해|설|
[저압 옥내배선의 사용전선 (KEC 231.3)] 옥내배선의 사용 전압이 400[V] 미만인 경우 전광표시 장치·출퇴 표시등 기타 이와 유사한 장치 또는 제어 회로 등에 사용하는 배선에 단면적 1.5[mm²] 이상의 연동선을 사용하며, 캡타이어케이블은 0.75[mm²] 이상이다.
【정답】②, ④

82. 사용전압이 20[kV]인 변전소에 울타리, 담 등을 시설하고자 할 때 울타리, 담 등의 높이는 몇 [m] 이상이어야 하는가?

① 1 　　　　　② 2
③ 5 　　　　　④ 6

|정|답|및|해|설|
[발전소 등의 울타리·탐 등의 시설 (KEC 351.1)] 울타리·담 등의 높이는 2[m] 이상으로 하고 지표면과 울타리·담 등의 하단 사이의 간격은 15[㎝] 이하로 할 것
【정답】②

83. 최대 사용전압이 440[V]인 전동기의 절연내력 시험 전압은 몇 [V]인가?

① 330 　　　　　② 440
③ 500 　　　　　④ 660

|정|답|및|해|설|
[회전기 및 정류기의 절연내력 (KEC 133)]

종　　류			시험 전압	시험 방법
회전기	발전기 전동기 조상기 기타 회전기	7[kV] 이하	1.5배 (최저 500[V])	권선과 대지간의 연속하여 10분간
		7[kV] 초과	1.25배 (최저 10,500[V])	
	회전변류기		직류측의 최대사용전압의 1배의 교류전압 (최저 500[V])	

∴ 시험 전압 = 440×1.5 = 660[V]　　　【정답】④

84. 고압 옥내배선을 애자사용공사로 하는 경우, 전선의 지지점간의 거리는 전선을 조영재의 면을 따라 몇 [m] 이하여야 하는가?

① 1 　　　　　② 2
③ 3 　　　　　④ 5

|정|답|및|해|설|
[고압 옥내 애자공사의 시설기준 (KEC 342)]
· 전선은 공칭단면적 $6[mm^2]$ 이상의 연동선일 것
· 전선의 지지점 간의 거리는 6[m] 이하일 것. 다만, 전선을 조영재의 면을 따라 붙이는 경우에는 2[m] 이하이어야 한다.
· 전선 상호 간의 간격은 0.08[m] 이상, 전선과 조영재 사이의 이격거리는 0.05[m] 이상일 것

【정답】②

85. 특별 고압 가공전선로의 지지물에 시설하는 통신선, 또는 이에 직접 접속하는 통신선일 경우에 설치하여야 할 보안장치로서 모두 옳은 것은?

① 특고압용 제2종 보안장치, 고압용 제2종 보안장치

② 특고압용 제1종 보안장치, 특고압용 제3종 보안장치

③ 특고압용 제2종 보안장치, 특고압용 제3종 보안장치

④ 특고압용 제1종 보안장치, 특고압용 제2종 보안장치

|정|답|및|해|설|
[특고압 가공전선로 첨가설치 통신선의 시가지 인입 제한 (KEC 362.5)]
1. 고압 가공전선로의 지지물에 시설하는 통신선 또는 이것에 직접 접속하는 통신선의 경우
   ① 고압용 제1종 보안 장치
   ② 고압용 제2종 보안 장치
2. 특고압 가공전선로의 지지물에 시설하는 통신선 또는 이것에 직접 접속하는 통신선인 경우
   ① 특고압용 제1종 보안장치
   ② 특고압용 제2종 보안장치
※ 보안장치에 제3종은 존재하지 않는다.   【정답】④

86. 사용전압 60000[V]인 특별고압 가공전선과 그 지지물 · 지주 · 완금류 또는 지선 사이의 이격거리는 일반적으로 몇 [cm] 이상이어야 하는가?

① 35[cm]   ② 40[cm]

③ 45[cm]   ④ 65[cm]

|정|답|및|해|설|
[특고압 가공전선과 지지물 등의 이격거리 (KEC 333.5)]

사용전압	이격거리[cm]
15[kV] 미만	15
15[kV] 이상 25[kV] 미만	20
25[kV] 이상 35[kV] 미만	25
35[kV] 이상 50[kV] 미만	30
50[kV] 이상 60[kV] 미만	35
60[kV] 이상 70[kV] 미만	40
70[kV] 이상 80[kV] 미만	45
80[kV] 이상 130[kV] 미만	65
130[kV] 이상 160[kV] 미만	90
160[kV] 이상 200[kV] 미만	110
200[kV] 이상 230[kV] 미만	130
230[kV] 이상	160

【정답】②

87. 특고압 가공전선로에서 발생하는 극저주파 전계는 지표상 1[m]에서 전계가 몇 [kV/m] 이하가 되도록 시설하여야 하는가?

① 3.5   ② 2.5

③ 1.5   ④ 0.5

|정|답|및|해|설|
[유도장해 방지 (기술기준 제17조)]
특고압 가공전선로에서 발생하는 극저주파 전자계는 지표상 1[m]에서 전계가 3.5[kv/m] 이하, 자계가 83.3[μT] 이하가 되도록 시설하는 등 상시 정전유도 및 전자유도 작용에 의하여 사람에게 위험을 줄 우려가 없도록 시설하여야 한다.   【정답】①

88. 동일 지지물에 저압 가공전선(다중접지된 중선선은 제외)과 고압 가공전선을 시설하는 경우 저압 가공전선은?

① 고압 가공전선의 위로 하고 동일 완금류에 시설

② 고압 가공전선과 나란하게 하고 도일 완금류에 시설

③ 고압 가공전선의 아래로 하고 별개의 완금류에 시설

④ 고압 가공전선과 나란하게 하고 별개의 완금류에 시설

|정|답|및|해|설|_____
[저고압 가공전선 등의 병행설치 (KEC 332.8)]
이격거리 50[cm] 이상으로 저압선을 고압선의 아래로 별개의 완금류에 시설 **【정답】③**

---

89. 23[kV] 특고압 가공전선로의 전로와 저압 전로를 결합한 주상변압기의 2차측 접지선의 굵기는 공칭 단면적이 몇 [mm^2] 이상의 연동선인가? (단, 특고압 가공전선로는 중성선 다중접지식의 것을 제외)

① 2.5
② 6
③ 10
④ 16

|정|답|및|해|설|_____
[접지도체의 단면적 (KEC 142.3.1)] 특고압·고압 전기설비용 접지도체는 단면적 6[mm^2] 이상의 연동선 또는 동등 이상의 단면적 및 강도를 가져야 된다. **【정답】②**

---

90. 특고압 가공전선로의 지지물 중 전선로의 지지물 양쪽의 경간의 차가 큰 곳에 사용하는 철탑은?

① 내장형 철탑
② 인류형 철탑
③ 보강형 철탑
④ 각도형 철탑

|정|답|및|해|설|_____
[특고압 가공전선로의 철주·철근 콘크리트주 또는 철탑의 종류 (KEC 333.11)] 특고 가공 전선로의 지지물로 사용하는 B종 철주, 철근 콘크리트주, 철탑의 종류는 다음과 같다.
① 직선형 : 전선로의 직선 부분(3° 이하의 수평 각도 이루는 곳 포함)에 사용되는 것
② 각도형 : 전선로 중 수형 각도 3°를 넘는 곳에 사용되는 것
③ 인류형 : 전 가섭선을 인류하는 곳에 사용하는 것
④ 내장형 : 전선로 지지물 양측의 경간차가 큰 곳에 사용하는 것
⑤ 보강형 : 전선로 직선 부분을 보강하기 위하여 사용하는 것 **【정답】①**

---

91. 철탑의 강도 계산에 사용하는 이상 시 상정하중의 종류가 아닌 것은?

① 수직하중
② 좌굴하중
③ 수평 횡하중
④ 수평 종하중

|정|답|및|해|설|_____
[이상 시 상정하중 (KEC 333.14)]
철탑의 강도계산에 사용하는 이상 시 상정하중은 풍압이 전선로에 직각 또는 전선로의 방향으로 가하여지는 경우의 하중(수직하중, 수평 횡하중, 수평 종하중이 동시에 가하여 지는 것)을 계산하여 큰 응력이 생기는 쪽의 하중을 채택한다.

※좌굴하중이란 부재에 휨모멘트가 걸린 경우 **【정답】②**

---

92. [삭제 문제]

※2021년 1월 1일부터 한국전기설비규정(KEC) 적용으로 인해 더 이상 출제되지 않는 문제입니다.

---

93. 사용전압이 15[kV] 이하인 가공 전선로의 중성선을 다중접지 하는 경우에 1[km] 마다의 중성선과 대지 사이의 합성 전기저항 값은 몇 [Ω] 이하가 되어야 하는가?

① 10[Ω]
② 15[Ω]
③ 20[Ω]
④ 30[Ω]

|정|답|및|해|설|_____
[25[kV] 이하인 특고압 가공 전선로의 시설 (KEC 333.32)]

사용전압	각 접지점의 대지 전기 저항치	1[km] 마다의 합성전기저항치
15[kV] 이하	300[Ω]	30[Ω]
15[kV] 초과 25[kV] 이하	150[Ω]	15[Ω]

【정답】④

---

94. [삭제 문제]

※2021년 1월 1일부터 한국전기설비규정(KEC) 적용으로 인해 더 이상 출제되지 않는 문제입니다.

95. [삭제 문제]

※2021년 1월 1일부터 한국전기설비규정(KEC) 적용으로 인해 더 이상 출제되지 않는 문제입니다.

【정답】④

96. 다음 중 "지중 관로"에 포함되지 않는 것은?

① 지중 광섬유케이블 전선로

② 지중 약전류 전선로

③ 지중 전선로

④ 지중 레일 선로

|정|답|및|해|설|
[용어정의 (KEC 112)] 지중관로란 지중 전선로·지중 약전류 전선로·지중 광섬유 케이블 선로·지중에 시설하는 수관 및 가스관과 이와 유사한 것 및 이들에 부속하는 지중함 등을 말한다.

【정답】④

97. 수소냉각식의 발전기, 조상기에 부속하는 수소 냉각 장치에서 필요 없는 장치는?

① 수소의 순도 저하를 경보하는 장치

② 수소의 압력을 계측하는 장치

③ 수소의 온도를 계측하는 장치

④ 수소의 유량을 계측하는 장치

|정|답|및|해|설|
[수소냉각식 발전기 등의 시설 (kec 351.10)]
① 발전기 또는 조상기는 기밀구조의 것이고 또한 수소가 대기압에서 폭발하는 경우 생기는 압력에 견디는 강도를 가질 것
② 발전기축의 밀봉부에는 질소 가스를 봉입할 수 있는 장치와 누설한 수소 가스를 안전하게 외부에 방출할 수 있는 장치를 시설할 것
③ 발전기, 조상기 안의 수소 순도가 85[%] 이하로 저하한 경우 경보장치를 시설할 것
④ 발전기, 조상기 안의 수소 압력을 계측하는 장치 및 그 압력이 현저히 변동할 경우에 이를 경보하는 장치를 시설할 것
⑤ 발전기안 또는 조상기안의 수소의 온도를 계측하는 장치를 시설할 것

【정답】④

98. 고압 가공전선으로 경동선 또는 내열 동합금선을 사용할 때 그 안전율의 최소값은?

① 2.0 ② 2.2

③ 2.5 ④ 3.3

|정|답|및|해|설|
[고압 가공전선의 안전율 (KEC 331.14.2)] 고압 가공전선은 케이블인 경우 이외에는 그 안전율이 경동선 또는 내열 동합금선은 2.2 이상, 그 밖의 전선은 2.5 이상이 되는 이도로 시설하여야 한다.

【정답】②

99. 전체의 길이가 16[m]이고 설계하중이 6.8[kN] 초과 9.8[kN] 이하인 철근 콘크리트 주를 논, 기타 지반이 연약한 곳 이외의 곳에 시설할 때, 묻히는 깊이를 2.5[m]보다 몇 [cm] 가산하여 시설하는 경우에는 기초의 안전율에 대한 고려 없이 시설하여도 되는가?

① 10 ② 20

③ 30 ④ 40

|정|답|및|해|설|
[가공전선로 지지물의 기초의 안전율 (KEC 331.7)]
전체의 길이가 15[m]을 초과하는 경우는 땅에 묻히는 깊이를 2.5[m] 이상으로 하되, 철근 콘크리트주로서 전체의 길이가 14[m] 이상 20[m] 이하이고, 설계하중이 6.8[kN] 초과 9.8[kN] 이하의 것을 논이나 그 밖의 지반이 연약한 곳 이외에 시설하는 경우 그 묻히는 깊이는 기준보다 30[cm]를 가산하여 시설한다.

【정답】③

100. 저압 및 고압 가공전선의 높이에 대한 기준으로 틀린 것은?

① 철도를 횡단하는 경우는 레일면상 6.5[m] 이상이다.

② 횡단보도교 위에 시설하는 경우는 저압의 경우는 그 노면 상에서 3[m] 이상이다.

③ 횡단보도교 위에 시설하는 경우는 고압의 경우는 그 노면 상에서 3.5[m] 이상이다.

④ 다리의 하부 기타 이와 유사한 장소에 시설 하는 저압의 전기철도용 급전선은 지표상 3.5[m]까지로 감할 수 있다.

|정|답|및|해|설|
[저고압 가공 전선의 높이 (KEC 332.5)]
① 도로 횡단 : 6[m] 이상
② 철도 횡단 : 레일면상 6.5[m] 이상
③ 횡단 보도교 위 : 3.5[m] 이상
④ 기타 : 5[m] 이상   【정답】②

81. [삭제 문제]

※2021년 1월 1일부터 한국전기설비규정(KEC) 적용으로 인해 더 이상 출제되지 않는 문제입니다.

82. 내부에 고장이 생긴 경우에 자동적으로 이를 전로로부터 차단하는 장치가 반드시 필요한 것은

① 뱅크용량 1,000[kVA]인 변압기
② 뱅크용량 10,000[kVA]인 조상기
③ 뱅크용량 300[kVA]인 분로리액터
④ 뱅크용량 10,000[kVA]인 전력용 커패시티

|정|답|및|해|설|
[무효전력 보상장치의 보호장치 (KEC 351.5)]

설비 종별	뱅크 용량의 구분	자동적으로 전로부터 차단하는 장치
전력용 커패시터 및 분로리액터	500[kVA] 초과 15,000[kVA] 미만	· 내부에 고장이 생긴 경우 · 과전류가 생긴 경우
	15,000[kVA] 이상	· 내부에 고장이 생긴 경우 · 과전류가 생긴 경우 · 과전압이 생긴 경우
조상기	15,000[kVA] 이상	· 내부에 고장이 생긴 경우

【정답】④

83. 접지공사에 사용되는 접지선을 사람이 접촉할 우려가 있는 곳에 철주 기타의 금속체를 따라서 시설하는 경우에는 접지극을 몇 [cm]를 이격시켜야 하는가? (단, 접지극을 철주의 밑면으로부터 30[cm] 이상의 깊이에 매설하는 경우는 제외한다.)

① 50   ② 75
③ 100   ④ 125

|정|답|및|해|설|
[접지극의 시설 및 접지저항 (KEC 142.2)] 접지선을 철주 기타의 금속체를 따라 시설하는 경우에는 접지극을 철주의 밑면으로부터 30[cm] 이상 깊이에 매설하는 경우 이외에는 접지극을 지중에서 금속체로부터 1[m] 이상 이격할 것   【정답】③

84. 사용전압 154[kV]의 가공전선을 시가지에 시설하는 경우 전선의 지표상의 높이는 최소 몇 [m] 이상이어야 하는가? (단, 발전소, 변전소 또는 이에 준하는 곳의 구내와 구외를 연결하는 1경간 가공전선은 제외한다.)

① 7.44   ② 9.44
③ 11.44   ④ 13.44

|정|답|및|해|설|
[시가지 등에서 특고압 가공전선로의 시설 (KEC 333.1)]
시가지에 특고가 시설되는 경우 전선의 지표상 높이는
· 35[kV] 이하 10[m](특고 절연 전선인 경우 8[m]) 이상
· 35[kV]를 넘는 경우 10[m]에 35[kV]를 넘는 10[kV] 또는 그 단수마다 12[cm]를 더한 값으로 한다.
· 단수 $= \dfrac{154-35}{10} = 11.9 \rightarrow 12$단
· 지표상의 높이 $= 10 + 12 \times 0.12 = 11.44[m]$

[정답] ③

85. 과전류 차단기를 설치하지 않아야 할 곳은?

① 수용가의 인입선 부분
② 고압 배전선로의 인출장소
③ 직접 접지계통에 설치한 변압기의 접지선
④ 역률 조정용 고압 병렬콘덴서 뱅크의 분기선

|정|답|및|해|설|
[과전류 차단기의 시설 제한 (KEC 341.12)]
· 각종 접지공사의 접지선
· 다선식 전로의 중성선
· 전로의 일부에 접지공사를 한 저압 가공선로의 접지측 전선
【정답】③

86. 가공전선로의 지지물에 시설하는 지선의 안전율과 허용인장하중의 최저값은?

① 안전율은 2.0 이상, 허용인장하중 최저값은 4[kN]

② 안전율은 2.5 이상, 허용인장하중 최저값은 4[kN]

③ 안전율은 2.0 이상, 허용인장하중 최저값은 4.4[kN]

④ 안전율은 2.5 이상, 허용인장하중 최저값은 4.31[kN]

|정|답|및|해|설|
[지선의 시설 (KEC 331.11)]]
가공전선로의 지지물에 시설하는 지선은 다음 각 호에 따라야 한다.
·안전율 : 2.5 이상
·최저 인장하중 : 4.31[kN]
·소선의 지름 2.6[mm] 이상의 금속선을 3조 이상 꼬아서 사용
·지중 및 지표상 30[cm]까지의 부분은 아연도금 철봉 등을 사용
·지선의 높이는 도로 횡단 시 5[m](교통에 지장이 없는 경우 4.5[m])
【정답】④

87. 건조한 장소로서 전개된 장소에 한하여 고압 옥내배선을 할 수 있는 것은?

① 애자사용공사   ② 합성수지관공사
③ 금속관공사   ④ 가요전선관공사

|정|답|및|해|설|
[고압 옥내배선 등의 시설 (KEC 342.1)]
고압 옥내 배선은 애자 사용 공사(건조한 장소로서 전개된 장소에 한함) 및 케이블 공사, 케이블 트레이 공사에 의하여야 한다.
【정답】①

88. 전용 개폐기 또는 과전류차단기에서 화약류 저장소의 인입구까지의 배선은 어떻게 시설하는가?

① 애자사용공사에 의하여 시설한다.

② 케이블을 사용하여 지중으로 시설한다.

③ 케이블을 사용하여 가공으로 시설한다.

④ 합성수지관공사에 의하여 가공으로 시설한다.

|정|답|및|해|설|
[화약류 저장소 등의 위험장소 (KEC 242.5)]
·전로의 대지전압은 300[V] 이하일 것
·전기 기계기구는 전폐형일 것
·금속관 공사, 케이블 공사에 의할 것
·케이블을 전기기계기구에 인입할 때에는 인입구에서 케이블이 손상될 우려가 없도록 시설할 것.
【정답】②

89. 백열전등 또는 방전등에 전기를 공급하는 옥내전로의 대지전압은 몇 [V] 이하를 원칙으로 하는가?

① 300[V]   ② 380[V]
③ 440[V]   ④ 600[V]

|정|답|및|해|설|
[1[kV] 이하 방전등 (kec 234.11)]
대지전압은 300[V] 이하이어야 하며, 다음 각 호에 의하여 시설하여야 한다. 다만, 대지전압 150[V] 이하의 전로인 경우에는 다음 각 호에 의하지 아니할 수 있다.
① 백열전등 또는 방전등 및 이에 부속하는 전선은 사람이 접촉할 우려가 없도록 시설할 것
② 백열전등의 전구 수구는 키 기타의 점멸 기구가 없는 것일 것
【정답】①

90. 특고압 가공전선로의 지지물에 시설하는 가공통신 인입선은 조영물의 붙임점에서 지표상의 높이를 몇 [m] 이상으로 하여야 하는가? (단, 교통에 지장이 없고 또한 위험의 우려가 없을 때에 한한다.)

① 2.5   ② 3
③ 3.5   ④ 4

|정|답|및|해|설|
[가공통신 인입선 시설 (kec 362.12)] 특고압 가공전선로의 지지물에 시설하는 통신선 또는 이에 직접 접속하는 가공 통신선의 지지물에서의 지지점 및 분기점 이외의 가공 통신 인입선 부분의 높이 및 다른

가공약전류 전선 등 사이의 이격거리는 교통에 지장이 없고 또한 위험의 우려가 없을 경우에 노면상의 높이는 5[m] 이상, 조영물의 붙임점에서의 지표상의 높이는 3.5[m] 이상, 다른 가공약전류 전선 등 사이의 이격거리는 60[cm] 이상으로 하여야 한다.

【정답】③

---

91. 특별 고압 가공전선로에 사용하는 가공지선에는 지름 몇 [mm]의 나경동선, 또는 이와 동등 이상의 세기 및 굵기의 나선을 사용하여야 하는가?

① 2.6 　　　　② 3.5

③ 4 　　　　　④ 5

|정|답|및|해|설|
[특고압 가공전선로의 가공지선 (KEC 333.8)]
가공지선에는 인장강도 8.01[kN] 이상의 나선 또는 5[mm] 이상의 나경동선을 사용할 것

【정답】④

---

92. 특고압 가공전선로의 철탑(단주 제외)의 경간은 몇 [m] 이하이어야 하는가?

① 400 　　　　② 500

③ 600 　　　　④ 700

|정|답|및|해|설|
[특고압 가공전선로의 경간 제한 (KEC 333.21)]

지지물의 종류	경간
A종 철주 또는 A종 철근 콘크리트주	150[m]
B종 철주 또는 B종 철근 콘크리트주	250[m]
철탑	600[m] (단주인 경우에는 400[m])

【정답】③

---

93. 피뢰기를 반드시 시설하지 않아도 되는 곳은?

① 발전소·변전소의 가공전선의 인출구

② 가공전선로와 지중전선로가 접속되는 곳

③ 고압 가공전선로로부터 수전하는 차단기 2차측

④ 특고압 가공전선로로부터 공급을 받는 수용장소의 인입구

|정|답|및|해|설|
[피뢰기의 시설 (KEC 341.14)]
① 발·변전소 또는 이에 준하는 장소의 가공 전선 인입구 및 인출구
② 배전용 변압기의 고압측 및 특고압측
③ 고압 및 특고압 가공 전선로부터 공급을 받는 장소의 인입구
④ 가공 전선로와 지중 전선로가 접속되는 곳

【정답】③

---

94. 지중전선이 지중약전류 전선 등과 접근하거나 교차하는 경우에 상호 간의 이격거리가 저압 또는 고압의 지중전선이 몇 [cm] 이하인 때에는 지중전선과 지중약전류전선 등 사이에 견고한 내화성의 격벽을 설치하여야 하는가?

① 10[cm] 　　　　② 20[cm]

③ 30[cm] 　　　　④ 60[cm]

|정|답|및|해|설|
[지중전선과 지중 약전류전선 등 또는 관과의 접근 또는 교차 (KEC 334.6)] 지중 전선과 지중 약전류 전선 등과 접근 또는 교차
1. 저·고압 지중 전선 : 30[cm] 이하
2. 특고 지중 전선 : 60[cm] 이하

【정답】③

---

95. 발전기의 보호장치에 있어서 과전류, 압유장치의 유압저하 및 베어링의 온도가 현저히 상승한 경우 자동적으로 이를 전로로부터 차단하는 장치를 시설하여야 한다. 해당되지 않는 것은?

① 발전기에 과전류나 과전압이 생긴 경우

② 용량 10000[kVA] 이상인 발전기의 내부에 고장이 생긴 경우

③ 용량 100[kVA] 이상의 발전기를 구동하는 풍차의 압유장치의 유압, 압축공기장치의 공기압이 현저히 저하한 경우

④ 원자력발전소에 시설하는 비상용 예비발전기에 있어서 비상용 노심냉각장치가 작동한 경우

[발전기 등의 보호장치 (KEC 351.3)]

발전기에는 다음 각 호의 경우에 자동적으로 이를 전로로부터 차단하는 장치를 시설하여야 한다.

1. 발전기에 과전류나 과전압이 생긴 경우
2. 용량이 500[kVA] 이상의 발전기를 구동하는 수차의 압유 장치의 유압 또는 전동식 가이드밴 제어장치, 전동식 니이들 제어장치 또는 전동식 디플렉터 제어장치의 전원전압이 현저히 저하한 경우
3. 용량 100[kVA] 이상의 발전기를 구동하는 풍차(風車)의 압유 장치의 유압, 압축 공기장치의 공기압 또는 전동식 브레이드 제어장치의 전원전압이 현저히 저하한 경우
4. 용량이 2,000[kVA] 이상인 수차 발전기의 스러스트 베어링의 온도가 현저히 상승한 경우
5. 용량이 10,000[kVA] 이상인 발전기의 내부에 고장이 생긴 경우
6. 정격출력이 10,000[kW]를 초과하는 증기터빈은 그 스러스트 베어링이 현저하게 마모되거나 그의 온도가 현저히 상승한 경우 【정답】④

96. 전기욕기의 시설에서 전기욕기용 전원장치로부터 욕탕 안의 전극까지의 전선 상호간 및 전선과 대지사이의 절연저항 값은 몇 [MΩ] 이상이어야 하는가?

① 0.1 ② 0.2
③ 0.3 ④ 0.4

[전기욕기의 시설 (KEC 241.2)]
·사용전압이 10[V] 이하
·욕탕안의 전극간의 거리는 1[m] 이상일 것.
·전기 욕기용 전원 장치로부터 욕조 안의 전극까지의 전선 상호간 및 전선과 대지 사이의 절연 저항값은 0.1[MΩ] 이상일 것 【정답】①

97. 지중전선로를 직접 매설식에 의하여 차량 기타 중량물의 압력을 받을 우려가 있는 장소의 매설 깊이는 최소 몇 [m] 이상이면 되는가?

① 1.0 ② 1.2
③ 1.5 ④ 1.8

[지중 선로의 시설 (KEC 334.1)]

·지중 전선로는 전선에 케이블을 사용하고 또한 관로식, 암거식, 직접 매설식에 의하여 시설하여야 한다.
·지중 전선로를 직접 매설식에 의하여 시설하는 경우에는 매설 깊이를 차량 기타 중량물의 압력을 받을 우려가 있는 장소에는 1.2[m] 이상, 기타 장소에는 60[cm] 이상으로 하고 또한 지중 전선을 견고한 트라프 기타 방호물에 넣어 시설하여야 한다. 【정답】②

98. 지중 또는 수중에 시설되는 금속제의 부식 방지를 위한 전기부식방지 회로의 사용전압은 직류 몇 [V] 이하로 하여야 하는가? (단, 전기부식방지 회로 전기부식방지용 전원 장치로부터 양극 및 피방식체까지의 전로를 말한다.)

① 24[V] ② 48[V]
③ 60[V] ④ 100[V]

[전기부식방지 시설 (KEC 241.16)]]
지중 또는 수중에 시설되는 금속체의 부식을 방지하기 위하여 지중 또는 수중에 시설하는 양극과 금속체 간에 방식 전류를 통하는 시설로 다음과 같이 한다.
① 사용전압은 직류 60[V] 이하일 것
② 지중에 매설하는 양극은 75[cm] 이상의 깊이일 것
③ 수중에 시설하는 양극과 그 주위 1[m] 안의 임의의 점과의 전위차는 10[V] 이내, 지표 또는 수중에서 1[m] 간격을 갖는 임의의 2점간의 전위차는 5[V] 이내이어야 한다.
④ 전선은 케이블인 경우를 제외하고 2[mm] 경동선 이상이어야 한다. 【정답】③

99. 특고압 전선로에 사용되는 애자장치에 대한 갑종 풍압하중은 그 구성재의 수직 투명면적 1[m²]에 대한 풍압하중을 몇 [Pa]를 기초로 계산하여야 하는가?

① 592 ② 668
③ 946 ④ 1039

|정|답|및|해|설|

[풍압 하중의 종별과 적용 (KEC 331.6)]

풍압을 받는 구분			풍압[Pa]
지지물	목 주		588
	철주	원형의 것	588
		삼각형 또는 농형	1412
		강관에 의하여 구성되는 4각형의 것	1117
		기타의 것으로 복재가 전후면에 겹치는 경우	1627
		기타의 것으로 겹치지 않은 경우	1784
	철근 콘크리트 주	원형의 것	588
		기타의 것	822
애자장치 (특별고압전선용의 것에 한한다)			1,039[Pa]
목주·철주(원형의 것에 한한다) 및 철근 콘크리트주의 완금류(특별고압 전선로용의 것에 한한다)			단일재로서 사용하는 경우에는 1,196[Pa], 기타의 경우에는 1,627[Pa]

【정답】④

100. [삭제 문제]

※2021년 1월 1일부터 한국전기설비규정(KEC) 적용으로 인해 더 이상 출제되지 않는 문제입니다.

2018 전기산업기사

81. 케이블 트레이공사에 사용되는 케이블 트레이가 수용된 모든 전선을 지지할 수 있는 적합한 강도의 것일 경우 케이블 트레이의 안전율은 얼마 이상으로 하여야 하는가?

① 1.1 ② 1.2
③ 1.3 ④ 1.5

|정|답|및|해|설|
[케이블 트레이 공사 (KEC 232.15)]
· 전선은 연피 케이블, 알루미늄피 케이블 등 난연성 케이블, 기타 케이블 또는 금속관 혹은 합성수지관 등에 넣은 절연전선을 사용하여야 한다.
· 수용된 모든 전선을 지지할 수 있는 적합한 강도의 것이어야 한다. 이 경우 케이블 트레이의 안전율은 1.5 이상으로 하여야 한다.
【정답】④

82. [삭제 문제]

> ※2021년 1월 1일부터 한국전기설비규정(KEC) 적용으로 인해 더 이상 출제되지 않는 문제입니다.

83. 전가섭선에 관하여 각 가섭선의 상정 최대 장력의 33[%]와 같은 불평형 장력의 수평 종분력에 의한 하중을 더 고려하여야 할 철탑의 유형은?

① 직선형 ② 각도형
③ 내장형 ④ 인류형

|정|답|및|해|설|
[상시 상정하중 (KEC 333.13)]
① 인류형의 경우에는 전가섭선에 관하여 각 가섭선의 상정 최대 장력과 같은 불평균 장력의 수평 종분력에 의한 하중
② 내장형·보강형의 경우에는 전가섭선에 관하여 각 가섭선의 상정 최대장력의 33[%]와 같은 불평균 장력의 수평 종분력에 의한 하중
③ 직선형의 경우에는 전가섭선에 관하여 각 가섭선의 상정 최대 장력의 3[%]와 같은 불평균 장력의 수평 종분력에 의한 하중.(단 내장형은 제외한다)
④ 각도형의 경우에는 전가섭선에 관하여 각 가섭선의 상정 최대장력의 10[%]와 같은 불평균 장력의 수평 종분력에 의한 하중.
【정답】③

84. 전력보안 통신용 전화설비를 시설하지 않아도 되는 것은?

① 원격감시제어가 되지 아니하는 발전소
② 원격감시제어가 되지 아니하는 변전소
③ 2 이상의 급전소 상호간과 이들을 총합 운용하는 급전소 간
④ 발전소로서 전기공급에 지장을 미치지 않고, 휴대용 전력보안통신 전화설비에 의하여 연락이 확보된 경우

|정|답|및|해|설|
[전력보안통신설비의 시설 요구사항 (KEC 362.1)]
발전소, 변전소 및 변환소의 전력보안통신설비의 시설 장소는 다음에 따른다.
① 원격 감시가 되지 않는 발·변전소, 발·변전 제어소, 개폐소 및 전선로의 기술원 주재소와 이를 운용하는 급전소간
② 2 이상의 급전소 상호간과 이들을 총합 운영하는 급전소간
③ 수력설비 중 필요한 곳(양수소 및 강수량 관측소와 수력 발전소간)
④ 동일 수계에 속하고 보안상 긴급 연락 필요 있는 수력발전소 상호간
⑤ 동일 전력 계통에 속하고 보안상 긴급 연락 필요 있는 발·변전소, 발·변전 제어소 및 개폐소 상호간
【정답】④

85. 태양전지 발전소에서 태양전지 모듈 등을 시설할 경우 사용전선(연동선)의 공칭 단면적은 몇 [mm²] 이상인가?

① 1.6   ② 2.5

③ 5   ④ 10

|정|답|및|해|설|

[전기배선 (kec 512.1)] 전선은 공칭단면적 $2.5[mm^2]$ 이상의 연동선 또는 이와 동등 이상의 세기 및 굵기의 것일 것

【정답】②

---

86. 금속관 공사에 의한 저압 옥내배선 시설에 대한 설명으로 틀린 것은?

① 인입용 비닐절연전선을 사용했다.

② 옥외용 비닐절연전선을 사용했다.

③ 짧고 가는 금속관에 연선을 사용했다.

④ 단면적 10[mm²] 이하의 전선을 사용했다.

|정|답|및|해|설|

[금속관 공사 (KEC 232.6)]
・전선관과의 접속 부분의 나사는 5턱 이상 완전히 나사 결합이 될 수 있는 길이일 것
・전선은 절연전선(옥외용 비닐절연전선을 제외)
・전선관의 두께 : 콘크리트 매설시 1.2[mm] 이상
・관에는 kec140에 준하여 접지공사

【정답】②

---

87. 케이블 공사에 의한 저압 옥내배선의 시설방법에 대한 설명으로 틀린 것은?

① 전선은 케이블 및 캡타이어 케이블로 한다.

② 콘크리트 안에는 전선에 접속점을 만들지 아니 한다.

③ 400[V] 미만인 경우 전선을 넣는 방호장치의 금속제 부분에는 접지공사를 한다.

④ 전선을 조영재의 옆면에 따라 붙이는 경우 전선의 지지점 간의 거리를 케이블은 3[m] 이하로 한다.

|정|답|및|해|설|

[케이블 공사 (KEC 232.14)]
① 전선을 조영재의 아랫면 또는 옆면에 따라 붙이는 경우에는 전선의 지지점 간의 거리를 케이블은 2[m](사람이 접촉할 우려가 없는 곳에서 수직으로 붙이는 경우에는 6[m]) 이하 캡타이어 케이블은 1[m] 이하로 하고 또한 그 피복을 손상하지 아니하도록 붙일 것
② 관 기타의 전선을 넣는 방호 장치의 금속제 부분, 금속제의 전선 접속함 및 전선의 피복에 사용하는 금속체에는 kec140에 준하여 접지공사를 할 것 【정답】④

---

88. 고압 가공전선로에 사용하는 가공지선은 인장강도 5.26[kN] 이상의 것 또는 지름이 몇 [mm] 이상의 나경동선을 사용하여야 하는가?

① 2.6   ② 3.2

③ 4.0   ④ 5.0

|정|답|및|해|설|

[고압 가공전선로의 가공지선 (KEC 332.6)]
・고압 가공 전선로 : 인장강도 5.26[kN] 이상의 것 또는 4[mm] 이상의 나경동선
・특고압 가공 전선로 : 인장강도 8.01[kN] 이상의 나선 또는 5[mm] 이상의 나경동선 【정답】③

---

89. 고압 가공전선로에 케이블을 조가용선에 행거로 시설할 경우 그 행거의 간격은 몇 [cm] 이하로 하여야 하는가?

① 50   ② 60

③ 70   ④ 80

|정|답|및|해|설|

[가공케이블의 시설 (KEC 332.2)]
가공전선에 케이블을 사용한 경우에는 다음과 같이 시설한다.
① 케이블 조가용선에 행거로 시설하며 고압 및 특고압인 경우 행거의 간격을 50[cm] 이하로 한다.
② 조가용선은 인장강도 5.93[kN](특고압인 경우 13.93[kN]) 이상의 것 또는 단면적 $22[mm^2]$ 이상인 아연도철연선일 것을 사용한다. 【정답】①

90. 지중 전선로의 시설방식이 아닌 것은?

① 관로식 　　　　② 압착식

③ 암거식 　　　　④ 직접매설식

|정|답|및|해|설|

[지중 전선로의 시설 (KEC 334.1)] 전선은 케이블을 사용하고, 또한 <u>관로 인입식</u> 또는 <u>암거식</u>, <u>직접 매설식</u>에 의하여 시공한다.

【정답】②

91. 최대 사용전압이 23,000[V]인 중성점 비접지식 전로의 절연내력 시험전압은 몇 [V]인가?

① 16,560 　　　　② 21,160

③ 25,300 　　　　④ 28,750

|정|답|및|해|설|

[전로의 절연저항 및 절연내력 (KEC 132)]

접지방식	최대 사용 전압	시험 전압(최대 사용 전압 배수)	최저 시험 전압
비접지	7[kV] 이하	1.5배	500[V]
	7[kV] 초과	1.25배	10,500[V]
중성점접지	60[kV] 초과	1.1배	75[kV]
중성점직접 접지	60[kV] 초과 170[kV] 이하	0.72배	
	170[kV] 초과	0.64배	
중성점다중 접지	25[kV] 이하	0.92배	500[V]

$\therefore$ 시험전압 $= 23,000 \times 1.25 = 28,750[V]$

【정답】④

92. 특고압 가공전선은 케이블인 경우 이외에는 단면적이 몇 [mm²] 이상의 경동선이어야 하는가?

① 8 　　　　② 14

③ 25 　　　　④ 30

|정|답|및|해|설|

[특고압 가공전선의 굵기 및 종류 (KEC 333.4)] 인장강도 8.71[KN] 이상의 연선 또는 25[mm^2]의 경동연선

【정답】③

93. 전광표시 장치에 사용하는 저압 옥내배선을 금속관 공사로 시설할 경우 연동선의 단면적은 몇 [mm²] 이상 사용하여야 하는가?

① 0.75 　　　　② 1.25

③ 1.5 　　　　④ 2.5

|정|답|및|해|설|

[저압 옥내배선의 사용전선 (KEC 231.3)]

① 단면적 2.5[mm^2] 이상의 연동선

② 단면적이 1[mm^2] 이상의 미네럴인슈레이션케이블

③ 옥내배선의 사용 전압이 400[V] 미만인 경우

  1. 전광표시 장치·출퇴 표시등 기타 이와 유사한 장치 또는 제어 회로 등에 사용하는 배선에 단면적 1.5[mm^2] 이상의 연동선을 사용

  2. 전광표시 장치·출퇴 표시등 기타 이와 유사한 장치 또는 제어 회로 등의 배선에 단면적 0.75[mm^2] 이상인 다심케이블 또는 다심 캡타이어 케이블을 사용

【정답】③

94. 철근콘크리트주로서 전장이 15[m]이고, 설계하중이 8.2[kN]이다. 이 지지물의 논이나 기타 지반이 연약한 곳 이외에 기초 안전율의 고려 없이 시설하는 경우 그 묻히는 깊이는 기준보다 몇 [cm]를 가산하여 시설하여야 하는가?

① 10 　　　　② 30

③ 50 　　　　④ 70

|정|답|및|해|설|

[가공전선로 지지물의 기초 안전율 (KEC 331.7)]

철근 콘크리트주로서 전체의 길이가 <u>14[m] 이상 20[m] 이하</u>이고, 설계하중이 <u>6.8[kN] 초과 9.8[kN] 이하</u>의 것을 논이나 그 밖의 지반이 연약한 곳. 이외에 시설하는 경우 그 묻히는 깊이는 <u>기준보다 30[cm]를 가산하여 시설</u>

【정답】②

95. 지중 전선로에 사용하는 지중함의 시설기준으로 틀린 것은?

① 조명 및 세척이 가능한 장치를 하도록 할 것

② 그 안의 고인 물을 제거할 수 있는 구조일 것

③ 견고하고 차량 기타 중량물의 압력에 견딜 수 있을 것

④ 뚜껑은 시설자 이외의 자가 쉽게 열 수 없도록 할 것

① 1   ② 2

③ 3   ④ 4

|정|답|및|해|설|

[특고압 가공전선과 저고압 가공전선 등의 병행설치 (KEC 333.17)]
특고압 가공전선과 저고압 가공전선의 병가 시 이격거리

사용전압의 구분	이 격 거 리
35[kV] 이하	1.2[m] (특고압 가공전선이 케이블인 경우에는 0.5[m])
35[kV] 초과 60[kV] 이하	2[m] (특고압 가공전선이 케이블인 경우에는 1[m])
60[kV] 초과	2[m] (특고압 가공전선이 케이블인 경우에는 1[m])에 60[kV]을 초과하는 10[kV] 또는 그 단수마다 0.12[m]를 더한 값

【정답】 전항 정답

|정|답|및|해|설|

[지중함의 시설 (KEC 334.2)]
지중전선에 사용하는 지중함은 다음 각 호에 의하여 시설하여야 한다.

① 지중함은 견고하고 차량 기타 중량물의 압력에 견디는 구조일 것

② 지중함은 그 안의 고인물을 제거할 수 있는 구조로 되어 있을 것

③ 폭발성 또는 연소성의 가스가 침입할 우려가 있는 곳에 시설하는 지중함으로 그 크기가 1[m³] 이상인 것은 통풍장치 기타 가스를 방산시키기 위한 장치를 하여야 한다.

④ 지중함의 뚜껑은 시설자 이외의 자가 쉽게 열 수 없도록 시설할 것

【정답】 ①

---

96. 변압기의 고압측 1선 지락전류가 30[A]인 경우에 접지공사의 최대 접지저항 값은 몇 [Ω]인가? 단, 고압측 전로가 저압측 전로와 혼촉하는 경우 1초 이내에 자동적으로 차단하는 장치가 설치되어 있다.

① 5   ② 10

③ 15   ④ 20

|정|답|및|해|설|

[변압기 중성점 접지의 접지저항 (KEC 142.5)]

·특별한 보호 장치가 없는 경우

$$R = \frac{150}{I}[\Omega] \quad \rightarrow (I : 1선지락전류)$$

·보호 장치의 동작이 1~2초 이내 $R = \frac{300}{I}[\Omega]$

·보호 장치의 동작이 1초 이내 $R = \frac{600}{I}[\Omega]$

그러므로 $R_2 = \frac{600}{I_1} = \frac{600}{30} = 20[\Omega]$

【정답】 ④

---

97. [삭제 문제]

> ※2021년 1월 1일부터 한국전기설비규정(KEC) 적용으로 인해 더 이상 출제되지 않는 문제입니다.

---

98. 특고압 가공전선과 저압 가공전선을 동일 지지물에 병가하여 시설하는 경우 이격거리는 몇 [m] 이상이어야 하는가?

---

99. 345[kV] 변전소의 충전부분에서 6[m]의 거리에 울타리를 설치하려고 한다. 울타리의 최소 높이는 약 몇 [m]인가?

① 2   ② 2.28

③ 2.57   ④ 3

|정|답|및|해|설|

[발전소 등의 울타리·담 등의 시설 (KEC 351.1)]]

사용 전압의 구분	울타리·담 등의 높이와 울타리·담 등으로 부터 충전 부분까지의 거리의 합계
35[kV] 이하	5[m]
35[kV] 초과 160[kV] 이하	6[m]
160[kV] 초과	·거리의 합계 = 6 + 단수 × 0.12[m] ·단수 = $\frac{사용전압[kV] - 160}{10}$ (단수 계산에서 소수점 이하는 절상)

·단수 34.5-16=18.5 → 19단

·울타리·담 등의 높이와 울타리·담 등으로부터 충전부분까지의 거리의 합계 6+(19×0.12)=8.28[m]

여기서, 울타리에서 충전부분까지 거리는 6[m]이므로

울타리의 최소 높이=8.28-6=2.28[m]

【정답】 ②

100. [삭제 문제]

> ※2021년 1월 1일부터 한국전기설비규정(KEC) 적용으로 인해 더 이상 출제되지 않는 문제입니다.

81. "조상설비"에 대한 용어의 정의로 옳은 것은?

① 전압을 조정하는 설비를 말한다.

② 전류를 조정하는 설비를 말한다.

③ 유효전력을 조정하는 전기기계기구를 말한다.

④ 무효전력을 조정하는 전기기계기구를 말한다.

|정|답|및|해|설|
[조상설비 (기술기준 제3조)] 위상을 제거해서 역률을 개선함으로써 송전선을 일정한 전압으로 운전하기 위해 필요한 <u>무효전력을 공급하는 장치</u>를 조상설비라고 말하며, 동기조상기, 리액터, 콘덴서 등 3종류가 있다.

【정답】④

82. 345[kV] 가공 송전선로를 평야에 시설할 때, 전선의 지표상의 높이는 몇 [m] 이상으로 하여야 하는가?

① 6.12   ② 7.36

③ 8.28   ④ 9.48

|정|답|및|해|설|
[특고압 가공전선의 높이 (KEC 333.7)]

사용전압	지표상의 높이
35[kV] 이하	5[m] ·철도궤도 횡단 시 : 6.5[m] ·도로 횡단 시 : 6[m] ·횡단보도교위에 시설하는 경우로 특고압 절연전선, 케이블인 경우 : 4[m]
35[kV] 초과 160[kV] 이하	6[m] ·철도궤도 횡단 시 : 6.5[m] ·산지 등에서 사람 쉽게 출입할 수 없는 장소인 경우 : 5[m] ·횡단보도교위에 시설하는 경우로 전선이 케이블인 경우 : 5[m]

사용전압	지표상의 높이
160[kV] 초과	·일반장소=6+단수×12[cm] ·철도궤도 횡단=6.5+단수×12[cm] ·산지 등에서 사람 쉽게 출입할 수 없는 장소인 경우=5+단수×12[cm]

단수= $\frac{(전압[kV]-160)}{10} = \frac{345-160}{10} = 18.5 \rightarrow 19$

전선의 지표상 높이 = $6+19×0.12 = 8.28[m]$

【정답】③

83. [삭제 문제]

> ※2021년 1월 1일부터 한국전기설비규정(KEC) 적용으로 인해 더 이상 출제되지 않는 문제입니다.

84. 최대 사용전압이 23[kV]인 권선으로서 중성선 다중접지방식의 전로에 접속되는 변압기 권선의 절연내력 시험전압은 약 몇 [kV]인가?

① 21.16   ② 25.3

③ 28.75   ④ 34.5

|정|답|및|해|설|
[전로의 절연저항 및 절연내력 (KEC 132)]

접지방식	최대 사용 전압	시험 전압(최대 사용 전압 배수)	최저 시험 전압
비접지	7[kV] 이하	1.5배	
	7[kV] 초과	1.25배	10,500[V]
중성점접지	60[kV] 초과	1.1배	75[kV]
중성점직접 접지	60[kV] 초과 170[kV] 이하	0.72배	
	170[kV] 초과	0.64배	
중성점 다중접지	25[kV] 이하	0.92배	

※ 전로에 케이블을 사용하는 경우에는 직류로 시험할 수 있으며, 시험 전압은 교류의 경우의 2배가 된다.

$23000×0.92 = 21,160[V]$

【정답】①

85. 전력보안 통신설비인 무선통신용 안테나를 지지하는 목주는 풍압하중에 대한 안전율이 얼마 이상이어야 하는가?

① 1.0   ② 1.2

③ 1.5   ④ 2.0

|정|답|및|해|설|————————————————
[무선용 안테나 등을 지지하는 철탑 등의 시설 (KEC 364)]

① 목주의 안전율 : 1.5 이상
② 철주・철근콘클리트주 또는 철탑의 기초 안전율 : 1.5 이상

【정답】③

86. 목주, A종 철주 및 A종 철근 콘크리트주를 사용할 수 없는 보안공사는?

① 고압 보안공사

② 제1종 특고압 보안공사

③ 제2종 특고압 보안공사

④ 제3종 특고압 보안공사

|정|답|및|해|설|————————————————
[특고압 보안공사 (KEC 333.22)]

제1종 특고압 보안 공사의 지지물에는 B종 철주, B종 철근 콘크리트주 또는 철탑을 사용할 것

※1종 특고압 보안공사에서는 A종지지물을 사용하지 않는다.

【정답】②

87. 저압 옥내 배선의 사용전선으로 틀린 것은?

① 단면적 $2.5[mm^2]$ 이상의 연동선

② 단면적 $1[mm^2]$ 이상의 미네럴인슈레이션 케이블

③ 사용전압 400[V] 미만의 전광표시장치 배선 시 단면적 $1.5[mm^2]$ 이상의 연동선

④ 사용전압 400[V] 미만의 출퇴 표시등 배선 시 단면적 $0.5[mm^2]$ 이상의 다심케이블

|정|답|및|해|설|————————————————
[저압 옥내배선의 사용전선 (KEC 231.3)] 저압 옥내 배선의 사용전선은 $2.5[mm^2]$ 연동선이나 $1[mm^2]$ 이상의 MI 케이블이어야 한다(옥외 $6[mm^2]$ 이상).
사용전압 400[V] 미만의 전광표시장치, 출퇴표시장치, 제어용회로 등에 사용하는 배선에는 단면적 $1.5[mm^2]$ 이상의 연동선을 사용할 것

【정답】④

88. 고압 가공전선로의 경간은 B종 철근 콘크리트주로 시설하는 경우 몇 [m] 이하로 하여야 하는가?

① 100   ② 150

③ 200   ④ 250

|정|답|및|해|설|————————————————
[고압 가공전선로 경간의 제한 (KEC 332.9)]

지지물의 종류	표준 경간	22[㎟] 이상의 경동선 사용
목주・A종 철주 또는 A종 철근 콘크리트 주	150[m]	300[m]
B종 철주 또는 B종 철근 콘크리트 주	250[m]	500[m]
철탑	600	600

※ 지선은 지지물을 보강하는 시설이다.

【정답】④

89. [삭제 문제]

※2021년 1월 1일부터 한국전기설비규정(KEC) 적용으로 인해 더 이상 출제되지 않는 문제입니다.

90. 사용전압이 380[V]인 옥내 배선을 애자사용공사로 시설할 때 전선과 조영재 사이의 이격거리는 몇 [cm] 이상이어야 하는가?

① 2   ② 2.5

③ 4.5   ④ 6

|정|답|및|해|설|————————————————
[애자사용 공사 (KEC 232.3)]

1. 전선은 절연전선(옥외용 비닐 절연전선 및 인입용 비닐 절연전선을 제외한다)일 것.
2. 전선 상호 간의 간격은 6[cm] 이상일 것.
3. 전선과 조영재 사이의 이격거리는 사용전압이 400[V] 미만인 경우에는 2.5[cm] 이상, 400[V] 이상인 경우에는 4.5[cm](건조한 장소에 시설하는 경우에는 2.5[cm])이상일 것.
4. 전선의 지지점 간의 거리는 전선을 조영재의 윗면 또는 옆면에 따라 붙일 경우에는 2[m] 이하일 것.

【정답】②

91. 저압 가공전선이 가공약전류 전선과 접근하여 시설될 때 저압 가공전선과 가공약전류 전선 사이의 이격거리는 몇 [cm] 이상이어야 하는가?

① 40 ② 50
③ 60 ④ 80

|정|답|및|해|설|
[저고압 가공전선과 가공약전류전선 등의 접근 또는 교차 (KEC 332.13)] 저압 가공전선이 가공약전류 전선등과 접근하는 경우에는 저압 가공전선과 가공약전류 전선 등 사이의 이격거리는 60[cm] 이상일 것. 다만, 저압 가공전선이 고압 절연전선, 특고압 절연전선 또는 케이블인 경우로서 저압 가공전선과 가공약전류전선 등 사이의 이격거리가 30[cm] 이상인 경우에는 그러하지 아니하다. 【정답】③

92. [삭제 문제]

※2021년 1월 1일부터 한국전기설비규정(KEC) 적용으로 인해 더 이상 출제되지 않는 문제입니다.

93. 가요전선관 공사에 의한 저압 옥내배선 시설에 대한 설명으로 틀린 것은?

① 옥외용 비닐전선을 제외한 절연전선을 사용한다.
② 제1종 금속제 가요전선관의 두께는 0.8[mm] 이상으로 한다.
③ 중량물의 압력 또는 기계적 충격을 받을 우려가 없도록 시설한다.
④ 가요전선관 공사는 접지공사를 하지 않는다.

|정|답|및|해|설|
[가요 전선관 공사 (KEC 232.8)] 가요 전선관 공사에 의한 저압 옥내 배선의 시설
1. 전선은 절연전선(옥외용 비닐 절연전선을 제외한다) 이상일 것
2. 전선은 연선일 것. 다만, 단면적 10[㎟](알루미늄선은 단면적 16[㎟]) 이하인 것은 그러하지 아니한다.
3. 가요전선관 안에는 전선에 접속점이 없도록 할 것
4. 1종 금속제 가요 전선관은 두께 0.8[㎜] 이상인 것일 것
5. 가요전선관은 2종 금속제 가요 전선관일 것
6. 가요전선관공사는 kec140에 준하여 접지공사를 할 것 【정답】④

94. 고압 가공전선과 교차하는 가공 교류 전차 선로의 경간은 몇 [m] 이하로 하여야 하는가?

① 30 ② 40
③ 50 ④ 60

|정|답|및|해|설|
[고압 가공전선과 교류전차선 등의 접근 또는 교차 (kec 332.15)]
교류 전차선 등의 지지물에 철근 콘크리트주 또는 철주를 사용하고 또한 지지물의 경간이 60[m] 이하일 것
【정답】④

95. 특고압 가공전선로의 경간은 지지물이 철탑인 경우 몇 [m] 이하이어야 하는가? 단, 단주가 아닌 경우이다.

① 400 ② 500
③ 600 ④ 700

|정|답|및|해|설|
[고압 가공전선로의 경간의 제한 (KEC 332.9)]

지지물의 종류	표준 경간	고압 22[mm²] 이상의 경동선 사용 특고압 55[mm²] 이상의 경동선 사용
목주·A종 철주 또는 A종 철근 콘크리트 주	150[m]	300[m]
B종 철주 또는 B종 철근 콘크리트 주	250[m]	500[m]
철탑	600[m]	600[m] (단주인 경우에는 400[m])

【정답】③

96. [삭제 문제]

※2021년 1월 1일부터 한국전기설비규정(KEC) 적용으로 인해 더 이상 출제되지 않는 문제입니다.

97. 가공전선로의 지지물 중 지선을 사용하여 그 강도를 분담시켜서는 안 되는 것은?

① 철탑 ② 목주
③ 철주 ④ 철근 콘크리트주

|정|답|및|해|설|
[지선의 시설 (KEC 331.11)] 가공전선로의 지지물로 사용하는 철탑은 지선을 사용하여 그 강도를 분담시켜서는 아니 된다.

【정답】①

98. 특고압 가공전선로에 사용하는 철탑 중에서 전선로의 지지물 양쪽의 경간의 차가 큰 곳에 사용하는 철탑의 종류는?

① 각도형   ② 인류형

③ 보강형   ④ 내장형

|정|답|및|해|설|
[특고압 가공전선로의 철주·철근 콘크리트주 또는 철탑의 종류 (KEC 333.11)] 특고 가공 전선로의 지지물로 사용하는 B종 철주, 철근 콘크리트주, 철탑의 종류는 다음과 같다.

① 직선형 : 전선로의 직선 부분(3[°] 이하의 수평 각도 이루는 곳 포함)에 사용되는 것

② 각도형 : 전선로 중 수형 각도 3° 를 넘는 곳에 사용되는 것

③ 인류형 : 전 가섭선을 인류하는 곳에 사용하는 것

④ 내장형 : 전선로 지지물 양측의 경간차가 큰 곳에 사용하는 것

⑤ 보강형 : 전선로 직선 부분을 보강하기 위하여 사용하는 것

【정답】④

99. 백열전등 또는 방전등에 전기를 공급하는 옥내전로의 대지전압은 몇 [V] 이하이어야 하는가?

① 150   ② 220

③ 300   ④ 600

|정|답|및|해|설|
[1[kV] 이하 방전등 (kec 234.11)] 백열전등 또는 방전등에 전기를 공급하는 대지전압은 300[V] 이하이어야 하며, 다음 각 호에 의하여 시설하여야 한다. 다만, 대지전압 150[V] 이하의 전로인 경우에는 다음 각 호에 의하지 아니할 수 있다.

① 백열전등 또는 방전등 및 이에 부속하는 전선은 사람이 접촉할 우려가 없도록 시설할 것

② 백열전등의 전구 수구는 키나 기타의 점멸 기구가 없는 것일 것

【정답】③

100. [삭제 문제]

> ※2021년 1월 1일부터 한국전기설비규정(KEC) 적용으로 인해 더 이상 출제되지 않는 문제입니다.

81. 사용전압이 22.9[kV]인 가공전선과 지지물 사이의 이격거리는 몇 [cm] 이상이어야 하는가?

① 5   ② 10   ③ 15   ④ 20

|정|답|및|해|설|
[특고압 가공전선과 지지물 등의 이격거리 (KEC 333.5)]

사용전압	이격거리
15[kV] 미만	15
15[kV] 이상 25[kV] 미만	20
25[kV] 이상 35[kV] 미만	25
35[kV] 이상 50[kV] 미만	30
50[kV] 이상 60[kV] 미만	35
60[kV] 이상 70[kV] 미만	40
70[kV] 이상 80[kV] 미만	45
80[kV] 이상 130[kV] 미만	65
130[kV] 이상 160[kV] 미만	90
160[kV] 이상 200[kV] 미만	110
200[kV] 이상 230[kV] 미만	130
230[kV] 이상	160

【정답】④

82. 농사용 저압 가공전선로의 시설에 대한 설명으로 틀린 것은?

① 전선로의 경간은 30[m] 이하일 것

② 목주의 굵기는 말구 지름이 9[cm] 이상일 것

③ 저압 가공전선의 지표상 높이는 5[m] 이상일 것

④ 저압 가공전선은 지름 2[mm] 이상의 경동선일 것

|정|답|및|해|설|

[농사용 저압 가공전선로의 시설 (KEC 222.22)]

1. 사용전압은 저압일 것
2. 저압 가공전선은 인장강도 1.38[kN] 이상의 것 또는 지름 2[mm] 이상의 경동선일 것.
3. 저압 가공전선의 지표상의 높이는 3.5[m] 이상일 것. 다만, 저압 가공전선을 사람이 쉽게 출입하지 아니하는 곳에 시설하는 경우에는 3[m]까지로 감할 수 있다.
4. 목주의 굵기는 말구 지름이 9[cm] 이상일 것.
5. 전선로의 경간은 30[m] 이하일 것. 【정답】③

83. 소수 냉각식 발전기·조상기 또는 이에 부속하는 수소 냉각 장치의 시설방법으로 틀린 것은?

① 발전기 안 또는 조상기 안의 수소의 순도가 70[%] 이하로 저하한 경우에 경보장치를 시설할 것

② 발전기 또는 조상기는 기밀구조의 것이고 또한 수소가 대기압에서 폭발하는 경우 생기는 압력에 견디는 강도를 가지는 것일 것

③ 발전기 안 또는 조상기 안의 수소의 압력을 계측하는 장치 및 그 압력이 현저히 변동할 경우에 이를 경보하는 장치를 시설할 것

④ 발전기축의 밀봉부에는 질소 가스를 봉입할 수 있는 장치와 누설할 수소가스를 안전하게 외부에 방출할 수 있는 장치를 설치할 것

|정|답|및|해|설|

[수소냉각식 발전기 등의 시설 (kec 351.10)]
① 발전기 또는 조상기는 기밀구조의 것이고 또한 수소가 대기압에서 폭발하는 경우 생기는 압력에 견디는 강도를 가질 것
② 발전기축의 밀봉부에는 질소 가스를 봉입할 수 있는 장치의 누설한 수소 가스를 안전하게 외부에 방출할 수 있는 장치를 시설할 것
③ 발전기, 조상기 안의 수소 순도가 85[%] 이하로 저하한 경우 경보장치를 시설할 것
④ 발전기, 조상기 안의 수소의 압력을 계측하는 장치 및 그 압력이 현저히 변동할 경우에 이를 경보하는 장치를 시설할 것
【정답】①

84. 폭연성 분진 또는 화약류의 분말이 전기설비가 발화원이 되어 폭발할 우려가 있는 곳에 시설하는 저압 옥내배선의 공사방법으로 옳은 것은?

① 금속관 공사

② 애자사용 공사

③ 합성수지관 공사

④ 캡타이어 케이블 공사

|정|답|및|해|설|

[분진 위험장소 (KEC 242.2)] 폭연성 분진(마그네슘, 알루미늄, 타탄 등)이나 화약류의 분말이 존재하는 곳의 배선은 금속관 공사나 케이블 공사(켑타이어케이블 제외)에 의할 것
【정답】①

85. 전력계통의 운용에 관한 지시 및 급전조작을 하는 곳은?

① 급전소　　　　② 개폐소
③ 변전소　　　　④ 발전소

|정|답|및|해|설|

[급전소 (기술기준 제3조)] 전력 계통의 운영에 관한 지시 및 급전조작을 하는 곳을 말한다. 【정답】①

86. 가공전선로의 지지물에 취급자가 오르고 내리는데 사용하는 발판 볼트 등은 지표상 몇 [m] 미만에 시설하여서는 아니 되는가?

① 1.2　　　　② 1.5
③ 1.8　　　　④ 2.0

|정|답|및|해|설|

[가공전선로 지지물의 승탑 및 승주방지 (KEC 331.4)] 가공전선로의 지지물에 취급자가 오르고 내리는데 사용하는 발판 볼트 등을 지표상 1.8[m] 미만에 시설하여서는 아니 된다.
【정답】③

87. 금속몰드 배선공사에 대한 설명으로 틀린 것은?

① 몰드 안에서 전선을 접속하였다.

② 접속점을 쉽게 점검할 수 있도록 시설할 것

③ 황동제 또는 동제의 몰드는 폭이 5[cm] 이하, 두께 0.5[mm] 이상인 것일 것

④ 몰드 안의 전선을 외부로 인출하는 부분은 몰드의 관통 부분에서 전선이 손상될 우려가 없도록 시설할 것

|정|답|및|해|설|
[금속몰드 공사 (KEC 232.7)]
① 전선은 절연전선(옥외용 비닐절연 전선 제외)일 것
② 몰드 안에는 전선에 접속점이 없도록 시설하고 규격에 적합한 2종 금속제 몰드를 사용할 것
③ 금속몰드 황동제 또는 동제의 몰드는 폭이 5[cm] 이하, 두께 0.5[mm] 이상인 것을 사용할 것
④ 몰드에는 kec140의 규정에 준하여 접지공사를 할 것
【정답】①

88. 그룹 2의 의료장소에 상용전원 공급이 중단될 경우 15초 이내에 최소 몇 [%]의 조명에 비상전원을 공급하여야 하는가?

① 30   ② 40
③ 50   ④ 60

|정|답|및|해|설|
[의료장소내의 비상전원 (kec 242.10.5)]
1. 절환시간 0.5초 이내에 비상전원을 공급하는 장치 또는 기기
   ① 0.5초 이내에 전력공급이 필요한 생명 유지 장치.
   ② 그룹 1 또는 그룹 2의 의료장소의 수술등, 내시경, 수술실 테이블, 기타 필수 조명.
2. 절환시간 15초 이내에 비상전원을 공급하는 장치 또는 기기
   ① 15초 이내에 전력공급이 필요한 생명유지장치.
   ② 그룹 2의 의료장소에 최소 50[%]의 조명, 그룹 1의 의료장소에 최소 1개의 조명.
3. 절환시간 15초를 초과하여 비상전원을 공급하는 장치 또는 기기
   ① 병원기능을 유지하기 위한 기본 작업에 필요한 조명
   ② 그밖의 병원기능을 유지하기 위하여 중요한 기기 또는 설비
   【정답】③

89. 전선을 접속하는 경우 전선의 세기(인장하중)는 몇 [%] 이상 감소되지 않아야 하는가?

① 10   ② 15
③ 20   ④ 25

|정|답|및|해|설|
[전선의 접속법 (KEC 123)]
① 전선 접속 시 전선의 전기저항을 증가시키지 않도록 할 것
② 인장하중으로 표시한 전선의 세기를 20[%] 이상 감소시키지 아니 할 것

③ 절연전선 상호·절연전선과 코드, 캡타이어케이블 또는 케이블과를 접속하는 경우에는 접속부분의 절연전선에 절연물과 동등 이상의 절연효력이 있는 것으로 충분히 피복할 것
④ 전기 화학적 성질이 다른 도체를 접속하는 경우에는 접속부분에 전기적 부식이 생기지 아니하도록 할 것
⑤ 코드 상호, 캡타이어 케이블 상호, 케이블 상호 또는 이를 상호 접속하는 경우에는 코드 접속기, 접속함 기타의 기구를 사용할 것
【정답】③

90. 고압 보안공사 시에 지지물로 A종 철근 콘크리트주를 사용할 경우 경간은 몇 [m] 이하이어야 하는가?

① 50   ② 100
③ 150   ④ 400

|정|답|및|해|설|
[고압 보안 공사 (KEC 332.10)]

지지물 종류	경간[m]
목주, A종 철주 A종 철근콘크리트주	100
B종 철주 B종 철근콘크리트주	150
철탑	400

【정답】②

91. 154[kV] 가공전선을 사람이 쉽게 들어갈 수 없는 산지(山地)에 시설하는 경우 전선의 지표상 높이는 몇 [m] 이상으로 하여야 하는가?

① 5.0   ② 5.5
③ 6.0   ④ 6.5

|정|답|및|해|설|
[특고압 가공전선의 높이 (KEC 333.7)]

전압의 범위	일반장소	도로횡단	철도 또는 궤도 횡단	횡단보도교
35[kV] 이하	5[m]	6[m]	6.5[m]	4[m](특고압 절연전선 또는 케이블 사용)
35[kV] 초과 160[kV] 이하	6[m]	6[m]	6.5[m]	5[m](케이블 사용)
	산지 등에서 사람이 쉽게 들어갈 수 없는 장소 : 5[m] 이상			
160[kV] 초과	일반장소	가공전선의 높이 $= 6 + $ 단수$\times 0.12[m]$		
	철도 또는 궤도횡단	가공전선의 높이 $= 6.5 + $ 단수$\times 0.12[m]$		
	산지	가공전선의 높이 $= 5 + $ 단수$\times 0.12[m]$		

【정답】①

92. 조상기의 보호장치로서 내부 고장 시에 자동적으로 전로로부터 차단되는 장치를 설치하여야 하는 조상기 용량은 몇 [kVA] 이상인가?

① 5,000
② 7,500
③ 10,000
④ 15,000

|정|답|및|해|설|
[무효전력 보상장치의 보호장치 (KEC 351.5)]

설비종별	뱅크 용량의 구분	자동적으로 전로로부터 차단하는 장치
전력용 커패시터 및 분로리액터	500[kVA] 초과 15000[kVA] 미만	·내부고장 ·과전류
전력용 커패시터 및 분로리액터	15000[kVA] 이상	·내부고장 ·과전류 ·과전압
조상기	15000[kVA] 이상	내부고장

【정답】④

93. 154[kV] 가공전선로를 제1종 특고압 보안공사에 의하여 시설하는 경우 사용전선의 단면적은 [mm²] 이상의 경동연선이어야 하는가?

① 35
② 50
③ 95
④ 150

|정|답|및|해|설|
[특고압 보안공사 (KEC 333.22)]
제1종 특고압 보안공사의 전선 굵기

사용전압	전선
100[kV] 미만	인장강도 21.67[kN] 이상의 연선 또는 단면적 55[mm²] 이상의 경동연선
100[kV] 이상 300[kV] 미만	인장강도 58.84[kN] 이상의 연선 또는 단면적 150[mm²] 이상의 경동연선
300[kV] 이상	인장강도 77.47[kN] 이상의 연선 또는 단면적 200[mm²] 이상의 경동연선

【정답】④

94. [삭제 문제]

> ※2021년 1월 1일부터 한국전기설비규정(KEC) 적용으로 인해 더 이상 출제되지 않는 문제입니다.

95. [삭제 문제]

> ※2021년 1월 1일부터 한국전기설비규정(KEC) 적용으로 인해 더 이상 출제되지 않는 문제입니다.

96. 인가가 많이 연접되어 있는 장소에 시설하는 가공전선로의 구성재에 병종 풍압하중을 적용할 수 없는 경우는?

① 저압 또는 고압 가공전선로의 지지물
② 저압 또는 고압 가공전선로의 가섭선
③ 사용전압이 35[kV] 이상의 전선에 특고압 가공전선로에 사용하는 케이블 및 지지물
④ 사용전압이 35[kV] 이하의 전선에 특고압 절연전선을 사용하는 특고압 가공전선로의 지지물

|정|답|및|해|설|
[풍압하중의 종별과 적용 (KEC 331.6)] 인가가 많이 연접되어 있는 장소에 시설하는 가공전선로의 구성재 중 다음 각 호의 풍압하중에 대하여는 갑종 풍압하중 또는 을종 풍압하중 대신에 병종 풍압하중을 적용할 수 있다.
1. 저압 또는 고압 가공전선로의 지지물 또는 가섭선
2. 사용전압이 35[kV] 이하의 전선에 특고압 절연전선 또는 케이블을 사용하는 특고압 가공전선로의 지지물, 가섭선 및 특고압 가공전선을 지지하는 애자장치 및 완금류

【정답】③

97. 지선 시설에 관한 설명으로 틀린 것은?

① 지선의 안전율은 2.5 이상이어야 한다.
② 철탑은 지선을 사용하여 그 강도를 분담시켜야 한다.
③ 지선에 연선을 사용할 경우 소선 3가닥 이상의 연선이어야 한다.
④ 지선근가는 지선의 인장하중에 충분히 견디도록 시설하여야 한다.

|정|답|및|해|설|
[지선의 시설 (KEC 331.11)]
·가공 전선로의 지지물로서 사용하는 철탑은 지선을 사용하여 그 강도를 분담시켜서는 아니 된다.

・안전율 : 2.5 이상
・최저 인상 하중 : 4.31[kN]
・2.6[mm] 이상의 금속선을 3조 이상 꼬아서 사용
・지중 및 지표상 30[cm]까지의 부분은 아연도금 철봉 등을 사용

【정답】②

98. 횡단보도교 위에 시설하는 경우 그 노면상 전력보안 가공통신선의 높이는 몇 [m] 이상인가?

① 3 ② 4
③ 5 ④ 6

|정|답|및|해|설|
[전력보안통신케이블의 지상고와 배전설비와의 이격거리 (KEC 362.2)]

시설 장소		가공 통신선	첨가 통신선	
			고·저압	특고압
도로횡단	일반적인 경우	5[m]	6[m]	6[m]
	교통에 지장이 없는 경우	4.5[m]	5[m]	
철도횡단(레일면상)		6.5[m]	6.5[m]	6.5[m]
횡단보도교위 (노면상)	일반적인 경우	3[m]	3.5[m]	5[m]
	절연전선과 동등 이상의 절연효력이 있는 것(고·저압)이나 광섬유 케이블을 사용하는 것(특고압)	3[m]	3[m]	4[m]
기타의 장소		3.5[m]	4[m]	5[m]

【정답】①

99. 전격살충기의 시설방법으로 틀린 것은?

① 전기용품안전 관리법의 적용을 받은 것을 설치한다.
② 전용 개폐기를 가까운 곳에 쉽게 개폐할 수 있게 시설한다.
③ 전격격자가 지표상 3.5[m] 이상의 높이가 되도록 시설한다.
④ 전격격자와 다른 시설물 사이의 이격거리는 50[cm] 이상으로 한다.

|정|답|및|해|설|
[전격살충기 (KEC 241.7)]
① 전격살충기는 전격격자가 지표상 또는 마루위 3.5[m] 이상의 높이가 되도록 시설할 것
② 2차측 개방 전압이 7[kV] 이하인 절연변압기를 사용하고 또한 보호격자의 내부에 사람이 손을 넣거나 보호격자에 사람이 접촉할 때에 절연 변압기의 1차측 전로를 자동적으로 차단하는 보호장치를 설치한 것은 지표상 또는 마루위 1.8[m] 높이까지로 감할 수 있다.
③ 전격살충기의 전격격자와 다른 시설물(가공전선을 제외) 또는 식물 사이의 이격거리는 30[cm] 이상일 것

【정답】④

100. [삭제 문제]

※2021년 1월 1일부터 한국전기설비규정(KEC) 적용으로 인해 더 이상 출제되지 않는 문제입니다.

사용전압	전선
100[kV] 이상 300[kV] 미만	인장강도 58.84[kN] 이상의 연선 또는 단면적 150[mm^2] 이상의 경동연선
300[kV] 이상	인장강도 77.47[kN] 이상의 연선 또는 단면적 200[mm^2] 이상의 경동연선

【정답】②

81. 변전소의 주요 변압기에서 계측하여야 하는 사항 중 계측장치가 꼭 필요하지 않는 것은? 단, 전기철도용 변전소의 주요 변압기는 제외한다.

① 전압   ② 전류
③ 전력   ④ 주파수

|정|답|및|해|설|
[계측장치의 시설 (KEC 351.6)]
발전소에 시설하여야 하는 계측 장치
1. 발전기·연료전지 또는 태양전지 모듈의 전압 및 전류 또는 전력
2. 발전기의 베어링 및 고정자의 온도
3. 정격출력이 10,000[kW]를 초과하는 증기터빈에 접속하는 발전기의 진동의 진폭
4. 주요 변압기의 전압 및 전류 또는 전력
5. 특고압용 변압기의 온도   【정답】④

82. 22.9[kV] 전선로를 제1종 특고압 보안 공사로 시설할 경우 전선으로 경동연선을 사용한다면 그 단면적은 몇 [mm^2] 이상의 것을 사용하여야 하는가?

① 38   ② 55
③ 80   ④ 100

|정|답|및|해|설|
[특고압 보안공사 (KEC 333.22)]
제1종 특고압 보안 공사의 전선 굵기

사용전압	전선
100[kV] 미만	인장강도 21.67[kN] 이상의 연선 또는 단면적 55[mm^2] 이상의 경동연선

83. 혼촉 사고 시에 1초를 초과하고 2초 이내에 자동 차단되는 6.6[kV] 전로에 결합된 변압기 저압측의 전압이 220[V]인 경우 접지 저항값[Ω]은? 단, 고압측 1선 지락전류는 30[A]라 한다.

① 5   ② 10
③ 20   ④ 30

|정|답|및|해|설|
[변압기 중성점 접지의 접지저항 (KEC 142.5)] 1초 초과 2초 이내에 고압·특고압 전로를 자동으로 차단하는 장치를 설치할 때는 300을 나눈 값 이하

$R = \dfrac{300}{I}[\Omega]$: 보호 장치의 동작이 1~2초 이내

$\therefore R_2 = \dfrac{300}{1선지락전류} = \dfrac{300}{30} = 10[\Omega]$ 【정답】②

84. 옥내의 네온 방전등 공사의 방법으로 옳은 것은?

① 전선 상호 간의 간격은 5[cm] 이상일 것
② 관등회로의 배선은 애자사용공사에 의할 것
③ 전선의 지지점간의 거리는 2[m] 이하로 할 것
④ 관등회로의 배선은 점검할 수 없는 은폐된 장소에 시설할 것

|정|답|및|해|설|

[옥내의 네온 방전등 공사 (KEC 234.12)]

옥내에 시설하는 관등회로의 사용전압이 1[kV]를 넘는 관등회로의 배선은 애자사용공사에 의하여 시설하고 또한 다음에 의할 것

1. 전선은 네온전선일 것
2. 전선은 조영재의 옆면 또는 아랫면에 붙일 것. 다만, 전선을 전개된 장소에 시설하는 경우에 기술상 부득이한 때에는 그러하지 아니하다.
3. 전선의 지지점간의 거리는 1[m] 이하일 것
4. 전선 상호간의 간격은 6[cm] 이상일 것

【정답】②

85. B종 철주 또는 B종 철근 콘크리트 주를 사용하는 특고압 가공전선로의 경간은 몇 [m] 이하이어야 하는가?

① 150 　　　　② 250

③ 400 　　　　④ 600

|정|답|및|해|설|

[특고압 가공전선로의 경간 제한 (KEC 333.21)]

지지물의 종류	경 간
목주·A종 철주 또는 A종 철근 콘크리트주	150[m]
B종 철주 또는 B종 철근 콘크리트주	250[m]
철탑	600[m] (단주인 경우에는 400 m)

【정답】②

86. [삭제 문제]

> ※2021년 1월 1일부터 한국전기설비규정(KEC) 적용으로 인해 더 이상 출제되지 않는 문제입니다.

87. 다음 (㉮), (㉯)에 들어갈 내용으로 옳은 것은?

> "지중전선로는 기설 지중 약전류 전선로에 대하여 (㉮) 또는 (㉯)에 의하여 통신상의 장해를 주지 않도록 기설 약전류 전선로로부터 충분히 이격시키거나 기타 적당한 방법으로 시설하여야 한다."

① ㉮ 정전용량, ㉯ 표피작용

② ㉮ 정전용량, ㉯ 유도작용

③ ㉮ 누설전류, ㉯ 표피작용

④ ㉮ 누설전류, ㉯ 유도작용

|정|답|및|해|설|

[지중약전류전선의 유도장해 방지 (KEC 334.5)] 지중전선로는 기설 지중 약전류 전선로에 대하여 누설전류 또는 유도작용에 의하여 통신상의 장해를 주지 아니하도록 기설 약전류 전선로로부터 충분히 이격시키거나 기타 적당한 방법으로 시설하여야 하다.

【정답】④

88. 타냉식 특고압용 변압기의 냉각장치에 고장이 생긴 경우 시설해야 하는 보호장치는?

① 경보장치 　　　　② 온도측정장치

③ 자동차단장치 　　　　④ 과전류 측정장치

|정|답|및|해|설|

[특고압용 변압기의 보호장치 (KEC 351.4)] 특고압용의 변압기에는 그 내부에 고장이 생겼을 경우에 보호하는 장치를 표와 같이 시설하여야 한다.

뱅크 용량의 구분	동작 조건	장치의 종류
5,000[kVA] 이상 10,000[kVA] 미만	변압기 내부 고장	자동 차단 장치 또는 경보 장치
10,000[kVA] 이상	변압기 내부 고장	자동 차단 장치
타냉식 변압기 (봉입한 냉매를 순환시키는 냉각 방식)	냉각 장치에 고장이 생긴 경우	경보 장치

【정답】①

89. 고압 가공전선로의 가공지선으로 나경동선을 사용할 경우 지름 몇 [mm] 이상으로 시설하여야 하는가?

① 2.5 　　　　② 3

③ 3.5 　　　　④ 4

|정|답|및|해|설|

[고압 가공전선로의 가공지선 (KEC 332.6)]

· 고압 가공 전선로 : 인장강도 5.26[kN] 이상의 것 또는 4[mm] 이상의 나경동선
· 특고압 가공 전선로 : 인장강도 8.01[kN] 이상의 나선 또는 5[mm] 이상의 나경동선

【정답】④

90. 특고압으로 시설할 수 없는 전선로는?

① 지중전선로　　　② 옥상전선로

③ 가공전선로　　　④ 수중전선로

|정|답|및|해|설|
[고압 옥상 전선로의 시설 (KEC 331.14.1)] 특고압 옥상 전선로(특고압의 인입선의 옥상 부분을 제외한다.)은 시설하여서는 아니한다.
【정답】②

91. 금속관 공사에 의한 저압 옥내배선의 방법으로 틀린 것은?

① 전선으로 연선을 사용하였다.
② 옥외용 비닐절연전선을 사용하였다.
③ 콘크리트에 매설하는 관은 두께 1.2[mm] 이상을 사용하였다.
④ 관에는 kec140에 준하여 접지공사를 하였다.

|정|답|및|해|설|
[금속관 공사 (KEC 232.6)]
1. 전선은 절연전선(옥외용 비닐절연전선을 제외한다)일 것
2. 전선은 연선일 것. 다만, 다음의 것은 적용하지 않는다.
　① 짧고 가는 금속관에 넣은 것
　② 단면적 10[㎟](알루미늄선은 단면적 16[㎟]) 이하의 것
3. 전선은 금속관 안에서 접속점이 없도록 할 것
4. 전선관의 두께
　① 콘크리트 매설시 1.2[mm] 이상
　② 기타 1[mm] 이상
　③ 길이 4[m] 이하인 것을 건조하고 전개된 곳에 시설하는 경우에는 0.5[mm] 이상
4. 관에는 kec140에 준하여 접지공사를 할 것
【정답】②

92. 가공전선로의 지지물에 취급자가 오르고 내리는데 사용하는 발판 볼트 등은 지표상 몇 [m]에서 시설하여서는 아니 되는가?

① 1.2　　　　② 1.5

③ 1.8　　　　④ 2

|정|답|및|해|설|
[가공전선로 지지물의 철탑오름 및 전주오름 방지 (KEC 331.4)] 발판 볼트 등은 1.8[m] 미만에 시설하여서는 안 된다. 다만 다음의 경우에는 그러하지 아니하다.
·발판 볼트를 내부에 넣을 수 있는 구조
·지지물에 승탑 및 승주 방지 장치를 시설한 경우
·지지물 주위에 취급자 이외의 방지 장치를 시설하는 경우
·산간 등에 있으며 사람이 쉽게 접근할 우려가 없는 곳
【정답】③

93. 저압 가공전선로와 기설 가공약전류전선로가 병행하는 경우에는 유도작용에 의하여 통신상의 장해가 생기지 아니하도록 전선과 기설 약전류전선 간의 이격거리는 몇 [m] 이상이어야 하는가?

① 1　　　　　② 2

③ 2.5　　　　④ 4.5

|정|답|및|해|설|
[가공 약전류전선로의 유도장해 방지 (KEC 332.1)] 저고압 가공전선류와 가공 약전류 전선로가 병행하는 경우에는 유도 작용에 의하여 통신상의 장해가 생기지 아니하도록 전선과 약전류 전선과의 이격거리는 2[m] 이상
【정답】②

94. 무대, 무대마루 밑, 오케스트라박스, 영사실 기타 사람이나 무대 도구가 접촉할 우려가 있는 곳에 시설하는 저압 옥내배선 전구선 또는 이동전선은 사용전압이 몇 [V] 미만이어야 하는가?

① 100　　　　② 200

③ 300　　　　④ 400

|정|답|및|해|설|
[전시회, 쇼 및 공연장의 전기설비 (KEC 242.6)] 무대·무대마루 밑·오케스트라박스·영사실 기타 사람이나 무대 도구가 접촉할 우려가 있는 곳에 시설하는 저압 옥내배선·전구선 또는 이동전선은 사용전압이 400[V] 미만일 것
【정답】④

95. 변압기 1차측 3,300[V], 2차측 220[V]의 변압기 전로의 절연내력 시험전압은 각각 몇 [V]에서 10분간 견디어야 하는가?

① 1차측 4,950[V], 2차측 500[V]

② 1차측 4,500[V], 2차측 400[V]

③ 1차측 4,125[V], 2차측 500[V]

④ 1차측 3,300[V], 2차측 400[V]

|정|답|및|해|설|
[전로의 절연저항 및 절연내력 (KEC 132)]

접지방식	최대 사용 전압	시험 전압 (최대 사용 전압 배수)	최저 시험 전압
비접지	7[kV] 이하	1.5배	
	7[kV] 초과	1.25배	10,500[V]
중성점접지	60[kV] 초과	1.1배	75[kV]
중성점직접접지	60[kV] 초과 170[kV] 이하	0.72배	
	170[kV] 초과	0.64배	
중성점다중접지	25[kV] 이하	0.92배	

※ 전로에 케이블을 사용하는 경우에는 직류로 시험할 수 있으며, 시험 전압은 교류의 경우의 2배가 된다.

1차측 시험전압=3300×1.5=4950[V]

2차측 시험전압=220×1.5=330[V]에서 500[V] 미만이므로 500[V]를 시험전압으로 한다.

【정답】①

96. 저압 옥내배선을 금속 덕트 공사로 할 경우 금속 덕트에 넣는 전선의 단면적(절연피복의 단면적포함)의 합계는 덕트의 내부 단면적의 몇 [%]까지 할 수 있는가?

① 20

② 30

③ 40

④ 50

|정|답|및|해|설|
[금속 덕트 공사 (KEC 232.9)] 금속 덕트에 넣는 전선의 단면적의 합계는 덕트 내부 단면적의 20[%](전광 표시 장치, 출퇴근 표시 등, 제어 회로 등의 배선선만을 넣는 경우는 50[%]) 이하일 것

【정답】①

97. 저압 가공전선 또는 고압 가공전선이 도로를 횡단할 때 지표상의 높이는 몇 [m] 이상으로 하여야 하는가? (단 농로 기타 교통이 번잡하지 않는 도로 및 횡단보도교는 제외한다.)

① 4

② 5

③ 6

④ 7

|정|답|및|해|설|
[고압 가공전선의 높이 (KEC 332.5)] 저고압 가공전선의 높이는 다음과 같다.

① 도로 횡단 : 6[m] 이상

② 철도 횡단 : 레일면상 6.5[m] 이상

③ 횡단 보도교 위 : 3.5[m] 이상

④ 기타 : 5[m] 이상

【정답】③

98. 전력보안 통신선 시설에서 가공전선로의 지지물에 시설하는 가공 통신선에 직접 접속하는 통신선의 종류로 틀린 것은?

① 조가용선

② 절연전선

③ 광섬유 케이블

④ 일반 통신용 케이블 이외의 케이블

|정|답|및|해|설|
[전력보안통신설비의 시설 요구사항 (KEC 362.1)]

가공 지선을 이용한 광섬유 케이블 사용을 제외한 가공 통신선은 다음과 같이 시설하여야 한다.

① 조가용선으로 조가할 것. 단, 인장강도 2.30[kN]의 것 또는 지름 2.6[mm]의 경동선 등의 사용시에는 조가하지 않아도 된다.

② 조가용선은 금속으로 된 연선일 것

③ 조가용선은 고저압 가공전선의 안전율을 적용하여 시설할 것

④ 가공 전선로의 지지물에 시설하는 가공 통신선에 직접 접속하는 통신선은 절연 전선, 통신용 케이블 이외의 케이블, 광섬유 케이블이어야 한다.

【정답】①

99. [삭제 문제]

※2021년 1월 1일부터 한국전기설비규정(KEC) 적용으로 인해 더 이상 출제되지 않는 문제입니다.

100. 22.9[kV] 특고압 가공전선로의 시설에 있어서 중성선을 다중 접지하는 경우에 각각 접지한 곳 상호 간의 거리는 전선로에 따라 몇 [m] 이하이어야 하는가?

① 150　　　　　② 300

③ 400　　　　　④ 500

|정|답|및|해|설|

[25[kV] 이하인 특고압 가공전선로의 시설 (KEC 333.32)]

사용전압이 15[kV]를 초과하고 25[kV] 이하인 경우 특고압 가공전선로의 시설에 있어서 중성선을 다중접지하는 경우 각 접지점 상호의 거리는 전선로에 따라 <u>150[m] 이하일 것</u>

【정답】①

81. 변전소의 주요 변압기에 시설하지 않아도 되는 계측 장치는?

① 전압계　　　② 역률계

③ 전류계　　　④ 전력계

|정|답|및|해|설|

[계측장치의 시설 (KEC 351.6)] 발전소에 시설하여야 하는 계측장치

1. 발전기·연료 전지 또는 태양 전지 모듈의 전압 및 전류 또는 전력

2. 발전기의 베어링 및 고정자의 온도

3. 정격출력이 10,000[kW]를 초과하는 증기 터빈에 접속하는 발전기의 진동의 진폭

4. 주요 변압기의 <u>전압 및 전류 또는 전력</u>

5. 특고압용 변압기의 온도

【정답】②

82. 애자사용공사에 의한 고압 옥내배선을 시설하고자 할 경우 전선과 조영재 사이의 이격거리는 몇 [cm] 이상인가?

① 3　　　　　② 4

③ 5　　　　　④ 6

|정|답|및|해|설|

[고압 옥내배선 등의 시설 (KEC 342.1)]

① 전선의 지지점 간의 거리는 6[m] 이하일 것. 다만, 전선을 조영재의 면을 따라 붙이는 경우에는 2[m] 이하이어야 한다.

② 전선 상호 간의 간격은 8[cm] 이상, <u>전선과 조영재 사이의 이격거리는 5[cm] 이상일 것</u>

【정답】③

83. 특고압 전선로에 접속하는 배전용 변압기의 1차 및 2차 전압은?

① 1차 : 35[kV] 이하, 2차 : 서압 또는 고압

② 1차 : 50[kV] 이하, 2차 : 저압 또는 고압

③ 1차 : 35[kV] 이하, 2차 : 특고압 또는 고압

④ 1차 : 50[kV] 이하, 2차 : 특고압 또는 고압

|정|답|및|해|설|

[특고압 배전용 변압기의 시설 (KEC 341.2)]

·특고압 전선에 특고압 절연 전선 또는 케이블을 사용한다.

·1차 전압은 35[kV] 이하, 2차측은 저압 또는 고압일 것

·특고압측에는 개폐기 및 과전류 차단기를 시설할 것

·변압기의 2차 측이 고압 경우에는 개폐기를 시설하고 쉽게 개폐할 수 있도록 할 것

【정답】①

84. [삭제 문제]

※2021년 1월 1일부터 한국전기설비규정(KEC) 적용으로 인해 더 이상 출제되지 않는 문제입니다.

85. 폭연성 분진 또는 화약류의 분말이 전기설비가 발화원이 되어 폭발할 우려가 있는 곳에 시설하는 저압 옥내 전기설비를 케이블 공사로 할 경우 관이나 방호장치에 넣지 않고 노출로 설치할 수 있는 케이블은?

① 미네럴인슈레이션 케이블

② 고무절연 비닐 시스케이블

③ 폴리에틸렌절연 비닐 시스케이블

④ 폴리에틸렌절연 폴리에틸렌 시스케이블

|정|답|및|해|설|
[분진 위험장소 (KEC 242.2)] 폭연성 분진이나 화약류의 분말이 존재하는 곳의 배선은 금속관공사나 케이블공사(캡타이어케이블 제외)에 의할 것
※케이블 공사에 의하는 때에는 케이블 또는 <u>미네럴인슈레이션케이블을 사용하는 경우 이외에는 관 기타의 방호 장치에 넣어 사용할 것</u>

【정답】①

86. 지선을 사용하여 그 강도를 분담시켜서 아니되는 가공전선로 지지물은?

① 목주   ② 철주

③ 철탑   ④ 철근 콘크리트주

|정|답|및|해|설|
[지선의 시설 (KEC 331.11)] 가공 전선로의 지지물로서 사용하는 <u>철탑은 지선을 사용하여 그 강도를 분담시켜서는 아니 된다.</u>

【정답】③

87. 특고압 가공전선로의 지지물 중 전선로의 지지물 양쪽의 경간의 차가 큰 곳에 사용하는 철탑은?

① 내장형 철탑   ② 인류형 철탑

③ 보강형 철탑   ④ 각도형 철탑

|정|답|및|해|설|
[특고압 가공전선로의 철주·철근 콘크리트주 또는 철탑의 종류 (KEC 333.11)] 특고 가공 전선로의 지지물로 사용하는 B종 철주, 철근 콘크리트주, 철탑의 종류는 다음과 같다.
① 직선형 : 전선로의 직선 부분(3° 이하의 수평 각도 이루는 곳 포함)에 사용되는 것
② 각도형 : 전선로 중 수형 각도 3°를 넘는 곳에 사용되는 것
③ 인류형 : 전 가섭선을 인류하는 곳에 사용하는 것
④ 내장형 : <u>전선로 지지물 양측의 경간차가 큰 곳에 사용하는 것</u>
⑤ 보강형 : 전선로 직선 부분을 보강하기 위하여 사용하는 것

【정답】①

88. [삭제 문제]

> ※2021년 1월 1일부터 한국전기설비규정(KEC) 적용으로 인해 더 이상 출제되지 않는 문제입니다.

89. [삭제 문제]

> ※2021년 1월 1일부터 한국전기설비규정(KEC) 적용으로 인해 더 이상 출제되지 않는 문제입니다.

90. 수소냉각식 발전기 및 이에 부속하는 수소냉각장치에 시설에 대한 설명으로 틀린 것은?

① 발전기 안의 수소의 온도를 계측하는 장치를 시설할 것

② 발전기 안의 수소의 순도가 70[%] 이하로 저하한 경우에 이를 경보하는 장치를 시설할 것

③ 발전기 안의 수소의 압력을 계측하는 장치 및 그 압력이 현저히 변동할 경우 이를 경보하는 장치를 시설할 것

④ 발전기는 기밀구조의 것이고 또한 수소가 대기압에서 폭발하는 경우에 생기는 압력에 견디는 강도를 가지는 것일 것

|정|답|및|해|설|
[수소냉각식 발전기 등의 시설 (kec 351.10)]
발전기 또는 조상기 안의 <u>수소의 순도가 85[%] 이하</u>로 저하한 경우에는 이를 경보하는 장치를 시설해야 한다.

【정답】②

91. 옥내에 시설하는 전동기에 과부하 보호장치의 시설을 생략할 수 없는 경우는?

① 정격출력이 0.75[kW]인 전동기

② 전동기의 구조나 부하의 성질로 보아 전동기가 소손할 수 있는 과전류가 생길 우려가 없는 경우

③ 전동기가 단상의 것으로 전원측 전로에 시설하는 배선용 차단기의 정격전류가 20[A] 이하인 경우

④ 전동기가 단상의 것으로 전원측 전로에 시설하는 과전류 차단기의 정격전류가 16[A] 이하인 경우

[저압전로 중의 전동기 보호용 과전류보호장치의 시설 (kec 212.6.4)] 옥내 시설하는 전동기의 과부하장치 생략 조건

1. 정격 출력이 0.2[kW] 이하인 경우
2. 전동기를 운전 중 상시 취급자가 감시할 수 있는 위치에 시설하는 경우
3. 전동기의 구조나 부하의 성질로 보아 전동기가 손상될 수 있는 과전류가 생길 우려가 없는 경우
4. 단상전동기를 그 전원측 전로에 시설하는 과전류 차단기의 정격전류가 16[A](배선용 차단기는 20[A]) 이하인 경우

【정답】①

92. 가공전선로의 지지물에 시설하는 통신선 또는 이에 직접 접속하는 가공 통신선의 높이에 대한 설명 중 틀린 것은?

① 도로를 횡단하는 경우에는 지표상 6[m] 이상으로 한다.

② 철도 또는 궤도를 횡단하는 경우에는 레일면상 6[m] 이상으로 한다.

③ 횡단보도교의 위에 시설하는 경우에는 그 노면상 5[m] 이상으로 한다.

④ 도로를 횡단하는 경우, 저압이나 고압의 가공전선로의 지지물에 시설하는 통신선이 교통에 지장을 줄 우려가 없는 경우에는 지표상 5[m]까지로 감할 수 있다.

[전력보안통신케이블의 지상고와 배전설비와의 이격거리 (KEC 362.2)]

시설 장소		가공 통신선	첨가 통신선	
			고·저압	특고압
도로 횡단	일반적인 경우	5[m]	6[m]	6[m]
	교통에 지장이 없는 경우	4.5[m]	5[m]	
철도 횡단(레일면상)		6.5[m]	6.5[m]	6.5[m]
횡단 보도교 위(노면상)	일반적인 경우	3[m]	3.5[m]	5[m]
	절연전선과 동등 이상의 절연효력이 있는 것 (고·저압)이나 광섬유 케이블을 사용하는 것 (특고압)		3[m]	4[m]
기타의 장소		3.5[m]	4[m]	5[m]

【정답】②

93. [삭제 문제]

> ※2021년 1월 1일부터 한국전기설비규정(KEC) 적용으로 인해 더 이상 출제되지 않는 문제입니다.

94. [삭제 문제]

> ※2021년 1월 1일부터 한국전기설비규정(KEC) 적용으로 인해 더 이상 출제되지 않는 문제입니다.

95. 아크가 발생하는 고압용 차단기는 목재의 벽 또는 천장 기타의 가연성 물체로부터 몇 [m] 이상 이격하여야 하는가?

① 0.5   ② 1
③ 1.5   ④ 2

[아크를 발생하는 기구의 시설 (KEC 341.8)] 고압용 또는 특고압용의 개폐기·차단기·피뢰기 기타 이와 유사한 기구로서 동작시에 아크가 생기는 것은 목재의 벽 또는 천장 기타의 가연성 물체로부터 고압용의 것은 1[m] 이상, 특고압용은 2[m] 이상 이격하여야 한다. 　　　　　　　【정답】②

96. 지중 전선로를 관로식에 의하여 시설하는 경우에는 매설 깊이를 몇 [m] 이상으로 하여야 하는가?

① 0.6   ② 1.0
③ 1.2   ④ 1.5

[지중 전선로의 시설 (KEC 334.1)]

① 관로식에 의하여 시설하는 경우에는 매설 깊이를 1.0[m] 이상으로 하되, 매설 깊이가 충분하지 못한 장소에는 견고하고 차량 기타 중량물의 압력에 견디는 것을 사용할 것. 다만 중량물의 압력을 받을 우려가 없는 곳은 60[cm] 이상으로 한다.

② 암거식에 의하여 시설하는 경우에는 견고하고 차량 기타 중량물의 압력에 견디는 것을 사용할 것

【정답】②

97. 가공 전선로의 지지물이 원형 철근 콘크리트주인 경우 갑종 풍압하중은 몇 [Pa]를 기초로 하여 계산하는가?

① 294   ② 588

③ 627   ④ 1,078

|정|답|및|해|설|...
[풍압하중의 종별과 적용 (KEC 331.6)]

풍압을 받는 구분		풍압[Pa]
목 주		588
철주	원형의 것	588
	삼각형 또는 농형	1412
	강관에 의하여 구성되는 4각형의 것	1117
	기타의 것으로 복재가 전후 면에 겹치는 경우	1627
	기타의 것으로 겹치지 않은 경우	1784
철근 콘크리트 주	원형의 것	588
	기타의 것	822

【정답】②

98. 100[kV] 미만인 특고압 가공전선로를 인가가 밀집한 지역에 시설할 경우 전선로에 사용되는 전선의 단면적이 몇 $[mm^2]$ 이상의 경동연선이어야 하는가?

① 38   ② 55

③ 100   ④ 150

|정|답|및|해|설|...
[특고압 보안공사 (KEC 333.22)]
제1종 특고압 보안 공사의 전선 굵기

사용전압	전선
100[kV] 미만	인장강도 21.67[kN] 이상의 연선 또는 단면적 $55[mm^2]$ 이상의 경동연선
100[kV] 이상 300[kV] 미만	인장강도 58.84[kN] 이상의 연선 또는 단면적 $150[mm^2]$ 이상의 경동연선
300[kV] 이상	인장강도 77.47[kN] 이상의 연선 또는 단면적 $200[mm^2]$ 이상의 경동연선

【정답】②

99. [삭제 문제]

┌─────────────────────────────────┐
│ ※2021년 1월 1일부터 한국전기설비규정(KEC) 적용으 │
│ 로 인해 더 이상 출제되지 않는 문제입니다. │
└─────────────────────────────────┘

100. 터널 내에 교류 220[V]의 애자사용 공사로 전선을 시설할 경우 노면으로부터 몇 [m] 이상의 높이로 유지해야 하는가?

① 2   ② 2.5   ③ 3   ④ 4

|정|답|및|해|설|...
[터널 안 전선로의 시설 (KEC 335.1)]

전압	전선의 굵기	시공 방법	애자사용 공사 시 높이
저압	2.6[mm] 이상	·합성수지관공사 ·금속관공사 ·가요전선관공사 ·케이블공사 ·애자사용공사	노면상, 레일면상 2.5[m] 이상
고압	4[mm] 이상	·케이블공사 ·애자사용공사	노면상, 레일면상 3[m] 이상

【정답】②

81. 저압 절연전선을 사용한 220[V] 저압 가공전선이 안테나와 접근 상태로 시설되는 경우 가공전선과 안테나 사이의 이격거리는 몇 [cm] 이상이어야 하는가? 단, 전선이 고압 절연전선, 특고압 절연전선 또는 케이블인 경우는 제외한다.

① 30   ② 60

③ 100   ④ 120

|정|답|및|해|설|...
[저고압 가공전선과 안테나의 접근 또는 교차 (KEC 332.14)]
가공 전선과 안테나 사이의 이격 거리는 저압은 60[cm](전선이 고압 절연 전선, 특고 절연 전선 또는 케이블인 경우에는 30[cm]) 이상, 고압은 80[cm](전선이 케이블인 경우에는 40[cm])이상 일 것

【정답】②

82. 금속덕트에 넣은 전선의 단면적의 합계는 덕트의 내부 단면적의 몇 [%] 이하이어야 하는가?

① 10
② 20
③ 32
④ 48

|정|답|및|해|설|
[금속 덕트 공사 (KEC 232.9)] 금속 덕트에 넣는 전선의 단면적의 합계는 덕트 내부 단면적의 20[%](전광 표시 장치, 출퇴근 표시 등, 제어 회로 등의 배전선만을 넣는 경우는 50[%]) 이하일 것
【정답】②

83. 지선을 사용하여 그 강도를 분담시키면 안 되는 가공전선로의 지지물은?

① 목주
② 철주
③ 철탑
④ 철근 콘크리트주

|정|답|및|해|설|
[지선의 시설 (KEC 331.11)] 가공 전선로의 지지물로 사용하는 철탑은 지선을 사용하여 그 강도를 분담시켜서는 아니 된다.
【정답】③

84. 저압 가공인입선 시설 시 도로를 횡단하여 시설하는 경우 노면상 높이는 몇 [m] 이상으로 하여야 하는가?

① 4
② 4.5
③ 5
④ 5.5

|정|답|및|해|설|
[저압 인입선의 시설(전선의 높이) (kec 221.1.1)]
① 도로(차도와 보도의 구별이 있는 도로인 경우에는 차도)를 횡단하는 경우 : 노면상 5[m](기술상 부득이한 경우에 교통에 지장이 없을 때에는 3[m]) 이상
② 철도 또는 궤도를 횡단하는 경우 : 레일면상 6.5[m] 이상
③ 횡단보도교 위에 시설하는 경우 : 노면상 3[m] 이상 전선이 케이블인 경우 이외에는 인장강도 2.30[kN] 이상의 것 또는 지름 2.6[mm] 이상의 인입용 비닐절연전선일 것
【정답】③

85. 60[kV] 이하의 특고압 가공전선과 식물과의 이격거리는 몇 [m] 이상이어야 하는가?

① 2
② 2.12
③ 2.24
④ 2.36

|정|답|및|해|설|
[특별고압 가공전선과 식물의 이격거리 (KEC 333.30)]
· 60,000[V] 이하는 2[m] 이상, 60,000[V]를 넘는 것은 2[m]에 60,000[V]를 넘는 1만[V] 또는 그 단수마다 12[cm]를 가산한 값 이상으로 이격시킨다.
【정답】①

86. 전기부식방지 시설에서 전원장치를 사용하는 경우로 옳은 것은?

① 전기부식방지 회로의 사용전압은 교류 60[V] 이하일 것
② 지중에 매설하는 양극(+)의 매설 깊이는 50[cm] 이상일 것
③ 지표 또는 수중에서 1[m] 간격의 임의의 2점 간의 전위차는 7[V]를 넘지 말 것
④ 수중에 시설하는 양극(+)과 그 주위 1[m] 이내의 거리에 있는 임의 점과의 사이의 전위차는 10[V]를 넘지 말 것

|정|답|및|해|설|
[전기부식방지 시설 (KEC 241.16)]
① 사용전압은 직류 60[V] 이하일 것
② 지중에 매설하는 양극은 75[cm] 이상의 깊이일 것
③ 수중에 시설하는 양극과 그 주위 1[m] 안의 임의의 점과의 전위차는 10[V] 이내, 지표 또는 수중에서 1[m] 간격을 갖는 임의의 2점간의 전위차는 5[V] 이내이어야 한다.
④ 전선은 케이블인 경우를 제외하고 2[mm] 경동선 이상이어야 한다.
【정답】④

87. [삭제 문제]

※2021년 1월 1일부터 한국전기설비규정(KEC) 적용으로 인해 더 이상 출제되지 않는 문제입니다.

88. 345[kV] 변전소의 충전 부분에서 5.98[m] 거리에 울타리를 설치할 경우 울타리 최소 높이는 몇 [m]인가?

① 2.1
② 2.3
③ 2.5
④ 2.7

|정|답|및|해|설|
[발전소 등의 울타리, 담 등의 시설 (KEC 351.1)]

사용 전압의 구분	울타리·담 등의 높이와 울타리·담 등으로부터 충전 부분까지의 거리의 합계
35[kV] 이하	5[m]
35[kV] 초과 160[kV] 이하	6[m]
160[kV] 초과	거리의 합계 $= 6 + $ 단수 $\times 0.12$[m] 단수 $= \dfrac{\text{사용전압[kV]} - 160}{10}$ 단수 계산에서 소수점 이하는 절상

단수 $= \dfrac{345-160}{10} = 18.5 \rightarrow 19$단

이격거리 + 울타리높이 $= 6 + 19 \times 0.12 = 8.28[m]$

울타리에서 충전 부분까지의 거리는 $5.98[m]$

그러므로 울타리의 최소 높이 $= 8.28 - 5.98 = 2.3[m]$

【정답】②

89. 동기발전기를 사용하는 전력계통에 시설하여야 하는 장치는?

① 비상 조속기
② 분로리액터
③ 동기검정장치
④ 절연유 율출방지설비

|정|답|및|해|설|

[계측장치 (KEC 351.6)] 동기 조상기의 용량이 전력 계통의 용량과 비슷한 동기 조상기이므로 동기검정장치는 반드시 시설하여야 한다.

【정답】③

90. 특고압 가공전선로의 지지물에 시설하는 통신선 또는 이에 직접 접속하는 통신선 중 옥내에 시설하는 부분은 몇 [V] 이상의 저압 옥내배선의 규정에 준하여 시설하도록 하고 있는가?

① 150
② 300
③ 380
④ 400

|정|답|및|해|설|

[특고압 가공전선로 첨가설치 통신선에 직접 접속하는 옥내 통신선의 시설 (kec 362.6)] 특고압 전선로의 지지물에 시설하는 통신선 또는 이에 직접 접속하는 통신선 중 옥내에 시설하는 부분은 400[V] 이상의 저압 옥내배선의 규정에 준하여 시설하여야 한다.

【정답】④

91. 제2종 특고압 보안공사 시 B종 철주를 지지물로 사용하는 경우 경간은 몇 [m] 이하인가?

① 100
② 200
③ 400
④ 500

|정|답|및|해|설|

[특고압 보안공사 (KEC 333.22)] 제2종 특고압 보안공사

지지물 종류	경간[m]
목주, A종 철주 A종 철근콘크리트주	100
B종 철주 B종 철근콘크리트주	200
철탑	400 (단주인 경우 300)

【정답】②

92. 전체의 길이가 18[m]이고, 설계하중이 6.8[kN]인 철근 콘크리트주를 지반이 튼튼한 곳에 시설하려고 한다. 기초 안전율을 고려하지 않기 위해서는 묻히는 깊이를 몇 [m] 이상으로 시설하여야 하는가?

① 2.5
② 2.8
③ 3
④ 3.2

|정|답|및|해|설|

[가공전선로 지지물의 기초 안전율 (KEC 331.7)] 가공전선로의 지지물에 하중이 가하여지는 경우에 그 하중을 받는 지지물의 기초의 안전율은 2 이상(단, 이상시 상정하중에 대한 철탑의 기초에 대하여는 1.33)이어야 한다. 다만, 땅에 묻히는 깊이를 다음의 표에서 정한 값 이상의 깊이로 시설하는 경우에는 그러하지 아니하다.

전장 　　설계하중	6.8[kN] 이하	6.8[kN] 초과 ~ 9.8[kN] 이하	9.8[kN] 초과 ~ 14.72[kN] 이하
15[m] 이하	전장 × 1/6[m] 이상	전장 × 1/6+0.3[m] 이상	–
15[m] 초과	2.5[m] 이상	2.8[m] 이상	–
16[m] 초과~20[m] 이하	2.8[m] 이상	–	–
15[m] 초과~18[m] 이하	–	–	3[m] 이상
18[m] 초과	–	–	3.2[m] 이상

【정답】②

93. 변전소를 관리하는 기술원이 상주하는 장소에 경보 장치를 시설하지 아니하여도 되는 것은?

① 조상기 내부에 고장이 생긴 경우

② 주요 변압기의 전원측 전로가 무전압으로 된 경우

③ 특고압용 타냉식변압기의 냉각장치가 고장 난 경우

④ 출력 2,000[kVA] 특고압용 변압기의 온도가 현저히 상승한 경우

|정|답|및|해|설|

[상주 감시를 하지 아니하는 변전소의 시설 (KEC 351.9)]
다음의 경우에는 변전제어소 또는 기술원이 상주하는 장소에 경보 장치를 시설할 것
1. 운전조작에 필요한 차단기가 자동적으로 차단한 경우(차단기가 재폐로한 경우를 제외한다)
2. 주요 변압기의 전원측 전로가 무전압으로 된 경우
3. 제어 회로의 전압이 현저히 저하한 경우
4. 옥내변전소에 화재가 발생한 경우
5. 출력 3,000[kVA]를 초과하는 특고압용변압기는 그 온도가 현저히 상승한 경우
6. 특고압용 타냉식변압기는 그 냉각장치가 고장 난 경우
7. 조상기는 내부에 고장이 생긴 경우
8. 수소냉각식조상기는 그 조상기안의 수소의 순도가 90[%] 이하로 저하한 경우, 수소의 압력이 현저히 변동한 경우 또는 수소의 온도가 현저히 상승한 경우
9. 가스절연기기(압력의 저하에 의하여 절연파괴 등이 생길 우려가 없는 경우를 제외한다)의 절연가스의 압력이 현저히 저하한 경우
【정답】④

94. 케이블 트레이 공사에 대한 설명으로 틀린 것은?

① 금속재의 것은 내식성 재료의 것이어야 한다.

② 케이블 트레이의 안전율은 1.25 이상이어야 한다.

③ 비금속제 케이블 트레이는 난연성 재료의 것이어야 한다.

④ 전선의 피복 등을 손상시킬 돌기 등이 없이 매끈하여야 한다.

|정|답|및|해|설|

[케이블 트레이 공사 (KEC 232.15)] 케이블 트레이는 다음에 적합하게 시설하여야 한다.
① 케이블 트레이의 안전율은 1.5 이상이어야 한다.
② 전선의 피복 등을 손상시킬 돌기 등이 없이 매끈해야 한다.
③ 비금속제 케이블 트레이는 난연성 재료의 것이어야 한다.
【정답】②

95. 의료 장소의 수술실에서 전기설비의 시설에 대한 설명으로 틀린 것은?

① 의료용 절연변압기의 정격격출력은 10[kVA] 이하로 한다.

② 의료용 절연변압기의 2차측 정격전압은 교류 250[V] 이하로 한나.

③ 절연감시장치를 설치하는 경우 누설전류가 5[mA]에 도달하면 경보를 발하도록 한다.

④ 전원측에 강화절연을 한 의료용 절연변압기를 설치하고 그 2차측 전로는 접지한다.

|정|답|및|해|설|

[의료장소의 안전을 위한 보호 설비 (kec 242.10.3)] 그룹 1 및 그룹 2의 의료 IT 계통은 다음과 같이 시설할 것.
① 전원측에 이중 또는 강화절연을 한 비단락보증 절연변압기를 설치하고 그 2차측 전로는 접지하지 말 것.
② 의료용 절연변압기는 함 속에 설치하여 충전부가 노출되지 않도록 하고 의료장소의 내부 또는 가까운 외부에 설치할 것
③ 의료용 절연변압기의 2차측 정격전압은 교류 250[V] 이하로 하며 공급방식 및 정격출력은 단상 2선식, 10[kVA] 이하로 할 것
④ 3상 부하에 대한 전력공급이 요구되는 경우 의료용 3상 절연변압기를 사용할 것
⑤ 의료용 절연변압기의 과부하 및 온도를 지속적으로 감시하는 장치를 적절한 장소에 설치할 것
【정답】④

96. 전등 또는 방전등에 저압으로 전기를 공급하는 옥내의 전로의 대지전압은 몇 [V] 이하이어야 하는가?

① 100
② 200
③ 300
④ 400

|정|답|및|해|설|

[1[kV] 이하 방전등 (kec 234.11)] 방전등에 전기를 공급하는 전로의 대지전압은 300[V] 이하로 하여야 하며, 다음에 의하여 시설하여야 한다. 다만, 대지전압이 150[V] 이하의 것은 적용하지 않는다.
① 백열전등 또는 방전등 및 이에 부속하는 전선은 사람이 접촉할 우려가 없도록 시설할 것
② 백열전등, 또는 방전등용 안정기는 저압의 옥내 배선과 직접 접속하여 시설할 것
【정답】③

97. 저압 가공인입선 시설 시 사용할 수 없는 전선은?

① 절연전선, 다심형 전선, 케이블

② 지름 2.6[mm] 이상의 인입용 비닐절연전선

③ 인장강도 1.2[kN] 이상의 인입용 비닐절연전선

④ 사람의 접촉 우려가 없도록 시설하는 경우 옥외용 비닐절영전선

98. [삭제 문제]

99. 고압 가공전선로의 가공지선으로 나경동선을 사용하는 경우의 지름은 몇 [mm] 이상이어야 하는가?

① 3.2　　　　② 4

③ 5.5　　　　④ 6

100. [삭제 문제]

2016 전기산업기사

· 다선식 전로의 중성선
· 전로의 일부에 접지공사를 한 저압 가공선로의 접지측 전선
【정답】③

81. 지중전선로의 전선으로 적합한 것은?

① 케이블
② 동복강선
③ 절연전선
④ 나경동선

|정|답|및|해|설|
[지중 전선로의 시설 (KEC 334.1)] 지중 전선로는 전선에 케이블을 사용하고 또한 관로식, 암거식 또는 직접 매설식에 의하여 시설하여야 한다. 【정답】①

82. 저압 옥내배선에 사용되는 연동선의 굵기는 일반적인 경우 몇 $[mm^2]$ 이상이어야 하는가?

① 2
② 2.5
③ 4
④ 6

|정|답|및|해|설|
[저압 옥내배선의 사용전선 (KEC 231.3)] 저압 옥내 배선의 사용 전선은 2.5$[mm^2]$ 연동선이나 1$[mm^2]$ 이상의 MI 케이블이어야 한다(옥외 6$[mm^2]$ 이상). 【정답】②

83. 과전류 차단기를 설치하지 않아야 할 곳은?

① 수용가의 인입선 부분
② 고압 배전선로의 인출장소
③ 직접 접지계통에 설치한 변압기의 접지선
④ 역률 조정용 고압 병렬콘덴서 뱅크의 분기선

|정|답|및|해|설|
[과전류 차단기의 시설 제한 (KEC 341.12)]
· 각종 접지공사의 접지선

84. 금속관 공사에 대한 기준으로 틀린 것은?

① 저압 옥내배선에 사용하는 전선으로 옥외용 비닐절연전선을 사용하였다.
② 저압 옥내배선의 금속관 안에는 전선에 접속점이 없도록 하였다.
③ 콘크리트에 매설하는 금속관의 두께는 1.2[mm]를 사용하였다.
④ 관에는 kec 140에 준하는 접지공사를 하였다.

|정|답|및|해|설|
[금속관 공사 (KEC 232.6)]
· 전선관과의 접속 부분의 나사는 5턱 이상 완전히 나사 결합이 될 수 있는 길이일 것
· 전선은 금속관 안에서 접속점이 없도록 할 것
· 전선은 절연전선(옥외용 비닐절연전선을 제외)
· 전선관의 두께 : 콘크리트 매설시 1.2[mm] 이상
· 관에는 kec140에 준하여 접지공사
【정답】①

85. 버스덕트 공사에 대한 설명 중 옳은 것은?

① 버스덕트 끝부분을 개방 할 것
② 덕트를 수직으로 붙이는 경우 지지점간 거리는 12[m] 이하로 할 것
③ 덕트를 조영재에 붙이는 경우 덕트의 지지점간 거리는 6[m] 이하로 할 것
④ 덕트는 kec140에 준하는 접지공사를 할 것.

사용전압의 구분	울타리·담 등의 높이와 울타리·담 등으로부터 충전 부분까지의 거리의 합계
35[kV] 이하	5[m]
35[kV] 초과 160[kV] 이하	6[m]
160[kV] 초과	·거리=6+단수×0.12[m] ·단수 = $\dfrac{사용전압[kV]-160}{10}$

【정답】③

|정|답|및|해|설|

[버스덕트공사 (KEC 232.10)]

1. 덕트를 조영재에 붙이는 경우에는 덕트의 지지점 간의 거리를 3[m] (취급자 이외의 자가 출입할 수 없도록 설비한 곳에서 수직으로 붙이는 경우에는 6[m]) 이하로 하고 또한 견고하게 붙일 것.

2. 덕트(환기형의 것을 제외한다)의 끝부분은 막을 것

3. 덕트는 kec140에 준하는 접지공사를 할 것.

【정답】④

---

86. 옥내배선에서 나전선을 사용할 수 없는 것은?

① 전선의 피복 전열물이 부식하는 장소의 전선

② 취급자 이외의 자가 출입할 수 없도록 설비한 장소의 전선

③ 전용의 개폐기 및 과전류 차단기가 시설된 전기기계기구의 저압전선

④ 애자 사용공사에 의하여 전개된 장소에 시설하는 경우로 전기로용 전선

|정|답|및|해|설|

[나전선의 사용 제한 (KEC 231.4)] 옥내에 시설하는 저압 전선에는 나전선을 사용하여서는 아니 된다. 다만, 다음 중 어느 하나에 해당하는 경우에는 그러하지 아니하다.

① 애자사용배선에 의하여 전개된 곳에 다음의 전선을 시설하는 경우

  1. 전기로용 전선

  2. 전선의 피복 절연물이 부식하는 장소에 시설하는 전선

  3. 취급자 이외의 자가 출입할 수 없도록 설비한 장소에 시설하는 전선

② 버스덕트배선에 의하여 시설하는 경우

③ 라이팅덕트배선에 의하여 시설하는 경우

④ 접촉 전선을 시설하는 경우

【정답】③

---

87. 154[kV]용 변성기를 사람이 접촉할 우려가 없도록 시설하는 경우에 충전부분의 지표상의 높이는 최소 몇 [m] 이상이어야 하는가?

① 4　　　　　　② 5

③ 6　　　　　　④ 8

|정|답|및|해|설|

[특고압용 기계 기구의 시설 (KEC 341.4)]

---

88. 시가지 등에서 특고압 가공전선로의 시설에 대한 내용 중 틀린 것은?

① A종 철주를 지지물로 사용하는 경우의 경간은 75[m] 이하이다.

② 사용전압이 170[kV] 이하인 전선로를 지지하는 애자장치는 2련 이상의 현수애자 또는 장간애자를 사용한다.

③ 사용전압이 100[kV]를 초과하는 특고압 가공전선에 지락 또는 단락이 생겼을 때에는 1초 이내에 자동적으로 이를 전로로부터 차단하는 장치를 시설한다.

④ 사용전압이 170[kV] 이하인 전선로를 지지하는 애자장치는 50[%] 충격섬락전압 값이 그 전선의 근접한 다른 부분을 지지하는 애자장치 값의 100[%] 이상인 것을 사용한다.

|정|답|및|해|설|

[시가지 등에서 특고압 가공전선로의 시설 (KEC 333.1)]

사용전압이 170[kV] 이하인 전선로를 지지하는 애자 장치는 50[%] 충격 섬락 전압의 값이 타부분 애자 장치값의 110[%](사용전압이 130[kV]를 넘는 경우는 105[%]) 이상인 것을 사용하거나 아크 혼을 취부하고 또는 2연 이상의 현수 애자, 장간 애자를 사용한다.　　　　　　【정답】④

---

89. 전력보안 통신설비인 무선용 안테나 등을 지지하는 철주의 기초의 안전율이 얼마 이상이어야 하는가?

① 1.3　　　　　　② 1.5

③ 1.8　　　　　　④ 2.0

|정|답|및|해|설|
[무선용 안테나 등을 지지하는 철탑 등의 시설 (KEC 364)]
전력 보안통신 설비인 무선통신용 안테나 또는 반사판을 지지하는 목주··철근
·철근 콘크리트주 또는 철탑은 다음 각 호에 의하여 시설하여야 한다.
① 목주의 안전율 : 1.5 이상
② 철주 · 철근 콘크리트주 또는 철탑의 기초 안전율 : 1.5 이상
【정답】②

90. [삭제 문제]

> ※2021년 1월 1일부터 한국전기설비규정(KEC) 적용으
> 로 인해 더 이상 출제되지 않는 문제입니다.

91. 345[kV] 가공전선로를 제1종 특고압 보안공사에
의하여 시설할 때 사용되는 경동연선의 굵기는 몇
$[mm^2]$ 이상이어야 하는가?

① 100 ② 125

③ 150 ④ 200

|정|답|및|해|설|
[특고압 보안공사 (KEC 333.22)]

사용전압	전선
100[kV] 미만	인장강도 21.67[kN] 이상의 연선 또는 단면적 55[㎟] 이상의 경동연선
100[kV] 이상 300[kV] 미만	인장강도 58.84[kN] 이상의 연선 또는 단면적 150[㎟] 이상의 경동연선
300[kV] 이상	인장강도 77.47[kN] 이상의 연선 또는 단면적 200[㎟] 이상의 경동연선

【정답】④

92. 차단기에 사용하는 압축공기장치에 대한 설명 중
틀린 것은?

① 공기압축기를 통하는 관은 용접에 의한 잔류응
력이 생기지 않도록 할 것
② 주 공기탱크에는 사용압력 1.5배 이상 3배 이
하의 최고 눈금이 있는 압력계를 시설 할 것

③ 공기압축기는 최고사용압력의 1.5배 수압을
연속하여 10분간 가하여 시험하였을 때 이에
견디고 새지 아니할 것
④ 공기탱크는 사용압력에서 공기의 보급이 없는
상태로 차단기의 투입 및 차단을 연속하여 3
회 이상 할 수 있는 용량을 가질 것

|정|답|및|해|설|
[압축공기계통 (kec 341.16)] 발·변전소, 개폐기 또는 이에 준하는
곳에서 개폐기 또는 차단기에 사용하는 압축 공기 장치는 최고
사용 압력의 1.5배의 수입을 계속하여 10분간 가하여 시험을 한
경우에 이에 건디고 또한 새지 아니할 것
사용압력에서 공기의 보급이 없는 상태로 개폐기 또는 차단기의 투입
및 차단을 연속하여 1회 이상 할 수 있는 용량을 가지는 것일 것
【정답】④

93. [삭제 문제]

> ※2021년 1월 1일부터 한국전기설비규정(KEC) 적용으
> 로 인해 더 이상 출제되지 않는 문제입니다.

94. 사용전압이 22900[V]인 가공전선이 건조물과 제2
차 접근 상태로 시설되는 경우에 이 특고압 가공전
선로의 보안공사는 어떤 종류의 보안공사로 하여
야 하는가?

① 고압 보안공사
② 제1종 특고압 보안공사
③ 제2종 특고압 보안공사
④ 제3종 특고압 보안공사

|정|답|및|해|설|
[특고압 가공전선과 도로 등의 접근 또는 교차 (KEC 333.24)]
1. 제1차 접근 상태 : 제3종 특고 보안 공사
2. 제2차 접근 상태 :
· 35[kV] 이하 : 제2종 특고 보안 공사
· 35[kV] 초과 170[kV] 미만 : 제1종 특고 보안 공사
【정답】③

95. 비접지식 고압 전로와 접속되는 변압기의 외함에 실시하는 제1종 접지 공사의 접지극으로 사용할 수 있는 건물 철골의 대지 전기 저항의 **최대값**[Ω]은 얼마인가?

① 2 ② 3
③ 5 ④ 10

|정|답|및|해|설|

[접지극의 시설 및 접지저항 (KEC 142.2)] 대접지공사의 접지극으로 사용할 수 있는 조건
·수도관 등을 접지극으로 사용하는 경우 : 대지와의 전기저항 값이 3[Ω] 이하
·건물의 철골, 기타의 금속제 : 대지와의 사이에 전기저항 값이 2[Ω] 이하 【정답】①

96. 저압 수상전선로에 사용되는 전선은?

① MI 케이블
② 알루미늄피 케이블
③ 클로로프렌시스 케이블
④ 클로로프렌 캡타이어 케이블

|정|답|및|해|설|

[수상전선로의 시설 (KEC 335.3)] 수상전선로는 그 사용전압이 저압 또는 고압의 것에 한하여 전선은 저압의 경우 클로로프렌 캡타이어 케이블, 고압인 경우 캡타이어 케이블을 사용하고 수상전선로의 전선을 가공전선로의 전선과 접속하는 경우의 접속점의 높이는 접속점이 육상에 있는 경우는 지표상 5[m] 이상, 수면상에 있는 경우 4[m] 이상, 고압 5[m] 이상이어야 한다.
【정답】④

97. 22.9[kV] 특고압으로 가공전선과 조영물이 아닌 다른 시설물이 교차하는 경우, 상호간의 이격거리는 몇 [cm]까지 감할 수 있는가? (단, 전선은 케이블이다.)

① 50 ② 60
③ 100 ④ 120

|정|답|및|해|설|

특고압 가공전선과 다른 시설물의 접근 또는 교차 (kec 333.28)

다른 시설물의 구분	접근형태	이격거리
조영물의 상부 조영재	위쪽	2[m] (전선이 케이블인 경우에는 1.2[m])
	옆쪽 또는 아래쪽	1[m] (전선이 케이블인 경우에는 50[cm])
조영물의 상부 조영재 이외의 부분 또는 조영물 이외의 시설물		1[m] (전선이 케이블인 경우에는 50[cm])

【정답】①

98. 가공전선로의 지지물에 시설하는 지선의 안전율과 허용인장하중의 최저값은?

① 안전율은 2.0 이상, 허용인장하중 최저값은 4[kN]
② 안전율은 2.5 이상, 허용인장하중 최저값은 4[kN]
③ 안전율은 2.0 이상, 허용인장하중 최저값은 4.4[kN]
④ 안전율은 2.5 이상, 허용인장하중 최저값은 4.31[kN]

|정|답|및|해|설|

[지선의 시설 (KEC 331.11)]
지선 지지물의 강도 보강
·안전율 : 2.5 이상
·최저 인장하중 : 4.31[kN]
·2.6[mm] 이상의 금속선을 3조 이상 꼬아서 사용
·지중 및 지표상 30[cm]까지의 부분은 아연도금 철봉 등을 사용
【정답】④

99. 단락전류에 의하여 생기는 기계적 충격에 견디는 것을 요구하지 않는 것은?

① 애자 ② 변압기
③ 조상기 ④ 접지선

|정|답|및|해|설|

[발전기 등의 기계적 강도 (기술기준 제 23조)]
발전기, 변압기, 조상기, 모선 또는 이를 지지하는 애자는 단락전류에 의하여 생긴 기계적 충격에 견디는 것이어야 한다.
【정답】④

100. 사용전압이 380[V]인 저압 전로의 전선 상호간의 절연저항은 몇 $[M\Omega]$ 이상이어야 하는가?

① 0.5　　　　② 1.0
③ 1.5　　　　④ 2.0

|정|답|및|해|설|

[전로의 사용전압에 따른 절연저항값 (기술기준 제52조)]

전로의 사용전압의 구분	DC 시험전압	절연 저항값
SELV 및 PELV	250[V]	0.5[$M\Omega$]
FELV, 500[V] 이하	500[V]	1[$M\Omega$]
500[V] 초과	1000[V]	1[$M\Omega$]

【정답】②

2회

81. 특고압 가공 전선로의 지지물 양쪽의 경간의 차가 큰 곳에 사용되는 철탑은?

① 내장형철탑　　② 직선형철탑
③ 인류형철탑　　④ 보강형철탑

|정|답|및|해|설|

[특고압 가공전선로의 철주·철근 콘크리트주 또는 철탑의 종류 (KEC 333.11)] 특고압 가공 전선로의 지지물로 사용하는 B종 철주, 철근 콘크리트주, 철탑의 종류는 다음과 같다.

1. 직선형 : 전선로의 직선 부분 (3°이하의 수평 각도 이루는 곳 포함)에 사용되는 것.
2. 각도형 : 전선로 중 수평 각도 3°를 넘는 곳에 사용되는 깃.
3. 인류형 : 전 가섭선을 인류하는 곳에 사용하는 것
4. 내장형 : 전선로 지지물 양측의 경간차가 큰 곳에 사용하는 것
5. 보강형 : 전선로 직선 부분을 보강하기 위하여 사용하는 것

【정답】①

82. 특고압 가공 전선이 건조물과 1차 접근 상태로 시설되는 경우를 설명한 것 중 틀린 것은?

① 상부 조영재와 위쪽으로 접근 시 케이블을 사용하면 1.2[m] 이상 이격거리를 두어야 한다.

② 상부 조영재와 옆쪽으로 접근 시 특고압 절연전선을 사용하면 1.5[m] 이상 이격거리를 두어야 한다.

③ 상부 조영재와 아래쪽으로 접근 시 특고압 절연전선을 사용하면 1.5[m] 이상 이격거리를 두어야 한다.

④ 상부 조영재와 위쪽으로 접근 시 특고압 절연전선을 사용하면 2.0[m] 이상 이격거리를 두어야 한다.

|정|답|및|해|설|

[특고압 가공전선과 건조물의 접근 (KEC 333.23)]

건조물과 조영재의 구분	전선 종류	접근형태	이격거리
상부 조영재	특고압 절연전선	위쪽	2.5[m]
		옆쪽 또는 아래쪽	1.5[m] (전선에 사람이 쉽게 접촉할 우려가 없도록 시설한 경우는 1[m])
	케이블	위쪽	1.2[m]
		옆쪽 또는 아래쪽	0.5[m]
	기타 전선		3[m]
기타 조영재	특고압 절연전선		1.5[m] (전선에 사람이 쉽게 접촉할 우려가 없도록 시설한 경우는 1[m])
	케이블		0.5[m]
	기타 전선		3[m]

· 35[kV]가 넘는 경우는 10[kV]마다 15[cm]를 더 가산 이격할 것

【정답】④

83. 가공 전선로의 지지물에 취급자가 오르고 내리는데 사용하는 발판 볼트 등은 지표상 몇 [m] 미만에 사설하여서는 아니 되는가?

① 1.2　　　　② 1.8
③ 2.2　　　　④ 2.5

|정|답|및|해|설|

[가공전선로 지지물의 철탑오름 및 전주오름 방지 (KEC 331.4)] 발판 볼트 등은 1.8[m] 미만에 시설하여서는 안 된다. 다만 다음의 경우에는 그러하지 아니하다.

·발판 볼트를 내부에 넣을 수 있는 구조
·지지물에 승탑 및 승주 방지 장치를 시설한 경우

· 취급자 이외의 자가 출입할 수 없도록 울타리 담 등을 시설할 경우
· 산간 등에 있으며 사람이 쉽게 접근할 우려가 없는 곳

【정답】②

84. 계통연계하는 분산형 전원을 설치하는 경우에 이상 또는 고장 발생 시 자동적으로 분산형 전원을 전력계통으로부터 분리하기 위한 장치를 시설해야 하는 경우가 아닌 것은?

① 역률 저하 상태
② 단독운전 상태
③ 분산형 전원의 이상 또는 고장
④ 연계한 전력계통의 이상 또는 고장

|정|답|및|해|설|
[계통 연계용 보호장치의 시설 (kec 503.2.4)] 계통연계하는 분산형 전원을 설치하는 경우 다음에 해당하는 이상 또는 고장 발생 시 자동적으로 분산형 전원을 전력계통으로부터 분리하기 위한 장치 시설 및 계통과의 보호협조를 실시하여야 한다.
① 분산형 전원의 이상 또는 고장
② 연계한 전력계통의 이상 또는 고장
③ 단독운전 상태

【정답】①

85. 고압 가공전선 상호간이 접근 또는 교차하여 시설되는 경우, 고압 가공전선 상호간이 이격거리는 몇 [cm] 이상이어야 하는가? (단, 고압 가공전선은 모두 케이블이 아니라고 한다.)

① 50 　　　　　② 60
③ 70 　　　　　④ 80

|정|답|및|해|설|
[저고압 가공전선 상호 간의 접근 또는 교차 (kec 222.16(저), kec 332.17(고))]

구분	저압 가공전선		고압 가공전선	
	일반	고압 절연전선 또는 케이블	일반	케이블
저압가공전선	0.6[m]	0.3[m]	0.8[m]	0.4[m]
저압가공전선로 의 지지물	0.3[m]	–	0.6[m]	0.3[m]

구분	저압 가공전선		고압 가공전선	
	일반	고압 절연전선 또는 케이블	일반	케이블
고압전차선	–	–	1.2[m]	–
고압가공전선	–	–	0.8[m]	0.4[m]
고압가공전선로 의 지지물	–	–	0.6[m]	0.3[m]

【정답】④

86. 저압 옥내배선의 사용전압이 220[V]인 출퇴표시등 회로를 금속관공사에 의하여 시공하였다. 여기에 사용되는 배선은 단면적이 몇 $[mm^2]$ 이상의 연동선을 사용하여도 되는가?

① 1.5 　　　　　② 2.0
③ 2.5 　　　　　④ 3.0

|정|답|및|해|설|
[저압 옥내배선의 사용전선 (KEC 231.3)]
옥내배선의 사용 전압이 400[V] 미만인 경우 전광표시 장치·출퇴 표시등 기타 이와 유사한 장치 또는 제어 회로 등에 사용하는 배선에 단면적 $1.5[mm^2]$ 이상의 연동선을 사용할 것

【정답】①

87. 합성수지관 공사 시 관 상호 간 및 박스와의 접속은 관에 삽입하는 깊이를 관 바깥지름의 몇 배 이상으로 하여야 하는가? (단, 접착제를 사용하지 않는 경우이다.)

① 0.5 　　　　　② 0.8
③ 1.2 　　　　　④ 1.5

|정|답|및|해|설|
[합성수지관 공사 (KEC 232.5)]
· 접착제를 사용할 때는 0.8배
· 접착제를 사용하지 않을 경우 1.2배

【정답】③

88. 고저압 혼촉에 의한 위험방지시설로 가공공동지선을 설치하여 시설하는 경우에 각 접지선을 가공공동지선으로부터 분리하였을 경우의 각 접지선과 대지간의 전기저항 값은 몇 $[\Omega]$ 이하로 하여야 하는가?

① 75　　　　　② 150

③ 300　　　　④ 600

|정|답|및|해|설|

[고압 또는 특고압과 저압의 혼촉에 의한 위험방지 시설 (KEC 322.1)] 가공공동지선과 대지 사이의 합성 전기저항 값은 1[km]를 지름으로 하여 분리하였을 경우의 각 접지도체와 대지 사이의 전기저항 값은 300[Ω] 이하로 할 것　　　【정답】③

89. 금속제 외함을 가진 저압의 기계기구로서 사람이 쉽게 접촉할 우려가 있는 곳에 시설하는 것에 전기를 공급하는 전로에 지락이 생겼을 때에 자동적으로 차단하는 장치를 설치하여야 한다. 사용전압이 몇 [V]를 초과하는 기계기구의 경우인가?

① 25　　　　　② 30

③ 50　　　　　④ 60

|정|답|및|해|설|

[누전차단기의 시설 (KEC 211.2.4)]

금속제 외함을 가진 사용전압이 50[V]를 넘는 저압의 기계기구로서 사람이 쉽게 접촉할 우려가 있는 곳에 시설하는 것은 전기를 공급하는 전로에 접지가 생긴 경우에 전로를 차단하는 장치를 하여야 한다.　　　【정답】③

90. 전기설비기술기준의 안전원칙에 관계없는 것은?

① 에너지 절약 등에 지장을 주지 아니하도록 할 것

② 사람이나 다른 물체에 위해 손상을 주지 않도록 할 것

③ 기기의 오동작에 의한 전기 공급에 지장을 주지 않도록 할 것

④ 다른 전기설비의 기능에 전기적 또는 자기적인 장해를 주지 아니하도록 할 것

|정|답|및|해|설|

[안전원칙 (기술기준 제2조)]

① 전기설비는 감전, 화재 그 밖에 사람에게 위해를 주거나 물건에 손상을 줄 우려가 없도록 시설하여야 한다.

② 전기설비는 사용목적에 적절하고 안전하게 작동하여야 하며, 그 손상으로 인하여 전기 공급에 지장을 주지 않도록 시설하여야 한다.

③ 전기설비는 다른 전기설비, 그 밖의 물건의 기능에 전기적 또는 자기적인 장해를 주지 않도록 시설하여야 한다.　　　【정답】①

91. [삭제 문제]

※2021년 1월 1일부터 한국전기설비규정(KEC) 적용으로 인해 더 이상 출제되지 않는 문제입니다.

92. 전력보안통신설비로 무선용 안테나 등의 시설에 관한 설명으로 옳은 것은?

① 항상 가공전선로의 지지물에 시설한다.

② 피뢰침설비가 불가능한 개소에 시설한다.

③ 접지와 공용으로 사용할 수 있도록 시설한다.

④ 전선로의 주위상태를 감시할 목적으로 시설한다.

|정|답|및|해|설|

[무선용 안테나 등의 시설 제한 (KEC 364)] 무선용 안테나 및 화상감시용 설비 등은 전선로의 주위를 감시할 목적으로 시설하는 것 이외에는 가공전선로의 지지물에 시설하여서는 아니 된다.　　　【정답】④

93. 저압 옥내배선에 사용하는 연동선의 최소 굵기는 몇 $[\text{mm}^2]$이상인가?

① 1.5　　　　　② 2.5

③ 4.0　　　　　④ 6.0

|정|답|및|해|설|

[저압 옥내배선의 사용전선 (KEC 231.3)] 저압 옥내 배선의 사용전선은 2.5[㎟] 연동선이나 1[㎟] 이상의 MI 케이블이어야 한다.　　　【정답】②

94. 호텔 또는 여관 각 객실의 입구등을 설치할 경우 몇 분 이내에 소등되는 타임스위치를 시설해야 하는가?

① 1 　　　　　　 ② 2

③ 3 　　　　　　 ④ 10

|정|답|및|해|설|
[점멸기의 시설 (KEC 234.6)] 호텔, 여관 각 객실 입구등은 1분, 일반 주택 및 아파트 현관등은 3분 이내에 소등되어야 한다.
　　　　　　　　　　　　　　　　　　　【정답】①

95. 고압 가공전선이 철도를 횡단하는 경우 레일면상에서 몇 [m] 이상으로 유지 되어야 하는가?

① 5.5 　　　　　 ② 6

③ 6.5 　　　　　 ④ 7.0

|정|답|및|해|설|
[고압 가공전선의 높이 (KEC 332.5)]
· 도로 횡단 : 6[m] 이상
· 철도 횡단 : 레일면 상 6.5[m] 이상
· 횡단 보도교 위 : 3.5[m]
· 기타 : 5[m] 이상　　　　　　　　　【정답】③

96. 타냉식 특고압용 변압기에는 냉각장치에 고장이 생긴 경우를 대비하여 어떤 장치를 하여야 하는가?

① 경보장치 　　　　 ② 속도조정장치

③ 온도시험장치 　　 ④ 냉매흐름장치

|정|답|및|해|설|
[특고압용 변압기의 보호장치 (KEC 351.4)] 특고압용의 변압기에는 그 내부에 고장이 생겼을 경우에 보호하는 장치를 표와 같이 시설하여야 한다.

뱅크 용량의 구분	동작 조건	장치의 종류
5,000[kVA] 이상 10,000[kVA] 미만	변압기 내부 고장	자동 차단 장치 또는 경보 장치
10,000[kVA] 이상	변압기 내부 고장	자동 차단 장치
타냉식 변압기(변압기의 권선 및 철심을 직접 냉각시키기 위하여 봉입한 냉매를 강제 순환시키는 냉각 방식을 말한다.)	냉각 장치에 고장이 생긴 경우 또는 변압기의 온도가 현저히 상승한 경우	경보 장치

　　　　　　　　　　　　　　　　　　　【정답】①

97. 특고압 가공전선이 삭도와 제2차 접근상태로 시설할 경우 특고압 가공전선로에 적용하는 보안공사는?

① 고압 보안공사

② 제1종 특고압 보안공사

③ 제2종 특고압 보안공사

④ 제3종 특고압 보안공사

|정|답|및|해|설|
[특고압 가공전선과 저고압 가공전선 등의 접근 또는 교차 (KEC 333.26)]
① 저압 또는 고압의 가공전선이나 전차선과 제1차 접근상태의 경우 : 제3종 특고압 보안공사를 하여야 함
② 저압 또는 고압의 가공전선이나 전차선과 제2차 접근상태의 경우 : 제2종 특고압 보안공사를 하여야 함
　　　　　　　　　　　　　　　　　　　【정답】③

98. 가반형의 용접전극을 사용하는 아크 용접장치의 용접변압기의 1차측 전로의 대지전압은 몇 [V] 이하이어야 하는가?

① 220 　　　　　 ② 300

③ 380 　　　　　 ④ 440

|정|답|및|해|설|
[아크 용접기 (KEC 241.10)] 가반형의 용접 전극을 사용하는 아크 용접장치는 다음 각 호에 의하여 시설하여야 한다.
① 용접 변압기는 절연 변압기일 것
② 용접 변압기의 1차측 전로의 대지전압은 300[V] 이하일 것
③ 용접 변압기의 1차측 전로에는 용접 변압기에 가까운 곳에 쉽게 개폐할 수 있는 개폐기를 시설할 것
④ 피용접재 또는 이와 전기적으로 접속되는 받침대·쟁반 등의 금속체에는 제3종 접지공사를 할 것　　【정답】②

99. 과전류차단기를 시설할 수 있는 곳은?

① 접지공사의 접지선

② 다선식 전로의 중성선

③ 단상 3선식 전로의 저압측 전선

④ 접지공사를 한 저압 가공전선로의 접지측 전선

[과전류 차단기의 시설 제한 (KEC 341.12)]
· 각종 접지공사의 접지선
· 다선식 전로의 중성선
· 전로의 일부에 접지공사를 한 저압 가공선로의 접지측 전선
【정답】③

100. 철탑의 강도 계산에 사용하는 이상 시 상정하중의 종류가 아닌 것은?

① 수직하중　　　② 좌굴하중
③ 수평 횡하중　　④ 수평 종하중

[이상 시 상정하중 (kec 333.14)] 철탑의 강도 계산에 사용하는 이상 시 상정하중은 풍압이 전선로에 직각 또는 전선로의 방향으로 가하여지는 경우의 하중(수직 하중, 수평 횡하중, 수평 종하중이 동시에 가하여 지는 것)을 계산하여 큰 응력이 생기는 쪽의 하중을 채택한다. 　　　　　　　　　　　　　　　【정답】②

81. 옥내배선의 사용전압이 220[V]인 경우 금속관공사의 기술기준으로 옳은 것은?

① 금속관에는 접지공사를 하였다.
② 전선은 옥외용 비닐절연전선을 사용하였다.
③ 금속관과 접속부분의 나사는 3턱 이상으로 나사결합으로 하였다.
④ 콘크리트에 매설하는 전선관의 두께는 1.0[mm]를 사용하였다.

[금속관 공사 (KEC 232.6)]
· 금속관 공사는 옥외용 비닐 절연 전선을 제외한 절연 전선으로 10[mm²] 이하에 한하여 단선을 사용
· 콘크리트에 매설하는 금속관의 두께는 1.2[mm] 이상
· 전선관과의 접속 부분의 나사는 5턱 이상 완전히 나사 결합이 될 수 있는 길이일 것
· 관에는 kec140에 준하여 접지공사
【정답】①

82. 폭발성 또는 연소성의 가스가 침입할 우려가 있는 지중함에 그 크기가 몇 [m³] 이상의 것은 통풍장치 기타 가스를 방산시키기 위한 적당한 장치를 시설하여야 하는가?

① 0.9　　　　② 1.0
③ 1.5　　　　④ 2.0

[지중함의 시설 (KEC 334.2)] 지중 전선로를 시설하는 경우 폭발성 또는 연소성의 가스가 침입할 우려가 있는 곳에 시설하는 지중함으로 그 크기가 1[m³] 이상인 것은 통풍 장치 기타 가스를 방산시키기 위한 장치를 하여야 한다. 　【정답】②

83. 차량, 기타 중량물의 압력을 받을 우려가 없는 장소에 지중 전선로를 직접 매설식에 의하여 매설하는 경우에는 매설 깊이를 몇 [cm] 이상으로 하여야 하는가?

① 40　　　　② 60
③ 80　　　　④ 100

[지중 전선로의 시설 (KEC 334.1)]
지중 전선로의 시설에 관한 내용은 다음과 같다.
1. 전선은 케이블을 사용하고, 또한, 관로식, 암거식, 직접 매설식에 의하여 시공한다.
2. 직접 매설식으로 시공할 경우 매설 깊이는 중량물의 압력이 있는 곳은 1.2[m] 이상, 없는 곳은 0.6[m] 이상으로 한다.
【정답】②

84. 전력용 커패시터의 용량 15000[kVA] 이상은 자동적으로 전로로부터 차단하는 장치가 필요하다. 자동적으로 전로로부터 차단하는 장치가 필요한 사유로 틀린 것은?

① 과전류가 생긴 경우
② 과전압이 생긴 경우
③ 내부에 고장이 생긴 경우
④ 절연유의 압력이 변화하는 경우

[발전기 등의 보호장치 (KEC 351.3)] 조상 설비에는 그 내부에 고장이 생긴 경우에 보호하는 장치를 표와 같이 시설하여야 한다.

설비 종별	뱅크 용량의 구분	자동적으로 전로로부터 차단하는 장치
전력용 커패시터 및 분로리액터	500[kVA] 초과 15,000[kVA] 미만	· 내부에 고장이 생긴 경우 · 과전류가 생긴 경우
	15,000[kVA] 이상	· 내부에 고장이 생긴 경우 · 과전류가 생긴 경우 · 과전압이 생긴 경우
조상기	15,000[kVA] 이상	내부에 고장이 생긴 경우

【정답】④

---

85. 고압 가공전선로의 지지물로 철탑을 사용한 경우 최대경간은 몇 [m] 이하이어야 하는가?

① 300
② 400
③ 500
④ 600

|정|답|및|해|설|
[고압 가공전선로 경간의 제한 (KEC 332.9)]

지지물의 종류	표준 경간	22[㎟] 이상의 경동선 사용
목주 · A종 철주 또는 A종 철근 콘크리트 주	150[m] 이하	300[m] 이하
B종 철주 또는 B종 철근 콘크리트 주	250[m] 이하	500[m] 이하
철탑	600[m] 이하	600[m] 이하

【정답】④

---

86. 무선용 안테나를 지지하는 목주의 풍압하중에 대한 안전율은?

① 1.2 이상
② 1.5 이상
③ 2.0 이상
④ 2.2 이상

|정|답|및|해|설|
[무선용 안테나 등을 지지하는 철탑 등의 시설 (KEC 364)] 전력 보안통신 설비인 무선통신용 안테나 또는 반사판을 지지하는 목주·철근·철근콘크리트주 또는 철탑은 다음 각 호에 의하여 시설하여야 한다.
① 목주의 안전율 : 1.5 이상
② 철주·철근콘클리트주 또는 철탑의 기초 안전율 : 1.5 이상
【정답】②

---

87. 목주, A종 철주 및 A종 철근 콘크리트주 지지물을 사용할 수 없는 보안공사는?

① 고압 보안공사
② 제1종 특고압 보안공사
③ 제2종 특고압 보안공사
④ 제3종 특고압 보안공사

|정|답|및|해|설|
[특고압 보안공사 (KEC 333.22)] 제1종 특고압 보안 공사의 지지물에는 B종 철주, B종 철근 콘크리트주 또는 철탑을 사용할 것
【정답】②

---

88. 특고압 가공전선로의 지지물로 사용하는 목주의 풍압하중에 대한 안전율은 얼마 이상이어야 하는가?

① 1.2
② 1.5
③ 2.0
④ 2.5

|정|답|및|해|설|
[특고압 가공전선로의 목주 시설 (KEC 333.10)] 특고압 가공전선로의 지지물로 사용하는 목주는 다음 각 호에 따르고 또한 경고하게 시설하여야 한다.
1. 풍압하중에 대한 안전율은 1.5 이상일 것.
2. 굵기는 말구 지름 12[㎝] 이상일 것.
【정답】②

---

89. [삭제 문제]

> ※2021년 1월 1일부터 한국전기설비규정(KEC) 적용으로 인해 더 이상 출제되지 않는 문제입니다.

---

90. [삭제 문제]

> ※2021년 1월 1일부터 한국전기설비규정(KEC) 적용으로 인해 더 이상 출제되지 않는 문제입니다.

91. 진열장 안의 사용전압이 400[V] 미만인 저압 옥내배선으로 외부에서 보기 쉬운 곳에 한하여 시설할 수 있는 전선은? (단, 진열장은 건조한 곳에 시설하고 또한 진열장 내부를 건조한 상태로 사용하는 경우이다.)

① 단면적이 0.75[mm²] 이상인 코드 또는 캡타이어 케이블

② 단면적이 0.75[mm²] 이상인 나전선 또는 캡타이어 케이블

③ 단면적이 1.25[mm²] 이상인 코드 또는 절연전선

④ 단면적이 1.25[mm²] 이상인 나전선 또는 다심형전선

|정|답|및|해|설|
[진열장 또는 이와 유사한 것의 내부 배선 (KEC 234.8)]
진열장 내부에 사용전압이 400[V] 미만의 배선은 단면적이 0.75[㎟] 이상인 코드 또는 캡타이어 케이블일 것

【정답】①

92. 저압 옥내배선을 가요전선관 공사에 의해 시공하고자 한다. 이 가요전선관에 설치하는 전선으로 단선을 사용할 경우 그 단면적은 최대 몇 [mm²] 이하이어야 하는가? (단. 알루미늄선은 제외한다.)

① 2.5   ② 4
③ 6   ④ 10

|정|답|및|해|설|
[가요 전선관 공사 (KEC 232.8)]
가요 전선관 공사에 의한 저압 옥내 배선
① 전선은 절연 전선 이상일 것(옥외용 비닐 절연 전선은 제외)
② 전선은 연선일 것. 다만, 단면적10[mm²] 이하인 것은 단선을 쓸 수 있다.
③ 가요 전선관 안에는 전선에 접속점이 없도록 할 것
④ 가요 전선관은 2종 금속제 가요 전선관일 것

【정답】④

93. ACSR선을 사용한 고압가공전선의 이도계산에 적용되는 안전율은?

① 2.0   ② 2.2
③ 2.5   ④ 3

|정|답|및|해|설|
[고압 가공전선의 안전율 (KEC 331.14.2)] 고압 가공전선은 케이블인 경우 이외에는 다음 각 호에 규정하는 경우에 그 안전율이 경동선 또는 내열 동합금선은 2.2 이상, 그 밖의 전선은 2.5 이상이 되는 이도로 시설하여야 한다.   【정답】③

94. 변압기의 고압측 전로의 1선 지락전류가 4[A]일 때, 일반적인 경우의 접지저항 값은 몇 [Ω] 이하로 유지되어야 하는가?

① 18.75   ② 22.5
③ 37.5   ④ 52.5

|정|답|및|해|설|
[변압기 중성점 접지의 접지저항 (KEC 142.5)]
·특별한 보호 장치가 없는 경우

$$R = \frac{150}{I}[\Omega] \rightarrow (I : 1선지락전류)$$

·보호 장치의 동작이 1~2초 이내 $R = \frac{300}{I}[\Omega]$

·보호 장치의 동작이 1초 이내 $R = \frac{600}{I}[\Omega]$

그러므로 일반적으로 변압기의 고압·특고압측 전로 1선 지락전류로 150을 나눈 값과 같은 저항 값 이하

$$R = \frac{150}{1선 지락 전류} = \frac{150}{4} = 37.5[\Omega]$$ 【정답】③

95. KS C IEC 60364에서 충전부 전체를 대지로부터 절연시키거나 한 점에 임피던스를 삽입하여 대지에 접속시키고, 전기기기의 노출 도전성 부분 단독 또는 일괄적으로 접지 하거나 또는 계통접지로 접속하는 접지계통을 무엇이라 하는가?

① TT 계통   ② IT 계통
③ TN-C 계통   ④ TN-S 계통

|정|답|및|해|설|
[계통접지의 방식 (KEC 203)]
① TT 계통 : 전원의 한 점을 직접 접지하고 설비의 노출 도전성부분을 전원계통의 접지극과는 전기적으로 독립한 접극에 접지하는 접지계통을 말한다.
② IT계통 : 충전부 전체를 대지로부터 절연시키거나, 한 점에 임피던스를 삽입하여 대지에 접속시키고, 전기기기의 <u>노출 도전성부분 단독 또는 일괄적으로 접지하거나 또는 계통접지로 접속하는 접지계통</u>
③ TN 계통 : 전원의 한 점을 직접접지하고 설비의 노출 도전성부분을 보호선(PE)을 이용하여 전원의 한 점에 접속하는 접지계통
·TN-C 계통 : 계통 전체의 중성선과 보호선을 동일전선으로 사용한다.
·TN-S 계통 : 계통 전체의 중성선과 보호선을 접속하여 사용하거나, 계통 전체의 접지된 상전선과 보호선을 접속하여 사용한다.
·TN-C-S 계통 : 계통 일부의 중성선과 보호선을 동일전선으로 사용한다. 【정답】②

96. [삭제 문제]

97. 발전기·변압기·조상기·계기용변성기·모선 또는 이를 지지하는 애자는 어떤 전류에 의하여 생기는 기계적 충격에 견디는 것인가?

① 지상전류
② 유도전류
③ 충전전류
④ 단락전류

|정|답|및|해|설|
[발전기 등의 기계적 강도 (기술기준 제23조)] 발전기, 변압기, 조상기, 모선 또는 이를 지지하는 <u>애자는 단락 전류에 의하여 생기는 기계적 충격에 견디어야 한다.</u>
【정답】④

98. [삭제 문제]

99. 화약류 저장소에서 전기설비를 시설할 때의 사항으로 틀린 것은?

① 전로의 대지전압이 400[V] 이하이어야 한다.
② 개폐기 및 과전류차단기는 화약류저장소 밖에 둔다.
③ 옥내배선은 금속관배선 또는 케이블배선에 의하여 시설한다.
④ 과전류차단기에서 저장소 인입구까지의 배선에는 케이블을 사용한다.

|정|답|및|해|설|
[화약류 저장소 등의 위험장소 (KEC 242.5)]
·전로의 <u>대지전압은 300[V] 이하일 것</u>
·전기 기계기구는 전폐형일 것
·금속관 공사, 케이블 공사에 의할 것 【정답】①

100. [삭제 문제]

81. 사용전압이 22.9[kV]인 가공전선로의 다중접지한 중성선과 첨가 통신선의 이격거리는 몇 [cm] 이상 이어야 하는가? (단, 특고압 가공전선로는 중성선 다중접지의 것으로 전로에 지락이 생긴 경우 2초 이내에 자동적으로 이를 전로로부터 차단하는 장치가 되어 있는 것으로 한다.)

① 60　　② 75　　③ 100　　④ 120

|정|답|및|해|설|
[25[kV] 이하인 특고압 가공전선로의 시설 (kec 333.32)] 사용전압이 22.9[kV]인 가공전선로의 다중접지한 <u>중성선과 첨가 통신선의 이격거리는 60[cm]</u> 이다.　　【정답】①

82. 전격살충기의 전격격자는 지표 또는 바닥에서 몇 [m] 이상의 높이에 시설하여야 하는가?

① 1.5　　　　　　② 2
③ 2.8　　　　　　④ 3.5

|정|답|및|해|설|
[전격살충기 시설 (KEC 241.7)]
① 전격살충기는 전격격자가 지표상 또는 <u>마루위 3.5[m] 이상</u>의 높이가 되도록 시설할 것
② 2차측 개방 전압이 7[kV] 이하인 절연변압기를 사용하고 또한 보호격자의 내부에 사람이 손을 넣거나 보호격자에 사람이 접촉할 때에 절연 변압기의 1차측 전로를 자동적으로 차단하는 보호 장치를 설치한 것은 지표상 또는 마루위 1.8[m] 높이까지로 감할 수 있다.
③ 전격살충기의 전격격자와 다른 시설물(가공전선을 제외) 또는 식물 사이의 이격거리는 30[cm] 이상일 것
　　　　　　　　　　　　　　　　　【정답】④

83. 다음 (　) 에 들어갈 내용으로 알맞은 것은?

(기사 09/2 16/2 19/3　산업 12/2 17/1)

> 지중 전선로는 기설 지중 약전류 전선로에 대하여 (①) 또는 (②)에 의하여 통신상의 장해를 주지 않도록 기설 약전류 전선으로부터 충분히 이격시키거나 기타 적당한 방법으로 시설하여야 한다.

① ① 정전용량 ② 표피 작용
② ① 정전용량 ② 유도 작용
③ ① 누설전류 ② 표피 작용
④ ① 누설전류 ② 유도 작용

|정|답|및|해|설|
[지중약전류전선의 유도장해 방지 (KEC 334.5)] 지중전선로는 기설 지중약전류전선로에 대하여 <u>누설전류 또는 유도작용</u>에 의하여 통신상의 장해를 주지 않도록 기설 약전류전선로로부터 충분히 이격시키거나 기타 적당한 방법으로 시설하여야 하다.
　　　　　　　　　　　　　　　　　【정답】④

84. 발전소 등의 울타리 담 등을 시설할 때 사용전압이 154[kV]인 경우 울타리 담 등의 높이와 울타리 담 등으로부터 충전부분까지의 거리의 합계는 몇 [m] 이상 이어야 하는가?

(산업 14/2)

① 5　　　② 6　　　③ 8　　　④ 10

|정|답|및|해|설|
[특고압용 기계 기구의 시설 (KEC 341.4)]

35[kV] 이하	5[m]
35[kV] 초과 160[kV] 이하	6[m]
160[kV] 초과	•거리=6 + 단수×0.12[m] •단수= $\frac{사용전압[kV]-160}{10}$ (소수점 이하는 절상)

　　　　　　　　　　　　　　　　　【정답】②

85. 사용전압이 22.9[kV]인 가공 전선이 삭도와 제1차 접근 상태로 시설되는 경우, 가공전선과 삭도 또는 삭도용 지주 사이의 이격거리는 몇 [m] 이상이어야 하는가? (단, 가공전선으로는 특고압 절연전선을 사용한다고 한다.) (기사 09/2 산업 10/1)

① 0.5[m]　　② 1.0[m]
③ 1.5[m]　　④ 2.0

|정|답|및|해|설|

[특고압 가공전선과 삭도의 접근 또는 교차 (KEC 333.25)]

사용전압의 구분	이격거리
35[kV] 이하	2[m] (전선이 특고압 절연전선인 경우는 1[m], 케이블인 경우는 50[cm])
35[kV] 초과 60[kV] 이하	2[m]
60[kV] 초과	2[m]에 사용전압이 60[kV]를 초과하는 10[kV] 또는 그 단수마다 12[cm]를 더한 값

【정답】②

86. 사용전압이 22.9[kV]의 가공 전선로를 시가지에 시설하는 경우 전선의 지표상 높이는 최소 몇 [m] 이상인가? (단, 전선은 특고압 절연전선을 사용한다.)

① 6　　② 7
③ 8　　④ 10

|정|답|및|해|설|

[시가지 등에서 특고압 가공전선로의 시설 (KEC 333.1)]
시가지에 특고압이 시설되는 경우 전선의 <u>지표상 높이는 35[kV] 이하 10[m]</u>(특고압 절연 전선인 경우 8[m] 이상), 35[kV]를 넘는 경우 10[m]에 35[kV]를 넘는 10[kV] 또는 그 단수마다 12[cm]를 더한 값으로 한다.　　　　　　　　　【정답】③

87. 저압 옥내배선에 사용하는 연동선의 최소 굵기는 몇 $[mm^2]$이상인가? (산업 16/2)

① 1.5　　② 2.5
③ 4.0　　④ 6.0

|정|답|및|해|설|

[저압 옥내배선의 사용전선 (KEC 231.3)]
저압 옥내 배선의 사용 전선은 2.5$[mm^2]$ 연동선이나 1$[mm^2]$ 이상의 MI 케이블이어야 한다.　　　　　　　　　【정답】②

88. "리플프리(Ripple-free)직류"란 교류를 직류로 변환할 때 리플성분분의 실효값이 몇 [%] 이하로 포함된 직류를 말하는가?

① 3　　② 5
③ 10　　④ 15

|정|답|및|해|설|

[주요 용어의 정의 (KEC 112)] 리플프리직류 : 교류를 직류로 변환할 때 리플성분의 실효값이 10[%] 이하로 포함된 직류를 말한다.
【정답】③

89. 소수 냉각식 발전기·조상기 또는 이에 부속하는 수소 냉각 장치의 시설방법으로 틀린 것은? (산업 18/3)

① 발전기 안 또는 조상기 안의 수소의 순도가 70[%] 이하로 저하한 경우에 경보장치를 시설할 것

② 발전기는 기밀구조의 것이고 또한 수소가 대기압에서 폭발하는 경우 생기는 압력에 견디는 강도를 가지는 것일 것

③ 발전기 안의 소수 온도를 계측하는 장치를 시설할 것

④ 발전기 안의 수소의 압력을 계측하는 장치 및 그 압력이 현저히 변동할 경우에 이를 경보하는 장치를 시설할 것

|정|답|및|해|설|

[수소냉각식 발전기 등의 시설 (kec 351.10)]
① 발전기 또는 조상기는 기밀구조의 것이고 또한 수소가 대기압에서 폭발하는 경우 생기는 압력에 견디는 강도를 가질 것
② 발전기축의 밀봉부에는 질소 가스를 봉입할 수 있는 장치와 누설한 수소 가스를 안전하게 외부에 방출할 수 있는 장치를 시설할 것
③ 발전기, 조상기 안의 <u>수소 순도가 85[%] 이하로 저하한 경우 경보장치를 시설할 것</u>　　　　　　　　【정답】①

90. 저압 전로에서 정전이 어려운 경우 등 절연저항 측정이 곤란한 경우 저항 성분의 누설전류가 몇 [mA] 이하이면 그 전로의 절연성능은 적합한 것으로 보는가?

① 1 ② 2
③ 3 ④ 4

|정|답|및|해|설|
[비도전성 장소 (KEC 211.9.1)] 계통외도전부의 절연 또는 절연 배치. 절연은 충분한 기계적 강도와 2[kV] 이상의 시험전압에 견딜 수 있어야 하며, 누설전류는 통상적인 사용 상태에서 1[mA]를 초과하지 말아야 한다. **【정답】①**

91. 저압 절연전선으로 전기용품 및 생활용품 안전관리법의 적용을 받는 것 이외에 KS에 적합한 것으로서 사용할 수 없는 것은?

① 450/750[V] 고무절연전선
② 450/750[V] 비닐절연전선
③ 450/750[V] 알루미늄절연전선
④ 450/750[V] 저독성 난연 폴리올레핀절연전선

|정|답|및|해|설|
[전선의 종류 (KEC 122)] [절연전선]
저압 절연전선은 450/750[V] 비닐절연전선, 450/750[V] 저독난연 폴리올레핀 절연전선, 450/750[V] 고무절연전선을 사용하여야 한다. **【정답】③**

92. 전기철도차량에 전력을 공급하는 전차선의 가선 방식에 포함되지 않는 것은?

① 가공방식
② 강체방식
③ 제3레일방식
④ 지중조가선방식

|정|답|및|해|설|
[전차선 가선방식 (kec 431.1)] 전차선의 가선방식은 가공방식, 강체가선방식, 제3궤조 방식을 표준으로 한다. **【정답】④**

93. 가요전선관공사에 의한 저압 옥내배선의 방법으로 틀린 것은?

① 가요전선관 안에는 전선의 접속점이 없어야 한다.
② 전선은 절연전선(옥외용 비닐 절연전선을 제외)일 것
③ 점검할 수 없는 은폐된 장소에는 1종 가요전선관을 사용할 수 있다.
④ 2종 금속제 가요전선관을 사용하는 경우에 습기가 많은 장소 또는 물기가 있는 장소에는 비닐 피복 1종 가요전선관에 한한다.

|정|답|및|해|설|
[가요전선관공사 (KEC 232.8)]
① 전선은 절연전선(옥외용 비닐 절연전선을 제외)일 것
② 전선은 연선일 것. 다만, 단면적 10[mm^2](알루미늄선은 단면적 16[mm^2]) 이하인 것은 그러하지 아니하다.
③ 가요전선관 안에는 전선에 접속점이 없도록 할 것
④ 관의 지지점간의 거리는 1[m] 이하
④ 가요전선관은 2종 금속제 가요전선관일 것. 다만, 전개된 장소 또는 <u>점검할 수 있는 은폐된</u> 장소에는 1종 가요전선관을 사용할 수 있다.
⑤ 1종 금속제 가요 전선관은 두께 0.8[mm] 이상인 것일 것 **【정답】③**

94. 터널 안의 전선로의 저압전선이 그 터널 안의 다른 저압전선(관등회로의 배선은 제외), 약전류전선 등 또는 수관/가스관이나 이와 유사한 것과 접근하거나 교차하는 경우, 저압진선을 애자공사에 의하여 시설하는 때에는 이격거리가 몇 [cm] 이상이어야 하는가?

① 10 ② 15
③ 20 ④ 25

|정|답|및|해|설|
[배선설비와 다른 공급설비와의 접근 (kec 232.16.7)] 저압 옥내배선이 다른 저압 옥내배선 또는 관등회로의 배선과 접근하거나 교차하는 경우에 애자사용 공사에 의하여 시설하는 저압 옥내배선과 다른 저압 옥내배선 또는 <u>관등회로의 배선 사이의 이격거리는 0.1[m]</u>(애자사용 공사에 의하여 시설하는 저압 옥내배선이 나전선인 경우에는 0.3[m]) 이상이어야 한다. 다만, 다음의 어느 하나에 해당하는 경우에는 그러하지 아니하다. **【정답】①**

95. 전기철도의 설비를 보호하기 위해 시설하는 피뢰기의 시설기준으로 틀린 것은?

① 변전소 인입측 및 급전선 인출측
② 피뢰기는 가능한 한 보호하는 기기와 가깝게 시설하되 누설전류 측정이 용이하도록 지지대와 절연하여 설치한다.
③ 피뢰기는 개방형을 사용하고 유효 보호거리를 증가시키기 위하여 방전개시전압 및 제한전압이 낮은 것을 사용한다.
④ 피뢰기는 가공전선과 직접 접속하는 지중케이블에서 낙뢰에 의해 절연파괴의 우려가 있는 케이블 단말에 설치하여야 한다.

|정|답|및|해|설|
[전기철도의 설비를 위한 보호 (kec 450)]
[피뢰기의 선정 (kec 451.4)] 피뢰기는 <u>밀봉형을 사용</u>하고 유효 보호거리를 증가시키기 위하여 방전개시전압 및 제한전압이 낮은 것을 사용한다. 【정답】③

96. 전선의 단면적이 38$[mm^2]$인 경동연선을 사용하고 지지물로는 B종 철주 또는 B종 철근 콘크리트주를 사용하는 특고압 가공 전선로를 제3종 특고압 보안공사에 의하여 시설하는 경우의 경간은 몇 [m] 이하이어야 하는가? (산업 10/1)

① 100[m] ② 150[m]
③ 200[m] ④ 250[m]

|정|답|및|해|설|
[특고압 보안공사 (KEC 333.22)]

지지물의 종류	표준경간	저·고압 보안공사	1종 특고 보안공사	2, 3종 특고 보안공사
목주, A종 철주, A종 철근 콘크리트주	150	100		100
B종 철주, B종 철근 콘크리트주	250	150	150	<u>200</u>
철 탑	600	400	400	400

【정답】③

97. 태양광설비에 시설하여야 하는 계측기의 계측 대상에 해당하는 것은?

① 전압과 전류 ② 전력과 역률
③ 전류와 역률 ④ 역률과 주파수

|정|답|및|해|설|
[계측장치의 시설 (KEC 351.6)] 발전기·연료전지 또는 태양전지 모듈의 <u>전압 및 전류 또는 전력</u> 【정답】①

98. 교통신호등 회로의 사용전압은 몇 [V]를 넘는 경우는 전로에 지락이 생겼을 경우 자동적으로 전로를 차단하는 누전차단기를 시설하는가?

① 60 ② 150
③ 300 ④ 450

|정|답|및|해|설|
[교통신호등 (KEC 234.15)] 교통신호등 회로의 사용전압이 150[V]를 넘는 경우는 전로에 지락이 생겼을 경우 자동적으로 전로를 차단하는 누전차단기를 시설할 것 【정답】②

99. 가공전선로의 지지물에 시설하는 지선으로 연선을 사용할 경우에는 소선이 최소 몇 가닥 이상이어야 하는가? (기사 10/2 17/1 20/1·2 산업 06/1)

① 3가닥 ② 4가닥
③ 5가닥 ④ 6가닥

|정|답|및|해|설|
[지선의 시설 (KEC 331.11)]
① 철탑은 지선으로 지지하지 않는다.
② 지선의 안전율은 2.5 허용인장하중은 4.31[KN]
③ <u>소선은 3가닥 이상의 연선</u>이며 지름 2.6[mm] 이상의 금속선을 사용한다.
④ 지중부분 및 지표상 30[cm] 까지 부분에는 아연 도금한 철봉을 사용할 것
⑤ 지선의 높이는 도로 횡단 시 5[m](교통에 지장이 없는 경우 4.5[m])

【정답】①

100. 저압전로의 보호도체 및 중성선의 접속 방식에
따른 접지계통의 분류가 아닌 것은?

① IT계통　　　② TN계통

③ TT계통　　　④ TC계통

|정|답|및|해|설|..
[계통접지 구성 (KEC 203.1)] 보호도체 및 중성선의 접속 방식에
따라 접지계통은 다음과 같이 분류한다.

1. TN 계통
2. TT 계통
3. IT 계통　　　　　　　　　　　　　【정답】④

2020 전기기사 필기

 **(통합)**

81. 지중전선로를 직접 매설식에 의하여 시설할 때, 중량물의 압력을 받을 우려가 있는 장소에 지중 전선을 견고한 트라프 기타 방호물에 넣지 않고도 부설할 수 있는 케이블은?

① 염화비닐 절연 케이블

② 폴리 에틸렌 외장 케이블

③ 콤바인덕트 케이블

④ 알루미늄피 케이블

|정|답|및|해|설|
[지중 전선로의 시설 (KEC 334.1)] 저압 또는 고압의 지중전선에 콤바인덕트 케이블을 사용하여 시설하는 경우에는 지중 전선을 견고한 트라프 기타 방호물에 넣지 아니하여도 된다.

【정답】③

82. 수소냉각식 발전기 등의 시설 기준으로 옳지 않은 것은?

① 발전기 안의 수소의 온도를 계측하는 장치를 시설할 것

② 수소를 통하는 관은 수소가 대기압에서 폭발하는 경우에 생기는 압력에 견디는 강도를 가질 것

③ 발전기 안의 수소의 순도가 95[%] 이하로 저하한 경우에 이를 경보하는 장치를 시설할 것

④ 발전기 안의 수소의 압력을 계측하는 장치 및 그 압력이 현저히 변동한 경우에 이를 경보하는 장치를 시설할 것

|정|답|및|해|설|
[수소냉각식 발전기 등의 시설 (kec 351.10)]
① 발전기 또는 조상기는 기밀구조의 것이고 또한 수소가 대기압에서 폭발하는 경우 생기는 압력에 견디는 강도를 가질 것
② 발전기축의 밀봉부에는 질소 가스를 봉입할 수 있는 장치의 누설한 수소 가스를 안전하게 외부에 방출할 수 있는 장치를 시설할 것
③ 발전기, 조상기 안의 <u>수소 순도가 85[%] 이하로</u> 저하한 경우 경보장치를 시설할 것
④ 발전기, 조상기 안의 수소의 압력을 계측하는 장치 및 그 압력이 현저히 변동할 경우에 이를 경보하는 장치를 시설할 것

【정답】③

83. [삭제 문제]

> ※2021년 1월 1일부터 한국전기설비규정(KEC) 적용으로 인해 더 이상 출제되지 않는 문제입니다.

84. 유희용 전차에 전기를 공급하는 전로의 사용전압이 교류인 경우 몇 [V] 이하이어야 하는가? [산 13/1]

① 20　　② 40　　③ 60　　④ 100

|정|답|및|해|설|
[유희용 전차의 시설 (KEC 241.8)]
① 유희용 전차에 전기를 공급하는 전로의 서용 전압은 직류 60[V] 이하, <u>교류 40[V] 이하로</u> 사용 변압기의 1차 전압은 400[V] 이하일 것
② 접촉 전선은 제3레일 방식에 의할 것
③ 전차 안에 승압용 변압기를 사용하는 경우는 절연 변압기로 그 2차 전압은 150[V] 이하일 것

【정답】②

85. 연료전지 및 태양전지 모듈의 절연내력 시험을 하는 경우 충전 부분과 대지 사이의 어느 정도의 시험 전압을 인가하여야 하는가? (단, 연속하여 10분간 가하여 견디는 것이어야 한다.)

① 최대 사용 전압의 1.5배의 직류 전압 또는 1.25배의 교류 전압

② 최대 사용 전압의 1.25배의 직류 전압 또는 1.25배의 교류 전압

③ 최대 사용 전압의 1.5배의 직류 전압 또는 1배의 교류 전압

④ 최대 사용 전압의 1.25배의 직류 전압 또는 1배의 교류 전압

|정|답|및|해|설|────────────
[연료 전지 및 태양전지 모듈의 절연내력 (KEC 134)]
연료전지 및 태양전지 모듈은 최대사용전압의 1.5배의 직류전압 또는 1배의 교류전압(500[V] 미만으로 되는 경우에는 500[V])을 충전 부분과 대지 사이에 연속하여 10분간 가하여 절연내력을 시험하였을 때에 이에 견디는 것이어야 한다.

【정답】③

86. 전개된 장소에서 저압 옥상전선로의 시설에 대한 설명으로 옳지 않은 것은?

① 전선과 옥상전선로를 시설하는 조영재와의 이격거리를 20[m]로 하였다.

② 전선은 상시 부는 바람 등에 의하여 식물에 접촉하지 않도록 시설하였다.

③ 전선은 절연 전선을 사용하였다.

④ 전선은 지름 2.6[mm]의 경동선을 사용하였다.

|정|답|및|해|설|────────────
[저압 옥상전선로의 시설 (KEC 221.3)]
① 전개된 장소에 시설하고 위험이 없도록 시설해야 한다.
② 전선은 절연전선일 것
③ 전선은 인장강도 2.30[kN] 이상의 것 또는 지름이 2.6[mm] 이상의 경동선을 사용한다.
④ 전선은 조영재에 견고하게 붙인 지지주 또는 지지대에 절연성·난연성 및 내수성이 있는 애자를 사용하여 지지하고 또한 그 지지점 간의 거리는 15[m] 이하일 것
⑤ 전선과 그 저압 옥상 전선로를 시설하는 조영재와의 이격거리는 2[m](전선이 고압 절연전선, 특고압 절연전선 또는 케이블인 경우에는 1[m]) 이상일 것

【정답】①

87. [삭제 문제]

> ※2021년 1월 1일부터 한국전기설비규정(KEC) 적용으로 인해 더 이상 출제되지 않는 문제입니다.

88. [삭제 문제]

> ※2021년 1월 1일부터 한국전기설비규정(KEC) 적용으로 인해 더 이상 출제되지 않는 문제입니다.

89. 저압 수상전선로에 사용되는 전선은? [산 16/1]

① MI 케이블

② 알루미늄피 케이블

③ 클로로프렌시스 케이블

④ 클로로프렌 캡타이어 케이블

|정|답|및|해|설|────────────
[수상전선로의 시설 (KEC 335.3)] 수상전선로는 그 사용전압이 저압 또는 고압의 것에 한하여 전선은 저압의 경우 클로로프렌 캡타이어 케이블, 고압인 경우 캡타이어 케이블을 사용하고 수상전선로의 전선을 가공전선로의 전선과 접속하는 경우의 접속점의 높이는 접속점이 육상에 있는 경우는 지표상 5[m] 이상, 수면상에 있는 경우 4[m] 이상, 고압 5[m] 이상이어야 한다.

【정답】④

90. 440[V] 옥내 배선에 연결된 전동기 회로의 절연 저항의 최소값은 얼마인가?

① 0.1[MΩ]   ② 0.2[MΩ]

③ 0.4[MΩ]   ④ 1[MΩ]

|정|답|및|해|설|────────────
[전로의 사용전압에 따른 절연저항값 (기술기준 제52조)]

전로의 사용전압의 구분	DC 시험전압	절연 저항값
SELV 및 PELV	250[V]	0.5[MΩ]
FELV, 500[V] 이하	500[V]	1[MΩ]
500[V] 초과	1000[V]	1[MΩ]

※특별저압(2차 전압이 AC 50[V], DC 120[V] 이하)으로 SELV(비접지 회로 구성) 및 PELV(접지회로 구성)은 1차와 2차가 전기적으로 절연되지 않은 회로

【정답】④

91. 케이블 트레이 공사에 사용하는 케이블 트레이의 시설기준으로 틀린 것은?

① 케이블 트레이 안전율은 1.3 이상이어야 한다.
② 비금속제 케이블 트레이는 난연성 재료의 것이어야 한다.
③ 전선의 피복 등을 손상시킬 돌기 등이 없이 매끈해야 한다.
④ 금속제 트레이에 접지공사를 하여야 한다.

|정|답|및|해|설|

[케이블 트레이 공사 (KEC 232.15)]
1. 전선은 연피 케이블, 알루미늄피 케이블 등 난연성 케이블, 기타 케이블 또는 금속관 혹은 합성수지관 등에 넣은 절연전선을 사용하여야 한다.
2. 수용된 모든 전선을 지지할 수 있는 적합한 강도의 것이어야 한다. 이 경우 케이블 트레이의 안전율은 1.5 이상으로 하여야 한다.
3. 비금속제 케이블 트레이는 난연성 재료의 것이어야 한다.
4. 금속제 케이블 트레이는 kec140에 의한 접지공사를 하여야 한다. 【정답】①

92. [삭제 문제]

> ※2021년 1월 1일부터 한국전기설비규정(KEC) 적용으로 인해 더 이상 출제되지 않는 문제입니다.

93. 가공 전선로에 사용하는 지지물의 강도 계산에 적용하는 풍압 하중은 빙설이 많은 지방이외의 지방에서 저온 계절에는 어떤 풍압하중을 적용하는가? (단, 인가가 연접되어 있지 않다고 한다.)

① 갑종풍압하중
② 을종풍압하중
③ 병종풍압하중
④ 을종과 병종풍압하중을 혼용

|정|답|및|해|설|

[풍압 하중의 종별과 적용 (KEC 331.6)]

지역		고온계절	저온계절
빙설이 많은 지방 이외의 지방		갑종	병종
빙설이 많은 지방	일반 지역	갑종	을종
	해안지방 기타 저온계절에 최대풍압이 생기는 지역	갑종	갑종과 을종 중 큰 값 선정
인가가 많이 연접되어 있는 장소		병종	병종

【정답】③

94. 백열전등 또는 방전등에 전기를 공급하는 옥내전로의 대지전압은 몇 [V] 이하를 원칙으로 하는가?

① 60[V]
② 110[V]
③ 220[V]
④ 300[V]

|정|답|및|해|설|

[1[kV] 이하 방전등 (kec 234.11)] 백열전등 또는 방전등에 전기를 공급하는 옥내의 전로의 대지전압은 300[V] 이하이어야 하며, 다음 각 호에 의하여 시설하여야 한다. 다만, 대지전압 150[V] 이하의 전로인 경우에는 다음 각 호에 의하지 아니할 수 있다.
① 방전등 및 이에 부속하는 전선은 사람이 접촉할 우려가 없도록 시설할 것
② 방전등용 안정기는 옥내배선과 직접 접속하여 시설할 것
【정답】④

95. 특고압 가공전선의 지지물에 첨가하는 통신선 보안 장치에 사용되는 피뢰기의 동작 전압은 교류 몇 [V] 이하인가?

① 300
② 600
③ 1000
④ 1500

|정|답|및|해|설|

[특고압 가공전선로 첨가설치 통신선의 시가지 인입 제한 (KEC 362.5)] 시가지에 시설하는 통신선은 특고압 가공전선로의 지지물에 시설하여서는 아니 된다. 다만, 통신선이 절연전선과 동등 이상의 절연효력이 있고 인장강도 5.26[kN] 이상의 것 또는 또는 단면적 16[mm²](지름 4[mm]) 이상의 절연전선 또는 광섬유 케이블인 경우에는 그러하지 아니하다.

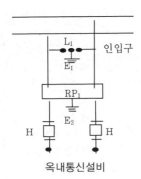

옥내통신설비

RP1 : 교류 300[V] 이하에서 동작하고, 최소 감도 전류가 3[A] 이하로서 최소 감도전류 때의 응동시간이 1사이클 이하이고 또한 전류 용량이 50[A], 20초 이상인 자복성이 있는 릴레이 보안기

L1 : 교류 1[kV] 이하에서 동작하는 피뢰기

E1 및 E2 : 접지 　　　　　　　　　　　【정답】③

96. 태양 전지 발전소에 시설하는 태양전지 모듈, 전선 및 개폐기의 시설에 대한 설명으로 잘못된 것은?

① 충전 부분은 노출되지 아니하도록 시설할 것

② 옥내에 시설하는 경우에는 전선을 케이블공사로 시설할 것

③ 태양전지 모듈의 프레임은 지지물과 전기적으로 완전하게 접속하여야 한다.

④ 태양전지 모듈을 병렬로 접속하는 전로에는 과전류차단기를 시설하지 않아도 된다.

|정|답|및|해|설|

[태양전지 모듈의 시설 (kec 520)]

1. 충전부분은 노출되지 아니하도록 시설할 것

2. 옥내에 시설할 경우에는 합성수지관공사, 금속관공사, 가요전선관공사 또는 케이블공사에 준하여 시설할 것

3. 태양전지 모듈의 프레임은 지지물과 전기적으로 완전하게 접속하여야 한다.

4. 모듈을 병렬로 접속하는 전로에는 그 주된 전로에 단락전류가 발생할 경우에 전로를 보호하는 과전류차단기 또는 기타 기구를 시설할 것 　　　　　　　　　　　【정답】④

97. 가공전선로의 지지물에 시설하는 지선으로 연선을 사용할 경우에는 소선이 최소 몇 가닥 이상이어야 하는가?

① 3　　　　　　　　　② 4

③ 5　　　　　　　　　④ 6

|정|답|및|해|설|

[지선의 시설 (KEC 331.11)]

지선 지지물의 강도 보강

· 안전율 : 2.5 이상

· 최저 인장 하중 : 4.31[kN]

· 2.6[mm] 이상의 금속선을 3조 이상 꼬아서 사용

· 지중 및 지표상 30[cm]까지의 부분은 아연도금 철봉 등을 사용 　　　　　　　　　　　【정답】①

98. 저압 또는 고압의 가공 전선로와 기설 가공 약전류 전선로가 병행할 때 유도작용에 의한 통신상의 장해가 생기지 않도록 전선과 기설 약전류 전선간의 이격거리는 몇 [m] 이상이어야 하는가? (단, 전기철도용 급전선과 단선식 전화선로는 제외한다.)

① 2　　　　　　　　　② 3

③ 4　　　　　　　　　④ 6

|정|답|및|해|설|

[가공약전류전선로의 유도장해 방지 (KEC 332.1)] 저압 또는 고압 가공전선로와 기설 가공 약전류 전선로가 병행하는 경우에는 유도작용에 의하여 통신상의 장해가 생기지 아니하도록 전선과 기설 약전류 전선간의 이격거리는 2[m] 이상이어야 한다. 　　　　　　　　　　　【정답】①

99. 출·퇴표시등 회로에 전기를 공급하기 위한 변압기는 1차측 전로의 대지전압이 300[V] 이하, 2차측 전로의 사용전압은 몇 [V] 이하여야 하는가?

① 60[V]　　　　　　　② 80[V]

③ 100[V]　　　　　　④ 150[V]

|정|답|및|해|설|

[출퇴표시등 (KEC 234.13)] 출퇴표시등 회로에 전기 공급하는 변압기는 1차측 전로의 대지전압이 300[V] 이하, 2차측 전로의 사용전압이 60[V] 이하여야한다. 　　　　　　　　　　　【정답】①

100. 중성점 직접 접지에 접속되는 최대 사용 전압 161[kV]인 3상 변압기 권선(성형 결선)의 절연내력시험을 할 때 접지시켜서는 안 되는 것은?

① 철심 및 외함
② 시험되는 변압기의 부싱
③ 시험되는 권선의 중성점 단자
④ 시험되지 않는 각 권선(다른 권선이 2개 이상 있는 경우에는 각 권선의 임의의 1단자

|정|답|및|해|설|
[변압기 전로의 절연내력 (KEC 135)] 시험되는 권선의 중성점 단자, 다른 권선(다른 권선이 2개 이상 있는 경우에는 각권선)의 임의의 1단자, 철심 및 외함을 접지하고 <u>시험되는 권선의 중성점 단자</u> 이외의 임의의 1단자와 대지 사이에 시험전압을 연속하여 10분간 가한다. 　　　　　**【정답】②**

81. 345[kV]의 송전선을 사람이 쉽게 들어갈 수 없는 산지에 시설하는 경우 전선의 지표상 높이는 최소 몇 [m] 이상이어야 하는가?

① 7.28　　　　② 8.28
③ 7.85　　　　④ 8.85

|정|답|및|해|설|
[특고압 가공전선의 높이 (KEC 333.7)]

전압의 범위	일반 장소	도로 횡단	철도 또는 궤도횡단	횡단보도교
35[kV] 이하	5[m]	6[m]	6.5[m]	4[m](특고압 절연전선 또는 케이블 사용)
35[kV] 초과	6[m]	6[m]	6.5[m]	5[m](케이블 사용)
160[kV] 이하	산지 등에서 사람이 쉽게 들어갈 수 없는 장소 ; 5[m] 이상			
160[kV] 초과	일반장소	가공전선의 높이 = $6 + $단수$\times 0.12[m]$		
	철도 또는 궤도횡단	가공전선의 높이 = $6.5 + $단수$\times 0.12[m]$		
	산지	가공전선의 높이 = $5 + $단수$\times 0.12[m]$		

· 특고압 가공 전선의 지표상 높이는 일반 장소에서는 6[m](산지 등에서는 5[m])에, 160[kV]를 넘는 10[kV] 또는 그 단수마다 12[cm]를 가한 값

· 단수 = $\frac{345 - 160}{10} = 18.5 \rightarrow$ 19단

∴ 전선의 지표상 높이 = $5 + 19 \times 0.12 = 7.28$[m]
　　　　　【정답】①

82. 사용전압이 400[V] 미만인 저압 가공전선은 케이블이나 절연전선인 경우를 제외하고는 지름이 몇 [mm] 이상 이어야 하는가?

① 1.2　　　　② 2.6
③ 3.2　　　　④ 4.0

|정|답|및|해|설|
[저압 가공전선의 굵기 및 종류 (KEC 222.5)]
사용전압이 400[V] 미만인 가공전선은 케이블인 경우를 제외하고는 인장강도 3.43[kN] 이상의 것 또는 지름 3.2[mm] 이상의 경동선 　　　　　**【정답】③**

83. 발전기, 전동기, 조상기, 기타 회전기(회전 변류기 제외)의 절연 내력 시험시 전압은 어느 곳에 가하면 되는가?

① 권선과 대지사이
② 외함부분과 전선사이
③ 외함부분과 대지사이
④ 회전자와 고정자사이

|정|답|및|해|설|
[회전기 및 정류기의 절연내력 (KEC 133)]

종류			시험 전압	시험 방법
회전기	발전기 전동기 조상기 회전기	7[kV] 이하	1.5배(최저 500[V])	권선과 대지간에 연속하여 10분간
		7[kV] 초과	1.25배 (최저 10,500[V])	
	회전 변류기		직류측의 최대사용전압의 1배의 교류전압 (최저 500[V])	

　　　　　【정답】①

84. 전기온상용 발열선은 그 온도가 몇 [℃]를 넘지 않도록 시설하여야 하는가?

① 50 　　　　　② 60

③ 80 　　　　　④ 100

|정|답|및|해|설|
[전기온상 등 (KEC 241.5)]
① 전기온상 등에 전기를 공급하는 대지전압은 300[V] 이하일 것
② 발열선은 그 온도가 <u>80[℃]</u>를 넘지 않도록 시설할 것
　　　　　　　　　　　　　　　　　　　　【정답】③

85. 수용 장소의 인입구 부근에서 대지 간의 전기 저항값이 3[Ω] 이하를 유지하는 건물의 철골을 접지공사를 한 저압전로의 접지 측 전선에 추가 접지 시 사용하는 접지선을 사람이 접촉할 우려가 있는 곳에 시설할 때는 어떤 공사방법으로 시설하는가?

① 금속관 공사 　　　② 케이블 공사

③ 금속 몰드 공사 　　④ 합성 수지관 공사

|정|답|및|해|설|
[접지도체 (kec 142.3.1)] 수용 장소의 인입구 부근에서 대지 간의 전기 저항값이 3[Ω] 이하를 유지하는 건물의 철골을 접지극으로 사용하여 접지공사를 한 저압 전로의 접지측 전선에 추가 접지 시 사용하는 접지선을 <u>사람이 접촉할 우려가 있는 곳에 시설되는 고정설비인 경우 접지도체는 절연전선(옥외용 비닐절연전선은 제외) 또는 케이블</u>(통신용 케이블은 제외)을 사용하여야 한다. 다만, 접지도체를 철주 기타의 금속체를 따라서 시설하는 경우 이외의 경우에는 접지도체의 지표상 0.6[m]를 초과하는 부분에 대하여는 절연전선을 사용하지 않을 수 있다.
　　　　　　　　　　　　　　　　　　　　【정답】②

86. 고압 옥내 배선 공사방법으로 틀린 것은?

① 케이블 공사

② 합성수지관 공사

③ 케이블 트레이 공사

④ 애자사용 공사(건조한 장소로서 전개된 장소에 한한다.)

|정|답|및|해|설|
[고압 옥내배선 등의 시설 (KEC 342.1)]
고압 옥내배선은 다음 중 1에 의하여 시설할 것.
① 애자사용 공사(건조한 장소로서 전개된 장소에 한한다)
② 케이블 공사
③ 케이블 트레이 공사　　　　　　　　**【정답】②**

87. 특별 고압 가공전선로 중 지지물로 직선형의 철탑을 연속하여 10기 이상 사용하는 부분에는 몇 기 이하마다 내장 애자장치가 되어 있는 철탑, 또는 이와 동등 이상의 강도를 가지는 철탑 1기를 시설하여야 하는가?

① 3 　　　　　② 5

③ 8 　　　　　④ 10

|정|답|및|해|설|
[특고압 가공전선로의 내장형 등의 지지물 시설 (KEC 333.16)]
특별고압 가공전선로 중 지지물로서 직선형의 철탑을 연속하여 10기 이상 사용하는 부분에는 <u>10기 이하마다</u> 내장 애자 장치가 되어 있는 철탑 또는 이와 동등 이상의 강도를 가지는 <u>철탑 1기를 시설하여야</u> 한다.　　　　　　　**【정답】④**

88. 사용전압이 440[V]인 이동기중기용 접촉전선을 애자사용 공사에 의하여 옥내의 전개된 장소에 시설하는 경우 사용하는 전선으로 옳은 것은?

① 인장강도가 3.44[kN] 이상인 것 또는 지름 2.6[mm]의 경동선으로 단면적이 8[mm^2] 이상인 것

② 인장강도가 3.44[kN] 이상인 것 또는 지름 3.2[mm]의 경동선으로 단면적이 18[mm^2] 이상인 것

③ 인장강도가 11.2[kN] 이상인 것 또는 지름 6[mm]의 경동선으로 단면적이 28[mm^2] 이상인 것

④ 인장강도가 11.2[kN] 이상인 것 또는 지름 8[mm]의 경동선으로 단면적이 18[mm^2] 이상인 것

[옥내에 시설하는 저압 접촉전선 공사 (KEC 232.31)]
① 전선의 바닥에서의 높이는 3.5[m] 이상일 것
② 인장강도 11.2[kN] 이상인 것일 것, 또는 지름 6[mm] 이상의 경동선(단면적 28[㎟]) 이상일 것
　　(단, 400[V] 이하의 경우는 인장강도 3.44[kN] 이상의 것, 또는 지름 3.2[mm] 이상의 경동선(단면적 8[㎟]) 이상일 것)
③ 전선 지지점간의 거리는 6[m] 이하일 것
④ 전선 상호간의 간격은 전선을 수평으로 배열하는 경우 14[cm] 이상, 기타의 경우는 20[cm] 이상
⑤ 전선과 조영재와의 이격 거리는 습기가 있는 곳은 4.5[cm] 이상, 기타의 곳은 2.5[cm] 이상일 것

【정답】③

89. 옥내에 시설하는 사용전압 400[V] 이상 1000[V] 이하인 전개된 장소로서 건조한 장소가 아닌 기타의 장소의 관등회로 배선 공사로서 적합한 것은?

① 애자 사용 공사　　② 합성수지 몰드 공사
③ 금속 몰드 공사　　④ 금속 덕트 공사

[관등회로의 배선 (kec 234.11.4)]
옥내에 시설하는 사용·전압이 400[V] 이상, 1,000[V] 이하인 관등회로의 배선은 다음 각 호에 의하여 시설하여야 한다.

시설장소의 구분		공사의 종류
전개된 장소	건조한 장소	애자사용공사, 합성수지몰드공사 또는 금속몰드공사
	기타의 장소	애자사용공사
점검할 수 있는 은폐된 장소	건조한 장소	애자사용공사, 합성수지몰드공사 또는 금속몰드공사
	기타의 장소	애자사용공사

【정답】①

90. 사용전압이 154kV인 가공전선로로 제1종 특고압 보안공사로 시설할 때 사용되는 경동연선의 단면적은 몇[mm²] 이상이어야 하는가?

① 55　　　　② 100
③ 150　　　④ 200

[특고압 보안공사 (KEC 333.22)]
제1종 특고압 보안 공사의 전선 굵기

사용전압	전선
100[kV] 미만	인장강도 21.67[kN] 이상의 연선 또는 단면적 55[㎟] 이상의 경동연선
100[kV] 이상 300[kV] 미만	인장강도 58.84[kN] 이상의 연선 또는 단면적 150[㎟] 이상의 경동연선
300[kV] 이상	인장강도 77.47[kN] 이상의 연선 또는 단면적 200[㎟] 이상의 경동연선

【정답】③

91. 조상설비에 내부 고장, 과전류 또는 과전압이 생긴 경우 자동적으로 전로로부터 차단하는 장치를 해야하는 전력용 커패시터의 최소 뱅크 용량이 몇 [kVA] 인가?

① 10,000　　② 12,000
③ 13,000　　④ 15,000

[발전기 등의 보호장치 (KEC 351.3)] 조상 설비에는 그 내부에 고장이 생긴 경우에 보호하는 장치를 표와 같이 시설하여야 한다.

설비 종별	뱅크 용량의 구분	자동적으로 전로로부터 차단하는 장치
전력용 커패시터 및 분로리액터	500[kVA] 초과 15,000[kVA] 미만	· 내부에 고장이 생긴 경우 · 과전류가 생긴 경우
	15,000[kVA] 이상	· 내부에 고장이 생긴 경우 · 과전류가 생긴 경우 · 과전압이 생긴 경우
조상기	15,000[kVA] 이상	· 내부에 고장이 생긴 경우

【정답】④

92. 접지공사에 사용하는 접지선을 사람이 접촉할 우려가 있는 곳에 시설하는 경우, (전기용품 및 생활용품 안전관리법)을 적용받는 합성수지관(두께 2[mm] 미만의 합성수지제 전선관 및 난연선이 없는 콤바인덕트관을 제외한다.)으로 덮어야 하는 범위로 옳은 것은?

① 접지선의 지하 30[cm]로부터 지표상 2[m]까지

② 접지선의 지하 50[cm]로부터 지표상 1.2 [m]까지

③ 접지선의 지하 60[cm]로부터 지표상 1.8 [m]까지

④ 접지선의 지하 75[cm]로부터 지표상 2[m]까지

|정|답|및|해|설|..

[접지도체 (KEC 142.3.1)] 접지도체는 지하 75[cm] 부터 지표 상 2[m] 까지 부분은 합성수지관(두께 2[mm] 미만의 합성수지제 전선관 및 가연성 콤바인덕트관은 제외한다) 또는 이와 동등 이상의 절연효과와 강도를 가지는 몰드로 덮어야 한다.

【정답】④

93. [삭제 문제]

※2021년 1월 1일부터 한국전기설비규정(KEC) 적용으로 인해 더 이상 출제되지 않는 문제입니다.

94. 전력 보안 가공통신선의 설치 높이에 대한 기준으로 옳은?

① 도로(차도와 도로의 구별이 있는 도로는 차도) 위에 시설하는 경우는 지표상 2[m] 이상

② 철도를 횡단하는 경우는 레일면상 5[m] 이상

③ 횡단보도교 위에 시설하는 경우는 노면상 3[m] 이상

④ 교통에 지장을 줄 우려가 없도록 도로(차도와 도로의 구별이 있는 도로는 차도) 위에 시설하는 경우에는 지표상 2[m]까지로 감할 수 있다.

|정|답|및|해|설|..

전력보안통신케이블의 지상고와 배전설비와의 이격거리 (KEC 362.2)]

시설 장소		가공 통신선	첨가 통신선	
			고저압	특고압
도로 횡단	일반적인 경우	5[m]	6[m]	6[m]
	교통에 지장이 없는 경우	4.5[m]	5[m]	
철도 횡단(레일면상)		6.5[m]	6.5[m]	6.5[m]
횡단 보도 교 위 (노면상)	일반적인 경우	3[m]	3.5[m]	5[m]
	절연전선과 동등 이상의 절연효력이 있는 것(고·저압)이나 광섬유 케이블을 사용하는 것(특고압)		3[m]	4[m]
기타의 장소		3.5[m]	4[m]	5[m]

【정답】②

95. 특고압 지중전선이 지중 약전류전선 등과 접근하거나 교차하는 경우에 상호 간의 이격 거리가 몇 [cm] 이하인 때에는 양 전선이 직접 접촉하지 않도록 하여야 하는가?

① 15   ② 20

② 30   ④ 60

|정|답|및|해|설|..

[지중전선과 지중 약전류전선 등 또는 관과의 접근 또는 교차 (KEC 334.6)]

조건	전압	이격거리
지중 약전류 전선과 접근 또는 교차하는 경우	저압 또는 고압	0.3[m]
	특고압	0.6[m]

【정답】④

96. 변전소에서 오접속을 방지하기 위하여 특고압 전로의 보기 쉬운 곳에 반드시 표시해야 하는 것은?

① 상별 표시   ② 위험 표시

③ 최대 전류   ④ 정격 전압

|정|답|및|해|설|
[특고압 전로의 상 및 접속 상태의 표시 (KEC 351.2)]
발전소, 변전소 또는 이에 준하는 곳의 특고압 전로에는 그의 보기 쉬운 곳에 상별 표시를 하여야 한다.　　　　　【정답】①

97. 가공전선로의 지지물에 시설하는 지선의 시설 기준으로 틀린 것은?

① 지선의 안전율은 2.5 이상일 것

② 소선 5가닥 이상의 연선일 것

③ 지중 부분 및 지표상 30[cm]까지의 내식성이 있는 것을 사용할 것

④ 도로를 횡단하여 시설하는 지선의 높이는 지표상 5[m] 이상으로 할 것

|정|답|및|해|설|
[지선의 시설 (KEC 331.11)]
가공전선로의 지지물에 시설하는 지선은 다음 각 호에 따라야 한다.
· 안전율 : 2.5 이상
· 최저 인상 하중 : 4.31[kN]
· 2.6[mm] 이상의 금속선을 3조 이상 꼬아서 사용
· 지중 및 지표상 30[cm]까지의 부분은 아연도금 철봉 등을 사용
· 도로 횡단시의 높이 : 5[m] (교통에 지장이 없을 경우 4.5[m])
　　　　　【정답】②

98. 고압용 기계기구를 시가지에 시설할 때 지표상 몇 [m] 이상의 높이에 시설하고, 또한 사람이 쉽게 접촉할 우려가 없도록 하여야 하는가?

① 4.0　　　　　② 4.5

③ 5.0　　　　　④ 5.5

|정|답|및|해|설|
[고압용 기계 기구의 시설 (KEC 341.9)]
고압용 기계 기구는 지표상 4.5[m] 이상(시가지 외에서는 4[m] 이상)의 높이에 시설하거나 기계기구 주위에 사람이 접촉할 우려가 없도록 적당한 울타리를 설치　　　　　【정답】②

99. 가반형의 용접전극을 사용하는 아크 용접장치의 용접변압기의 1차측 전로의 대지 전압을 몇 [V] 이하이어야 하는가?

① 60　　　　　② 150

③ 300　　　　　④ 400

|정|답|및|해|설|
[아크 용접기 (KEC 241.10)]
1. 용접변압기는 절연변압기일 것.
2. 용접변압기의 1차측 전로의 대지전압은 300[V] 이하일 것.
3. 용접변압기의 2차측 전로 중 용접변압기로부터 용접전극에 이르는 부분 및 용접변압기로부터 피용접재에 이르는 부분은 용접용 케이블일 것
4. 피용접재 또는 이와 전기적으로 접속되는 받침대·정반 등의 금속체에는 접지공사를 할 것　　　　　【정답】③

100. 저압 가공전선으로 사용할 수 없는 것은?

① 케이블　　　　　② 절연전선

③ 다심형 전선　　　　　④ 나동복 강선

|정|답|및|해|설|
[저압 가공전선의 굵기 및 종류 (KEC 222.5)]
· 저압 : 나전선, 절연전선, 다심형 전선, 케이블 사용
· 고압 : 고압 절연전선, 특별고압 절연전선, 케이블 사용
　　　　　【정답】④

81. 과전류차단기로 시설하는 퓨즈 중 고압전로에 사용하는 포장 퓨즈는 2배의 정격전류 시 몇 분 안에 용단되어야 하는가?

① 2　　　　　② 30

③ 60　　　　　④ 120

|정|답|및|해|설|

[고압 및 특고압 전로 중의 과전류 차단기의 시설 (KEC 341.11)]

① 포장퓨즈 : 1.3배에 견디고 2배의 전류에 120분 안에 용단하여야 한다.

② 비포장 퓨즈 : 1.25배의 전류에 견디고 2배의 전류에서는 2분동 안에 용단되어야 한다. 【정답】④

82. 다음 중 옥내에 시설하는 저압전선으로 나전선을 사용할 수 있는 배선공사는?

① 합성수지관공사   ② 금속관공사

③ 버스덕트공사   ④ 플로어덕트공사

|정|답|및|해|설|

[나전선의 사용 제한 (KEC 231.4)]

옥내에 시설하는 저압전선에는 나전선을 사용하여서는 아니 된다. 다만, 다음중 어느 하나에 해당하는 경우에는 그러하지 아니하다.

① 애자사용공사에 의하여 전개된 곳에 다음의 전선을 시설하는 경우

   1. 전기로용 전선

   2. 전선의 피복 절연물이 부식하는 장소에 시설하는 전선

   3. 취급자 이외의 자가 출입할 수 없도록 설비한 장소에 시설하는 전선

② 버스덕트공사에 의하여 시설하는 경우

③ 라이팅덕트공사에 의하여 시설하는 경우

④ 접촉 전선을 시설하는 경우 【정답】③

83. 특별 고압 가공전선로에 사용하는 가공지선에는 지름 몇 [mm]의 나경동선, 또는 이와 동등 이상의 세기 및 굵기의 나선을 사용하여야 하는가?

① 2.6   ② 3.5

③ 4   ④ 5

|정|답|및|해|설|

[특고압·고압 가공전선로의 가공지선 (KEC 332.6)]

① 고압 가공전선로의 가공지선 : 인장강도 5.26[kN] 이상의 것 또는 지름 4[mm] 이상의 나경동선

② 특고압 가공전선로의 가공지선 : 인장강도 8.01[kN] 이상의 나선 또는 5[mm] 이상의 나경동선 【정답】④

84. 사용전압이 35[kV] 이하인 특별고압 가공전선과 가공약전류 전선을 동일 지지물에 시설하는 경우 특고압 가공전선로의 보안공사로 알맞은 것은?

① 고압보안공사

② 제1종 특고압 보안공사

③ 제2종 특고압 보안공사

④ 제3종 특고압 보안공사

|정|답|및|해|설|

[특고압 가공전선과 가공약전류전선 등의 공용 설치 (KEC 333.19)]

특고압 가공전선과 가공약전류 전선과의 공가는 35[kV] 이하인 경우에 시설하여야 한다.

① 특고압 가공전선로는 제2종 특고압 보안공사에 의한 것

② 특고압은 케이블을 제외하고 인장강도 21.67[kN] 이상의 연선 또는 단면적이 $50[mm^2]$ 이상인 경동연선일 것

③ 가공약전류 전선은 특고압 가공전선이 케이블인 경우를 제외하고 차폐층을 가지는 통신용 케이블일 것 【정답】③

85. 그림은 전력선 방송통신용 결합장치의 보안장치이다. 그림에서 CC은 무엇인가?

① 전력용 커패시터   ② 결합 커패시터

③ 정류용 커패시터   ④ 축전용 커패시터

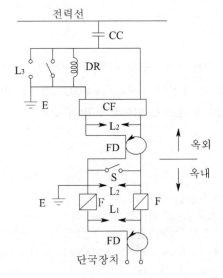

[전력선 반송 통신용 결합장치의 보안장치 (KEC 362.10)]
FD : 동축케이블, F : 정격전류 10[A] 이하의 포장 퓨즈
DR : 전류용량 2[A] 이상의 배류선륜, S : 접지용 개폐기
CF : 결합필터, CC : 결합콘덴서(결합 안테나를 포함한다.)
E : 접지, L₁ : 교류 300[V] 이하에서 동작하는 피뢰기
L_2 : 동작전압이 교류 1300[V]를 초과하고 1600[V] 이하로 조정
된 방전캡
L_3 : 동작전압이 교류 2000[V]를 초과하고 3000[V] 이하로 조성
된 구상 방전캡 【정답】②

86. 수소 냉각식 발전기 또는 이에 부속하는 수소 냉각
장치에 관한 시설 기준으로 틀린 것은?

① 발전기 안의 수소의 온도를 계측하는 장치
를 시설할 것

② 조상기 안의 수소의 압력 계측 장치 및 압력
변동에 대한 경보 장치를 시설 할 것

③ 발전기 안의 수소의 순도가 70[%] 이하로
저하할 경우에 경보하는 장치를 시설할 것

④ 발전기는 기밀 구조의 것이고 또한 수소가
대기압에서 폭발하는 경우에 생기는 압력
에 견디는 강도를 가지는 것일 것

[수소냉각식 발전기 등의 시설 (kec 351.10)]
1. 발전기 또는 조상기는 기밀구조의 것이고 또한 수소가 대기압
에서 폭발하는 경우 생기는 압력에 견디는 강도를 가질 것
2. 발전기축의 밀봉부에는 질소 가스를 봉입할 수 있는 장치와
누설한 수소 가스를 안전하게 외부에 방출할 수 있는 장치를
시설할 것
3. 발전기, 조상기 안의 수소 순도가 85[%] 이하로 저하한 경우
경보장치를 시설할 것
4. 발전기, 조상기 안의 수소의 압력을 계측하는 장치 및 그 압력
이 현저히 변동할 경우에 이를 경보하는 장치를 시설할 것
5. 발전기안 또는 조상기 안의 수소의 온도를 계측하는 장치를
시설할 것 【정답】③

87. 제2종 특고압 보안공사 시 지지물로 사용하는 철탑
의 경간을 400[m] 초과로 하려면 몇 $[mm^2]$ 이상의
경동연선을 사용하여야 하는가?

① 38 ② 55

③ 82 ④ 95

[제2종 특고압 보안공사 시 경간 제한 (KEC 333.22)]
경간은 다음에서 정한 값 이하일 것. 다만, 전선에 안장강도
38.05[kN] 이상의 연선 또는 단면적이 95$[mm^2]$ 이상인 경동연선
을 사용하고 지지물에 B종 철주·B종 철근 콘크리트주 또는 철탑을
사용하는 경우에는 그러하지 아니하다.

지지물 종류	경간[m]
목주, A종 철주, A종 철근콘크리트주	100
B종 철주 B종 철근콘크리트주	200
철탑	400 (단주인 경우 300)

【정답】④

88. 목장에서 가축의 탈출을 방지하기 위하여 전기울
타리를 시설하는 경우의 전선은 인장강도가 몇
[kN] 이상의 것이어야 하는가?

① 1.38 ② 2.78

③ 4.43 ④ 5.93

[전기울타리의 시설 (KEC 241.1)]
① 전로의 사용전압은 250[V] 이하
② 전기울타리를 시설하는 곳에는 사람이 보기 쉽도록 적당한 간
격으로 위험표시를 할 것
③ 전선은 인장강도 1.38[kN] 이상의 것 또는 지름 2[mm] 이상의
경동선일 것
④ 전선과 이를 지지하는 기둥 사이의 이격거리는 2.5[㎝] 이상일 것
⑤ 전선과 다른 시설물(가공 전선을 제외한다) 또는 수목 사이의
이격거리는 30[㎝] 이상일 것
⑥ 전기울타리에 전기를 공급하는 전로에는 쉽게 개폐할 수 있는
곳에 전용 개폐기를 시설하여야 한다.
【정답】①

89. 다음 (   )에 들어갈 내용으로 옳은 것은?

> 전차선로는 무설설비의 기능에 계속적이고 또한 중대한 장해를 주는 (   )가 생길 우려가 있는 경우에는 이를 방지하도록 시설하여야 한다.

① 전파   ② 혼촉
③ 단락   ④ 정전기

|정|답|및|해|설|
[전파장해의 방지 (kec 331.1)] 전차선로는 무설설비의 기능에 계속적이고 또한 중대한 장해를 주는 <u>전파</u>가 생길 우려가 있는 경우에는 이를 방지하도록 시설하여야 한다.
【정답】①

90. 최대사용전압이 7[kV]를 넘는 회전기의 절연내력 시험은 최대사용전압 몇 배의 전압(10,500[V] 미만으로 되는 경우에는 10,500[V])에서 10분간 견디어야 하는가?

① 0.92   ② 1.25
③ 1.5   ④ 2

|정|답|및|해|설|
[회전기 및 정류기의 절연내력 (KEC 133)]
회전기의 절연 내력 시험은 최대 사용전압 7[kV] 이하인 경우 1.5배, 7[kV]를 넘는 경우 <u>1.25배의 전압을 10분간</u> 가해 견디어야 한다.
【정답】②

91. 버스 덕트 공사에 의한 저압 옥내배선에 대한 시설로 잘못 설명한 것은?

① 환기형을 제외한 덕트의 끝부분은 막을 것
② 덕트에는 접지 공사를 할 것
③ 덕트의 내부에 먼지가 침입하지 아니하도록 할 것
④ 덕트의 지지점 간 의 거리를 2[m] 이하

|정|답|및|해|설|
[버스덕트공사 (KEC 232.10)]
① 덕트를 조영재에 붙이는 경우에는 <u>덕트의 지지점 간 의 거리를 3[m] 이하</u>
② 취급자 이외의 자가 출입할 수 없도록 설비한 곳에서 수직으로 붙이는 경우에는 6[m]

③ 덕트(환기형의 것을 제외)의 끝부분은 막을 것
④ 버스덕트 내부에 물이 침입하여 고이지 아니하도록 할 것
⑤ 덕트는 kec140에 준하여 접지공사를 할 것
【정답】④

92. 교량의 윗면에 시설하는 고압 전선로는 전선의 높이를 교량의 노면상 몇 [m] 이상으로 하여야 하는가?

① 3   ② 4
③ 5   ④ 6

|정|답|및|해|설|
[교량에 시설하는 고압 전선로 (KEC 335.6)] 교량의 윗면에 시설하는 것은 전선의 높이를 교량의 노면상 5[m] 이상으로 하여 시설할 것
【정답】③

93. 저압의 전선로 중 절연 부분의 전선과 대지간의 심선 상호간의 절연저항은 사용전압에 대한 누설전류가 최대 공급전류의 얼마를 넘지 아니하도록 라여야 하는가?

① $\dfrac{1}{4000}$ ② $\dfrac{1}{3000}$

③ $\dfrac{1}{2000}$ ④ $\dfrac{1}{1000}$

|정|답|및|해|설|
[전로의 절연저항 및 절연내력 (KEC 132)] 저압 전선로 중 절연 부분의 선전과 대시 사이 및 전선의 심선 상호 간의 절연저항은 사용 전압에 대한 누설전류가 최대 공급전류의 1/2000을 넘지 않도록 하여야한다.
【정답】③

94. [삭제 문제]

> ※2021년 1월 1일부터 한국전기설비규정(KEC) 적용으로 인해 더 이상 출제되지 않는 문제입니다.

95. 지중전선로에 사용하는 지중함의 시설기준으로 옳지 않은 것은?

① 크기가 1[m³] 이상인 것에는 밀폐 하도록 할 것

② 뚜껑은 시설자 이외의 자가 쉽게 열 수 없도록 할 것

③ 지중함 안의 고인 물을 제거할 수 있는 구조일 것

④ 견고하고 차량 기타 중량물의 압력에 견딜 수 있을 것

|정|답|및|해|설|--------------------------------
[지중함의 시설 (KEC 334.2)]
① 지중함은 견고하고 차량 기타 중량물의 압력에 견디는 구조일 것
② 지중함은 그 안의 고인물을 제거할 수 있는 구조로 되어 있을 것
③ 폭발성 또는 연소성의 가스가 침입할 우려가 있는 곳에 시설하는 지중함으로 그 크기가 1[m³] 이상인 것은 통풍장치 기타 가스를 방산시키기 위한 장치를 하여야 한다.
④ 지중함의 뚜껑은 시설자 이외의 자가 쉽게 열 수 없도록 시설할 것
【정답】①

96. 사람이 상시 통행하는 터널 안의 배선(전기기계기구 안의 배선, 관등회로의 배선, 소세력 회로의 전선 및 출퇴표시등 회로의 전선은 제외)의 시설기준에 적합하지 않은 것은? (단, 사용전압이 저압의 것에 한한다.)

① 합성수지관 공사로 시설하였다.

② 공칭단면적 $2.5[mm^2]$의 연동선을 사용하였다.

③ 애자사용공사 시 전선의 높이는 노면상 2[m]로 시설하였다.

④ 전로에는 터널의 입구 가까운 곳에 전용 개폐기를 시설하였다.

|정|답|및|해|설|--------------------------------
[터널 안 전선로의 시설 (KEC 335.1)] 사람이 통행하는 터널 내의 전선의 경우

저압	① 전선 : 인장강도 2.30[kN] 이상의 절연전선 또는 지름 2.6[mm] 이상의 경동선의 절연전선 ② 설치 높이 : 애자사용공사시 레일면상 또는 노면상 2.5[m] 이상 ③ 합성수지관배선, 금속관배선, 가요전선관배선, 애자사용공사, 케이블 공사
고압	전선 : 케이블공사 (특고압전선은 시설하지 않는 것을 원칙으로 한다.)

【정답】③

97. 발전소에서 계측하는 장치를 시설하여야 하는 사항에 해당하지 않는 것은?

① 특고압용 변압기의 온도

② 발전기의 회전수 및 주파수

③ 발전기의 전압 및 전류 또는 전력

④ 발전기의 베어링(수중 메탈을 제외한다) 및 고정자의 온도

|정|답|및|해|설|--------------------------------
[계측장치의 시설 (KEC 351.6)] 발전소 계측 장치 시설
·발전기·연료전지 또는 태양전지 모듈의 전압 및 전류 또는 전력
·발전기의 베어링 및 고정자의 온도
·정격출력이 10,000[kW]를 초과하는 증기터빈에 접속하는 발전기의 진동의 진폭
·주요 변압기의 전압 및 전류 또는 전력
·특고압용 변압기의 온도
【정답】②

98. 가공전선로의 지지물에 하중이 가하여지는 경우에 그 하중을 받는 지지물의 기초의 안전율은 일반적인 경우 얼마 이상이어야 하는가? (단, 이상 시 상정하중은 무관)

① 1.2   ② 1.5

③ 1.8   ④ 2

|정|답|및|해|설|--------------------------------
[가공전선로 지지물의 기초 안전율 (KEC 331.7)]
가공전선로의 지지물에 하중이 가하여지는 경우에 그 하중을 받는 지지물의 기초의 안전율 2 이상(단, 이상시 상전하중에 대한 철탑의 기초에 대하여는 1.33)이어야 한다.

※안전율

1.33 : 이상시 상정하중 철탑의 기초

1.5 : 케이블트레이, 안테나

2.0 : 기초 안전율

2.2 : 경동선/내열동 합금선

2.5 : 지선, ACSD, 기타 전선　　　【정답】④

99. 금속체 외함을 갖는 저압의 기계기구로서 사람이 쉽게 접촉되어 위험의 우려가 있는 곳에 시설하는 전로에 지락이 생겼을 때 자동적으로 전로를 차단하는 장치를 설치하여야 한다. 사용전압은 몇 [V]를 초과하는 경우인가?

① 30　　　　　　② 50

③ 100　　　　　④ 150

|정|답|및|해|설|...

[누전차단기의 시설 (KEC 211.2.4)] 금속제 외함을 가지는 사용전압이 50[V]를 초과하는 저압의 기계 기구로서 사람이 쉽게 접촉할 우려가 있는 곳에 시설하는 데에 전기를 공급하는 전로에는 보호대책으로 누전차단기를 시설해야 한다.　　　【정답】②

100. 케이블 트레이 공사에 사용하는 케이블 트레이의 시설기준으로 틀린 것은?

① 케이블 트레이 안전율은 1.3 이상이어야 한다.

② 비금속제 케이블 트레이는 난연성 재료의 것이어야 한다.

③ 전선의 피복 등을 손상시킬 돌기 등이 없이 매끈해야 한다.

④ 금속제 트레이에 접지공사를 하여야 한다.

|정|답|및|해|설|...

[케이블 트레이 공사 (KEC 232.15)]

① 전선은 연피 케이블, 알루미늄피 케이블 등 난연성 케이블, 기타 케이블 또는 금속관 혹은 합성수지관 등에 넣은 절연전선을 사용하여야 한다.

② 수용된 모든 전선을 지지할 수 있는 적합한 강도의 것이어야 한다. 이 경우 케이블 트레이의 안전율은 1.5 이상으로 하여야 한다.

③ 비금속제 케이블 트레이는 난연성 재료의 것이어야 한다.

④ 금속제 케이블 트레이는 kec140에 의한 접지공사를 하여야 한다.　　　【정답】①

1회

81. 지중 전선로의 매설방법이 아닌 것은?

① 관로식   ② 인입식

③ 암거식   ④ 직접 매설식

|정|답|및|해|설|
[지중 전선로의 시설 (KEC 334.1)] 전선은 케이블을 사용하고, 또한 관로식, 암거식, 직접 매설식에 의하여 시공한다.
① 직접 매설식 : 매설 깊이는 중량물의 압력이 있는 곳은 1.2[m] 이상, 없는 곳은 0.6[m] 이상으로 한다.
② 관로식
   1. 매설 깊이를 1.0 [m]이상
   2. 중량물의 압력을 받을 우려가 없는 곳은 60 [cm] 이상으로 한다.
③ 암거식 : 지하 구조물 내 케이블 지지대를 설치하고 그 위에 케이블을 부설하는 방식   【정답】②

82. 특고압용 변압기로서 변압기 내부 고장이 생겼을 경우 반드시 자동차단 되어야 하는 변압기의 뱅크 용량은 몇 [kVA] 이상인가?

① 5,000[kVA]   ② 7,500[kVA]

③ 10,000[kVA]   ④ 15,000[kVA]

|정|답|및|해|설|
[특고압용 변압기의 보호장치 (KEC 351.4)]

뱅크용량	동작조건	장치의 종류
5,000[kVA] 이상 10,000[kVA] 미만	변압기 내부 고장	자동차단장치 또는 경보장치
10,000[kVA] 이상	변압기 내부 고장	자동차단장치

【정답】③

83. [삭제 문제]

> ※2021년 1월 1일부터 한국전기설비규정(KEC) 적용으로 인해 더 이상 출제되지 않는 문제입니다.

84. 전력보안 가공통신선(광섬유 케이블은 제외)을 조가할 경우 조가용 선은?

① 금속으로 된 단선

② 알루미늄으로 된 단선

③ 강심 알루미늄 연선

④ 금속선으로 된 연선

|정|답|및|해|설|
[조가선 시설기준 kec 362.3)] 조가선은 단면적 $38[mm^2]$ 이상의 아연도강연선을 사용할 것   【정답】④

85. [삭제 문제]

> ※2021년 1월 1일부터 한국전기설비규정(KEC) 적용으로 인해 더 이상 출제되지 않는 문제입니다.

86. 저·고압 가공전선과 가공약전류전선 등을 동일 지지물에 시설하는 경우로서 옳지 않은 방법은?

① 가공전선을 가공약전류전선 등의 위로 하고 별개의 완금류에 시설할 것

② 전선로의 지지물로 사용하는 목주의 풍압 하중에 대한 안전율은 1.5 이상일 것

③ 가공전선과 가공약전류전선 등 사이의 이격거리는 저압과 고압이 모두 75[cm] 이상일 것

④ 가공전선이 가공약전류전선에 대하여 유도 작용에 의한 통신상의 장해를 줄 우려가 있는 경우에는 가공전선을 적당한 거리에서 연가할 것

|정|답|및|해|설|

[저고압 가공전선과 가공약전류 전선 등의 공가 (kec 332.21)]
저·고압가공전선과 가공약전류전선을 공가할 경우의 시설 방법은 다음과 같다.

① 목주의 풍압하중에 대한 안전율은 1.5 이상일 것
② 이격거리는 지압은 75[cm](중성점 제외) 이상, 고압은 1.5[m] 이상일 것. 다만, 가공 약전선이 절연 전선 또는 통신용 케이블인 경우, 저압전선이 고압절연전선 이상이면 30[cm], 고압전선이 케이블이면 50[cm]로 할 수 있다.

【정답】③

87. 풀용 수중조명등에 사용되는 절연변압기의 2차측 전로의 사용전압이 몇 [V]를 넘는 경우에 그 전로에 지기가 생겼을 때 자동적으로 전로를 차단하는 장치를 하여야 하는가?

① 30 　　　　② 60
③ 150 　　　　④ 300

|정|답|및|해|설|

[수중조명등 (KEC 234.14)]
① 풀용 수중조명등 기타 이에 준하는 조명등에 전기를 공급하는 변압기를 1차 400[V] 미만, 2차 150[V] 이하의 절연 변압기를 사용할 것
② 절연 변압기 2차측 전로의 사용전압이 30[V] 이하인 경우에는 1차 권선과 2차 권선 사이에 금속제의 혼촉 방지판을 설치하고 kec140에 준하는 접지공사를 할 것
③ 수중조명등의 절연변압기의 2차측 전로의 사용전압이 30[V]를 초과하는 경우 지락이 발생하면 자동적으로 전로를 차단하는 정격감도전류 30[mA] 이하의 누전차단기를 시설하여야 한다.

【정답】①

88. 석유류를 저장하는 장소의 전등배선에 사용하지 않는 공사방법은?

① 합성수지관공사 　　② 케이블공사
③ 금속관공사 　　　　④ 애자사용공사

|정|답|및|해|설|

[위험물 등이 존재하는 장소 (KEC 242.4)] 셀룰로이드·성냥·석유, 기타 위험물이 있는 곳의 배선은 금속관 공사, 케이블 공사, 합성수지관 공사에 의하여야 한다.

【정답】④

89. 사용전압이 154[kV]인 가공송전선의 시설에서 전선과 식물과의 이격거리는 일반적인 경우 몇 [m] 이상으로 하여야 하는가?

① 2.8 　　　　② 3.2
③ 3.6 　　　　④ 4.2

|정|답|및|해|설|

[특별고압 가공전선과 식물의 이격거리 (KEC 333.30)]
· 사용전압이 35[kV] 이하인 경우 0.5[m] 이상 이격
· 60[kV] 이하는 2[m] 이상
· 60[kV]를 넘는 것은 2[m]에 60,000[V]를 넘는 1만[V] 또는 그 단수마다 12[cm]를 가산한 값 이상으로 이격시킨다.
· 단수 $= \frac{154-60}{10} = 9.4 \rightarrow 10$단
· 이격거리 $= 2+0.12(15.4-6) = 2+0.12 \times 10 = 3.2$[m]

【정답】②

90. [삭제 문제]

> ※2021년 1월 1일부터 한국전기설비규정(KEC) 적용으로 인해 더 이상 출제되지 않는 문제입니다.

91. 다음 중 농사용 저압 가공전선로의 시설 기준으로 옳지 않은 것은?

① 사용전압이 저압일 것
② 저압 가공전선의 인장강도는 1.38[kN] 이상일 것
③ 저압 가공전선의 지표상 높이는 3.5[m] 이상일 것
④ 전선로의 경간은 40[m] 이하일 것

|정|답|및|해|설|

[농사용 저압 가공전선로의 시설 (KEC 222.22)]
1. 사용전압은 저압일 것
2. 저압 가공전선은 인장강도 1.38[kN] 이상의 것 또는 지름 2[mm] 이상의 경동선일 것

3. 저압 가공전선의 지표상의 높이는 3.5[m] 이상일 것. 다만, 저압 가공전선을 사람이 쉽게 출입하지 아니하는곳에 시설하는 경우에는 3[m]까지로 감할 수 있다.
4. 목주의 굵기는 말구 지름이 9[cm] 이상일 것
5. 전선로의 경간은 30[m] 이하일 것   【정답】④

92. 고압 가공전선로에 시설하는 피뢰기의 접지도체가 접지공사 전용의 것인 경우에 접지저항 값은 몇 [Ω]까지 허용되는가?

① 20   ② 30
③ 50   ④ 75

|정|답|및|해|설|
[피뢰기의 접지 (KEC 341.15)]
고압 및 특고압의 전로에 시설하는 피뢰기 접지저항 값은 10[Ω] 이하로 하여야 한다. 다만, 고압가공전선로에 시설하는 피뢰기 접지공사의 접지선이 전용의 것인 경우에는 접지저항 값이 30[Ω]까지 허용한다.   【정답】②

93. 고압 옥측전선로에 사용할 수 있는 전선은?

① 케이블   ② 나경동선
③ 절연전선   ④ 다심형 전선

|정|답|및|해|설|
[고압 옥측전선로의 시설 (KEC 331.13.1)]
1. 전선은 케이블일 것
2. 케이블의 지지점 간의 거리를 2[m] (수직으로 붙일 경우에는 6[m])이하로 하고 또한 피복을 손상하지 아니하도록 붙일 것
3. 대지와의 사이의 전기저항 값이 10[Ω] 이하인 부분을 제외하고 kec140에 준하는 접지공사를 할 것   【정답】①

94. 다음 중 발전기를 전로로부터 자동적으로 차단하는 장치를 시설하여야 하는 경우에 해당 되지 않는 것은?

① 발전기에 과전류가 생긴 경우
② 용량이 500[kVA] 이상의 발전기를 구동하는 수차의 압유장치의 유압이 현저히 저하한 경우
③ 용량이 100[kVA] 이상의 발전기를 구공하는 풍차의 압유장치의 유압, 압축공기장치의 공기압이 현저히 저하한 경우

④ 용량이 5000[kVA] 이상인 발전기의 내부에 고장이 생긴 경우

|정|답|및|해|설|
[발전기 등의 보호장치 (KEC 351.3)] 발전기에는 다음의 경우에 자동적으로 이를 전로로부터 차단하는 장치를 시설하여야 한다.

기기	용량	사고의 종류	보호장치
발전기	모든 발전기	과전류가 생긴 경우	자동차단장치
	용량 500[kVA] 이상	수차압유장치의 유압이 현저히 저하	
	용량 100[kVA] 이상	풍차압유장치의 유압이 현저히 저하	
	용량 2000[kVA] 이상	수차의 스러스트베어링의 온도가 상승	
	용량 10000[kVA] 이상	발전기 내부 고장	
	정격출력 10000[kVA] 이상	증기터빈의 스러스트베어링이 현저하게 마모되거나 온도가 현저히 상승	

【정답】④

95. 고압 옥내배선이 수관과 접근하여 시설되는 경우에는 몇 [cm] 이상 이격시켜야 하는가?

① 15   ② 30
③ 45   ④ 60

|정|답|및|해|설|
[고압 옥내배선 등의 시설 (KEC 342.1)]
· 수관, 가스관이나 이와 유사한 것 사이의 이격거리는 15[cm]
· 애자사용 공사에 의하여 시설하는 저압 옥내전선인 경우에는 30[cm]
· 가스계량기 및 가스관의 이음부와 전력량계 및 개폐기와는 60[cm]) 이상이어야 한다.   【정답】①

96. 최대 사용전압이 22,900[V]인 3상 4선식 중성선 다중접지식 전로와 대지 사이의 절연내력 시험전압은 몇 [V]인가?

① 21,068   ② 25,229
③ 28,752   ④ 32,510

[전로의 절연저항 및 절연내력 (KEC 132)]

접지방식	최대 사용전압	시험 전압(최대 사용전압 배수)	최저 시험 전압
비접지	7[kV] 이하	1.5배	500[V]
	7[kV] 초과	1.25배	10,500[V]
중성점접지	60[kV] 초과	1.1배	75[kV]
중성점직접접지	60[kV] 초과 170[kV] 이하	0.72배	
	170[kV] 초과	0.64배	
중성점다중접지	25[kV] 이하	0.92배	

중성점다중접지 0.92배 이므로 $22900 \times 0.92 = 21068[V]$

【정답】①

---

97. 라이팅 덕트 공사에 의한 저압 옥내배선 공사시설 기준으로 틀린 것은?

① 덕트의 끝부분은 막을 것

② 덕트는 조영재에 견고하게 붙일 것

③ 덕트는 조영재를 관통하여 시설할 것

④ 덕트의 지지점 간의 거리는 2[m] 이하로 할 것

[라이팅 덕트 공사 (KEC 232.11)]

① 라이팅 덕트는 조영재에 견고하게 붙일 것

② 라이팅 덕트 지지점간 거리는 2[m] 이하일 것

③ 라이팅 덕트의 끝부분은 막을 것

④ 덕트의 개구부는 아래로 향하여 시설할 것

⑤ <u>덕트는 조영재를 관통하여 시설하지 아니할 것</u>

【정답】③

---

98. 금속덕트 공사에 의한 저압 옥내 배선에서, 금속덕트에 넣은 전선의 단면적의 합계는 일반적으로 덕트 내부 단면적의 얼마 이하여야 하는가? (단, 전광판표시 장치, 출퇴표시등 기타 이와 유사한 장치 또는 제어회로 등의 배선만을 넣는 경우에는 50[%])

① 20[%] 이하　　② 30[%] 이하

③ 40[%] 이하　　④ 50[%] 이하

[금속 덕트 공사 (KEC 232.9)] 금속 덕트에 넣는 전선의 단면적의 합계는 덕트 내부 단면적의 20[%](전광 표시 장치, 출퇴근 표시등, 제어 회로 등의 배전선만을 넣는 경우는 50[%]) 이하일 것

【정답】①

---

99. 지중전선로에 사용하는 지중함의 시설기준으로 옳지 않은 것은?

① 크기가 1[m³] 이상인 것에는 밀폐 하도록 할 것

② 뚜껑은 시설자 이외의 자가 쉽게 열 수 없도록 할 것

③ 지중함안의 고인 물을 제거할 수 있는 구조일 것

④ 견고하고 차량 기타 중량물의 압력에 견딜 수 있을 것

[지중함의 시설 (KEC 334.2)] 지중전선에 사용하는 지중함은 다음 각 호에 의하여 시설하여야 한다.

① 지중함은 견고하고 차량 기타 중량물의 압력에 견디는 구조일 것

② 지중함은 그 안의 고인물을 제거할 수 있는 구조로 되어 있을 것

③ 폭발성 또는 연소성의 가스가 침입할 우려가 있는 곳에 시설하는 지중함으로 그 <u>크기가 1[m³] 이상인 것은 통풍장치 기타 가스를 방산시키기 위한 장치를 하여야 한다.</u>

④ 지중함의 뚜껑은 시설자 이외의 자가 쉽게 열 수 없도록 시설할 것

【정답】①

---

100. 철탑의 강도계산에 사용하는 이상시 상정하중을 계산하는데 사용되는 것은?

① 미진에 의한 요동과 철구조물의 인장하중

② 풍압이 전선로에 직각방향으로 가하여 지는 경우의 하중

③ 이상전압이 전선로에 내습하였을 때 생기는 충격하중

④ 뇌가 철탑에 가하여졌을 경우의 충격하중

[이상 시 상정하중 (kec 333.14)] 철탑의 강도계산에 사용하는 이상 시 상정하중은 <u>풍압이 전선로에 직각방향으로 가하여지는 경우의 하중</u>과 전선로의 방향으로 가하여지는 경우의 하중(수직 하중, 수평 횡하중, 수평 종하중이 동시에 가하여 지는 것)을 계산하여 큰 응력이 생기는 쪽의 하중을 채택한다.

【정답】②

---

81. 저압 옥상전선로의 시설에 대한 설명으로 옳지 않은 것은?

① 전선과 옥상전선로를 시설하는 조영재와의 이격거리를 0.5[m]로 하였다.

② 전선은 상시 부는 바람 등에 의하여 식물에 접촉하지 않도록 시설하였다.

③ 전선은 절연 전선을 사용하였다.

④ 전선은 지름 2.6[mm]의 경동선을 사용하였다.

|정|답|및|해|설|
[저압 옥상전선로의 시설 (KEC 221.3)]
① 전선은 절연전선일 것
② 전선은 인장강도 2.30[kN] 이상의 것 또는 지름이 2.6[mm] 이상의 경동선을 사용한다.
③ 전선은 조영재에 견고하게 붙인 지지주 또는 지지대에 절연성·난연성 및 내수성이 있는 애자를 사용하여 지지하고 또한 그 지지점 간의 거리는 15[m] 이하일 것
④ 전선과 그 저압 옥상 전선로를 시설하는 <u>조영재와의 이격거리는 2[m]</u>(전선이 고압절연전선, 특고압 절연전선 또는 케이블인 경우에는 1[m]) 이상일 것

【정답】①

82. 사용전압 66[kV]의 가공전선을 시가지에 시설할 경우 전선의 지표상 최소 높이는 몇 [m]인가?

① 6.48 ② 8.36

③ 10.48 ④ 12.36

|정|답|및|해|설|
[시가지 등에서 특고압 가공전선로의 시설 (KEC 333.1)]
시가지에 특고가 시설되는 경우 전선의 지표상 높이는 35[kV] 이하 10[m](특고 절연 전선인 경우 8[m]) 이상, 35[kV]를 넘는 경우 10[m]에 35[kV]를 넘는 10[kV] 또는 그 단수마다 12[cm]를 더한 값으로 한다.

· 단수 $= \frac{66-35}{10} = 3.1 \rightarrow 4$단

· 지표상의 높이 $= 10 + 4 \times 0.12 = 10.48[m]$

【정답】③

83. 가공전선로의 지지물에 시설하는 지선의 시설 기준으로 맞는 것은?

① 지선의 안전율은 2.2 이상일 것

② 소선 5가닥 이상의 연선일 것

③ 지중 부분 및 지표상 60[cm]까지의 부분은 아연도금 철봉 등 부식하기 어려운 재료를 사용할 것

④ 도로를 횡단하여 시설하는 지선의 높이는 지표상 5[m] 이상으로 할 것

|정|답|및|해|설|
[지선의 시설 (KEC 331.11)] 가공전선로의 지지물에 시설하는 지선은 다음 각 호에 따라야 한다.
· 안전율 : <u>2.5 이상</u>
· 최저 인상 하중 : 4.31[kN]
· 2.6[mm] 이상의 <u>금속선을 3조 이상</u> 꼬아서 사용
· 지중 및 <u>지표상 30[cm]</u>까지의 부분은 아연도금 철봉 등을 사용
· 도로 횡단시의 높이 : 5[m] (교통에 지장이 없을 경우 4.5[m])

【정답】④

84. 다음 중 무선용 안테나 등을 지지하는 철탑의 기초 안전율로 옳은 것은?

① 0.92 이상 ② 1.0 이상

③ 1.2 이상 ④ 1.5 이상

|정|답|및|해|설|
[무선용 안테나 등을 지지하는 철탑 등의 시설 (KEC 364)]
전력 보안통신 설비인 무선통신용 안테나 또는 반사판을 지지하는 목주·철근·철근콘크리트주 또는 철탑은 다음 각 호에 의하여 시설하여야 한다.
① 목주의 안전율 : 1.5 이상
② 철주·철근클리트주 또는 <u>철탑의 기초 안전율 : 1.5 이상</u>
※안전율
· 1.33 : 이상시 상정하중, 철탑기초
· 1.5 : 안테나, 케이블트레이 · 2.0 : 기초 안전율
· 2.2 : 경동선, 내열동합금선 · 2.5 : 지선, ACSR

【정답】④

85. [삭제 문제]

> ※2021년 1월 1일부터 한국전기설비규정(KEC) 적용으로 인해 더 이상 출제되지 않는 문제입니다.

86. 가공전선로의 지지물에 취급자가 오르고 내리는 데 사용하는 발판 볼트 등은 지표상 몇 [m] 미만에 시설하여서는 아니 되는가?

① 1.2 ② 1.5
③ 1.8 ④ 2.0

|정|답|및|해|설|

[가공전선로 지지물의 철탑오름 및 전주오름 방지 (KEC 331.4)]
가공 전선로의 지지물에 취급자가 오르고 내리는데 사용하는 발판 볼트 등은 지표상 1.8[m] 미만에 시설하여서는 안 된다. 다만 다음의 경우에는 그러하지 아니하다.
· 발판 볼트를 내부에 넣을 수 있는 구조
· 지지물에 승탑 및 승주 방지 장치를 시설한 경우
· 취급자 이외의 자가 출입할 수 없도록 울타리 담 등을 시설할 경우
· 산간 등에 있으며 사람이 쉽게 접근할 우려가 없는 곳

【정답】③

87. 특고압 가공전선로의 지지물로 사용하는 B종 철주에서 각도형은 전선로 중 몇 도를 넘는 수평 각도를 이루는 곳에 사용되는가?

① 1 ② 2
③ 3 ④ 5

|정|답|및|해|설|

[특고압 가공전선로의 철주·철근 콘크리트주 또는 철탑의 종류 (KEC 333.11)] 특고 가공 전선로의 지지물로 사용하는 B종 철주, 철근 콘크리트주, 철탑의 종류는 다음과 같다.
① 직선형 : 전선로의 직선 부분(3° 이하의 수평 각도 이루는 곳 포함)에 사용되는 것
② 각도형 : 전선로 중 수형 각도 3°를 넘는 곳에 사용되는 것
③ 인류형 : 전 가섭선을 인류하는 곳에 사용하는 것
④ 내장형 : 전선로 지지물 양측의 경간차가 큰 곳에 사용하는 것
⑤ 보강형 : 전선로 직선 부분을 보강하기 위하여 사용하는 것

【정답】③

88. 빙설의 정도에 따라 풍압하중을 적용하도록 규정하고 있는 내용 중 옳은 것은? (단, 빙설이 많은 지방 중 해안지방 기타 저온계절에 최대풍압이 생기는 지방은 제외한다.) (산 10/1)

① 빙설이 많은 지방에서는 고온계절에서는 갑종 풍압하중, 저온계절에는 을종 풍압하중을 적용한다.
② 빙설이 많은 지방에서는 고온계절에는 을종 풍압하중, 저온계절에는 갑종 풍압하중을 적용한다.
③ 빙설이 적은 지방에서는 고온계절에서는 갑종 풍압하중, 저온계절에는 을종 풍압하중을 적용한다.
④ 빙설이 적은 지방에서는 고온계절에는 을종 풍압하중, 저온계절에는 갑종 풍압하중을 적용한다.

|정|답|및|해|설|

[풍압 하중의 종별과 적용 (KEC 331.6)]

지역		고온계절	저온계절
빙설이 많은 지방 이외의 지방		갑종	병종
빙설이 많은 지방	일반 지역	갑종	을종
	해안지방 기타 저온계절에 최대풍압이 생기는 지역	갑종	갑종과 을종 중 큰 값 선정
인가가 많이 연접되어 있는 장소		병종	병종

【정답】①

89. 조상설비의 조상기 내부에 고장이 생긴 경우 조상기의 용량이 몇 [kVA] 이상일 때 전로로부터 자동 차단하는 장치를 시설하여야 하는가?

① 5,000 ② 10,000
③ 15,000 ④ 20,000

[무효전력 보상장치의 보호장치 (KEC 351.5)] 조상 설비에는 그 내부에 고장이 생긴 경우에 보호하는 장치를 표와 같이 시설하여야 한다.

설비 종별	뱅크 용량의 구분	자동적으로 전로로부터 차단하는 장치
전력용 커패시터 및 분로리액터	500[kVA] 초과 15,000[kVA] 미만	· 내부에 고장이 생긴 경우 · 과전류가 생긴 경우
	15,000[kVA] 이상	· 내부에 고장이 생긴 경우 · 과전류가 생긴 경우 · 과전압이 생긴 경우
조상기	15,000[kVA] 이상	· 내부에 고장이 생긴 경우

【정답】③

90. 고압 가공전선로의 가공지선으로 나경동선을 사용하는 경우의 지름은 몇 [mm] 이상이어야 하는가?

① 3.2 ② 4.0
③ 5.5 ④ 6.0

[고압 가공전선로의 가공지선 (KEC 332.6)]
· 고압 가공전선로 : 인장강도 5.26[kN] 이상의 것 또는 4[mm] 이상의 나경동선
· 특고압 가공전선로 : 인장강도 8.01[kN] 이상의 나선 또는 5[mm] 이상의 나경동선 【정답】②

91. [삭제 문제]

※2021년 1월 1일부터 한국전기설비규정(KEC) 적용으로 인해 더 이상 출제되지 않는 문제입니다.

92. [삭제 문제]

※2021년 1월 1일부터 한국전기설비규정(KEC) 적용으로 인해 더 이상 출제되지 않는 문제입니다.

93. 지중전선로를 직접 매설식에 의하여 차량 기타 중량물의 압력을 받을 우려가 없는 장소에 기준에 적합하게 시설할 경우 매설 깊이는 최소 몇 [cm] 이상이면 되는가?

① 60 ② 80
③ 100 ④ 120

[지중 전선로의 시설 (KEC 334.1)]
· 지중 전선로는 전선에 케이블을 사용하고 또한 관로식, 암거식, 직접 매설식에 의하여 시설하여야 한다.
· 지중 전선로를 직접 매설식에 의하여 시설하는 경우에는 매설 깊이를 차량 기타 중량물의 압력을 받을 우려가 있는 장소에는 1.2[m] 이상, 기타 장소에는 60[cm] 이상으로 하고 또한 지중 전선을 견고한 트라프 기타 방호물에 넣어 시설하여야 한다.
【정답】④

94. [삭제 문제]

※2021년 1월 1일부터 한국전기설비규정(KEC) 적용으로 인해 더 이상 출제되지 않는 문제입니다.

95. 고압용 기계기구를 시설하여서는 안 되는 경우는?

① 발전소, 변전소, 개폐소 또는 이에 준하는 곳에 시설하는 경우
② 시가지 외로서 지표상 3[m]인 경우
③ 공장 등의 구내에서 기계기구의 주위에 사람이 쉽게 접촉할 우려가 없도록 적당한 울타리를 설치하는 경우
④ 옥내에 설치한 기계기구를 취급자 이외의 사람이 출입할 수 없도록 설치한 곳에 시설하는 경우

[고압용 기계기구의 시설 (KEC 341.9)]
① 시가지외 : 지표상 4[m] 이상의 높이에 시설
② 시가지 : 지표상 4.5[m] 이상의 높이에 시설
③ 기계기구 주위에 사람이 접촉할 우려가 없도록 적당한 울타리를 설치
【정답】②

96. 특고압용 변압기의 보호장치인 냉각장치에 고장이 생긴 경우 변압기의 온도가 현저하게 상승한 경우에 이를 경보하는 장치를 반드시 하지 않아도 되는 경우는?

① 유입 풍냉식　　② 유입 자냉식
③ 송유 풍냉식　　④ 송유 수냉식

|정|답|및|해|설|
[특별고압용 변압기의 보호 장치 (KEC 351.4)]

뱅크용량의 구분	동작조건	보호장치
5천 이상 1만[kVA] 미만	변압기 내부고장	경보장치 또는 자동차단장치
1만[kVA] 이상	변압기 내부고장	자동차단장치
타냉식변압기	·냉각장치 고장 ·변압기 온도 현저히 상승	경보장치

※유입 자냉식 변압기는 타냉식 변압기가 아니므로 반드시 경보장치를 설치 할 필요가 없다.

【정답】②

97. 옥내에 시설하는 전동기가 소손되는 것을 방지하기 위한 과부하 보호장치를 하지 않아도 되는 것은?

① 정격출력이 4[kW]이며, 취급자가 감시할 수 없는 경우
② 정격출력이 0.2[kW] 이하인 경우
③ 전동기가 소손할 수 있는 과전류가 생길 우려가 있는 경우
④ 정격출력이 10[kW] 이상인 경우

|정|답|및|해|설|
[저압전로 중의 전동기 보호용 과전류보호장치의 시설 (kec 212.6.4)] 옥내 시설하는 전동기의 과부하장치 생략 조건
1. 정격 출력이 0.2[kW] 이하인 경우
2. 전동기를 운전 중 상시 취급자가 감시할 수 있는 위치에 시설하는 경우
3. 전동기의 구조나 부하의 성질로 보아 전동기가 손상될 수 있는 과전류가 생길 우려가 없는 경우
4. 단상전동기를 그 전원측 전로에 시설하는 과전류 차단기의 정격전류가 16[A](배선용 차단기는 20[A]) 이하인 경우

【정답】②

98. [삭제 문제]

※2021년 1월 1일부터 한국전기설비규정(KEC) 적용으로 인해 더 이상 출제되지 않는 문제입니다.

99. [삭제 문제]

※2021년 1월 1일부터 한국전기설비규정(KEC) 적용으로 인해 더 이상 출제되지 않는 문제입니다.

100. 어떤 공장에서 케이블을 사용하는 사용전압이 22[kV]인 가공전선을 건물 옆쪽에서 1차 접근상태로 시설하는 경우 케이블과 건물의 조영재 이격거리는 몇 [cm] 이상이어야 하는가?

① 50　　② 80
③ 100　　④ 120

|정|답|및|해|설|
[특고압 가공전선과 건조물의 접근 (KEC 333.23)] 사용전압이 35[kV] 이하인 특고압 가공전선과 건조물의 조영재 이격거리는 다음과 같다.

건조물과 조영재의 구분	전선	접근형태	이격거리
상부 조영재	특고압 절연전선	위쪽	2.5[m]
		옆쪽 아래쪽	1.5[m] (전선에 사람이 쉽게 접촉할 우려가 없도록 시설한 경우는 1[m])
	케이블	위쪽	1.2[m]
		옆쪽 아래쪽	0.5[m]
	기타전선		3[m]
기타 조영재	특고압 절연전선		1.5[m] (전선에 사람이 쉽게 접촉할 우려가 없도록 시설한 경우는 1[m])
	케이블		0.5[m]
	기타 전선		3[m]

【정답】①

81. 저압 옥내전로의 인입구에 가까운 곳으로서 쉽게 개폐할 수 있는 곳에 개폐기를 시설하여야 한다. 그러나 사용전압이 400[V] 미만인 옥내전로로서 다른 옥내전로에 접속하는 길이가 몇 [m] 이하인 경우는 개폐기를 생략할 수 있는가? (단, 정격전류가 16[A] 이하인 과전류 차단기 또는 정격전류가 16[A]를 초과하고 20[A] 이하인 배선용 차단기로 보호되고 있는 것에 한한다.)

① 15 　　　　② 20
③ 25 　　　　④ 30

|정|답|및|해|설|
[저압 옥내전로 인입구에서의 개폐기의 시설 (kec 212.6.2)] 사용전압이 400[V] 미만인 옥내전로로서 다른 옥내전로(정격전류가 16[A]인 과전류 차단기, 정격전류가 16[A] 초과하고 20[A] 이하인 배선용 차단기로 보호되고 있는 것)에 접속하는 길이가 15[m] 이하인 경우 인입구 개폐기를 생략할 수 있다.
【정답】①

82. 저압 또는 고압의 가공 전선로와 기설 가공 약전류 전선로가 병행할 때 유도작용에 의한 통신상의 장해가 생기지 않도록 전선과 기설 약전류 전선간의 이격거리는 몇 [m] 이상이어야 하는가? (단, 전기철도용 급전선과 단선식 전화선로는 제외한다.)

① 2 　　　　② 3
③ 4 　　　　④ 6

|정|답|및|해|설|
[가공 약전류 전선로의 유도장해 방지 (KEC 332.1)] 저압 또는 고압 가공전선로와 기설 가공 약전류 전선로가 병행하는 경우에는 유도작용에 의하여 통신상의 장해가 생기지 아니하도록 전선과 기설 약전류 전선간의 이격거리는 2[m] 이상이어야 한다.
【정답】①

83. 백열전등 또는 방전등에 전기를 공급하는 옥내전로의 대지전압은 몇 [V] 이하를 원칙으로 하는가?

① 300[V] 　　　　② 380[V]
③ 440[V] 　　　　④ 600[V]

|정|답|및|해|설|
[1[kV] 이하 방전등 (kec 234.11)] 백열전등 또는 방전등에 전기를 공급하는 옥내의 전로의 대지전압은 300[V] 이하이어야 하며, 다음 각 호에 의하여 시설하여야 한다. 다만, 대지전압 150[V] 이하의 전로인 경우에는 다음 각 호에 의하지 아니할 수 있다.
① 방전등 및 이에 부속하는 전선은 사람이 접촉할 우려가 없도록 시설할 것
② 방전등용 안정기는 옥내배선과 직접 접속하여 시설할 것
【정답】①

84. 폭연성 분진 또는 화약류의 분말이 존재하는 곳의 저압 옥내배선은 어느 공사에 의하는가?

① 애자사용 공사 또는 가요전선관 공사
② 캡타이어케이블 공사
③ 합성수지관 공사
④ 금속관공사 또는 케이블 공사

|정|답|및|해|설|
[분진 위험 장소 (KEC 242.2)]
① 폭연성 분진 : 설비를 금속관 공사 또는 케이블 공사(캡타이어 케이블 제외)
② 가연성 분진 : 합성수지관 공사, 금속관 공사, 케이블 공사
【정답】④

85. 사용전압이 35,000[V]인 기계기구를 옥외에 시설하는 개폐소의 구내에 취급자 이외의 자가 들어가지 않도록 울타리를 설치할 때 울타리와 특고압의 충전부분이 접근하는 경우에는 울타리의 높이와 울타리로부터 충전부분까지의 거리의 합계는 몇 [m] 이상으로 하여야 하는가?

① 4 　　　　② 5
③ 6 　　　　④ 7

|정|답|및|해|설|
[특별고압용 기계기구의 시설 (KEC 341.4)] 기계 기구를 지표상 5[m] 이상의 높이에 시설하고 또한 사람이 접촉할 우려가 없도록 시설하는 경우 다음과 같이 시설한다.

사용전압의 구분	울타리·담 등의 높이와 울타리·담 등으로부터 충전부분까지의 거리의 합계
35[kV] 이하	5[m]
35[kV] 초과 160[kV] 이하	6[m]
160[kV] 초과	·거리의 합계 $= 6 + $ 단수 $\times 0.12$[m] ·단수 $= \dfrac{\text{사용전압}[kV] - 160}{10}$ (단수 계산에서 소수점 이하는 절상)

【정답】②

86. [삭제 문제]

> ※2021년 1월 1일부터 한국전기설비규정(KEC) 적용으로 인해 더 이상 출제되지 않는 문제입니다.

87. 일반주택 및 아파트 각 호실의 현관에 조명용 백열전등을 설치할 때 사용하는 타임스위치는 몇 [분] 이내에 소등 되는 것을 시설하여야 하는가?

① 1분
② 3분
③ 5분
④ 10분

|정|답|및|해|설|
[점멸기의 시설 (KEC 234.6)]
·숙박시설, 호텔, 여관 각 객실 입구등은 1분
·거주시설, 일반 주택 및 아파트 현관등은 3분

【정답】②

88. 폭발성 또는 연소성의 가스가 침입할 우려가 있는 것에 지중함을 설치할 경우 지중함의 크기가 몇 $[m^3]$ 이상이면 통풍장치 기타 가스를 방산시키기 위한 적당한 장치를 시설하여야 하는가?

① $1[m^3]$
② $3[m^3]$
③ $5[m^3]$
④ $10[m^3]$

|정|답|및|해|설|
[지중함의 시설 (KEC 334.2)] 지중 전선로를 시설하는 경우 폭발성 또는 연소성의 가스가 침입할 우려가 있는 곳에 시설하는 지중함으로 그 크기가 1[m³] 이상인 것은 통풍장치 기타 가스를 방산시키기 위한 장치를 하여야 한다. 【정답】①

89. 지중전선로는 기설 지중 약전류 전선로에 대하여 다음의 어느 것에 의하여 통신상의 장해를 주지 아니하도록 기설 약전류 전선로로부터 충분히 이격시키는가?

① 충전전류 또는 표피작용
② 누설전류 또는 유도작용
③ 충전전류 또는 유도작용
④ 누설전류 또는 표피작용

|정|답|및|해|설|
[지중 약전류 전선에의 유도장해의 방지 (KEC 334.5)]
지중전선로는 기설 지중 약전류 전선로에 대하여 누설전류 또는 유도작용에 의하여 통신상의 장해를 주지 아니하도록 기설 약전류 전선로로부터 충분히 이격시키거나 기타 적당한 방법으로 시설하여야 한다. 【정답】②

90. 발전소에서 장치를 시설하여 계측하지 않아도 되는 것은?

① 발전기의 회전자 온도
② 특고압용 변압기의 온도
③ 발전기의 전압 및 전류 또는 전력
④ 주요 변압기의 전압 및 전류 또는 전력

|정|답|및|해|설|
[계측장치의 시설 (KEC 351.6)] 발전소에 시설하여야 하는 계측장치
1. 발전기·연료전지 또는 태양전지 모듈의 전압 및 전류 또는 전력
2. 발전기의 베어링 및 고정자의 온도
3. 정격출력이 10,000[kW]를 초과하는 증기 터빈에 접속하는 발전기의 진동의 진폭
4. 주요 변압기의 전압 및 전류 또는 전력
5. 특고압용 변압기의 온도 【정답】①

91. 저압 가공전선과 건조물의 상부 조영재와의 옆쪽으로 접근하는 경유 저압 가공전선과 건조물의 조영재 사이의 이격거리는 몇 [m] 이상이어야 하는가? (단, 전선에 사람이 쉽게 접촉할 우려가 없도록 시설한 경우와 전선이 고압 절연전선, 특고압절연전선 또는 케이블인 경우는 제외한다.)

① 0.6　　　　　　② 0.8
③ 1.2　　　　　　④ 2.0

|정|답|및|해|설|

[저고압 가공 전선과 건조물의 접근 (KEC 332.11)] 저·고압 가공전선과 건조물의 조영재 사이의 이격거리

건조물 조영재의 구분	접근 형태	이격거리
상부 조영재	위쪽	2[m] (케이블인 경우는 1[m])
	옆쪽 아래	1.2[m] (사람이 쉽게 접촉할 우려가 없도록 시설한 경우 80[cm], 케이블인 경우 40[cm])
기타 조영재		1.2[m] (사람이 쉽게 접촉할 우려가 없도록 시설한 경우 80[cm], 케이블인 경우 40[cm])

【정답】③

92. 변압기의 고압측 전로와의 혼촉에 의하여 저압 전로의 대지 전압이 150[V]를 넘는 경우에 2초 이내에 고압 전로를 자동 차단하는 장치가 되어 있는 6600/220[V]배전 선로에 있어서 1선 지락전류가 2[A] 이면 접지저항 값의 최대는 얼마인가?

① 50[Ω]　　　　② 75[Ω]
③ 150[Ω]　　　④ 350[Ω]

|정|답|및|해|설|

[변압기 중성점 접지의 접지저항 (KEC 142.5)] 150[V] 넘으면 2초 이내 자동 차단, 1선 지락 전류의 최소값은 2[A]이므로

$$\therefore R_2 = \frac{300}{1선 지락 전류} = \frac{300}{2} = 150[\Omega]$$

【정답】③

93. [삭제 문제]

> ※2021년 1월 1일부터 한국전기설비규정(KEC) 적용으로 인해 더 이상 출제되지 않는 문제입니다.

94. 지중 전선로를 직접 매설식에 의하여 차량 기타 중량물의 압력을 받을 우려가 있는 장소에 시설하는 경우 그 깊이는 몇 [m] 이상 인가?

① 1　　　　　　② 1.2
③ 1.5　　　　　④ 2

|정|답|및|해|설|

[지중 전선로의 시설 (KEC 334.1)]
· 지중 전선로는 전선에 케이블을 사용하고 또한 관로식, 암거식, 직접 매설식에 의하여 시설하여야 한다.
· 지중 전선로를 직접 매설식에 의하여 시설하는 경우에는 매설 깊이를 차량 기타 중량물의 압력을 받을 우려가 있는 장소에는 1.2[m] 이상, 기타 장소에는 60[cm] 이상으로 하고 또한 지중 전선을 견고한 트라프 기타 방호물에 넣어 시설하여야 한다.
※관로식에 의하여 시설하는 경우에는 매설 깊이를 1.0[m] 이상으로 하되, 매설 깊이가 충분하지 못한 장소에는 견고하고 차량 기타 중량물의 압력에 견디는 것을 사용할 것. 다만 중량물의 압력을 받을 우려가 없는 곳은 60[cm] 이상으로 한다.　　【정답】②

95. 66[kV] 가공전선과 6[kV] 가공전선을 동일 지지물에 병가하는 경우에 특별고압 가공 전선의 굵기는 몇 [mm^2] 이상의 경동연선을 사용하여야 하는가?

① 22　　　　　　② 38
③ 55　　　　　　④ 100

|정|답|및|해|설|

[특고압 가공전선과 저고압 가공전선 등의 병행설치 (KEC 333.17)]

	35[kV] 초과 100[kV] 미만	35[kV] 이하
이격거리	2[m] 이상	1.2[m] 이상
사용 전선	인장 강도 21.67[kN] 이상의 연선 또는 <u>단면적이 55[㎟] 이상인 경동 연선</u>	연선

【정답】③

96. 가공전선로의 지지물에 하중이 가하여지는 경우에 그 하중을 받는 지지물의 기초의 안전율은 일반적인 경우 얼마 이상이어야 하는가?

① 1.2   ② 1.5

③ 1.8   ④ 2

|정|답|및|해|설|
[가공전선로 지지물의 기초 안전율 (KEC 331.7)] 가공전선로의 지지물에 하중이 가하여지는 경우에 그 하중을 받는 지지물의 기초의 안전율 2 이상(단, 이상시 상전하중에 대한 철탑의 기초에 대하여는 1.33)이어야 한다.
※안전율
1.33 : 이상시 상정하중 철탑의 기초
1.5 : 케이블트레이, 안테나
2.0 : 기초 안전율
2.2 : 경동선/내열동 합금선
2.5 : 지선, ACSD, 기타 전선   【정답】④

97. [삭제 문제]

> ※2021년 1월 1일부터 한국전기설비규정(KEC) 적용으로 인해 더 이상 출제되지 않는 문제입니다.

98. 고압 가공전선로의 지지물로 철탑을 사용하는 경우 최대경간은 몇 [m]인가?

① 150   ② 200

③ 250   ④ 600

|정|답|및|해|설|
[고압 가공전선로의 경간의 제한 (KEC 332.9)]

지지물의 종류	표준 경간	25[㎟] 이상의 경동선 사용
목주·A종 철주 또는 A종 철근 콘크리트 주	150[m] 이하	300[m] 이하
B종 철주 또는 B종 철근 콘크리트 주	250[m] 이하	500[m] 이하
철탑	600[m] 이하	600[m] 이하

【정답】④

99. [삭제 문제]

> ※2021년 1월 1일부터 한국전기설비규정(KEC) 적용으로 인해 더 이상 출제되지 않는 문제입니다.

100. 다음의 ⓐ, ⓑ에 들어갈 내용으로 옳은 것은?

> 과전류 차단기로 시설하는 퓨즈 중 고압전로에 사용하는 비포장 퓨즈는 정격전류의 (ⓐ)배의 전류에 견디고 또한 2배의 전류로 (ⓑ)분 안에 용단되는 것이어야 한다.

① ⓐ 1.1, ⓑ 1   ② ⓐ 1.2, ⓑ 1

③ ⓐ 1.25, ⓑ 2   ④ ⓐ 1.3, ⓑ 2

|정|답|및|해|설|
[고압 및 특고압 전로 중의 과전류 차단기의 시설 (KEC 341.11)]
① 고압 전로에 사용되는 포장 퓨즈는 정격 전류의 1.3배에 견디고 2배의 전류에 120분 안에 용단되는 것
② 고압 전로에 사용되는 비포장 퓨즈는 정격 전류의 1.25배에 견디고 2배의 전류에 2분 안에 용단되는 것
【정답】③

1회

81. 태양전지 모듈 시설에 대한 설명 중 옳은 것은?

① 충전 부분은 노출하여 시설할 것

② 출력배선은 극성별로 확인 가능토록 표시할 것

③ 전선은 공칭단면적 1.5[mm²] 이상의 연동선을 사용할 것

④ 전선을 옥내에 시설할 경우에는 애자사용공사에 준하여 시설할 것

|정|답|및|해|설|

[태양전지 모듈의 시설 (kec 520)]

1. 충전부분은 노출되지 아니하도록 시설할 것

2. 전선은 공칭단면적 2.5[mm²] 이상의 연동선 또는 이와 동등 이상의 세기 및 굵기의 것일 것

3. 옥내에 시설할 경우에는 합성수지관공사, 금속관공사, 가요전선관공사 또는 케이블공사에 준하여 시설할 것

【정답】②

82. 저압 옥상 전선로를 전개한 장소에 시설하는 내용으로 틀린 것은?

① 전선은 절연전선일 것

② 전선은 지름 2.5[mm²] 이상의 경동선일 것

③ 전선과 그 저압 옥상 전선로를 시설하는 조영재와의 이격거리는 2[m] 이상일 것

④ 전선은 조영재에 내수성이 있는 애자를 사용하여 지지하고 그 지지점 간의 거리는 15[m] 이하 일 것

|정|답|및|해|설|

[저압 옥상전선로의 시설 (KEC 221.3)]

① 전선은 절연전선일 것

② 전선은 인장강도 2.30[kN] 이상의 것 또는 지름이 2.6[mm] 이상의 경동선을 사용한다.

③ 전선은 조영재에 견고하게 붙인 지지주 또는 지지대에 절연성·난연성 및 내수성이 있는 애자를 사용하여 지지하고 또한 그 지지점 간의 거리는 15[m] 이하일 것

④ 전선과 그 저압 옥상 전선로를 시설하는 조영재와의 이격거리는 2[m](전선이 고압절연전선, 특고압 절연전선 또는 케이블인 경우에는 1[m]) 이상일 것

【정답】②

83. 무대, 무대마루 밑, 오케스트라 박스, 영사실 기타 사람이나 무대 도구가 접촉할 우려가 있는 곳에 시설하는 저압 옥내 배선, 전구선, 또는 이동전선은 사용전압이 몇 [V]이어야 하는가?

① 60 ② 110

③ 220 ④ 400

|정|답|및|해|설|

[전시회, 쇼 및 공연장의 전기설비 (KEC 242.6)] 사람이나 무대도구가 접촉할 우려가 있는 곳에 시설하는 저압옥내에선, 전구선 또는 이동전선은 사용전압이 400[V] 미만일 것

【정답】④

84. 과전류차단기로 시설하는 퓨즈 중 고압전로에 사용하는 포장 퓨즈는 정격전류의 몇 배의 전류에 견디어야 하는가?

① 1.1 ② 1.25

③ 1.3 ④ 1.6

[고압 및 특고압 전로 중의 과전류차단기의 시설 (KEC 341.11)]

· 포장 퓨즈 : 정격전류의 1.3배의 전류에 견디고 또한 2배의 전류로 120분 안에 용단되는 것 또는 다음에 적합한 고압전류제한 퓨즈이어야 한다.

· 비포장 퓨즈 : 정격전류의 1.25배의 전류에 견디고 또한 2배의 전류로 2분 안에 용단되는 것이어야 한다.

【정답】③

85. 다음 중 터널 안 전선로의 시설방법으로 옳은 것은?

① 저압 전선은 지름 2.6[mm]의 경동선의 절연선을 사용하였다.

② 고압 전선은 절연전선을 사용하여 합성 수지관 공사로 하였다.

③ 저압 전선을 애자사용 공사에 의하여 시설하고 이를 레일면상 또는 노면상 2.2[m]의 높이로 시설하였다.

④ 고압 전선을 금속관 공사에 의하여 시설하고 이를 레일면상 또는 노면상 2.4[m]의 높이로 시설한다.

[터널 안 전선로의 시설 (KEC 335.1)]

전압	전선의 굵기	시공 방법	애자사용 공사 시 높이
고압	4[mm] 이상의 경동선의 절연전선	·케이블공사 ·애자사용공사	노면상, 레일면상 3[m] 이상
저압	인장강도 2.3[kN] 이상의 절연전선 또는 2.6[mm] 이상의 경동선의 절연전선	·합성수지관공사 ·금속관공사 ·가요전선관 사 ·케이블공사 ·애자사용공사	노면상, 레일면상 2.5[m] 이상

【정답】①

86. 저압 옥측 전선로의 공사에서 목조 조영물에 시설할 수 있는 공사방법은?

① 금속관 공사

② 버스덕트 공사

③ 합성수지관공사

④ 연피 또는 알루미늄 케이블공사

[저압 옥측 전선로의 시설저압 옥측 전선로 (KEC 221.2)]

① 애자사용공사(전개된 장소에 한한다)

② 합성수지관공사

③ 금속관공사(목조 이외의 조영물에 시설하는 경우에 한한다)

④ 버스덕트공사[목조 이외의 조영물(점검할 수 없는 은폐된 장소를 제외한다)에 시설하는 경우에 한한다]

⑤ 케이블공사(연피 케이블·알루미늄피 케이블 또는 미네럴인슈레이션게이블을 사용하는 경우에는 목조 이외의 조영물에 시설하는 경우에 한한다) 【정답】③

87. 특고압을 직접 저압으로 변성하는 변압기를 시설하여서는 아니 되는 것은?

① 광산에서 물을 양수하기 위한 양수기용 변압기

② 전기로 등 전류가 큰 전기를 소비하기 위한 변압기

③ 교류식 전기철도용 신호회로에 전기를 공급하기 위한 변압기

④ 발전소·변전소·개폐소 또는 이에 준하는 곳의 소내용 변압기

[특고압을 직접 저압으로 변성하는 변압기의 시설 (KEC 341.3)]

1. 전기로 등 전류가 큰 전기를 소비하기 위한 변압기

2. 발전소·변전소·개폐소 또는 이에 준하는 곳의 소내용 변압기

3. 25[kV] 이하 중성점 다중 접지식 전로에 접속하는 변압기

4. 사용전압이 35[kV] 이하인 변압기로서 그 특고압측 권선과 저압측 권선이 혼촉한 경우에 자동적으로 변압기를 전로로부터 차단하기 위한 장치를 설치한 것.

5. 교류식 전기철도용 신호회로에 전기를 공급하기 위한 변압기

【정답】①

88. 케이블 트레이 공사에 사용하는 케이블 트레이의 시설기준으로 틀린 것은?

① 케이블 트레이 안전율은 1.3 이상이어야 한다.

② 비금속제 케이블 트레이는 난연성 재료의 것이어야 한다.

③ 전선의 피복 등을 손상시킬 돌기 등이 없이 매끈해야 한다.

④ 금속제 트레이는 접지공사를 하여야 한다.

|정|답|및|해|설|
[케이블 트레이 공사 (KEC 232.15)]
1. 전선은 연피 케이블, 알루미늄피 케이블 등 난연성 케이블, 기타 케이블 또는 금속관 혹은 합성수지관 등에 넣은 절연전선을 사용하여야 한다.
2. 수용된 모든 전선을 지지할 수 있는 적합한 강도의 것이어야 한다. 이 경우 케이블 트레이의 안전율은 1.5 이상으로 하여야 한다.
3. 비금속제 케이블 트레이는 난연성 재료의 것이어야 한다.
4. 금속제 케이블 트레이는 kec140에 의한 접지공사를 하여야 한다.

【정답】①

89. 전로에 대한 설명 중 옳은 것은?
① 통상의 사용 상태에서 전기를 절연한 곳
② 통상의 사용 상태에서 전기를 접지한 곳
③ 통상의 사용 상태에서 전기가 통하고 있는 곳
④ 통상의 사용 상태에서 전기가 통하고 있지 않은 곳

|정|답|및|해|설|
[용어정리] 전로란 보통의 사용 상태에서 전기를 통하는 회로의 일부나 전부를 말한다.

【정답】③

90. 고압 가공전선으로 경동선 또는 내열 동합금선을 사용할 때 그 안전율은 최소 얼마 이상이 되는 이도로 시설하여야 하는가?
① 2.0
② 2.2
③ 2.5
④ 3.3

|정|답|및|해|설|
[저·고압 가공전선의 안전율 (KEC 331.14.2)]
고압 가공전선은 케이블인 경우 이외에는 다음 각 호에 규정하는 경우에 그 안전율이 경동선 또는 내열 동합금선은 2.2 이상, 그 밖의 전선은 2.5 이상이 되는 이도로 시설하여야 한다.

【정답】②

91. 최대 사용전압이 23,000[V]인 권선으로서 중성점 접지식 전로에 접속하는 변압기는 몇 [V]의 절연내력 시험전압에 견디어야 하는가? (단, 중성점 접지식 전로는 중성선을 가지는 것으로서 그 중성선에 다중접지를 하는 것임)
① 21,160
② 25,300
③ 38,750
④ 34,500

|정|답|및|해|설|
[전로의 절연저항 및 절연내력 (KEC 132)]

접지방식	최대 사용 전압	시험 전압(최대 사용 전압 배수)	최저 시험 전압
비접지	7[kV] 이하	1.5배	
	7[kV] 초과	1.25배	10,500[V]
중성점접지	60[kV] 초과	1.1배	75[kV]
중성점직접접지	60[kV] 초과 170[kV] 이하	0.72배	
	170[kV] 초과	0.64배	
중성점 다중접지	25[kV] 이하	0.92배	

※ 전로에 케이블을 사용하는 경우에는 직류로 시험할 수 있으며, 시험 전압은 교류의 경우의 2배가 된다.
$23000 \times 0.92 = 21,160[V]$

【정답】①

92. [삭제 문제]

※2021년 1월 1일부터 한국전기설비규정(KEC) 적용으로 인해 더 이상 출제되지 않는 문제입니다.

93. 고압 보안공사에서 지지물이 A종 철주인 경우 경간은 몇 [m] 이하 인가?
① 100
② 150
③ 250
④ 400

|정|답|및|해|설|
[고압 보안공사 (KEC 332.10)]

지지물의 종류	경간
목주 · A종 철주 또는 A종 철근 콘크리트주	100[m]
B종 철주 또는 B종 철근 콘크리트주	150[m]
철탑	400[m]

【정답】①

94. [삭제 문제]

> ※2021년 1월 1일부터 한국전기설비규정(KEC) 적용으로 인해 더 이상 출제되지 않는 문제입니다.

95. 가공전선로 지지물의 승탑 및 승주 방지를 위한 발판 볼트는 지표상 몇 [m] 미만에 시설하여서는 아니 되는가?

① 1.2
② 1.5
③ 1.8
④ 2.0

|정|답|및|해|설|
[가공전선로 지지물의 철탑오름 및 전주오름 방지 (KEC 331.4)]
가공전선로의 지지물에 취급자가 오르고 내리는데 사용하는 발판 볼트 등을 지표상 1.8[m] 미만에 시설하여서는 아니 된다.

【정답】③

96. 일반적으로 저압 옥내간선에서 분기하여 전기사용 기계·기구에 이르는 저압 옥내 전로는 저압 옥내 간선과의 분기점에서 전선의 길이가 몇 [m] 이하인 곳에 개폐기 및 과전류 차단기를 시설하여야 하는가?

① 2
② 3
③ 4
④ 5

|정|답|및|해|설|
[과부하 보호장치의 설치 위치 (kec 212.4.2)] 저압 옥내간선과의 분기점에서 전선의 길이가 3[m] 이하인 곳에 개폐기 및 과전류 차단기를 시설할 것

【정답】②

97. 사용전압이 60[kV] 이하인 경우 전화 선로의 길이를 12[km] 마다 유도전류는 몇 [μA]를 넘지 않도록 하여야 하는가?

① 1
② 2
③ 3
④ 4

|정|답|및|해|설|
[유도장해의 방지 (KEC 333.2)]
① 사용전압이 60[kV] 이하인 경우에는 전화선로의 길이 12[km] 마다 유도전류가 2[μA]를 넘지 아니하도록 할 것.

② 사용전압이 60[kV]를 초과하는 경우에는 전화선로의 길이 40[km] 마다 유도전류가 3[μA]을 넘지 아니하도록 할 것.

【정답】②

98. 발전소·변전소·개폐소 또는 이에 준하는 곳에서 개폐기 또는 차단기에 사용하는 압축 공기장치의 공기압축기는 최고 사용압력의 1.5배의 수압을 연속하여 몇 분간 가하여 시험을 하였을 때에 이에 견디고 또한 새지 아니하여야 하는가?

① 5
② 10
③ 15
④ 20

|정|답|및|해|설|
[SF6 가스취급설비 (KEC 341.17)]
발전소·변전소·개폐소 또는 이에 준하는 곳에서 개폐기 또는 차단기에 사용하는 압축공기장치는 최고 사용압력의 1.5배의 수압(수압을 연속하여 10분간 가하여 시험을 하기 어려울 때에는 최고 사용압력의 1.25배의 기압)을 연속하여 10분간 가하여 시험을 하였을 때에 이에 견디고 또한 새지 아니할 것.

【정답】②

99. 금속덕트 공사에 의한 저압 옥내배선공사 시설에 대한 설명으로 틀린 것은?

① 덕트에는 접지공사를 한다.
② 금속덕트는 두께 1.0[mm] 이상인 절편으로 제작하고 덕트 상호간에 안전하게 접속한다.
③ 덕트를 조영재에 붙이는 경우 덕트 지지점 간의 거리를 3[m] 이하로 견고하게 붙인다.
④ 금속덕트에 넣은 전선의 단면적의 합계가 덕트의 내부 단면적의 20[%] 이하가 되도록 한다.

|정|답|및|해|설|
[금속 덕트 공사 (KEC 232.9)]
1. 금속 덕트의 폭이 5[cm]를 초과하고 또한 두께가 1.2[mm] 이상인 철판 또는 동등 이상의 세기를 가지는 금속제의 것으로 견고하게 제작한 것일 것
2. 덕트는 kec140에 준하여 접지공사를 할 것

【정답】②

100. 그림은 전력선 반송통신용 결합장치의 보안장치를 나타낸 것이다. S의 명칭으로 옳은 것은?

① 동축케이블　　② 결합 콘덴서
③ 접지용 개폐기　④ 구상용 방전캡

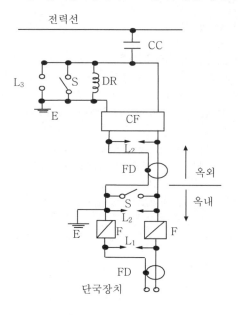

단국장치

|정|답|및|해|설|
[전력선 반송 통신용 결합장치의 보안장치 (KEC 362.10)]
FD : 동축케이블
F : 정격전류 10[A] 이하의 포장 퓨즈
DR : 전류 용량 2[A] 이상의 배류 선륜
L_1 : 교류 300[V] 이하에서 동작하는 피뢰기
L_2 : 동작 전압이 교류 1,300[V]를 초과하고 1,600[V] 이하로 조정된 방전갭
L_3 : 동작 전압이 교류 2[kV]를 초과하고 3[kV] 이하로 조정된 구상 방전갭
S : 접지용 개폐기
CF : 결합 필타
CC : 결합 커패시터(결합 안테나를 포함한다)
E : 접지　　　　　　　　　　　　【정답】③

81. 애자사용 공사에 의한 저압 옥내배선 시설 중 틀린 것은?

① 전선은 인입용 절연전선일 것
② 전선 상호간의 간격은 6[cm] 이상일 것
③ 전선의 지지점 간의 거리는 전선을 조영재의 윗면에 따라 붙일 경우에는 2[m] 이하일 것
④ 전선과 조영재 사이의 이격거리는 사용전압이 400[V] 미만일 경우에는 2.5[cm] 이상일 것

|정|답|및|해|설|
[애자사용 공사 (KEC 232.3)]
① 전선은 절연전선(옥외용 비닐 절연전선 및 인입용 비닐 절연전선을 제외한다)일 것
② 전선 상호 간의 간격은 6[cm] 이상일 것
③ 전선과 조영재 사이의 이격거리는 사용전압이 400[V] 미만인 경우에는 2.5[cm] 이상, 400[V] 이상인 경우에는 4.5[cm](건조한 장소에 시설하는 경우에는 2.5[cm])이상일 것
④ 전선의 지지점 간의 거리는 전선을 조영재의 윗면 또는 옆면에 따라 붙일 경우에는 2[m] 이하일 것

【정답】①

82. 저압 및 고압 가공전선의 최소 높이는 도로를 횡단하는 경우와 철도를 횡단하는 경우에 각각 몇 [m] 이상이어야 하는가?

① 도로 : 지표상 5[m], 철도 : 레일면상 6[m]
② 도로 : 지표상 5[m], 철도 : 레일면상 6.5[m]
③ 도로 : 지표상 6[m], 철도 : 레일면상 6[m]
④ 도로 : 지표상 6[m], 철도 : 레일면상 6.5[m]

|정|답|및|해|설|
[저·고압 가공전선의 높이 KEC 222.7, (KEC 332.5)]
저·고압 가공 전선의 높이는 다음과 같다.
① 도로 횡단 : 6[m] 이상
② 철도 횡단 : 레일면상 6.5[m] 이상
③ 횡단 보도교 위 : 3.5[m](고압 4[m])
④ 기타 : 5[m] 이상　　　　　　　【정답】④

83. [삭제 문제]

> ※2021년 1월 1일부터 한국전기설비규정(KEC) 적용으로 인해 더 이상 출제되지 않는 문제입니다.

84. 접지공사의 접지극을 시설할 때 동결 깊이를 감안하여 지하 몇 [cm] 이상의 깊이를 매설하여야 하는가?

① 60
② 75
③ 90
④ 100

|정|답|및|해|설|
[접지극의 시설 및 접지저항 (KEC 142.2)] 접지극은 지표면으로부터 지하 0.75[m] 이상으로 하되 동결 깊이를 감안하여 매설 깊이를 정해야 한다. 【정답】②

85. [삭제 문제]

> ※2021년 1월 1일부터 한국전기설비규정(KEC) 적용으로 인해 더 이상 출제되지 않는 문제입니다.

86. 발전용 수력 설비에서 필댐의 축제 재료로 필댐의 본체에 사용하는 토질 재료로 적합하지 않은 것은?

① 묽은 진흙으로 되지 않을 것
② 댐의 안정에 필요한 강도 및 수밀성이 있을 것
③ 유기물을 포함하고 있으며 광물 성분은 불용성일 것
④ 댐의 안정에 지장을 줄 수 있는 팽창성 또는 수축성이 없을 것

|정|답|및|해|설|
[필댐 축제 자료 (기술기준 제45조)] 필댐의 본체에 사용하는 토질 재료는 다음에 적합한 것이어야 한다.
① 묽은 진흙으로 되지 않을 것
② 댐의 안정에 필요한 강도 및 수밀성이 있을 것
③ 유기물이 포함되지 않고 광물 성분은 불용성일 것
④ 댐의 안정에 지장을 줄 수 있는 팽창성 또는 수축성이 없을 것
【정답】③

87. 전기울타리용 전원 장치에 전기를 공급하는 전로의 사용전압은 몇 [V] 이하이어야 하는가?

① 150
② 200
③ 250
④ 300

|정|답|및|해|설|
[전기울타리의 시설 (KEC 241.1)]
① 전로의 사용전압은 250[V] 이하
② 전기울타리를 시설하는 곳에는 사람이 보기 쉽도록 적당한 간격으로 위험표시를 할 것
③ 전선은 인장강도 1.38[kN] 이상의 것 또는 지름 2[mm] 이상의 경동선일 것
④ 전선과 이를 지지하는 기둥 사이의 이격거리는 2.5[cm] 이상일 것
⑤ 전선과 다른 시설물(가공 전선을 제외한다) 또는 수목 사이의 이격거리는 30[cm] 이상일 것
⑥ 전기울타리에 전기를 공급하는 전로에는 쉽게 개폐할 수 있는 곳에 전용 개폐기를 시설하여야 한다.
【정답】③

88. 사용전압이 22.9[kV]인 특고압 가공전선로(중성선 다중접지식의 것으로서 전로에 지락이 생겼을 때에 2초 이내에 자동적으로 이를 전로로부터 차단하는 장치가 되어 있는 것에 한한다.)가 상호간 접근 또는 교차하는 경우 사용전선이 양쪽 모두 케이블인 경우 이격거리는 몇 [m] 이상인가?

① 0.25
② 0.5
③ 0.75
④ 1.0

|정|답|및|해|설|
[25[kV] 이하인 특고압 가공전선로의 시설 (KEC 333.32)]
특고압 가공전선이 도로 등의 아래쪽에서 접근하여 시설될 때에는 상호간의 이격거리

전선의 종류	이격거리[m]
나전선	1.5
특고압 절연전선	1
케이블	0.5

【정답】②

89. 전력계통의 일부가 전력계통의 전원과 전기적으로 분리된 상태에서 분산형 전원에 의해서만 가압되는 상태를 무엇이라 하는가?

① 계통연계　　　　② 접속설비

③ 단독운전　　　　④ 단순 병렬운전

|정|답|및|해|설|
[계통 연계용 보호장치의 시설 (kec 503.2.4)]
· 독립형 전원(단독 운전) : 전력계통의 일부가 전력계통의 <u>전원</u>
　<u>과 전기적으로 분리된 상태</u>
· 계통 연계형 전원 : 전력계통의 일부가 전력계통의 전원과 전기
　적으로 연결된 상태　　　　　　　　　　　　【정답】③

90. 고압 가공인입선이 케이블 이외의 것으로서 그 아래에 위험 표시를 하였다면 전선의 지표상 높이는 몇 [m]까지로 감할 수 있는가?

① 2.5m　　　　② 3.5m

③ 4.5m　　　　④ 5.5m

|정|답|및|해|설|
[고압 가공인입선의 시설 (KEC 331.12.1)]
· 인장강도 8.01[kN] 이상의 고압절연전선 또는 5[mm] 이상의 경
　동선 사용
· <u>고압 가공 인입선의 높이 3.5[m]까지 감할 수 있다</u>(전선의 아래
　쪽에 위험표시를 할 경우).
· 고압 연접 인입선은 시설하여서는 아니 된다.
　　　　　　　　　　　　　　　　　　　　　　【정답】②

91. 특고압의 기계기구·모선 등을 옥외에 시설하는 변전소의 구내에 취급자 이외의 자가 들어가지 못하도록 시설하는 울타리·담 등의 높이는 몇 [m] 이상으로 하여야 하는가?

① 2　　　　② 2.2

③ 2.5　　　　④ 3

|정|답|및|해|설|
[발전소 등의 울타리·담 등의 시설 (KEC 351.1)] 고압 또는 특고압의
기계기구모선 등을 옥외에 시설하는 발전소·변전소·개폐소 또는 이에
준하는 곳의 울타리·담 등의 높이는 2[m] 이상으로 하고 지표면과
울타리·담 등의 하단사이의 간격은 15[cm] 이하로 할 것.
　　　　　　　　　　　　　　　　　　　　　　【정답】①

92. 가반형의 용접전극을 사용하는 아크 용접장치의 용접변압기의 1차측 전로의 대지 전압을 몇 [V] 이하이어야 하는가?

① 60　　　　② 150

③ 300　　　　④ 400

|정|답|및|해|설|
[아크 용접기 (KEC 241.10)]
· 용접변압기는 <u>절연변압기일 것</u>.
· 용접변압기의 <u>1차측 전로의 대지전압은 300[V] 이하일 것</u>.
　　　　　　　　　　　　　　　　　　　　　　【정답】③

93. 지중 전선로를 직접 매설식에 의하여 시설할 때, 차량 기타 중량물의 압력을 받을 우려가 있는 장소의 매설 깊이는 몇 [cm] 이상이어야 하는가?

① 60　　　　② 100

③ 120　　　　④ 150

|정|답|및|해|설|
[지중 전선로의 시설 (KEC 334.1)] 전선은 케이블을 사용하고, 또
한 <u>관로식, 암거식, 직접 매설식</u>에 의하여 시공한다.
· 직접 매설식 : 매설 깊이는 중량물의 압력이 있는 곳은 1.2[m]
　이상, 없는 곳은 0.6[m] 이상으로 한다.
· 관로식
　1. 매설 깊이를 1.0 [m]이상
　2. 중량물의 압력을 받을 우려가 없는 곳은 60 [cm] 이상으로
　　한다.
· 암거식 : 지하 구조물 내 케이블 지지대를 설치하고 그 위에
　케이블을 부설하는 방식　　　　　　　　　　【정답】③

94. 특고압을 옥내에 시설하는 경우 그 사용전압의 최대 한도는 몇 [kV] 이하인가?

① 25　　　　② 80

③ 100　　　　④ 160

|정|답|및|해|설|
[특고압 옥내 전기 설비의 시설 (KEC 342.4)]
· <u>사용전압은 100[kV] 이하일 것</u>, 다만 케이블 트레이 공사에 의
　하여 시설하는 경우에는 35[kV] 이하일 것
· 전선은 케이블일 것　　　　　　　　　　　　【정답】③

95. 샤워 시설이 있는 욕실 등 인체가 물에 젖어 있는 상태에서 전기를 사용하는 장소에 콘센트를 시설할 경우 인체감전보호용 누전차단기의 정격감도전류는 몇 [mA] 이하인가?

① 5   ② 10

③ 15   ④ 20

|정|답|및|해|설|
[콘센트의 시설 (KEC 234.5)] 욕조나 샤워시설이 있는 욕실 또는 화장실 등 인체가 물에 젖어있는 상태에서 전기를 사용하는 장소에 콘센트를 시설하는 경우에는 다음 각 호에 따리 시설하여야한다.
· 「전기용품안전 관리법」의 적용을 받는 인체감전보호용 누전차단기(정격감도전류 15[mA] 이하, 동작시간 0.03초 이하의 전류동작형의 것에 한한다) 또는 절연변압기(정격용량 3[kVA] 이하인 것에 한한다)로 보호된 전로에 접속하거나, 인체감전보호용 누전차단기가 부착된 콘센트를 시설하여야 한다.
· 콘센트는 접지극이 있는 방적형 콘센트를 사용하여 접지하여야 한다. **【정답】③**

96. [삭제 문제]

※2021년 1월 1일부터 한국전기설비규정(KEC) 적용으로 인해 더 이상 출제되지 않는 문제입니다.

97. 전로의 사용전압이 200[V]인 저압 전로의 전선 상호 간 및 전로 대지 간의 절연 저항값은 몇 [MΩ] 이상이어야 하는가?

① 0.1   ② 0.2

③ 0.4   ④ 1.0

|정|답|및|해|설|
[전로의 사용전압에 따른 절연저항값 (기술기준 제52조)]

전로의 사용전압의 구분	DC 시험전압	절연 저항값
SELV 및 PELV	250	0.5[MΩ]
FELV, 500[V] 이하	500	1[MΩ]
500[V] 초과	1000	1[MΩ]

【정답】④

98. ( ) 안에 들어갈 내용으로 옳은 것은?

유희용 전차에 전기를 공급하는 전로의 사용전압은 직류의 경우는 (Ⓐ)[V] 이하, 교류의 경우는 (Ⓑ)[V] 이하이어야 한다.

① Ⓐ 60, Ⓑ 40   ② Ⓐ 40, Ⓑ 60

③ Ⓐ 30, Ⓑ 60   ④ Ⓐ 60, Ⓑ 30

|정|답|및|해|설|
[유희용 전차 (KEC 241.8)]
· 유희용 전차에 전기를 공급하는 전로의 사용전압은 직류의 경우는 60[V] 이하, 교류의 경우는 40[V] 이하일 것.
· 유희용 전차에 전기를 공급하기 위하여 사용하는 접촉전선은 제3레일 방식에 의하여 시설할 것
· 레일 및 접촉전선은 사람이 쉽게 출입할 수 없도록 설비한 곳에 시설할 것.
· 유희용 전차에 전기를 공급하는 전로의 사용전압으로 전기를 변성하기 위하여 사용하는 변압기의 1차 전압은 400[V] 미만일 것
· 유희용 전차 안에 승압용 변압기를 시설하는 경우에는 그 변압기의 2차 전압은 150[V] 이하일 것 **【정답】①**

99. 철탑의 강도 계산을 할 때 이상 시 상정하중이 가하여지는 경우 철탑의 기초에 대한 안전율은 얼마 이상이어야 하는가?

① 1.33   ② 1.83

③ 2.25   ④ 2.75

|정|답|및|해|설|
[가공전선로 지지물의 기초 안전율 (KEC 331.7)] 가공전선로의 지지물에 하중이 가하여지는 경우에 그 하중을 받는 지지물의 기초의 안전율은 2(이상 시 상정하중이 가하여지는 경우의 그 이상 시 상정하중에 대한 철탑의 기초에 대하여는 1.33) 이상이어야 한다. **【정답】①**

100. 발전기를 자동적으로 전로로부터 차단하는 장치를 반드시 시설하지 않아도 되는 경우는?

① 발전기에 과전류나 과전압이 생긴 경우
② 용량 5,000[kVA] 이상인 발전기의 내부에 고장이 생긴 경우
③ 용량 500[kVA] 이상의 발전기를 구동하는 수차의 압유장치의 유압이 현저히 저하한 경우
④ 용량 2,000[kVA] 이상인 수차 발전기의 스러스트 베어링 온도가 현저히 상승하는 경우

|정|답|및|해|설|

[발전기 등의 보호장치 (KEC 351.3)] 발전기에는 다음 각 호의 경우에 자동적으로 이를 전로로부터 차단하는 장치를 시설하여야 한다.

· 발전기에 과전류나 과전압이 생긴 경우
· 용량이 500[kVA] 이상의 발전기를 구동하는 수차의 압유 장치의 유압 또는 전동식 가이드밴 제어장치, 전동식 니이들 제어장치 또는 전동식 디플렉터 제어장치의 전원전압이 현저히 저하한 경우
· 용량 100[kVA] 이상의 발전기를 구동하는 풍차(風車)의 압유장치의 유압, 압축 공기장치의 공기압 또는 전동식 브레이드 제어장치의 전원전압이 현저히 저하한 경우
· 용량이 2,000[kVA] 이상인 수차 발전기의 스러스트 베어링의 온도가 현저히 상승한 경우
· 용량이 10,000[kVA] 이상인 발전기의 내부에 고장이 생긴 경우
· 정격출력이 10,000[kW]를 초과하는 증기터빈은 그 스러스트 베어링이 현저하게 마모되거나 그의 온도가 현저히 상승한 경우

【정답】②

81. 최대 사용전압이 220[V]인 전동기의 절연내력 시험을 하고자 할 때 시험전압은 몇 [V]인가?

① 300   ② 330
③ 450   ④ 500

|정|답|및|해|설|

[회전기 및 정류기의 절연내력 (KEC 133)]

종류		시험 전압	시험 방법
회전기	발전기·전동기·조상기·기타회전기	7[kV] 이하	1.5배 (최저 500[V])	권선과 대지간에 연속하여 10분간
		7[kV] 초과	1.25배 (최저 10,500[V])	
	회전 변류기		직류측의 최대사용전압의 1배의 교류전압 (최저 500[V])	
정류기	60[kV] 이하		직류측의 최대 사용전압의 1배의 교류 전압(최저 500[V]	충전부분과 외함간에 연속하여 10분간
	60[kV] 초과		교류측의 최대 사용전압의 1.1배의 교류전압 또는 직류측의 최대사용전압의 1.1배의 직류전압	교류측 및 직류고전압측 단자와 대지간에 연속하여 10분간

∴ 시험 전압 =220×1.5=330[V]

최저 전압이 500[V]이므로 절연내력 시험전압은 500[V]

【정답】④

82. 66[kV] 가공전선과 6[kV] 가공전선을 동일 지지물에 병기하는 경우 특고압 가공전선은 케이블인 경우를 제외하고는 단면적이 몇 [mm^2]인 경동연선을 사용하여야 하는가?

① 22   ② 38
③ 55   ④ 100

|정|답|및|해|설|

[특고압 가공전선과 저고압 가공전선 등의 병행설치 (KEC 333.17)]

	35[kV] 초과 100[kV] 미만	35[kV] 이하
이격 거리	2[m] 이상	1.2[m] 이상
사용 전선	인장강도 21.67[kN] 이상의 연선 또는 단면적이 55[mm^2] 이상인 경동연선	연선

【정답】③

83. 발전소의 개폐기 또는 차단기에 사용하는 압축공기장치의 주 공기탱크에 시설하는 압력계의 최고 눈금의 범위로 옳은 것은?

① 사용압력의 1배 이상 2배 이하

② 사용압력의 1.15배 이상 2배 이하

③ 사용압력의 1.5배 이상 3배 이하

④ 사용압력의 2배 이상 3배 이하

|정|답|및|해|설|..............................
[압축공기계통 (KEC 341.16)]
· 공기 압축기는 최고 사용압력의 1.5배의 수압을 연속하여 10분간 가하여 시험하였을 때에 이에 견디고 또한 새지 아니하는 것일 것
· 주 공기탱크 또는 이에 근접한 곳에는 사용압력의 1.5배 이상 3배 이하의 최고 눈금이 있는 압력계를 시설할 것

【정답】③

84. 고압 가공전선로의 지지물로서 사용하는 목주의 풍압하중에 대한 안전율은 얼마 이상이어야 하는가?

① 1.2 　　　　② 1.3

③ 2.2 　　　　④ 2.5

|정|답|및|해|설|..............................
[저고압 가공전선로의 지지물의 강도 등 (kec 332.7)]
· 저압 가공전선로의 지지물은 목주인 경우에는 풍압하중의 1.2배의 하중, 기타의 경우에는 풍압하중에 견디는 강도를 가지는 것이어야 한다.
· 고압 가공전선로의 지지물로서 사용하는 목주는 다음 각 호에 따라 시설하여야 한다.
1. 풍압하중에 대한 안전율은 1.3 이상일 것.
2. 굵기는 말구(末口) 지름 12[cm] 이상일 것.

【정답】②

85. 다음 그림에서 L_1은 어떤 크기로 동작하는 기기의 명칭인가?

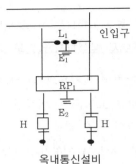

옥내통신설비

① 교류 1,000[V] 이하에서 동작하는 단로기

② 교류 1,000[V] 이하에서 동작하는 피뢰기

③ 교류 1,500[V] 이하에서 동작하는 단로기

④ 교류 1,500[V] 이하에서 동작하는 피뢰기

|정|답|및|해|설|..............................
[특고압 가공전선로 첨가설치 통신선의 시가지 인입 제한 (KEC 362.5)]

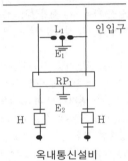

옥내통신설비

RP1 : 교류 300[V] 이하에서 동작하고, 최소 감도 전류가 3[A] 이하로서 최소 감도전류 때의 응동시간이 1사이클 이하이고 또한 전류 용량이 50[A], 20초 이상인 자복성이 있는 릴레이 보안기

L1 : 교류 1[kV] 이하에서 동작하는 피뢰기

E1 및 E2 : 접지 　　　　　　　　　　　　【정답】②

86. 지중 전선로에 있어서 폭발성 가스가 침입할 우려가 있는 장소에 시설하는 지중함은 크기가 몇 $[m^3]$ 이상일 때 가스를 방산시키기 위한 장치를 시설하여야 하는가?

① 0.25 　　　　② 0.5

③ 0.75 　　　　④ 1.0

뱅크 용량의 구분	동작 조건	장치의 종류
5,000[kVA] 이상 10,000[kVA] 미만	변압기 내부 고장	자동 차단 장치 또는 경보 장치
10,000[kVA] 이상	변압기 내부 고장	자동 차단 장치
타냉식 변압기 (강제순환식)	·냉각장치 고장 ·변압기 온도 상승	경보 장치

【정답】①

|정|답|및|해|설|
[**지중함의 시설** (KEC 334.2)]
· 지중함은 견고하고 차량 기타 중량물의 압력에 견디는 구조 일 것
· 지중함은 그 안의 고인물을 제거할 수 있는 구조로 되어 있을 것
· 폭발성 또는 연소성의 가스가 침입할 우려가 있는 곳에 시설하는 지중함으로 그 크기가 1[m³] 이상인 것은 통풍장치 기타 가스를 방산시키기 위한 장치를 하여야 한다.
· 지중함의 뚜껑은 시설자 이외의 자가 쉽게 열 수 없도록 시설할 것
【정답】④

---

87. 최대 사용전압이 22900[V]인 3상 4선식 다중 접지 방식의 지중 전로로의 절연내력시험을 직류로 할 경우 시험전압은 몇 [V]인가?

① 16,448[V]   ② 21,068[V]

③ 32,796[V]   ④ 42,136[V]

|정|답|및|해|설|
[전로의 절연저항 및 절연내력 (KEC 132)]

접지방식	최대 사용 전압	시험 전압(최대 사용 전압 배수)	최저 시험 전압
비접지	7[kV] 이하	1.5배	
	7[kV] 초과	1.25배	10,500[V]
중성점접지	60[kV] 초과	1.1배	75[kV]
중성점직접 접지	60[kV] 초과 170[kV] 이하	0.72배	
	170[kV] 초과	0.64배	
중성점 다중접지	25[kV] 이하	0.92배	

∴ 시험 전압 $= 22900 \times 0.92 \times 2 = 42136[V]$ → (0.92배, 직류)
【정답】④

---

88. 특고압용 타냉식 변압기의 냉각장치에 고장이 생긴 경우를 대비하여 어떤 보호 장치를 하여야 하는가?

① 경보장치   ② 속도조정장치

③ 온도시험장치   ④ 냉매흐름장치

|정|답|및|해|설|
[특고압용 변압기의 보호장치 (KEC 351.4)]

---

89. 금속덕트 공사에 적당하지 않은 것은?

① 전선은 절연전선을 사용한다.

② 덕트의 끝부분은 항시 개방시킨다.

③ 덕트 안에는 전선의 접속점이 없도록 한다.

④ 덕트의 안쪽 면 및 바깥 면에는 산화 방지를 위하여 아연도금을 한다.

|정|답|및|해|설|
[금속 덕트 공사 (KEC 232.9)] 금속 덕트는 다음 각 호에 따라 시설하여야 한다.
1. 덕트 상호 간은 견고하고 또한 전기적으로 완전하게 접속할 것.
2. 덕트를 조영재에 붙이는 경우에는 덕트의 지지점 간의 거리를 3[m](취급자 이외의 자가 출입할 수 없도록 설비한 곳에서 수직으로 붙이는 경우에는 6[m]) 이하로 하고 또한 견고하게 붙일 것.
3. 덕트의 뚜껑은 쉽게 열리지 아니하도록 시설할 것.
4. 덕트의 끝부분은 막을 것.
5. 덕트 안에 먼지가 침입하지 아니하도록 할 것.
6. 덕트는 물이 고이는 낮은 부분을 만들지 않도록 시설할 것.
【정답】②

---

90. [삭제 문제]

> ※2021년 1월 1일부터 한국전기설비규정(KEC) 적용으로 인해 더 이상 출제되지 않는 문제입니다.

91. 특고압 옥외 배전용 변압기가 1대일 경우 특고압측에 일반적으로 시설하여야 하는 것은?

① 방전기

② 계기용 변류기

③ 계기용 변압기

④ 개폐기 및 과전류차단기

|정|답|및|해|설|────────
[특고압 배전용 변압기의 시설 (KEC 341.2)]
특고압 전선에 특고압 절연 전선 또는 케이블을 사용한다.
·1차 전압은 35[kV] 이하, 2차측은 저압 또는 고압일 것
·특고압측에는 개폐기 및 과전류 차단기를 시설할 것
【정답】④

92. 가공전선로에 사용하는 지지물의 강도 계산시 구성재의 수직 투영면적 1[m^2]에 대한 풍압을 기초로 적용하는 갑종풍압하중 값의 기준으로 틀린 것은?

① 목주 : 588[pa]

② 원형 철주 : 588[pa]

③ 철근콘크리트주 : 1117[pa]

④ 강관으로 구성된 철탑(단주는 제외) : 1,255[pa]

|정|답|및|해|설|────────
[풍압하중의 종별과 적용 (KEC 331.6)]

풍압을 받는 구분		풍압 [Pa]
목 주		588
철주	원형의 것	588
	삼각형 또는 농형	1412
철주	강관에 의하여 구성되는 4각형의 것	1117
	기타의 것으로 복재가 전후면에 겹치는 경우	1627
	기타의 것으로 겹치지 않은 경우	1784
철근 콘크리트 주	원형의 것	588
	기타의 것	822

【정답】③

93. 3상 4선식 22.9[kV], 중성선 다중접지 방식의 특고압 가공전선 아래에 통신선을 첨가하고자 한다. 특고압 가공전선과 통신선과의 이격거리는 몇 [cm] 이상인가?

① 60   ② 75

③ 100   ④ 120

|정|답|및|해|설|────────
[전력보안통신케이블의 지상고와 배전설비와의 이격거리 kec 362.2)] 통신선과 사용전압이 25[kV] 이하인 특고압 가공전선(특고압 가공전선로의 다중 접지를 한 중성선은 제외한다) 사이의 이격거리는 0.75[m] 이상일 것, 다만, 특고압 가공전선이 케이블인 경우에 통신선이 절연전선과 동등 이상의 절연성능이 있는 것인 경우에는 0.3[m] 이상으로 할 수 있다. 【정답】②

94. 특고압 가공전선이 도로 등과 교차하는 경우에 특고압 가공전선이 도로 등의 위에 시설되는 때에 설치하는 보호망에 대한 설명으로 옳은 것은?

① 보호망은 접지공사를 하지 않는다.

② 보호망을 구성하는 금속선의 안장강도는 6[kN] 이상으로 한다.

③ 보호망을 구성하는 금속선은 지름 1.0[mm] 이상의 경동선을 사용한다.

④ 보호망을 구성하는 금속선 상호의 간격은 가로, 세로 각각 1.5[m] 이하로 한다.

|정|답|및|해|설|────────
[특고압 가공 전선과 도로 등의 접근 또는 교차 (KEC 333.24)]
1. 보호망은 접지공사를 한 금속제의 망상장치로 하고 견고하게 지지할 것.
2. 보호망을 구성하는 금속선은 그 외주(外周) 및 특고압 가공전선의 직하에 시설하는 금속선에는 인장강도 8.01[kN] 이상의 것 또는 지름 5[mm] 이상의 경동선을 사용하고 그 밖의 부분에 시설하는 금속선에는 인장강도 5.26[kN] 이상의 것 또는 지름 4[mm] 이상의 경동선을 사용할 것.
3. 보호망을 구성하는 금속선 상호의 간격은 가로, 세로 각 1.5[m] 의하일 것. 【정답】④

95. 옥내에 시설하는 고압용 이동전선으로 옳은 것은?

① 6[mm] 연동선

② 비닐외장케이블

③ 옥외용 비닐절연전선

④ 고압용의 캡타이어케이블

|정|답|및|해|설|

[옥내 고압용 이동전선의 시설 (KEC 342.2)]

1. 전선은 고압용의 캡타이어케이블일 것.

2. 이동전선에 전기를 공급하는 전로에는 전용 개폐기 및 과전류 차단기를 각 극에 시설하고, 또한 전로에 지락이 생겼을 때에 자동적으로 전로를 차단하는 장치를 시설할 것.

【정답】④

96. 교통이 번잡한 도로를 횡단하여 저압 가공전선을 시설하는 경우 지표상 높이를 몇 [m] 이상으로 하여야 하는가?

① 4.0 ② 5.0

③ 6.0 ④ 6.5

|정|답|및|해|설|

[저·고압 가공전선의 높이 (KEC 222.7), (KEC 332.5)]

저·고압 가공 전선의 높이는 다음과 같다.

① 도로 횡단 : 6[m] 이상

② 철도 횡단 : 레일면 상 6.5[m] 이상

③ 횡단 보도교 위 : 3.5[m](고압 4[m])

④ 기타 : 5[m] 이상 【정답】③

97. 방전등용 안정기를 저압의 옥내배선과 직접 접속하여 시설할 경우 옥내전로의 대지 전압은 최대 몇 [V]인가?

① 100 ② 150

③ 300 ④ 450

|정|답|및|해|설|

[1[kV] 이하 방전등 (kec 234.11)] 대지전압은 300[V] 이하이어야 하며, 다음 각 호에 의하여 시설하여야 한다. 다만, 대지전압 150[V] 이하의 전로인 경우에는 다음 각 호에 의하지 아니할 수 있다. 【정답】③

98. 사용전압이 22.9[kV]인 특고압 가공전선이 도로를 횡단하는 경우, 지표상 높이는 최소 몇 [m] 이상인가?

① 4.5 ② 5

③ 5.5 ④ 6

|정|답|및|해|설|

[특고압 가공전선의 높이 (KEC 333.7)]

사용전압의 구분	지표상의 높이	
35[kV] 이하	일반	5[m]
	철도 또는 궤도를 횡단	6.5[m]
	도로 횡단	6[m]
	횡단보도교의 위 (전선이 특고압 절연전선 또는 케이블)	4[m]
35[kV] 초과 160[kV] 이하	일반	6[m]
	철도 또는 궤도를 횡단	6.5[m]
	산지	5[m]
	횡단보도교의 케이블	5[m]
160[kV] 초과	일반	6[m]
	철도 또는 궤도를 횡단	6.5[m]
	산지	5[m]
	160[kV]를 초과하는 10[kV] 또는 그 단수마다 12[cm]를 더한 값	

【정답】④

99. 관광 숙박업 또는 숙박업을 하는 객실의 입구 등에 조명용 전등을 설치할 때는 몇 분 이내에 소등되는 타임스위치를 시설하여야 하는가?

① 1 ② 3

③ 5 ④ 10

|정|답|및|해|설|

[점멸기의 시설 (KEC 234.6)]

·호텔, 여관 각 객실 입구등 : 1분

·일반 주택 및 아파트 현관등 : 3분

【정답】①

100. 철근 콘크리트주를 사용하는 25[kV] 교류 전차선로를 도로 등과 제1차 접근 상태에 시설하는 경우 경간의 최대 한도는 몇 [m]인가?

① 40
② 50
③ 60
④ 70

|정|답|및|해|설|
[25[kV] 이하인 특고압 가공전선로의 시설 (KEC 333.32)]
교류 전차선 등이 건조물·도로 또는 삭도와 접근할 경우에 교류 전차선 등이 그 건조물 등의 위쪽 또는 옆쪽에서 수평거리로 교류 전차선로의 지지물의 지표상의 높이에 상당하는 거리 안에 시설되는 때에는 교류 전차선로의 지지물에는 철주 또는 철근 콘크리트주를 사용하고 또한 그 경간을 60[m] 이하로 시설하여야 한다.

【정답】③

2017 전기기사 필기

81. 가섭선에 의하여 시설하는 안테나가 있다. 이 안테나 주위에 경동연선을 사용한 고압 가공전선이 지나가고 있다면 수평 이격거리는 몇 [cm] 이상이어야 하는가?

① 40　　　　　　② 60
③ 80　　　　　　④ 100

|정|답|및|해|설|
[저고압 가공전선과 안테나의 접근 또는 교차 (KEC 332.14)]

사용전압 부분 공작물의 종류	저압	고압
일반적인 경우	0.6[m]	0.8[m]
전선이 고압 절연 전선	0.3[m]	0.8[m]
전선이 케이블인 경우	0.3[m]	0.4[m]

【정답】③

82. 지중에 매설되어 있는 금속제 수도관로를 각종 접지공사의 접지극으로 사용하려면 대지와의 전기저항 값이 몇 [Ω] 이하의 값을 유지하여야 하는가?

① 1　　　　　　② 2
③ 3　　　　　　④ 5

|정|답|및|해|설|
[접지극의 시설 및 접지저항 (KEC 142.2)] 대지 사이의 전기저항 값이 3[Ω] 이하인 값을 유지하고 있는 금속제 수도관로는 각종 접지공사의 접지극으로 사용할 수 있다. 이때 접지선과 금속제 수도관로의 접속은 안지름 75[mm] 이상인 금속제 수도관의 부분 또는 이로부터 분기한 안지름 75[mm] 미만인 금속제 수도관의 분기점으로부터 5[m] 이내의 부분에서 할 것

【정답】③

83. 가공전선로의 지지물에 시설하는 지선으로 연선을 사용할 경우에는 소선이 최소 몇 가닥 이상이어야 하는가?

① 3　　　　　　② 4
③ 5　　　　　　④ 6

|정|답|및|해|설|
[지선의 시설 (KEC 331.11)]
① 안전율 : 2.5 이상
② 최저 인장 하중 : 4.31[kN]
③ 2.6[mm] 이상의 금속선을 3조 이상 꼬아서 사용
④ 지중 및 지표상 30[cm]까지의 부분은 아연도금 철봉 등을 사용
【정답】①

84. 옥내의 저압전선으로 나전선 사용이 허용되지 않는 경우는?

① 금속관공사에 의하여 시설하는 경우
② 버스덕트공사에 의하여 시설하는 경우
③ 라이팅덕트공사에 의하여 시설하는 경우
④ 애자사용공사에 의하여 전개된 곳에 전기로용 전선을 시설하는 경우

|정|답|및|해|설|
[나전선의 사용 제한 (KEC 231.4)] 옥내에 시설하는 전선에 나전선을 사용할 수 있는 경우는 다음과 같다.
① 전기로용 전선 및 절연물이 부식하는 장소에 시설하는 전선을 애자사용공사에 의하는 경우
② 접촉 전선을 시설하는 경우
③ 라이팅덕트공사 또는 버스덕트공사의 경우
【정답】①

85. 가공 전선로의 지지물에 취급자가 오르고 내리는 데 사용하는 발판 볼트 등은 지표상 몇 [m] 미만에 사설하여서는 아니 되는가?

① 1.2   ② 1.5

③ 1.8   ④ 2.0

|정|답|및|해|설|

[가공전선로 지지물의 철탑오름 및 전주오름 방지 (KEC 331.4)]
발판 볼트 등은 1.8[m] 미만에 시설하여서는 안 된다. 다만 다음의 경우에는 그러하지 아니하다.
· 발판 볼트를 내부에 넣을 수 있는 구조
· 지지물에 승탑 및 승주 방지 장치를 시설한 경우
· 취급자 이외의 자가 출입할 수 없도록 울타리 담 등을 시설할 경우
· 산간 등에 있으며 사람이 쉽게 접근할 우려가 없는 곳

【정답】③

86. 철도·궤도 또는 자동차도의 전용터널 안의 전선로의 시설방법으로 틀린 것은?

① 고압전선은 케이블공사로 하였다.
② 저압전선을 가요전선관공사에 의하여 시설하였다.
③ 저압전선으로 지름 2.0[mm]의 경동선을 사용하였다.
④ 저압전선을 애자사용공사에 의하여 시설하고 이를 레일면상 또는 노면상 2.5[m] 이상의 높이로 유지하였다.

|정|답|및|해|설|

[터널 안 전선로의 시설 (KEC 335.1)]

전압	전선의 굵기	시공 방법	애자사용 공사 시 높이
고압	4[mm] 이상의 경동선의 절연전선	· 케이블공사 · 애자사용공사	노면상, 레일면상 3[m] 이상
저압	인장강도 2.3[kN] 이상의 절연전선 또는 2.6[mm] 이상의 경동선의 절연전선	· 합성수지관공사 · 금속관공사 · 가요전선관 사 · 케이블공사 · 애자사용공사	노면상, 레일면상 2.5[m] 이상

【정답】③

87. 수소냉각식 발전기 등의 시설 기준으로 옳지 않은 것은?

① 발전기 안의 수소의 온도를 계측하는 장치를 시설할 것
② 수소를 통하는 관은 수소가 대기압에서 폭발하는 경우에 생기는 압력에 견대는 강도를 가질 것
③ 발전기 안의 수소의 순도가 95[%] 이하로 저하한 경우에 이를 경보하는 장치를 시설할 것
④ 발전기 안의 수소의 압력을 계측하는 장치 및 그 압력이 현저히 변동한 경우에 이를 경보하는 장치를 시설할 것

|정|답|및|해|설|

[수소냉각식 발전기 등의 시설 (kec 351.10)] 발전기, 조상기 안의 수소 순도가 85[%] 이하로 저하한 경우 경보장치를 시설할 것

【정답】③

88. [삭제 문제]

> ※2021년 1월 1일부터 한국전기설비규정(KEC) 적용으로 인해 더 이상 출제되지 않는 문제입니다.

89. 조상기의 내부에 고장이 생긴 경우 자동적으로 전로로부터 차단하는 장치는 조상기의 뱅크 용량이 몇 [kVA] 이상이어야 하는가?

① 5,000   ② 10,000

③ 15,000   ④ 20,000

|정|답|및|해|설|

[무효전력 보상장치의 보호장치 (KEC 351.5)]
조상 설비에는 그 내부에 고장이 생긴 경우에 보호하는 장치를 표와 같이 시설하여야 한다.

설비 종별	뱅크 용량의 구분	자동적으로 전로로부터 차단하는 장치
전력용 커패시터 및 분로리액터	500[kVA] 초과 15,000[kVA] 미만	· 내부에 고장이 생긴 경우 · 과전류가 생긴 경우
	15,000[kVA] 이상	· 내부에 고장이 생긴 경우 · 과전류가 생긴 경우 · 과전압이 생긴 경우
조상기	15,000[kVA] 이상	· 내부에 고장이 생긴 경우

【정답】③

90. 발열선을 도로, 주차장 또는 조영물의 조영재에 고정시켜 시설하는 경우, 발열선에 전기를 공급하는 전로의 대지전압은 몇 [V] 이하 이어야 하는가?

① 100[V]　　　　② 150[V]

③ 200[V]　　　　④ 300[V]

|정|답|및|해|설|
[도로 등의 전열장치의 시설 (KEC 241.12)]
· 전로의 대지전압 : 300[V] 이하
· 전선은 미네럴인슈레이션(MI) 케이블, 클로로크렌 외장케이블 등 발열선 접속용 케이블일 것
· 발열선은 그 온도가 80[℃]를 넘지 아니하도록 시설할 것
【정답】④

91. [삭제 문제]

> ※2021년 1월 1일부터 한국전기설비규정(KEC) 적용으로 인해 더 이상 출제되지 않는 문제입니다.

92. 사람이 접촉할 우려가 있는 경우 고압 가공전선과 상부 조영재의 옆쪽에서의 이격거리는 몇 [m] 이상 이어야 하는가? 단, 전선은 경동연선이라고 한다.

① 0.6　　　　② 0.8

③ 1.0　　　　④ 1.2

|정|답|및|해|설|
[저고압 가공 전선과 건조물의 접근 (kec 332.11)]

사용전압 부분 공작물의 종류			저압 [m]	고압 [m]
건조물	상부 조영제 상방	일반적인 경우	2	2
		전선이 고압절연전선	1	2
		전선이 케이블인 경우	1	1
	기타 조영재 또는 상부조영재 의 앞쪽 또는 아래쪽	일반적인 경우	1.2	1.2
		전선이 고압절연전선	0.4	1.2
		전선이 케이블인 경우	0.4	0.4
		사람이 접근 할 수 없도록 시설한 경우	0.8	0.8

【정답】④

93. 특고압 가공전선로에서 사용전압이 60[kV]를 넘는 경우, 진화선로의 길이 몇 [km]마다 유도 전류가 3[μA]를 넘지 않도록 하여야 하는가?

① 12　　　　② 40

③ 80　　　　④ 100

|정|답|및|해|설|
[유도 장해의 방지 (KEC 333.2)]
① 사용전압이 60[kV] 이하인 경우에는 전화선로의 길이 12[km] 마다 유도전류가 2[μA]를 넘지 아니하도록 할 것.
② 사용전압이 60[kV]를 초과하는 경우에는 전화선로의 길이 40 [km] 마다 유도전류가 3[μA]을 넘지 아니하도록 할 것.
【정답】②

94. [삭제 문제]

> ※2021년 1월 1일부터 한국전기설비규정(KEC) 적용으로 인해 더 이상 출제되지 않는 문제입니다.

95. [삭제 문제]

> ※2021년 1월 1일부터 한국전기설비규정(KEC) 적용으로 인해 더 이상 출제되지 않는 문제입니다.

96. 직선형의 철탑을 사용한 특고압 가공전선로가 연속하여 10기 이상 사용하는 부분에는 몇 기 이하마다 내장 애자장치가 되어 있는 철탑 1기를 시설하여야 하는가?

① 5　　　　② 10

③ 15　　　　④ 20

|정|답|및|해|설|
[특고압 가공전선로의 내장형 등의 지지물 시설(KEC 333.16)]
특고압 가공전선로 중 지지물로서 직선형의 철탑을 연속하여 10기 이상 사용하는 부분에는 10기 이하마다 내장 애자장치가 되어 있는 철탑 또는 이와 동등이상의 강도를 가지는 철탑 1기를 시설하여야 한다.
【정답】②

97. 옥외용 비닐절연전선을 사용한 저압가공전선이 횡단보도교 위에 시설되는 경우에 그 전선의 노면상 높이는 몇 [m] 이상으로 하여야 하는가?

① 2.5 ② 3.0
③ 3.5 ④ 4.0

|정|답|및|해|설|
[저고압 가공전선의 높이 (KEC 222.7)]
저·고압 가공 전선의 높이는 다음과 같다.
1. 도로를 횡단하는 경우에는 지표상 6[m] 이상
2. 철도 또는 궤도를 횡단하는 경우에는 레일면상 6.5[m] 이상
3. 횡단보도교의 위에 시설하는 경우에는 <u>저압 가공전선은 그 노변상 3.5 m [전선이 저압 절연전선 (인입용 비닐절연전선·450/750 V 비닐절연전선·450/750 V 고무절연전선·옥외용 비닐 절연전선을 말한다)·다심형 전선·고압 절연전선·특고압 절연전선 또는 케이블인 경우에는 3[m]] 이상</u>, 고압 가공전선은 그 노면상 3.5[m] 이상
4. 제1호부터 제3호까지 이외의 경우에는 지표상 5[m] 이상
【정답】②

98. 애자사용 공사를 습기가 많은 장소에 시설하는 경우 전선과 조영재 사이의 이격거리는 몇 [cm] 이상이어야 하는가? (단, 사용전압은 440[V]인 경우이다.)

① 2.0[cm] ② 2.5[cm]
③ 4.5[cm] ④ 6.0[cm]

|정|답|및|해|설|
[애자사용공사 (KEC 232.3)]
① 옥외용 및 인입용 절연 전선을 제외한 절연 전선을 사용할 것
② 전선 상호간의 간격 6[cm] 이상일 것
③ 전선과 조명재의 간격
 ·400[V] 미만은 2.5[cm] 이상
 · <u>400[V] 이상의 저압은 4.5[cm] 이상</u>
 · 400[V] 이상인 경우에도 전개된 장소 또는 점검 할 수 있는 은폐 장소로서 건조한 곳은 2.5[cm] 이상으로 할 수 있다.
【정답】③

99. [삭제 문제]

※2021년 1월 1일부터 한국전기설비규정(KEC) 적용으로 인해 더 이상 출제되지 않는 문제입니다.

100. 터널 등에 시설하는 사용전압이 220[V]인 전구선이 0.6/1[kV] EP 고무 절연 클로로프렌캡타이어 케이블일 경우 단면적은 최소 몇 $[mm^2]$ 이상이어야 하는가?

① 0.5 ② 0.75
③ 1.25 ④ 1.4

|정|답|및|해|설|
[터널 등의 전구선 또는 이동전선 등의 시설 (KEC 242.7.4)]
옥내에 시설하는 사용전압이 400[V] 미만인 전구선 또는 이동전선은 다음에 따라 시설할 것
·공칭 단면적 <u>0.75$[mm^2]$ 이상</u>의 300/300[V] 편조 고무코드 또는 0.6/1[kV] EP 고무 절연 클로로프렌 캡타이어 케이블일 것
·이동전선은 300/300[V] 편조 고무코드, 비닐 코드 또는 캡타이어 케이블일 것
【정답】②

81. 가공전선로의 지지물에 시설하는 지선에 관한 사항으로 옳은 것은?

① 소선은 지름 2.0[mm] 이상인 금속선을 사용한다.
② 도로를 횡단하여 시설하는 지선의 높이는 지표상 6.0[m] 이상이다.
③ 지선의 안전율은 1.2 이상이고 허용인장하중의 최저는 4.31[kN]으로 한다.
④ 지선에 연선을 사용할 경우에는 소선은 3가닥 이상의 연선을 사용한다.

|정|답|및|해|설|
[지선의 시설 (KEC 331.11)]
지선 지지물의 강도 보강
① 안전율 = 2.5 이상
② 최저 인장 하중 = 4.31[kN]
③ <u>2.6[mm] 이상의 금속선을 3조 이상 꼬아서</u> 사용
④ 지중 및 지표상 30[cm]까지의 부분은 아연도금 철봉 등을 사용
【정답】④

82. 옥내배선의 사용 전압이 400[V] 미만일 때 전광표시 장치·출퇴 표시등 기타 이와 유사한 장치 또는 제어회로 등 배선에 다심케이블을 시설하는 경우 배선의 단면적은 몇 mm^2 이상인가?

① 0.75　　　　② 1.5

③ 1　　　　　④ 2.5

|정|답|및|해|설|
[저압 옥내배선의 사용전선 (KEC 231.3)]
① 단면적 2.5[mm^2] 이상의 연동선
② 단면적이 1[mm^2] 이상의 미네럴인슈레이션케이블
③ 옥내배선의 사용 전압이 400[V] 미만인 경우
　1. 전광표시 장치·출퇴 표시등 기타 이와 유사한 장치 또는 제어회로 등에 사용하는 배선에 단면적 1.5[mm^2] 이상의 연동선을 사용
　2. 전광표시 장치·출퇴 표시등 기타 이와 유사한 장치 또는 제어회로 등의 배선에 단면적 0.75[mm^2] 이상인 다심케이블 또는 다심 캡타이어 케이블을 사용

【정답】①

83. 154[kV] 가공 송전선로를 제1종 특고압 보안공사로 할 때 사용되는 경동연선의 굵기는 몇 [mm^2] 이상이어야 하는가?

① 100　　　　② 150

③ 200　　　　④ 250

|정|답|및|해|설|
[특고압 보안공사 (KEC 333.22)]
제1종 특고압 보안공사의 전선 굵기

사용전압	전선
100[kV] 미만	인장강도 21.67[kN] 이상의 연선 또는 단면적 55[[mm^2] 이상의 경동연선
100[kV] 이상 300[kV] 미만	인장강도 58.84[kN] 이상의 연선 또는 단면적 150[[mm^2] 이상의 경동연선
300[kV] 이상	인장강도 77.47[kN] 이상의 연선 또는 단면적 200[[mm^2] 이상의 경동연선

【정답】②

84. [삭제 문제]

※2021년 1월 1일부터 한국전기설비규정(KEC) 적용으로 인해 더 이상 출제되지 않는 문제입니다.

85. 전동기의 과부하 보호 장치의 시설에서 전원 측 전로에 시설한 배선용 차단기의 정격 전류가 몇 [A] 이하의 것이면 이 전로에 접속하는 단상전동기에는 과부하 보호 장치를 생략할 수 있는가?

① 15　　　　② 20

③ 30　　　　④ 50

|정|답|및|해|설|
[저압전로 중의 전동기 보호용 과전류보호장치의 시설 (kec 212.6.4)]
① 정격 출력이 0.2[kW] 이하인 경우
② 전동기를 운전 중 상시 취급자가 감시할 수 있는 위치에 시설하는 경우
③ 전동기의 구조나 부하의 성질로 보아 전동기가 소손할 수 있는 과전류가 생길 우려가 없는 경우
④ 단상전동기로써 그 전원측 전로에 시설하는 과전류 차단기의 정격전류가 15[A](배선용 차단기는 20[A]) 이하인 경우

【정답】②

86. 사용전압이 35[kV] 이하인 특별고압 가공전선과 가공약전류 전선을 동일 지지물에 시설하는 경우 특고압 가공전선로의 보안공사로 알맞은 것은?

① 고압보안공사

② 제1종 특고압 보안공사

③ 제2종 특고압 보안공사

④ 제3종 특고압 보안공사

|정|답|및|해|설|
[특고압 가공전선과 가공약전류전선 등의 공용 설치 (KEC 333.19)]
특고압 가공전선과 가공약전류 전선과의 공기는 35[kV] 이하인 경우에 시설하여야 한다.
① 특고압 가공전선로는 제2종 특고압 보안공사에 의한 것
② 특고압은 케이블을 제외하고 인장강도 21.67[kN] 이상의 연선 또는 단면적이 50[mm^2] 이상인 경동연선일 것
③ 가공약전류 전선은 특고압 가공전선이 케이블인 경우를 제외하고 차폐층을 가지는 통신용 케이블일 것

【정답】③

87. 사용전압이 고압인 전로의 전선으로 사용할 수 없는 케이블은?

① MI케이블

② 연피케이블

③ 비닐외장케이블

④ 폴리에틸렌 외장케이블

|정|답|및|해|설|

[고압 및 특고압케이블 (kec 122.5)] 사용전압이 고압인 전로의 전선으로 사용하는 케이블은 클로로프렌외장케이블 · 비닐외장케이블 · 폴리에틸렌외장케이블 · 콤바인 덕트 케이블 또는 이들에 보호 피복을 한 것을 사용하여야 한나.

【정답】 ①

88. [삭제 문제]

※2021년 1월 1일부터 한국전기설비규정(KEC) 적용으로 인해 더 이상 출제되지 않는 문제입니다.

89. [삭제 문제]

※2021년 1월 1일부터 한국전기설비규정(KEC) 적용으로 인해 더 이상 출제되지 않는 문제입니다.

90. 금속관공사에서 절연부싱을 사용하는 가장 주된 목적은?

① 관의 끝이 터지는 것을 방지

② 관내 해충 및 이물질 출입 방지

③ 관의 단구에서 조영재의 접촉 방지

④ 관의 단구에서 전선 피복의 손상 방지

|정|답|및|해|설|

[금속관 공사 (KEC 232.6)] 관의 단구에는 전선의 피복이 손상하지 아니하도록 적당한 구조의 절연부싱을 사용할 것

【정답】 ④

91. 최대 사용전압이 3.3[kV]인 차단기 전로의 절연내력 시험전압은 몇 [V]인가?

① 3,036

② 4,125

③ 4,950

④ 6,600

|정|답|및|해|설|

[전로의 절연저항 및 절연내력 (KEC 132)]

접지방식	최대 사용 전압	시험 전압(최대 사용 전압 배수)	최저 시험 전압
비접지	7[kV] 이하	1.5배	
	7[kV] 초과	1.25배	10,500[V]
중성점접지	60[kV] 초과	1.1배	75[kV]
중성점직접접지	60[kV] 초과 170[kV] 이하	0.72배	
	170[kV] 초과	0.64배	
중성점 다중접지	25[kV] 이하	0.92배	

※ 변압기, 차단기, 기타 기구는 최저 전압을 500[V]로 한다.

절연내력시험전압 = $3300 \times 1.5 = 4950[V]$

【정답】 ③

92. [삭제 문제]

※2021년 1월 1일부터 한국전기설비규정(KEC) 적용으로 인해 더 이상 출제되지 않는 문제입니다.

93. 가반형(이동형)의 용접전극을 사용하는 아크 용접 장치를 시설할 때 용접변압기의 1차측 전로의 대지전압은 몇 [V] 이하이어야 하는가?

① 200

② 250

③ 300

④ 600

|정|답|및|해|설|

[아크 용접장치의 시설 (KEC 241.10)]

가반형의 용접 전극을 사용하는 아크용접장치는 다음 각 호에 의하여 시설하여야 한다.

① 용접변압기는 절연변압기일 것

② 용접변압기의 1차측 전로의 대지전압은 300[V] 이하일 것

③ 용접변압기의 1차측 전로에는 용접변압기에 가까운 곳에 쉽게 개폐할 수 있는 개폐기를 시설할 것

【정답】 ③

94. 지중 전선로를 직접 매설식에 의하여 시설할 경우에는 차량 및 기타 중량물의 압력을 받을 우려가 있는 장소의 매설 깊이는 몇 [m] 이상으로 하여야 하는가?

① 1.0 ② 1.2

③ 1.5 ④ 1.8

|정|답|및|해|설|
[지중 전선로의 시설 (KEC 334.1)] 지중 전선로를 직접 매설식에 의하여 시설하는 경우에는 매설 깊이를 <u>차량 기타 중량물의 압력을 받을 우려가 있는 장소에는 1.2[m] 이상</u>, 기타 장소에는 60[cm] 이상으로 하고 또한 지중 전선을 견고한 트라프 기타 방호물에 넣어 시설하여야 한다. 【정답】②

95. 사용전압이 22.9[kV]인 특고압 가공전선과 그 지지물 완금류·지주 또는 지선 사이의 이격거리는 몇 [cm] 이상이어야 하는가?

① 15 ② 20

③ 25 ④ 30

|정|답|및|해|설|
[특고압 가공전선과 지지물 등의 이격거리 (KEC 333.5)]

사용 전압의 구분	이격 거리
15[kV] 미만	15[cm]
15[kV] 이상 25[kV] 미만	20[cm]
25[kV] 이상 35[kV] 미만	25[cm]
35[kV] 이상 50[kV] 미만	30[cm]
50[kV] 이상 60[kV] 미만	35[cm]
60[kV] 이상 70[kV] 미만	40[cm]
70[kV] 이상 80[kV] 미만	45[cm]
80[kV] 이상 130[kV] 미만	65[cm]
130[kV] 이상 160[kV] 미만	90[cm]
160[kV] 이상 200[kV] 미만	110[cm]
200[kV] 이상 230[kV] 미만	130[cm]
230[kV] 이상	160[cm]

【정답】②

96. 건조한 장소로서 전개된 장소에 고압 옥내 배선을 시설할 수 있는 공사방법은?

① 덕트공사 ② 금속관공사

③ 애자사용공사 ④ 합성수지관공사

|정|답|및|해|설|
[고압 옥내배선 등의 시설 (KEC 342.1)] 고압 옥내 배선은 애자사용 공사(건조한 장소로서 전개된 장소에 한함) 및 케이블 공사, 케이블 트레이 공사에 의하여야 한다. 【정답】③

97. [삭제 문제]

※2021년 1월 1일부터 한국전기설비규정(KEC) 적용으로 인해 더 이상 출제되지 않는 문제입니다.

98. [삭제 문제]

※2021년 1월 1일부터 한국전기설비규정(KEC) 적용으로 인해 더 이상 출제되지 않는 문제입니다.

99. 고압 가공전선에 케이블을 사용하는 경우 케이블을 조기용선에 행거로 시설하고자 할 때 행거의 간격은 몇 [cm] 이하로 하여야 하는가?

① 30 ② 50

③ 80 ④ 100

|정|답|및|해|설|
[가공케이블의 시설 (KEC 332.2)] 가공전선에 케이블을 사용한 경우에는 다음과 같이 시설한다.
① 케이블 조가용선에 <u>행거로 시설</u>하며 고압 및 특고압인 경우 행거의 간격은 <u>50[cm] 이하</u>로 한다.
② 조가용선은 인장강도 5.93[kN](특고압인 경우 13.93[kN]) 이상의 것 또는 단면적 $22[mm^2]$ 이상인 아연도철연선일 것을 사용한다. 【정답】②

100. 고압 가공전선로의 지지물에 시설하는 통신선의 높이는 도로를 횡단하는 경우 교통에 지장을 줄 우려가 없다며 지표상 몇 [m]까지로 감할 수 있는가?

① 4 ② 4.5

③ 5 ④ 6

[전력보안통신케이블의 지상고와 배전설비와의 이격거리 (KEC 362.2)]

시설 장소		가공 통신선	첨가 통신선	
			고저압	특고압
도로 횡단	일반적인 경우	5[m]	6[m]	6[m]
	교통에 지장이 없는 경우	4.5[m]	5[m]	
철도 횡단(레일면상)		6.5[m]	6.5[m]	6.5[m]
횡단 보도 교 위 (노면 상)	일반적인 경우	3[m]	3.5[m]	5[m]
	절연전선과 동등 이상의 절연 효력이 있는 것 (고·저압)이나 광섬유 케이블을 사용하는 것 (특고압)		3[m]	4[m]
기타의 장소		3.5[m]	4[m]	5[m]

【정답】③

81. 가공전선로에 사용하는 지지물의 강도 계산시 구성재의 수직 투영면적 1[m²]에 대한 대한 풍압을 기초로 적용하는 갑종풍압하중 값의 기준으로 틀린 것은?

① 목주 : 588[pa]

② 원형 철주 : 588[pa]

③ 철근콘크리트주 : 1117[pa]

④ 강관으로 구성된 철탑(단주는 제외) : 1,255[pa]

[풍압하중의 종별과 적용 (KEC 331.6)]

풍압을 받는 구분			풍압 [Pa]
지지물	목주		588
	철주	원형의 것	588
		삼각형 또는 농형	1412
		강관에 의하여 구성되는 4각형의 것	1117
		기타의 것으로 복재가 전후면에 겹치는 경우	1627
		기타의 것으로 겹치지 않은 경우	1784
	철근 콘크리트 주	원형의 것	588
		기타의 것	822

【정답】③

82. 최대 사용전압 7[kV] 이하 전로의 절연내력을 시험할 때 시험전압을 연속하여 몇 분간 가하였을 때 이에 견디어야 하는가?

① 5분　　　　② 10분

③ 15분　　　　④ 30분

[전로의 절연저항 및 절연내력 (KEC 132)] 고압 및 특고압의 전로에 연속하여 10분간 가하여 절연내력을 시험하였을 때에 이에 견디어야 한다.　　【정답】②

83. 고압 인입선 시설에 대한 설명으로 틀린 것은?

① 15[m] 떨어진 다른 수용가에 고압 연접인입선을 시설하였다.

② 전선은 5[mm] 경동선과 동등한 세기의 고압 절연전선을 사용하였다.

③ 고압 가공인입선 아래에 위험표시를 하고 지표상 3.5[m]의 높이에 설치하였다.

④ 횡단 보도교 위에 시설하는 경우 케이블을 사용하여 노면상에서 3.5[m]의 높이에 시설하였다.

|정|답|및|해|설|

[고압 가공인입선의 시설 (KEC 331.12.1)]
① 인장강도 8.01[kN] 이상의 고압절연전선 또는 5[mm] 이상의 경동선 사용
② 고압 가공 인입선의 높이 3.5[m]까지 감할 수 있다.(전선의 아래쪽에 위험 표시를 할 경우)
③ 고압 연접인입선은 시설하여서는 아니 된다.

【정답】①

---

84. 공통접지공사 적용 시 선도체의 단면적이 16 $[mm^2]$인 경우 보호도체(PE)에 적합한 단면적은? 단, 보호도체의 재질이 선도체와 같은 경우

① 4
② 6
③ 10
④ 16

|정|답|및|해|설|

[상도체와 보호도체 (KEC 142.3.2)]

상도체의 단면적 S (mm²)	대응하는 보호도체의 최소 단면적(mm²)	
	보호도체의 재질이 상도체와 같은 경우	보호도체의 재질이 상도체와 다른 경우
$S \leq 16$	S	$\frac{k_1}{k_2} \times S$
$16 < S \leq 35$	$16(a)$	$\frac{k_1}{k_2} \times 16$
$S > 35$	$\frac{S(a)}{2}$	$\frac{k_1}{k_2} \times \frac{S}{2}$

k_1 : 도체 및 절연의 재질에 따라 KS C IEC 60364-5-54 부속서 A(규정)에서 선정된 상도체에 대한 k값

k_2 : KS C IEC 60364-5-54 부속서 A(규정)에서 선정된 보호도체에 대한 k값

a : PEN도체의 경우 단면적의 축소는 중성선의 크기결정에 대한 규칙에만 허용된다.

선도체의 단면적이 $16[mm^2]$ 이하이고 보호도체의 재질이 상도체와 같을 때에는 최소 단면적을 선도체와 같게 한다.

【정답】④

---

85. [삭제 문제]

※2021년 1월 1일부터 한국전기설비규정(KEC) 적용으로 인해 더 이상 출제되지 않는 문제입니다.

---

86. 일반 변전소 또는 이에 준하는 곳의 주요 변압기에 반드시 시설하여야 하는 계측장치가 아닌 것은?

① 주파수
② 전압
③ 전류
④ 전력

|정|답|및|해|설|

[계측장치의 시설 (KEC 351.6)]
① 발전기·연료전지 또는 태양전지 모듈의 전압 및 전류 또는 전력
② 발전기의 베어링 및 고정자 온도
③ 주요 변압기의 전압 및 전류 또는 전력
④ 특고압용 변압기의 온도

【정답】①

---

87. 345[kV] 가공전선이 154[kV] 가공전선과 교차하는 경우 이들 양 전선 상호간의 이격거리는 몇 [m] 이상인가?

① 4.48
② 4.96
③ 5.48
④ 5.82

|정|답|및|해|설|

[특고압 가공전선과 저고압 가공전선 등의 접근 또는 교차 (KEC 333.26)]

사용전압의 구분	이격거리
60[kV] 이하	2[m]
60[kV] 초과	2[m]에 사용전압이 60[kV]를 초과하는 10[kV] 또는 그 수단마다 12[cm]을 더한 값

·단수 = $\frac{345-60}{10} = 28.5 = 29$단

·이격거리 = $2 + 29 \times 0.12 = 5.48[m]$

【정답】③

---

88. 애자사용공사에 의한 저압 옥내배선을 시설할 때 전선의 지지점간의 거리는 전선을 조영재의 윗면 또는 옆면에 따라 붙일 경우 몇 [m] 이하인가?

① 1.5
② 2
③ 2.5
④ 3

|정|답|및|해|설|

[애자사용공사 (KEC 232.3)]
① 옥외용 및 인입용 절연 전선을 제외한 절연 전선을 사용할 것
② 전선 상호간의 간격 6[cm] 이상일 것
③ 전선과 조명재의 간격
　·400[V] 미만은 2.5[cm] 이상
　·400[V] 이상의 저압은 4.5[cm] 이상

④ 전선의 지지점 간의 거리는 전선을 조영재의 윗면 또는 옆면에 따라 붙일 경우에는 2[m] 이하일 것

⑤ 사용전압이 400[V] 이상인 것은 ④의 경우 이외에는 전선의 지지점 간의 거리는 6[m] 이하일 것 【정답】②

89. 변압기 저압측 중성선에 접지공사를 하는 경우 변압기의 시설 장소로부터 몇 [m]까지 떼어 놓을 수 있는가?

① 50 ② 100

③ 150 ④ 200

|정|답|및|해|설|
[고압 또는 특고압과의 저압의 혼촉에 의한 위험 방지 시설 (KEC 322.1)]

① 고압전로 또는 특고압전로와 저압전로를 결합하는 변압기의 저압측의 중성점에는 접지공사를 하여야 한다.

② 접지공사는 시설장소마다 시행하여야 하며, 변압기의 시설장소로부터 200[m]까지 떼어놓을 수 있다.

③ 가공공동지선은 인장강도 5.26[kN] 이상 또는 지름 4[mm] 이상의 경동선 【정답】④

90. 고압 가공전선으로 경동선을 사용하는 경우 안전율은 얼마 이상이 되는 이도(弛度)로 시설하여야 하는가?

① 2.0 ② 2.2

③ 2.5 ④ 4.0

|정|답|및|해|설|
[저·고압 가공전선의 안전율 (KEC 331.14.2)]
고압 가공전선은 케이블인 경우 이외에는 다음 각 호에 규정하는 경우에 그 안전율이 경동선 또는 내열 동합금선은 2.2 이상, 그 밖의 전선은 2.5 이상이 되는 이도로 시설하여야 한다.
【정답】②

91. 백열전등 또는 방전등에 전기를 공급하는 옥내전로의 대지전압은 몇 [V] 이하이어야 하는가?

① 120 ② 150

③ 200 ④ 300

|정|답|및|해|설|
[[1[kV] 이하 방전등 (kec 234.11)] 백열전등 또는 방전등에 전기를 공급하는 옥내의 전로의 대지전압은 300[V] 이하이어야 하며, 다음 각 호에 의하여 시설하여야 한다. 다만, 대지전압 150[V] 이하의 전로인 경우에는 다음 각 호에 의하지 아니할 수 있다.

① 방전등 및 이에 부속하는 전선은 사람이 접촉할 우려가 없도록 시설할 것

② 방전등용 안정기는 옥내배선과 직접 접속하여 시설할 것 【정답】④

92. 특수장소에 시설하는 전선로의 기준으로 틀린 것은?

① 교량의 윗면에 시설하는 저압전선로는 교량 노면상 5[m] 이상으로 할 것

② 교량에 시설하는 고압전선로에 전선과 조영재 사이의 이격거리는 20[cm] 이상일 것

③ 저압전선로와 고압전선로를 같은 벼랑에 시설하는 경우 고압전선과 저압전선 사이의 이격거리는 50[cm] 이상일 것

④ 벼랑과 같은 수직부분에 시설하는 전선로는 부득이한 경우에 시설하며, 이때 전선의 지지점간의 거리는 15[m] 이하로 할 것

|정|답|및|해|설|
[교량에 시설하는 전선로 (KEC 335.6)]
교량의 윗면에 시설하는 것은 다음에 의하는 이외에 전선의 높이를 교량의 노면상 5[m] 이상으로 하여 시설할 것

1. 전선은 케이블인 경우 이외에는 인장강도 2.30[kN] 이상의 것 또는 지름 2.6[mm] 이상의 경동선의 절연전선일 것

2. 전선과 조영재 사이의 이격거리는 전선이 케이블인 경우 이외에는 30[cm] 이상일 것

3. 전선은 케이블인 경우 이외에는 조영재에 견고하게 붙인 완금류에 절연성·난연성 및 내수성의 애자로 지지할 것

4. 전선이 케이블인 경우에는 전선과 조영재 사이의 이격거리를 15[cm] 이상으로 하여 시설할 것 【정답】②

93. 고압 옥내배선의 시설 공사로 할 수 없는 것은?

① 케이블 공사

② 가요전선관 공사

③ 케이블 트레이 공사

④ 애자사용 공사(건조한 장소로서 전개된 장소)

|정|답|및|해|설|
[고압 옥내배선 등의 시설 (KEC 342.1)]
고압 옥내배선은 다음 각 호에 따라 시설하여야 한다.
① 애자사용 공사(건조한 장소로서 전개된 장소에 한한다)
② 케이블 공사
③ 케이블 트레이 공사　　　　　　　　　　【정답】②

94. 사용전압 154[kV]의 특고압 가공전선로를 시가지에 시설하는 경우 지표상 몇 [m] 이상에 시설하여야 하는가?

①　7　　　　　　　　　②　8

③　9.44　　　　　　　　④　11.44

|정|답|및|해|설|
[시가지 등에서 특고압 가공전선로의 시설 (KEC 333.1)]
170[kV] 이하 특고압 가공전선로 높이

사용전압의 구분	지표상의 높이
35[kV] 이하	10[m] (전선이 특고압 절연전선인 경우에는 8[m])
35[kV] 초과	10[m]에 35[kV]를 초과하는 10[kV] 또는 그 단수마다 12[cm]를 더한 값

단수 : 15.4-3.5=11.9≒ 12단
지표상의 높이 : 10+12×0.12=11.44[m]　　　【정답】④

95. 가공전선로 지지물 기초의 안전율은 일반적으로 얼마 이상인가?

①　1.5　　　　　　　　②　2

③　2.2　　　　　　　　④　2.5

|정|답|및|해|설|
[가공전선로 지지물의 기초의 안전율 (KEC 331.7)] 가공전선로의 지지물에 하중이 가하여지는 경우에 그 하중을 받는 지지물의 기초의 안전율 2 이상(단, 이상시 상전하중에 대한 철탑의 기초에 대하여는 1.33)이어야 한다.　　　　　　　　　【정답】②

96. "지중관로"에 대한 정의로 가장 옳은 것은?

① 지중전선로, 지중 약전류전선로와 지중매설지선 등을 말한다.

② 지중전선로, 지중 약전류전선로와 복합케이블선로, 기타 이와 유사한 것 및 이들에 부속되는 지중함을 말한다.

③ 지중전선로, 지중 약전류전선로, 지중에 시설하는 수관 및 가스관과 지중매설지선을 말한다.

④ 지중전선로, 지중 약전류 전선로, 지중 광섬유 케이블선로, 지중에 시설하는 수관 및 가스관과 기타 이와 유사한 것 및 이들에 부속하는 지중함 등을 말한다.

|정|답|및|해|설|
[지중관로] 지중관로란 지중전선로, 지중약전류전선로, 지중에 시설하는 수관 및 가스관과 이와 유사한 것 및 이들에 부속하는 지중함 등을 말한다.　　　　　　　　【정답】④

97. 가공 전선로의 지지물에 시설하는 지선의 시설기준으로 옳은 것은?

① 지선의 안전율은 1.2 이상일 것

② 소선은 최소 5가닥 이상의 연선일 것

③ 도로를 횡단하여 시설하는 지선의 높이는 일반적으로 지표상 5[m] 이상으로 할 것

④ 지중부분 및 지표상 60[cm]까지의 부분은 아연도금을 한 철봉 등 부식하기 어려운 재료를 사용할 것

|정|답|및|해|설|
[지선의 시설 (KEC 331.11)]
가공 전선로의 지지물에 시설하는 지선의 시설 기준
·안전율 : 2.5 이상 일 것
·최저 인상 하중 : 4.31[kN]
·2.6[mm] 이상의 금속선을 3조 이상 꼬아서 사용
·지중 및 지표상 30[cm]까지의 부분은 아연도금 철봉 등을 사용
·도로를 횡단하여 시설하는 지선의 높이는 일반적으로 지표상 5[m] 이상으로 할 것　　　　　　　【정답】③

98. 저압 옥내배선에 적용하는 사용전선의 내용 중 틀린 것은?

① 단면적 2.5[mm^2] 이상의 연동선이어야 한다.

② 미네럴인슈레이션케이블로 옥내배선을 하려면 케이블 단면적은 2[mm^2] 이상이어야 한다.

③ 진열장 등 사용전압이 400[V] 미만인 경우 0.75[mm^2] 이상인 코드 또는 캡타이어 케이블을 사용할 수 있다.

④ 전광표시장치 또는 제어회로에 사용전압이 400[V] 미만인 경우 사용하는 배선은 단면적 1.5[mm^2] 이상의 연동선을 사용하고 합성수지관 공사로 할 수 있다.

|정|답|및|해|설|
[저압 옥내배선의 사용전선 (KEC 231.3)]
① 저압 옥내 배선의 사용 전선은 <u>2.5[mm²] 연동선이나 1[mm²] 이상의 MI 케이블</u>이어야 한다.
② 옥내배선의 사용전압이 400[V] 미만인 경우
· 전광표시 장치 · 출퇴 표시등 기타 이와 유사한 장치 또는 제어 회로 등에 사용하는 배선에 단면적 1.5[mm²] 이상의 연동선을 사용할 것
· 전광표시 장치 · 출퇴 표시등 기타 이와 유사한 장치 또는 제어 회로 등의 배선에 단면적 0.75[mm²] 이상인 다심케이블 또는 다심 캡타이어 케이블을 사용하고 또한 과전류가 생겼을 때에 자동적으로 전로에서 차단하는 장치를 시설하는 경우
【정답】②

99. 지중 전선로의 시설에서 관로식에 의하여 시설하는 경우 매설 깊이는 몇 [m] 이상으로 하여야 하는가?

① 0.6   ② 1.0

③ 1.2   ④ 1.5

|정|답|및|해|설|
[지중 전선로의 시설 (KEC 334.1)]
① 전선은 케이블을 사용하고, 관로식 또는 암거식, 직접 매설식에 의하여 시공한다.
② 직접 매설식으로 시공할 경우 매설 깊이는 중량물의 압력이 있는 곳은 1.2[m] 이상, 없는 곳은 0.6[m] 이상으로 한다.
③ 관로식에 의하여 시설하는 경우에는 매설 깊이를 1.0[m] 이상으로 하되, 매설 깊이가 충분하지 못한 장소에는 견고하고 차량 기타 중량물의 압력에 견디는 것을 사용할 것. 다만 중량물의 압력을 받을 우려가 없는 곳은 60[cm] 이상으로 한다.
④ 암거식에 의하여 시설하는 경우에는 견고하고 차량 기타 중량물의 압력에 견디는 것을 사용할 것 　　　【정답】②

100. 케이블 트레이공사 적용 시 적합한 사항은?

① 난연성 케이블을 사용한다.

② 케이블 트레이의 안전율은 2.0 이상으로 한다.

③ 케이블 트레이 안에서 전선접속은 허용하지 않는다.

④ 금속제 케이블 트레이는 접지공사를 하지 않는다.

|정|답|및|해|설|
[케이블 트레이 공사 (KEC 232.15)]
· 전선은 연피 케이블, 알루미늄피 케이블 등 난연성 케이블, 기타 케이블 또는 금속관 혹은 합성수지관 등에 넣은 절연전선을 사용하여야 한다.
· 수용된 모든 전선을 지지할 수 있는 적합한 강도의 것이어야 한다. 이 경우 <u>케이블 트레이의 안전율은 1.5 이상</u>으로 하여야 한다.
· 비금속제 케이블 트레이는 난연성 재료의 것이어야 한다.
· <u>금속제 케이블 트레이는 kec140에 의한 접지공사를 하여야 한다.</u>
【정답】①

81. 동일 지지물에 고압 가공전선과 저압 가공전선을 병가 할 경우 일반적으로 양 전선간의 이격거리는 몇 [cm] 이상인가?

① 50   ② 60

③ 70   ④ 80

|정|답|및|해|설|

[고압 가공전선 등의 병행설치 (KEC 332.8)]
① 저압 가공전선을 고압 가공전선의 아래로 하고 별개의 완금류에 시설할 것
② 이격 거리 50[cm] 이상으로 저압선을 고압선의 아래로 별개의 완금류에 시설
※공가, 병가는 2종특고압 보안공사로 시공 55[mm²]이상

【정답】①

82. 전압의 종별에서 교류 1000[V]는 무엇으로 분류하는가?

① 저압   ② 고압

③ 특고압   ④ 초고압

|정|답|및|해|설|

[저압, 고압 및 특고압의 범위]

분류	전압의 범위
저압	·직류 : 1500[V] 이하 ·교류 : 1000[V] 이하
고압	·직류 : 1500[V]를 초과하고 7[kV] 이하 ·교류 : 1000[V]를 초과하고 7[kV] 이하
특고압	·7[kV]를 초과

【정답】①

83. [삭제 문제]

> ※2021년 1월 1일부터 한국전기설비규정(KEC) 적용으로 인해 더 이상 출제되지 않는 문제입니다.

84. 저압 옥상전선로의 시설에 대한 설명으로 옳지 않은 것은?

① 전선은 절연전선을 사용하였다.

② 전선은 지름 2.6[mm]의 경동선을 사용하였다.

③ 전선과 옥상 전선로를 시설하는 조영재와의 이격거리를 0.5[m]로 하였다.

④ 전선은 상시 부는 바람 등에 의하여 식물에 접촉하지 않도록 시설하였다.

|정|답|및|해|설|

[저압 옥상 전선로의 시설 (KEC 221.3)] 전선과 그 저압 옥상 전선로를 시설하는 조영재와의 이격거리는 2[m](전선이 고압절연전선, 특고압 절연전선 또는 케이블인 경우에는 1[m]) 이상일 것

【정답】③

85. 저압 및 고압 가공전선의 높이에 대한 기준으로 틀린 것은?

① 철도를 횡단하는 경우는 레일면상 6.5[m] 이상이다.

② 횡단보도교 위에 시설하는 경우는 저압의 경우는 그 노면 상에서 3[m] 이상이다.

③ 횡단보도교 위에 시설하는 경우는 고압의 경우는 그 노면 상에서 3.5[m] 이상이다.

④ 다리의 하부 기타 이와 유사한 장소에 시설하는 저압의 전기철도용 급전선은 지표상 3.5[m]까지로 감할 수 있다.

|정|답|및|해|설|

[저·고압 가공 전선의 높이 (KEC 332.5)]

· 도로 횡단 : 6[m] 이상
· 철도 횡단 : 레일면상 6.5[m] 이상
· 일반 장소 : 5[m] 이상

※ 횡단보도교 위에서 저압이나 고압이나 3.5[m] 이상

【정답】②

86. 35[kV] 기계 기구, 모선 등을 옥외 시설하는 변전소의 구내에 취급자 이외의 사람이 들어가지 않도록 울타리를 시설하는 경우에 울타리의 높이와 울타리로부터의 충전 부분까지의 거리의 합계는 몇 [m]인가?

① 5 　　　　　　② 6
③ 7 　　　　　　④ 8

|정|답|및|해|설|

[발전소 등의 울타리, 담 등의 시설 (KEC 351.1)]

사용 전압의 구분	울타리 · 담 등의 높이와 울타리 · 담 등으로부터 충전 부분까지의 거리의 합계
35[kV] 이하	5[m]
35[kV] 초과 160[kV] 이하	6[m]
160[kV] 초과	· 거리의 합계 = 6 + 단수 × 0.12[m] · 단수 = $\dfrac{\text{사용전압[kV]} - 160}{10}$ (단수 계산 에서 소수점 이하는 절상)

【정답】①

87. 최대사용전압이 22900[V]인 3상4선식 중성선 다중접지식 전로와 대지 사이의 절연내력 시험전압은 몇 [V]인가?

① 21068 　　　　② 25229
③ 28752 　　　　④ 32510

|정|답|및|해|설|

[전로의 절연저항 및 절연내력 (KEC 132)]

접지방식	최대 사용 전압	시험 전압(최대 사용 전압 배수)	최저 시험 전압
비접지	7[kV] 이하	1.5배	
	7[kV] 초과	1.25배	10,500[V]
중성점접지	60[kV] 초과	1.1배	75[kV]

접지방식	최대 사용 전압	시험 전압(최대 사용 전압 배수)	최저 시험 전압
중성점직접접지	60[kV] 초과 170[kV] 이하	0.72배	
	170[kV] 초과	0.64배	
중성점 다중접지	25[kV] 이하	0.92배	

∴ 시험전압 = $22900 \times 0.92 = 21068[V]$

【정답】①

88. 터널 등에 시설하는 사용전압이 220[V]인 저압의 전구선으로 편조 고무코드를 사용하는 경우 단면적은 몇 $[mm^2]$ 이상인가?

① 0.5 　　　　　② 0.75
③ 1.0 　　　　　④ 1.25

|정|답|및|해|설|

[터널 등의 전구선 또는 이동전선 등의 시설 (KEC 242.7.4)]

400[V] 이하의 경우 공칭 단면적 $0.75[mm^2]$ 이상의 300/300[V] 편조 고무코드 또는 0.6/1[kV] EP 고무 절연 클로로프렌 캡타이어 케이블일 것

【정답】②

89. 고압 가공전선과 건조물의 상부 조영재와의 옆쪽 이격거리는 몇 [m] 이상인가? (단, 전선에 사람이 쉽게 접촉할 우려가 있고 케이블이 아닌 경우이다.)

① 1.0 　　　　　② 1.2
③ 1.5 　　　　　④ 2.0

|정|답|및|해|설|

[저고압 가공 전선과 건조물의 접근 (KEC 332.11)]

사용전압 부분 공작물의 종류			저압 [m]	고압 [m]
건조물	상부 조영제 상방	일반적인 경우	2	2
		전선이 고압절연전선	1	2
		전선이 케이블인 경우	1	1
	기타 조영재 또는 상부조영재의 앞쪽 또는 아래쪽	일반적인 경우	1.2	1.2
		전선이 고압절연전선	0.4	1.2
		전선이 케이블인 경우	0.4	0.4
		사람이 접근 할 수 없도록 시설한 경우	0.8	0.8

【정답】②

90. 특고압용 제2종 보안 장치 또는 이에 준하는 보안 장치 등이 되어 있지 않은 25[kV] 이하인 특고압 가공 전선로의 지지물에 시설하는 통신선 또는 이에 직접 접속하는 통신선으로 사용할 수 있는 것은?

① 광섬유케이블

② CN/CV케이블

③ 캡타이어케이블

④ 지름 2.6[mm] 이상의 절연 전선

|정|답|및|해|설|
[25[kV] 이하인 특고압 가공전선로 첨가 통신선의 시설에 관한 특례] 통신선은 광섬유케이블일 것. 다만, 특고압용 제2종 보안 장치 또는 이에 준하는 보안장치를 시설할 경우 그러하지 아니하다.

【정답】①

91. 765[kV] 가공전선 시설 시 2차 접근 상태에서 건조물을 시설하는 경우 건조물 상부와 가공전선 사이의 수직거리는 몇 [m] 이상인가? (단, 전선의 높이가 최저 상태로 사람이 올라갈 우려가 있는 개소를 말한다.)

① 15

② 20

③ 25

④ 28

|정|답|및|해|설|
[특고압 가공전선과 건조물의 접근 (KEC 333.23)] 사용전압이 400[kV] 이상의 특고압 가공전선이 건조물과 제2차 접근상태로 있을 경우, 전선 높이가 최저 상태일 때 가공전선과 건조물 상부(지붕, 챙(차양), 옷 말리는 곳, 기타 사람이 올라갈 우려가 있는 개소를 말한다)와의 수직거리가 28[m] 이상일 것

【정답】④

92. [삭제 문제]

※2021년 1월 1일부터 한국전기설비규정(KEC) 적용으로 인해 더 이상 출제되지 않는 문제입니다.

93. [삭제 문제]

※2021년 1월 1일부터 한국전기설비규정(KEC) 적용으로 인해 더 이상 출제되지 않는 문제입니다.

94. 폭발성 또는 연소성의 가스가 침입할 우려가 있는 것에 시설하는 지중전선로의 지중함은 그 크기가 최소 몇 $[m^3]$ 이상인 경우에는 통풍장치 기타 가스를 방산시키기 위한 적당한 장치를 시설하여야 한다.

① 1

② 3

③ 5

④ 10

|정|답|및|해|설|
[지중함의 시설 (KEC 334.2)] 지중 전선로를 시설하는 경우 폭발성 또는 연소성의 가스가 침입할 우려가 있는 곳에 시설하는 지중함으로 그 크기가 1[m^3] 이상인 것은 통풍 장치 기타 가스를 방산시키기 위한 장치를 하여야 한다.

【정답】①

95. 의료 장소에서 인접하는 의료장소와의 바닥면적 합계가 몇 $[m^2]$ 이하인 경우 기준 접지바를 공용으로 할 수 있는가?

① 30

② 50

③ 80

④ 100

|정|답|및|해|설|
[의료실의 접지 등의 시설의료장소 내의 접지 설비 (kec 242.10.4)] 의료장소마다 그 내부 또는 근처에 기준접지바를 설치할 것. 다만, 인접하는 의료장소와의 바닥면적 합계가 50[m^2] 이하인 경우에는 기준 접지바를 공용으로 할 수 있다.

【정답】②

96. 배선공사 중 전선이 반드시 절연전선이 아니라도 상관없는 공사방법은?

① 금속관 공사

② 합성수지관 공사

③ 버스덕트 공사

④ 플로어덕트 공사

[나전선의 사용 제한 (KEC 231.4)]
·나전선을 사용할 수 있는 공사 : 라이팅 덕트 공사, 버스 덕트 공사
·나전선을 사용 제한 공사 : 금속관 공사, 합성 수지관 공사, 합성 수지 몰드 공사, 금속 덕트 공사 등

【정답】③

97. 저압 가공전선로의 지지물에 시설하는 통신선 또는 이에 직접 접속하는 가공 통신선이 도로를 횡단하는 경우, 일반적으로 지표상 몇 [m] 이상의 높이로 시설하여야 하는가?

① 6.0　　　　　② 4.0
③ 5.0　　　　　④ 3.0

[전력보안통신케이블의 지상고와 배전설비와의 이격거리 (KEC 362.2)]

시설 장소		가공 통신선	첨가 통신선	
			고저압	특고압
도로 횡단	일반적인 경우	5[m]	6[m]	6[m]
	교통에 지장이 없는 경우	4.5[m]	5[m]	
철도 횡단 (레일면상)		6.5[m]	6.5[m]	6.5[m]
횡단 보도 교 위 (노면상)	일반적인 경우	3[m]	3.5[m]	5[m]
	절연전선과 동등 이상의 절연 효력이 있는 것 (고·저압)이나 광섬유 케이블을 사용하는 것 (특고압)		3[m]	4[m]
기타의 장소		3.5[m]	4[m]	5[m]

【정답】①

98. 가공 전선로의 지지물에 시설하는 지선의 안전율은 일반적인 경우 얼마 이상이어야 하는가?

① 2.0　　　　　② 2.2
③ 2.5　　　　　④ 2.7

[지선의 시설 (KEC 331.11)] 가공 전선로의 지지물에 시설하는 지선의 시설 기준
·안전율 : 2.5 이상 일 것
·최저 인상 하중:4.31[kN]
·2.6[mm] 이상의 금속선을 3조 이상 꼬아서 사용
·지중 및 지표상 30[cm]까지의 부분은 아연도금 철봉 등을 사용

【정답】③

99. 고·저압 혼촉에 의한 위험을 방지하려고 시행하는 중성점 접지공사에 대한 기준으로 틀린 것은?

① 중성점 접지공사는 변압기의 시설장소마다 시행하여야 한다.
② 토지의 상황에 의하여 접지저항 값을 얻기 어려운 경우, 가공 접지선을 사용하여 접지극을 100[m]까지 떼어 놓을 수 있다.
③ 가공 공동지선을 설치하여 접지공사를 하는 경우, 각 변압기를 중심으로 지름 400[m] 이내의 지역에 접지를 하여야 한다.
④ 저압 전로의 사용전압이 300[V] 이하인 경우, 그 접지공사를 중성점에 하기 어려우면 저압측의 1단자에 행할 수 있다.

[고압 또는 특고압과 저압의 혼촉에 의한 위험 방지 시설 (KEC 322.1)] 토지의 상황에 따라 규정의 접지저항 값을 얻기 어려운 경우의 접지공사는 변압기의 시설장소로부터 200[m] 떼어서 시설한다.

【정답】②

100. 사용전압이 22.9[kV]인 특고압 가공전선이 도로를 횡단하는 경우, 지표상 높이는 최소 몇 [m] 이상인가?

① 4.5　　　　　② 5
③ 5.5　　　　　④ 6

[특고압 가공전선의 높이 (KEC 333.7)]

사용전압의 구분	지표상의 높이	
35[kV] 이하	일반	5[m]
	철도 또는 궤도를 횡단	6.5[m]
	도로 횡단	6[m]
	횡단보도교의 위 (전선이 특고압 절연전선 또는 케이블)	4[m]
35[kV] 초과 160[kV] 이하	일반	6[m]
	철도 또는 궤도를 횡단	6.5[m]
	산지	5[m]
	횡단보도교의 케이블	5[m]
160[kV] 초과	일반	6[m]
	철도 또는 궤도를 횡단	6.5[m]
	산지	5[m]
	160[kV]를 초과하는 10[kV] 또는 그 단수마다 12[cm]를 더한 값	

【정답】④

81. [삭제 문제]

> ※2021년 1월 1일부터 한국전기설비규정(KEC) 적용으로 인해 더 이상 출제되지 않는 문제입니다.

82. 발전소·변전소 또는 이에 준하는 곳의 특고압전로에 대한 접속 상태를 모의모선의 사용 또는 기타의 방법으로 표시하여야 하는데, 그 표시의 의무가 없는 것은?

① 전선로의 회선수가 3회선 이하로서 복모선

② 전선로의 회선수가 2회선 이하로서 복모선

③ 전선로의 회선수가 3회선 이하로서 단일모선

④ 전선로의 회선수가 2회선 이하로서 단일모선

[특고압 전로의 상 및 접속 상태의 표시 (KEC 351.2)]
모의모선이 필요없는 것은 회선수가 2회선 이하이고, 단모선인 경우이다. 【정답】④

83. 가공 약전류전선을 사용 전압이 22.9[kV]인 특고압 가공전선과 동일 지지물에 공가하고자 할 때 가공 전선으로 경동연선을 사용한다면 단면적이 몇 [mm²] 이상인가?

① 22 ② 38

③ 50 ④ 55

[특고압 가공전선과 가공약전류전선 등의 공용 설치 (KEC 333.19)]
특고압 가공 전선과 가공 약전류 전선과의 공가는 35[kV] 이하인 경우에 시설하여야 한다.
① 특고압 가공전선로는 제2종 특고압 보안 공사에 의한 것
② 특고압은 케이블을 제외하고 인장강도 21.67[kN] 이상의 연선 또는 단면적이 $50[mm^2]$ 이상인 경동연선일 것
③ 가공 약전류 전선은 특고압 가공 전선이 케이블인 경우를 제외하고 차폐층을 가지는 통신용 케이블일 것
【정답】③

84. ACSR 전선을 사용전압 직류 1500[V]의 가공 급전선으로 사용할 경우 안전율은 얼마 이상이 되는 이도로 시설하여야 하는가?

① 2.0 ② 2.1

③ 2.2 ④ 2.5

[저·고압 가공전선의 안전율 (kec 222.6), (KEC 331.14.2)]
고압 가공전선은 케이블인 경우 이외에는 다음 각 호에 규정하는 경우에 그 안전율이 경동선 또는 내열 동합금선은 2.2 이상, 그 밖의 전선은 2.5 이상이 되는 이도로 시설하여야 한다.
【정답】④

85. 154[kV] 가공전선과 가공 약전류전선이 교차하는 경우에 시설하는 보호망을 구성하는 금속선 중 가공 전선의 바로 아래에 시설되는 것 이외의 다른 부분에 시설되는 금속선은 지름 몇 [mm] 이상의 아연도철선이어야 하는가?

① 2.6   ② 3.2

③ 4.0   ④ 5.0

|정|답|및|해|설|⎯⎯⎯⎯⎯⎯⎯⎯⎯⎯⎯⎯
[특고압 가공전선과 저고압 가공전선 등의 접근 또는 교차 (KEC 333.26)] 보호망을 구성하는 금속선
· 그 외주 및 특고압 가공전선의 바로 아래에 시설하는 금속선에 인장강도 8.01[kN] 이상의 것 또는 지름 5[mm] 이상의 경동선을 사용
· 기타 부분에 시설하는 금속선에 인장강도 3.64[kN] 이상 또는 지름 4[mm] 이상의 아연도철선을 사용

【정답】 ③

86. 사용전압이 161[kV]인 가공전선로를 시가지내에 시설 할 때 전선의 지표상의 높이는 몇 [m] 이상이어야 하는가?

① 8.65   ② 9.56

③ 10.47   ④ 11.56

|정|답|및|해|설|⎯⎯⎯⎯⎯⎯⎯⎯⎯⎯⎯⎯
[시가지 등에서 특고압 가공전선로의 시설 (KEC 333.1)] 시가지에 특고가 시설되는 경우 전선의 지표상 높이는 35[kV] 이하 10[m](특고 절연 전선인 경우 8[m]) 이상, 35[kV]를 넘는 경우 10[m]에 35[kV]를 넘는 10[kV] 또는 그 단수마다 12[cm]를 더한 값으로 한다.

· 단수 $= \frac{161-35}{10} = 12.6 \rightarrow 13$단

· 지표상의 높이 $= 10 + 13 \times 0.12 = 11.56[m]$

【정답】 ④

87. 특고압 가공전선이 삭도와 제2차 접근상태로 시설 할 경우에 특고압 가공전선로의 보안공사는?

① 고압 보안공사

② 제1종 특고압 보안공사

③ 제2종 특고압 보안공사

④ 제3종 특고압 보안공사

|정|답|및|해|설|⎯⎯⎯⎯⎯⎯⎯⎯⎯⎯⎯⎯
[특고압 가공전선과 삭도의 접근 또는 교차 (KEC 333.25)]
· 1차 접근 상태의 경우 : 제3종 특고압 보안 공사
· 2차 접근 상태의 경우 : 제2종 특고압 보안 공사

【정답】 ③

88. 갑종 풍압하중을 계산 할 때 강관에 의하여 구성된 철탑에서 구성재의 수직 투영면적 $1[m^2]$에 대한 풍압하중은 몇 [Pa]를 기초로 하여 계산한 것인가? (단, 단주는 제외한다.)

① 588   ② 1117

③ 1255   ④ 2157

|정|답|및|해|설|⎯⎯⎯⎯⎯⎯⎯⎯⎯⎯⎯⎯
[풍압하중의 종별과 적용 (KEC 331.6)]

풍압을 받는 구분			풍압[Pa]
목주			588
지지물	철주	원형의 것	588
		삼각형 또는 농형	1412
		강관에 의하여 구성되는 4각형의 것	1117
		기타의 것으로 복재가 전후면에 겹치는 경우	1627
		기타의 것으로 겹치지 않은 경우	1784
	철근 콘크리트 주	원형의 것	588
		기타의 것	822
	철탑	단주 원형의 것	588[Pa]
		단주 기타의 것	1,117[Pa]
		강관으로 구성되는 것(단주는 제외함)	1,255[Pa]
		기타의 것	2,157[Pa]

【정답】 ③

89. 설계하중이 6.8[kN]인 철근 콘크리트주의 길이가 17[m]라 한다. 이 지지물을 지반이 연약한 곳 이외의 곳에서 안전율을 고려하지 않고 시설하려고 하면 땅에 묻히는 깊이는 몇 [m] 이상으로 하여야 하는가?

① 2.0   ② 2.3

③ 2.5   ④ 2.8

|정|답|및|해|설|

[가공전선로 지지물의 기초 안전율 (KEC 331.7)]
가공전선로의 지지물에 하중이 가하여지는 경우에 그 하중을 받는 지지물의 기초의 안전율은 2 이상(단, 이상시 상정하중에 대한 철탑의 기초에 대하여는 1.33)이어야 한다. 다만, 땅에 묻히는 깊이를 다음의 표에서 정한 값 이상의 깊이로 시설하는 경우에는 그러하지 아니하다.

설계하중 전장	6.8[kN] 이하	6.8[kN] 초과 9.8[kN] 이하	9.8[kN] 초과 14.72[kN] 이하
15[m] 이하	전장 × 1/6[m] 이상	전장 × 1/6+0.3[m] 이상	–
15[m] 초과	2.5[m] 이상	2.8[m] 이상	–
16[m] 초과~20[m] 이하	2.8[m] 이상	–	–
15[m] 초과~18[m] 이하	–	–	3[m] 이상
18[m] 초과	–	–	3.2[m] 이상

【정답】④

90. 특고압 가공전선로에서 발생하는 극저주파 전자계는 자계의 경우 지표상 1[m]에서 측정 시 몇 $[\mu T]$ 이하인가?

① 28.0　　　　② 46.5

③ 70.0　　　　④ 83.3

|정|답|및|해|설|

[유도장해 방지 (기술기준 제17조)] 특고압 가공전선로는 지표상 1[m]에서 전계강도가 3.5[kV/m] 이하, 자계강도가 83.3[μT] 이하가 되도록 시설하는 등 상시 정전유도 및 전자유도 작용에 의하여 사람에게 위험을 줄 우려가 없도록 시설하여야 한다.

【정답】④

91. 전로를 대지로부터 반드시 절연하여야 하는 것은?

① 시험용 변압기

② 저압 가공전선로의 접지측 전선

③ 전로의 중성점에 접지공사를 하는 경우의 접지점

④ 계기용변성기의 2차측 전로에 접지공사를 하는 경우의 접지점

|정|답|및|해|설|

[전로의 절연 원칙 (KEC 131)] 전로는 다음의 경우를 제외하고 대지로부터 절연하여야 한다.

① 각 접지 공사를 하는 경우의 접지점

② 전로의 중성점을 접지하는 경우의 접지점

③ 계기용 변성기의 2차측 전로에 접지공사를 하는 경우의 접지점

④ 25[kV] 이하로서 다중 접지하는 경우의 접지점

【정답】②

92. 저압 전로 중 전선 상호간 및 전로와 대지 사이의 절연저항 값은 대지전압이 150[V] 초과 300[V] 이하인 경우에 몇 $[M\Omega]$ 되어야 하는가?

① 0.5　　　　② 1.0

③ 1.5　　　　④ 2.0

|정|답|및|해|설|

[전로의 사용전압에 따른 절연저항값 (기술기준 제52조)]

전로의 사용전압의 구분	DC 시험전압	절연 저항값
SELV 및 PELV	250	0.5[$M\Omega$]
FELV, 500[V] 이하	500	1[$M\Omega$]
500[V] 초과	1000	1[$M\Omega$]

※특별저압(2차 전압이 AC 50[V], DC 120[V] 이하)으로 SELV(비접지 회로 구성) 및 PELV(접지회로 구성)은 1차와 2차가 전기적으로 절연되지 않은 회로

【정답】②

93. 가공전선과 첨가 통신선과의 시공방법으로 틀린 것은?

① 통신선은 가공전선의 아래에 시설 할 것

② 통신선과 고압 가공전선 사이의 이격거리는 60[cm] 이상일 것.

③ 통신선과 특고압 가공전선로의 다중접지한 중성선 사이의 이격거리는 1.2[m] 이상일 것

④ 통신선은 특고압 가공전선로의 지지물에 시설하는 기계기구에 부속되는 전선과 접촉 할 우려가 없도록 지지물 또는 완금류에 견고하게 시설할 것

|정|답|및|해|설|

[전력보안통신케이블의 지상고와 배전설비와의 이격거리 (KEC 362.2)] 통신선과 저압 가공전선 또는 특고압 가공전선로의 다중접지를 한 중성선 사이의 이격거리는 60[cm] 이상일 것

【정답】③

94. [삭제 문제]

> ※2021년 1월 1일부터 한국전기설비규정(KEC) 적용으로 인해 더 이상 출제되지 않는 문제입니다.

95. 일반 주택 및 아파트 각 호실의 현관등은 몇 분 이내에 소등 되도록 타임스위치를 해야 하는가?

① 3 ② 4
③ 5 ④ 6

|정|답|및|해|설|
[점멸기의 시설 (KEC 234.6)] 호텔, 여관 각 객실 입구등은 1분, 일반 주택 및 아파트 현관등은 3분

【정답】①

96. 전기울타리의 시설에 사용되는 전선은 지름 몇 [mm] 이상의 경동선인가?

① 2.0 ② 2.6
③ 3.2 ④ 4.0

|정|답|및|해|설|
[전기울타리 (KEC 241.1)]
·전기울타리는 사람이 쉽게 출입하지 아니하는 곳에 시설할 것
·전선은 인장강도 1.38[kN] 이상의 것 또는 지름 2[mm] 이상의 경동선일 것
·전선과 이를 지지하는 기둥 사이의 이격거리는 2.5[cm] 이상일 것
·전선과 다른 시설물(가공 전선을 제외한다) 또는 수목 사이의 이격거리는 30[cm] 이상일 것

【정답】①

97. 애자사용공사에 의한 저압 옥내배선 시 전선 상호 간의 간격은 몇 [cm] 이상이어야 하는가?

① 2 ② 4
③ 6 ④ 8

|정|답|및|해|설|
[애자 사용 공사 (KEC 232.3)]
① 전선 상호간의 간격 : 6[cm] 이상
② 전선과 조영재와의 이격거리
·400[V] 미만 : 2.5[cm] 이상

·400[V] 이상 : 4.5[cm] 이상(건조한 곳은 2.5[cm] 이상)
③ 지지점간의 거리
·조영재 윗면, 옆면 : 2[m] 이하
·400[V] 이상 조영재의 아래면 : 6[m] 이하

【정답】③

98. 철도 또는 궤도를 횡단하는 저고압 가공전선의 높이는 레일면상 몇 [m] 이상이어야 하는가?

① 5.5 ② 6.5
③ 7.5 ④ 8.5

|정|답|및|해|설|
[저고압 가공 전선의 높이 (KEC 332.5)] 저고압 가공전선의 높이는 다음과 같다.
① 도로 횡단 : 6[m] 이상
② 철도 횡단 : 레일면 상 6.5[m] 이상
③ 횡단 보도교 위 : 3.5[m] 이상
④ 기타 : 5[m] 이상

【정답】②

99. 지중전선로는 기설 지중 약전류 전선로에 대하여 다음의 어느 것에 의하여 통신상의 장해를 주지 아니하도록 기설 약전류 전선로로부터 충분히 이격시키는가?

① 충전전류 또는 표피작용
② 누설전류 또는 유도작용
③ 충전전류 또는 유도작용
④ 누설전류 또는 표피작용

|정|답|및|해|설|
[지중약전류전선의 유도장해 방지 (KEC 334.5)] 지중전선로는 기설 지중 약전류 전선로에 대하여 누설전류 또는 유도작용에 의하여 통신상의 장해를 주지 아니하도록 기설 약전류 전선로로부터 충분히 이격시키거나 기타 적당한 방법으로 시설하여야 한다.

【정답】②

100. 발전소의 계측요소가 아닌 것은?

    ① 발전기의 고정자 온도

    ② 저압용 변압기의 온도

    ③ 발전기의 전압 및 전류

    ④ 주요 변압기의 전류 및 전압

|정|답|및|해|설|
[계측장치의 시설 (KEC 351.6)] 발전소에 시설하여야 하는 계측 장치
·발전기·연료전지 또는 태양전지 모듈의 전압 및 전류 또는 전력
·발전기의 베어링 및 고정자의 온도
·정격출력이 10,000[kW]를 초과하는 증기터빈에 접속하는 발전기의 진동의 진폭
·주요 변압기의 전압 및 전류 또는 전력
·특고압용 변압기의 온도
※저압용기기는 해당되지 않는다.

【정답】②

81. 태양전지 발전소에서 시설하는 태양전지 모듈, 전선 및 개폐기의 시설에 대한 설명으로 틀린 것은?

    ① 전선은 공칭단면적 $2.5[mm^2]$ 이상의 연동선을 사용할 것

    ② 태양전지 모듈에 접속하는 부하측 전로에는 개폐기를 시설할 것

    ③ 태양전지 모듈을 병렬로 접속하는 전로에 과전류차단기를 시설할 것

    ④ 옥측에 시설하는 경우 금속관공사, 합성수지관공사, 애자사용공사로 배선할 것

|정|답|및|해|설|
[태양광 발전설비의 전기배선 (kec 522.1.1)]
·전선은 공칭단면적 $2.5[mm^2]$ 이상의 연동선 또는 이와 동등 이상의 세기 및 굵기의 것일 것
·옥내에 시설하는 경우에는 합성수지관 공사, 금속관 공사, 가요전선관 공사 또는 케이블 공사로 시설할 것

【정답】④

82. 가요전선관 공사에 대한 설명 중 틀린 것은?

    ① 가요전선관 안에서는 전선의 접속점이 없어야 한다.

    ② 1종 금속제 가요전선관의 두께 1.2[mm] 이상이어야 한다.

    ③ 가요전선관 내에 수용되는 전선은 연선이어야 하며 단면적 $10[mm^2]$ 이하는 무방하다.

    ④ 가요전선관 내에 수용되는 전선은 옥외용 비닐 절연전선을 제외하고는 절연전선이어야 한다.

|정|답|및|해|설|
[가요 전선관 공사 (KEC 232.8)] 가요 전선관 공사에 의한 저압 옥내 배선의 시설
1. 전선은 절연전선(옥외용 비닐 절연전선을 제외한다) 이상일 것
2. 전선은 연선일 것. 다만, 단면적 $10[mm^2]$(알루미늄선은 단면적 $16[mm^2]$) 이하인 것은 그러하지 아니한다.
3. 가요전선관 안에는 전선에 접속점이 없도록 할 것
4. 1종 금속제 가요 전선관은 두께 0.8[mm] 이상인 것일 것
5. 가요전선관은 2종 금속제 가요 전선관일 것
6. 가요전선관공사는 kec140에 준하여 접지공사를 할 것

【정답】②

83. [삭제 문제]

> ※2021년 1월 1일부터 한국전기설비규정(KEC) 적용으로 인해 더 이상 출제되지 않는 문제입니다.

84. 가공 전선로의 지지물에 시설하는 지선의 시방세목을 설명한 것 중 옳은 것은?

    ① 안전율은 1.2 이상일 것

    ② 허용 인장하중의 최저는 5.26[kN]으로 할 것

    ③ 소선은 지름 1.6[mm] 이상인 금속선을 사용할 것

    ④ 지선에 연선을 사용할 경우 소선 3가닥 이상의 연선일 것

|정|답|및|해|설|
[지선의 시설 (KEC 331.11)]
① 안전율은 2.5 이상

② 최저 인장 하중은 4.31[kN]
③ 2.6[mm] 이상의 금속선을 3조 이상 꼬아서 사용
④ 지중 및 지표상 30[cm]까지의 부분은 아연도금 철봉 등을 사용

【정답】④

85. 특고압 가공전선이 도로, 횡단보도교, 철도 또는 궤도와 제1차 접근상태로 시설되는 경우 특고압 가공전선로에는 제 몇 종 보안공사에 의하여야 하는가?

① 제1종 특고압 보안공사

② 제2종 특고압 보안공사

③ 제3종 특고압 보안공사

④ 제4종 특고압 보안공사

|정|답|및|해|설|
[특고압 가공전선과 도로 등의 접근 또는 교차 (KEC 333.24)]
① 건조물과 제1차 접근상태로 시설 : 제3종 특고압 보안공사
② 건조물과 제2차 접근상태로 시설 : 제2종 특고압 보안공사
③ 도로 통과 교차하여 시설 : 제2종 특고압 보안공사
④ 가공 약전류선과 공가하여 시설 : 제2종 특고압 보안공사

【정답】③

86. 가공 전선로에 사용하는 지지물의 강도 계산에 적용하는 갑종 풍압 하중을 계산할 때 구성재의 수직 투영 면적 $1[m^2]$에 대한 풍압 값[Pa]의 기준으로 틀린 것은?

① 목주 : 588[Pa]

② 원형 철주 : 588[Pa]

③ 원형 철근 콘크리트주 : 1038[Pa]

④ 강관으로 구성된 철탑(단주는 제외) : 1255[Pa]

|정|답|및|해|설|
[풍압 하중의 종별과 적용 (KEC 331.6)]

	풍압을 받는 구분	풍압[Pa]
	목 주	588
철주	원형의 것	588
	삼각형 또는 농형	1412
	강관에 의하여 구성되는 4각형의 것	1117
	기타의 것으로 복재가 전후면에 겹치는 경우	1627
	기타의 것으로 겹치지 않은 경우	1784

	풍압을 받는 구분	풍압[Pa]
철근 콘크리트 주	원형의 것	588
	기타의 것	822
철탑	강관으로 구성되는 것	1255
	기타의 것	2157

【정답】③

87. 시가지내에 시설하는 154[kV] 가공 전선로에 지락 또는 단락이 생겼을 때 몇 초 안에 자동적으로 이를 전로로부터 차단하는 장치를 시설하여야 하는가?

① 1 　　　　　② 3

③ 5 　　　　　④ 10

|정|답|및|해|설|
[시가지 등에서 특고압 가공전선로의 시설 (KEC 333.1)]
사용전압이 100[kV]을 초과하는 특고압 가공전선에 지락 또는 단락이 생겼을 때에는 1초 이내에 자동적으로 이를 전로로부터 차단하는 장치를 시설할 것
특고압보안공사시에는 2초이내

【정답】①

88. 발전소, 변전소, 개폐소의 시설부지 조성을 위해 산지를 전용할 경우에 전용하고자 하는 산지의 평균 경사도는 몇 도 이하이어야 하는가?

① 10 　　　　　② 15

③ 20 　　　　　④ 25

|정|답|및|해|설|
[발전소 등의 부지 (기술기준 제21조)] 부지조성을 위해 산지를 전용할 경우에는 전용하고자 하는 산지의 평균 경사도가 25도 이하여야 하며, 산지전용면적 중 산지전용으로 발생되는 절·성토 경사면의 면적이 100분의 50을 초과해서는 아니 된다.

【정답】④

89. 통신선과 저압 가공전선 또는 특고압 가공전선로의 다중 접지를 한 중성선 사이의 이격거리는 몇 [cm] 이상인가?

① 15　　　　　② 30

③ 60　　　　　④ 90

|정|답|및|해|설|
[전력보안통신케이블의 지상고와 배전설비와의 이격거리 (KEC 362.2)] 통신선과 저압 가공전선 또는 특고압 가공전선로의 다중 접지를 한 중성선 사이의 이격거리는 60[cm] 이상일 것
【정답】③

90. 사용 전압 22.9[kV]인 가공 전선과 지지물과의 이격거리는 일반적으로 몇 [cm] 이상이어야 하는가?

① 5　　　　　② 10

③ 15　　　　　④ 20

|정|답|및|해|설|
[특고압 가공전선과 지지물 등의 이격 거리 (KEC 333.5)]

사용 전압의 구분		이격거리
15[kV] 미만		15[cm]
15[kV] 이상	25[kV] 미만	20[cm]
25[kV] 이상	35[kV] 미만	25[cm]
35[kV] 이상	50[kV] 미만	30[cm]
50[kV] 이상	60[kV] 미만	35[cm]
60[kV] 이상	70[kV] 미만	40[cm]
70[kV] 이상	80[kV] 미만	45[cm]
80[kV] 이상	130[kV] 미만	65[cm]
130[kV] 이상	160[kV] 미만	90[cm]
160[kV] 이상	200[kV] 미만	110[cm]

【정답】④

91. 철탑의 강도계산에 사용하는 이상 시 상정하중이 가하여지는 경우의 그 이상 시 상정 하중에 대한 철탑의 기초에 대한 안전율은 얼마 이상이어야 하는가?

① 1.2　　　　　② 1.33

③ 1.5　　　　　④ 2

|정|답|및|해|설|
[가공전선로 지지물의 기초의 안전율 (KEC 331.7)]
가공 전선로 지지물의 기초 안전율은 2 이상이어야 한다. 단, 이상 시 상정 하중은 철탑인 경우는 1.33이다.
【정답】②

92. 전기방식시설의 전기방식 회로의 전선 중 지중에 시설하는 것으로 틀린 것은?

① 전선은 공칭단면적 $4.0[mm^2]$의 연동선 또는 이와 동등 이상의 세기 및 굵기의 것일 것

② 양극에 부속하는 전선은 공칭단면적 $2.5[mm^2]$ 이상의 연동선 또는 이와 동등 이상의 세기 및 굵기의 것을 사용 할 수 있을 것

③ 전선을 직접 매설식에 의하여 시설하는 경우 차량 기타의 중량물의 압력을 받을 우려가 없는 것에 매설깊이를 1.2[m] 이상으로 할 것

④ 입상 부분의 전선 중 깊이 60[cm] 미만인 부분은 사람이 접촉할 우려가 없고 또한 손상을 받을 우려가 없도록 적당한 방호장치를 할 것

|정|답|및|해|설|
[전기부식 방지 시설 (KEC 241.16)]
· 지중 전선로는 전선에 케이블을 사용하고 또한 관로식, 암거식, 직접 매설식에 의하여 시설하여야 한다.
· 지중 전선로를 직접 매설식에 의하여 시설하는 경우에는 매설 깊이를 차량 기타 중량물의 압력을 받을 우려가 있는 장소에는 1.2[m] 이상, 기타 장소에는 60[cm] 이상으로 하고 또한 지중 전선을 견고한 트라프 기타 방호물에 넣어 시설하여야 한다.
【정답】③

93. 전동기의 절연내력시험은 권선과 대지 간에 계속하여 시험전압을 가할 경우, 최소 몇 분간은 견디어야 하는가?

① 5　　　　　② 10

③ 20　　　　　④ 30

|정|답|및|해|설|
[회전기 및 정류기의 절연내력 (KEC 133)]

종 류			시험 전압	시험 방법
회전기	발전기 전동기 조상기 기타 회전기	7[kV] 이하	1.5배 (최저 500[V])	권선과 대지간의 연속하여 10분간
		7[kV] 초과	1.25배 (최저 10,500[V])	
	회전변류기		직류측의 최대사용전압의 1배의 교류전압 (최저 500[V])	

【정답】②

94. 고압 가공전선이 안테나와 접근상태로 시설되는 경우에 가공전선과 안테나 사이의 수평 이격거리는 최소 몇 [cm] 이상이어야 하는가? (단, 가공전선으로는 케이블을 사용하지 않는다고 한다.)

① 60   ② 80

③ 100   ④ 120

|정|답|및|해|설|
[고압 가공전선과 안테나의 접근 또는 교차 (KEC 332.14)]

사용전압 부분 공작물의 종류	저압	고압
일반적인 경우	0.6[m]	0.8[m]
전선이 고압 절연 전선	0.3[m]	0.8[m]
전선이 케이블인 경우	0.3[m]	0.4[m]

【정답】②

95. 수소 냉각식 발전기 또는 이에 부속하는 수소 냉각 장치에 관한 시설 기준으로 틀린 것은?

① 발전기 안의 수소의 온도를 계측하는 장치를 시설할 것
② 조상기 안의 수소의 압력 계측 장치 및 압력 변동에 대한 경보 장치를 시설 할 것
③ 발전기 안의 수소의 순도가 70[%] 이하로 저하할 경우에 경보하는 장치를 시설할 것
④ 발전기는 기밀 구조의 것이고 또한 수소가 대기압에서 폭발하는 경우에 생기는 압력에 견디는 강도를 가지는 것일 것

|정|답|및|해|설|
[수소냉각식 발전기 등의 시설 (kec 351.10)]
발전기, 조상기 안의 수소 순도가 85[%] 이하로 저하한 경우 경보 장치를 시설할 것   【정답】③

96. [삭제 문제]

> ※2021년 1월 1일부터 한국전기설비규정(KEC) 적용으로 인해 더 이상 출제되지 않는 문제입니다.

97. 주택의 옥내를 통과하여 그 주택 이외의 장소에 전기를 공급하기 위한 옥내배선을 공사하는 방법이다. 사람이 접촉할 우려가 없는 은폐된 장소에서 시행하는 공사 종류가 아닌 것은? (단, 주택의 옥내 전로의 대지전압은 300[V]이다.)

① 금속관 공사   ② 케이블 공사

③ 금속덕트 공사   ④ 합성수지관 공사

|정|답|및|해|설|
[옥내 전로의 대지전압의 제한 kec 231.6)] 주택의 옥내를 통과하여 규정에 의하여 시설하는 전선로는 사람이 접촉할 우려가 없는 은폐된 장소에 합성수지관 공사, 금속관 공사나 케이블 공사에 의하여 시설할 것   【정답】③

98. 전기울타리의 시설에 관한 규정 중 틀린 것은?

① 전선과 수목 사이의 이격거리는 50[cm] 이상이어야 한다.
② 전기울타리는 사람이 쉽게 출입하지 아니하는 곳에 시설하여야 한다.
③ 전선은 인장강도 1.38[kN] 이상의 것 또는 지름 2[mm] 이상의 경동선이어야 한다.
④ 전기울타리용 전원 장치에 전기를 공급하는 전로의 사용전압은 250[V] 이하이어야 한다.

[전기울타리 (KEC 241.1)]

① 전기울타리는 사람이 쉽게 출입하지 아니하는 곳에 시설할 것

② 전선은 인장강도 1.38[kN] 이상의 것 또는 지름 2[mm] 이상의 경동선일 것

③ 전선과 이를 지지하는 기둥 사이의 이격거리는 2.5[cm] 이상일 것

④ 전선과 다른 시설물(가공 전선을 제외한다) 또는 수목 사이의 이격거리는 30[cm] 이상일 것 　　　【정답】①

99. 주택 등 저압 수용 장소에서 고정 전기설비에 TN-C-S 접지방식으로 접지공사 시 중성선 겸용 보호도체(PEN)를 알루미늄으로 사용할 경우 단면적은 몇 $[mm^2]$ 이상이어야 하는가?

① 2.5　　　　　　② 6

③ 10　　　　　　④ 16

[전기수용가 접지 (KEC 142.4)] 주택 등 저압수용장소 접지
주택 등 저압 수용장소에서 TN-C-S 접지방식으로 접지공사를 하는 경우에 보호도체는 중성선 겸용 보호도체(PEN)는 고정 전기설비에만 사용 할 수 있고, 그 도체의 단면적이 구리는 10$[mm^2]$ 이상, 알루미늄은 16$[mm^2]$ 이상이어야 하며, 그 계통의 최고전압에 대하여 절연시켜야 한다. 　　　【정답】④

100. 유도장해의 방지를 위한 규정으로 사용전압 60[kV] 이하인 가공 전선로의 유도전류는 전화선로의 길이 12[km]마다 몇 $[\mu A]$를 넘지 않도록 하여야 하는가?

① 1　　　　　　② 2

③ 3　　　　　　④ 4

[유도 장해의 방지 (KEC 333.2)]

·사용전압이 60[kV] 이하인 경우에는 전화선로의 길이 12[km] 마다 유도전류가 2[μA]를 넘지 아니하도록 할 것.

·사용전압이 60[kV]를 초과하는 경우에는 전화선로의 길이 40[km] 마다 유도전류가 3[μA]을 넘지 아니하도록 할 것. 　　　【정답】②

Memo